物联网核心
技术丛书

物联网系统架构设计
与 边缘计算

（原书第2版）

[美] 佩里·利（Perry Lea） 著

中国移动设计院北京分院 译

IOT AND EDGE COMPUTING FOR ARCHITECTS

SECOND EDITION

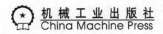

机械工业出版社
China Machine Press

图书在版编目（CIP）数据

物联网系统架构设计与边缘计算：原书第 2 版 /（美）佩里·利（Perry Lea）著；中国移动设计院北京分院译 . -- 北京：机械工业出版社，2021.6（2024.1 重印）
（物联网核心技术丛书）
书名原文：IoT and Edge Computing for Architects, Second Edition
ISBN 978-7-111-68473-2

I. ①物…　II. ①佩…　②中…　III. ①物联网 - 系统设计　IV. ① TP393.4　② TP18

中国版本图书馆 CIP 数据核字（2021）第 105289 号

北京市版权局著作权合同登记　图字：01-2020-6845 号。

Perry Lea: *IoT and Edge Computing for Architects, Second Edition*（ISBN: 978-1-83921-480-6）.

Copyright © 2020 Packt Publishing. First published in the English language under the title "IoT and Edge Computing for Architects, Second Edition".

All rights reserved.

Chinese simplified language edition published by China Machine Press.

Copyright © 2021 by China Machine Press.

物联网系统架构设计与边缘计算（原书第 2 版）

出版发行：机械工业出版社（北京市西城区百万庄大街 22 号　邮政编码：100037）
责任编辑：王春华　　柯敬贤　　　　　　　责任校对：殷　虹
印　　刷：固安县铭成印刷有限公司　　　　版　　次：2024 年 1 月第 1 版第 3 次印刷
开　　本：186mm×240mm　1/16　　　　 印　　张：28
书　　号：ISBN 978-7-111-68473-2　　　　定　　价：149.00 元

客服电话：（010）88361066　68326294

本书翻译组成员名单

李　楠	阮思言	赵　晶
吕　辉	邹韶霞	段　萌
赵金伟	高智楠	姚　岚
金　晓	赵超强	王春博
王昌廷	赵　熙	王　强
赵雪丽	李　奇	厉睿卿

互联网使人类实现无界沟通，物联网将使人类实现各种可能

　　当前，世界正经历百年未有之大变局，经济社会环境发生了复杂、深刻的变化，信息通信业也将面临新的形势、新的变化。在应对交通、环境、农业等行业发展新趋势方面，物联网利用感知技术与智能装置，对现实世界进行充分感知与识别，通过网络互联进而完成计算、处理与挖掘，达到人与物、物与物的信息交互和无缝对接，最终实现对现实世界的实时掌握、精确管理和科学决策，为人类应对各类问题提供了行之有效的解决方案，同时也为人类对世界的深入探索创造了无限可能。

　　随着信息社会的到来，以数字化、网络化、智能化为特征的新一轮科技革命和产业变革蓬勃兴起，在"十四五"时期可能进入"爆发拐点"。为了把握住新的发展机遇，国家对信息通信业更好地发挥引领和支撑作用提出了更高要求。构建新发展格局将成为事关全局的系统性深层次变革，其中信息技术必将由分散式的点状应用向产业链上下游、端到端各环节的系统创新全面推进，新业态、新模式也将快速涌现，数字化转型共性需求会集中爆发，新经济形态也将随之持续不断地蓬勃发展。物联网是数字经济、智能经济、网络经济与实体经济深度融合的全球化新经济载体，它已逐渐渗入全球经济及社会发展的方方面面。2020 年国际电信联盟已正式将 NB-IoT 纳入 5G 标准，使之得到了更广泛的国际化认同，我国也相继出台《国务院关于推进物联网有序健康发展的指导意见》等多项相关政策，为持续探索和推进物联网产业链生态奠定了良好基础。可以预见，物联网必将成为重塑各产业竞争优势的主要推动力。

　　在新的历史时期，中国移动作为我国通信行业的领军企业，为实现信息通信业的高质量发展制定了创世界一流"力量大厦"的发展战略，将创建世界一流企业，做网络强国、数字中国、智慧社会主力军作为在新的发展阶段转型变革的总体目标，并以线上化、智能化、云化作为转型的突破口和核心领域，达到激发信息服务需求潜力、提升产业格局的目的。目前，中国移动已建成了全球最大规模的商用物联网——NB-IoT 网络，未来

还将继续积极推动产业各界在共同开拓信息服务市场、共同加速技术创新突破、共同赋能实体经济发展、共同培育开放融合生态、共同强化安全体系建设等五个方面实现"和合共生"，为物联网的健康快速发展做出更积极的贡献。

万物互联的时代已经到来，如果你希望成为物联网系统设计师、技术专家、项目经理或者相关从业者，我向你推荐本书。本书涵盖了从物联网传感器到云的全套物联网解决方案，相信它能够成为你手中的物联网架构指南。

高鹏，中国移动设计院副院长兼总工程师

·· 译 者 序 ··

本书是关于物联网系统架构设计与边缘计算技术的专业书籍，作者是具有30年丰富经验的技术专家，书中分享了关于物联网系统架构设计与边缘计算技术的权威研究成果和重要理论观点。

现今，人类正在加速进入万物互联的时代，技术的发展使人与人、人与物、物与物之间的泛在连接，以及智能化感知、识别和管理成为现实，而边缘计算将为物联网赋能，它可以提升物联网的性能，促使物联网在各个垂直行业落地生根。目前，国内对于物联网和边缘计算技术的讨论如火如荼：物联网和边缘计算到底是什么，它们的关系是怎样的，在技术层面到底是如何运作的……一个个问题亟待回答。本书讨论了学习物联网及边缘计算需要理解的重要问题，包括物联网的定义、物联网的应用范围、物联网的架构、物联网采用的具体技术、物联网的安全设计、边缘计算的概念、边缘计算与物联网的结合等。通过对本书的学习，相信读者一定能够找到以上问题的答案。

中国移动设计院北京分院隶属于中国移动通信集团设计院。从成立至今，先后参与了包括2008年北京奥运会场馆、2022年北京冬奥会场馆、北京首都国际机场及大兴国际机场、人民大会堂、国家大剧院、地铁和高铁线路等众多国家重点工程通信项目的设计工作，以及许多国家大型活动的通信保障任务。中国移动设计院北京分院在通信领域深耕多年，积累了丰富的工程咨询、勘察、设计经验，在实践中培养了大批高素质的技术人才和管理人才，综合实力得到了持续提升。

接到本书的翻译任务后，中国移动集团设计院北京分院即刻组织专家队伍投入翻译工作，经过近一年的辛勤努力，终于完成。由于本书内容较多，详细周密的组织安排必不可少，其中李楠负责前言部分，第1、2章由赵晶负责，第3章由王春博负责，第4章由王强负责，第5章由段萌和金晓负责，第6章由姚岚和赵熙负责，第7章由邹韶霞和金晓负责，第8章由吕辉负责，第9章由阮思言负责，第10章由赵超强负责，第11章由王昌廷负责，第12章由赵金伟负责，第13章由高智楠负责，第14章由赵熙负责，其余部分由赵雪丽、李奇、厉睿卿负责。每一位译者都在工作之余投入了很多时间精推细敲、反复斟酌原文和译文，李楠、赵晶、阮思言审校了全书。阮思言还负责了总体协调工作，并与出版社多次沟通，完成了书稿内容的最后完善。全书最后几经修改才得以呈现在读者面前。

在此，我们要感谢中国移动设计院副院长兼总工程师高鹏先生为本书撰写了推荐序，感谢他对本书的支持和推荐。

我们也要感谢冯春、强成慷、胡恒杰、王志强、辜丽雯、董姊、夏昊、朱峰、高宇、张春凌、单常坤、丁舒亚等对本书翻译工作提供的鼎力支持和慷慨帮助。

我们还要感谢机械工业出版社各位编辑的精心编校，经过大家精益求精的努力与合作，本书的中文版才能够如此顺利地与读者见面。

面向未来，为了更好地服务于全社会的数字化、网络化、智能化进程，中国移动设计院北京分院将继续以高度的责任感和使命感，积极推动物联网和边缘计算在中国的发展。因此，我们衷心希望本书的引进，能够激励大家共同进步，为物联网和边缘计算技术的应用和发展贡献我们的力量。

译者

2021 年 5 月

·· 前　　言 ··

边缘计算和物联网（IoT）已经从炒作转向主流。各组织和各行业需要从对象中收集数据，并从信息中获取价值和洞察。同时，我们正在将更多的处理工作和功能由数据中心向数据生成源靠近。一个具有良好架构的系统需要多领域的专业知识，从传感器物理实体和能源到基于云的数据分析能力。在本书中，我们将讨论物联网和边缘计算的整个拓扑结构。在这里，你将了解每个组件作为系统的一部分是如何相互连接的。这些组件包括电信和无线电信令、嵌入式系统、远程通信、网络协议、边缘和云框架、整体安全和云机器学习。

读者对象

本书面向致力于理解精心设计的物联网和边缘系统的细节的架构师、系统工程师、学者、项目经理、学生和工程主管。个人可能在某个领域具有优势，但物联网中的每一个元素都会影响其他领域。我们还将关注已成功部署的实际商业、工业用例和技术。

本书内容

第 1 章对物联网和边缘市场进行整体介绍，并区分了炒作与现实。其中会定义物联网和边缘计算，然后揭示企业、商业和工业物联网解决方案的各种用例。在本章的最后，我们通过一个案例研究来分析典型物联网系统（硬件 – 软件 – 云）的完整系统架构。

第 2 章提供构建物联网或边缘系统所需组件和互连关系的高层次视图。本章将说明各个组件是如何相互连接的，以及它们发挥的作用。此外，本章将从价值和货币化的角度揭示如何对物联网部署进行建模。

数据在物联网和边缘计算中的传输路径始于传感器和物理设备。在第 3 章中，我们将讲授各种类型的传感器以及相关物理设备。我们将展示传感器如何捕获数据和图像，以及当恒定电源不可用时如何为它们供电。

为了理解无线通信的限制和能力，我们将在第 4 章探讨通信和无线电信令的理论，诸如路径损耗、射频干扰、香农 – 哈特利定理和比特率限制等，还将研究射频频谱管理和分配。

个人区域网包括一些覆盖距离短、发射机和接收机之间距离很近的设备和系统。第 5 章将深入探讨各种协议的广度和深度，如蓝牙 5.1、蓝牙信标、寻向技术和蓝牙 5.0 网状网络。我们还将研究其他 802.15.4 协议（如 ZigBee），最后对 Z-Wave 进行描述。

第 6 章探讨基于 TCP/IP 的通信在近距离和远程通信中的应用，研究 6LoWPAN、Thread 等架构和各种 802.11Wi-Fi 协议，如 802.11ac、802.11p 和 802.11ah。

远程通信是将数据从远程边缘移动到数据中心、客户和消费者所在地的前提条件。第 7 章全面介绍远程协议，包括 4G LTE 蜂窝和新的 5G 蜂窝标准，还将探讨 CBRS、LoRa、Sigfox 和 Multefire 等远程技术。我们将深入研究这些技术是如何工作的，以及它们在构建系统时提供的功能。

第 8 章分析构建边缘级计算基础设施所需的硬件和软件组件。这包括对硬件资源（如处理器架构、内存、存储、物理机箱、环境适应和互连）和软件组件（如软件框架、操作系统和中间件）的深入了解。此外，我们还将探讨虚拟化和容器在边缘管理中的应用（包括 Microsoft Azure IoT edge 的示例）。

边缘系统的常见用途是提供网关、路由和网络安全功能。第 9 章介绍 PAN 到 WAN 桥接的方法、蜂窝网关功能、路由和流量整形，以及软件定义网络和 VPN 等安全方面的知识。

第 10 章探讨广域网上边缘 – 云协议的各种方法和特点，如 MQTT 5、CoAP、AMQP 和 HTTP 等数据传输的标准方法。

在云系统和边缘系统之间构建和分解问题的方法有很多。第 11 章介绍各种边缘框架，如 EdgeX、OpenFog，以及 Lambda 架构，以构建一个更健壮的系统。

第 12 章讨论如何从传感器和物联网系统中提取有意义的数据。无法理解的数据是无用的。在这里，我们使用规则引擎、统计分析以及各种人工智能和机器学习技术探索基于边缘和云的分析。我们将探索如何正确分析问题，并深入研究这些工具的机制。

安全性对于强大的企业、工业物联网和边缘解决方案至关重要。在第 13 章中，我们从整体的角度来研究安全性。我们关注从传感器到云的物理安全、网络安全和数据安全并进行研究。

行业联盟和专业协会提供了许多标准和准则，这些标准和准则是将物联网和边缘系统连接在一起所必需的。第 14 章将介绍许多相关的行业团体，还将提供一份已完成商业部署的传感器、硬件和软件系统清单（推荐），这些系统已被证明可满足商业、企业和工业物联网的要求。

充分利用本书

本书涉及不同程度的技术深度和广度。你可能在一个或几个领域拥有丰富的经验，但对其他领域知之甚少。别灰心，本书试图提供技术的概述，并在可能相关的领域进行技术上的深入探讨。

我们精心挑选了一些需要深入研究的领域。这些领域是物联网和边缘系统一直存在的问题和容易出现设计挑战的方面，需要大量的深入研究和理解。

你可以按顺序阅读本书，也可以在不同的章节之间跳读，不受章节顺序的影响。

本书讨论的顺序是从传感器到近距离通信再到远程通信，然后迁移到边缘和云系统。我们试图模拟数据如何沿着从传感器到云端的路径移动。

下载彩色图像

本书的所有样图可以从 http://www.packtpub.com 通过个人账号下载，也可以访问 http://www.hzbook.com，通过注册并登录个人账号下载。

本书约定

本书使用了一些字体约定。

代码体：表示书中的代码、数据库表名、文件夹名、文件名、文件扩展名、路径名、用户输入和 Twitter 句柄。例如："只需向 */.well-known/core* 发送 *GET* 请求，就会披露设备上已知资源的列表。"

代码段示例如下：

```
def set_content(self, content):
    #Apply padding
    self.content = content
    while len(self.content) &lt;= 1024:
    self.content = self.content + b"0123456789\n"
```

需注意的代码行以粗体显示，如下：

```
def set_content(self, content):
    #Apply padding
    self.content = content
    while len(self.content) &lt;= 1024:
    self.content = self.content + b"0123456789\n"
```

输入或输出命令行示例如下：

```
$ openstack server create --image 8a9a114e-71e1-aa7e-4181-92cc41c72721 \
  --flavor 1 --hint query='["&gt;=","$vcpus_used",16]' IoT_16
```

粗体：新术语和重要词汇以粗体显示。

✍ 警告或重要内容用此标识提示。

💡 提示和技巧用此标识提示。

·· 关于作者 ··

佩里·利（Perry Lea）是一位具有 30 年丰富经验的技术专家。他在惠普公司工作了 20 多年，担任 LaserJet 业务的首席架构师和杰出技术专家。随后，他在 Micron 担任技术专家和战略总监，带领团队致力于研究利用内存处理进行机器学习和计算机视觉的新兴计算领域。之后，他又在 Cradlepoint 领导公司转向 5G 和物联网。不久之后，他与合伙人共同创立了在边缘 / 物联网产品行业中处于领导地位的 Rumble 公司。他还曾经是微软 Xbox 和 xCloud 的首席架构师，致力于新兴技术和超规模游戏流媒体服务的研究。

佩里拥有计算机科学和计算机工程学位，以及哥伦比亚大学电子工程博士学位。他是国际电气和电子工程师协会（IEEE）的高级成员，也是国际计算机学会（ACM）的高级成员和杰出演讲者。他拥有 40 项专利，还有 30 项正在申请中。

感谢我的妻子道恩，以及我的家人和朋友支持我完成本书。感谢我的两只狗狗，芬和卡杜，它们失去了很多次与我散步的机会。安德鲁："小心！"

热拉尔德·圣图奇（Gérald Santucci）拥有经济学（不平衡理论和经济监管）博士学位，他是国际公认的物联网、人工智能和企业系统方面的专家，对伦理学、隐私和政策数据非常感兴趣。

他曾在欧盟委员会通信网络、内容和技术总局（DG_CNECT，前身是 DG_XIII 和 DG_INFSO）工作，先是作为 RACE（欧洲先进通信技术研发计划，1986 ～ 1988 年）项目的专家，之后成为管理者（1988 ～ 2017 年）。

2016 年 7 月 1 日至 2017 年 6 月 30 日，热拉尔德任跨领域政策 / 研究问题顾问，专注于知识管理，研究 / 创新、监管和政策的整合，以及利用大数据和数据分析为政策提供信息。

他曾任"知识共享"组组长（2012 ～ 2016 年）和"联网企业和射频识别"组组长（2006 ～ 2012 年）。2010 年至 2012 年间，热拉尔德主持了物联网专家组。该专家组由来自政府、行业和普通大众的约 40 名成员组成，在全球范围内就物联网识别、架构、隐私和安全、伦理、标准以及治理等问题进行的讨论中发挥了领导作用。

热拉尔德之前在欧洲委员会的活动中积累了丰富的经验，他作为部门负责人参与了广泛的研究和创新课题，包括"电子政府"（1999 ～ 2002 年）、"信任与安全"（2003 年）和"电子商务"（2004 ～ 2006 年）等。

他经常被认为是 AIM（医学高级信息学）计划的创始人。

感激并感谢本书的项目编辑 Janice Gonsalves。她的信任、耐心、支持和批评意见始终都助着我。

保罗·邓（Paul Deng）是一名高级软件工程师，在物联网应用程序的架构和开发方面拥有 10 年的经验。他对构建容错、安全、可扩展、高效的物联网通信系统有深入的了解。保罗就职于 Agersens，负责开发 eShephered 畜牧管理系统。他的个人主页是 https://dengpeng.de。

•• 目　录 ••

第1章　物联网和边缘计算的定义及用例

像往常一样，你在早上 6:30 左右醒来。你从来不需要闹钟，这是生物钟的一种体现。你睁开眼睛，迎接一个阳光明媚的早晨。室外温度接近 70 华氏度[○]。这一天是 2022 年 5 月 17 日星期二，你的这一天将与 2017 年 5 月 17 日完全不同，包括你的生活方式、你的健康、你的财产、你的工作、你的通勤，甚至你的停车位。你生活世界的一切，包括能源、医疗保健、农业、制造业、物流、公共交通、环境、安全、购物，甚至衣服也都会大不相同。这就是将普通物体连接到互联网或**物联网**（IoT）带来的影响，我认为更好的比喻就是万物互联。

甚至在你醒来之前，你周围的物联网就已经发生了很多事情。你的睡眠行为已被睡眠传感器或智能枕头监测。数据被发送到物联网网关，然后传到你免费使用的云服务，该服务将结果显示在你的手机上。你不需要闹钟，但是如果你要乘坐早上 5 点的航班，你可以重新设置它，由使用 if-this,then-that（IFTTT）协议的云代理控制。你的双区炉通过使用802.11 协议的家庭 Wi-Fi 连接到一个不同的云提供商，你的烟感报警器、门铃、灌溉系统、车库门、监控摄像头和安全系统也是。你的狗身上安装了一个使用能量收集源的近距离传感器，可以帮它打开狗狗门，也可以告诉你它在哪里。

你实际上不再需要个人计算机。当然，你有一台平板电脑和一部智能手机作为主要创作设备，但你主要使用 VR/AR 设备，因为它的屏幕更好、更大。你的壁柜里有一个边缘计算网关。它连接到 5G 服务提供商，让你接入互联网和广域网，因为有线连接已经不适合你的生活方式——无论你身在何处，都可以移动、连接和在线，5G 和你最心仪的运营商确保你在迈阿密的酒店房间或爱达荷州博伊西的家中都有非常好的体验。网关还为你在家里执行许多操作，例如处理来自网络摄像头的视频流，以检测房子中是否发生了摔倒或事故。对安全系统的检查还可以发现异常情况（包括奇怪的噪声、可能的漏水、一直开着的灯、又在啃家具的狗等）。它还可以充当家庭中心，每天备份手机数据，因为你的手机有可能损坏。它还可以充当你的私有云，即使你对云服务一无所知。

你骑自行车去办公室。你的自行车运动衫使用可打印的传感器监测你的心率和体温。你在收听从手机流向蓝牙耳机的蓝牙音频的同时，这些数据会通过低功耗蓝牙（Bluetooth Low Energy）传输到你的智能手机。在途中，你路过几块广告牌，上面全都是视频和实时广告。你在当地的咖啡店停下来，前面有一个数字标牌显示屏，上面出现了你的名字，问

你是否要昨天最后点的东西——一杯 12 盎司[⊖]含奶油的美式咖啡。它通过信标和网关做到这一点，识别出你出现在 5 英尺[⊜]范围内且正靠近显示屏。当然，你买了这杯咖啡。大多数人都是开车上班，通过每个停车位中的智能传感器将他们导向最佳的停车位。当然，你也会与其他骑自行车的人一起获得最佳的停车位。

你的办公室是绿色能源计划的一部分。公司政策要求办公空间零排放。每个房间都有近距离传感器，不仅可以检测房间是否被占用，还可以检测房间里的人是谁。你的胸牌是一个使用 10 年期电池的信标设备，你一进门就能够被感知到。灯具、暖通空调、自动遮阳帘、吊扇，甚至连数字标牌都连接在一起。中央雾节点监控所有建筑信息，并将其同步到云主机。还设置了一个规则引擎，可以根据房间占用率、时间、季节以及室内和室外的温度做出实时决策，提高或降低环境条件以尽可能利用能源。如果有需要检查的异常能源使用情况，则主断路器上的传感器会监听能源的使用模式，并在雾节点上做出决策。

这一切是通过一些实时流媒体边缘分析和机器学习算法来实现的，这些算法已经在云端进行了训练，然后被推送到边缘。

该办公室有一个 5G 微蜂窝小区，用于与上游运营商进行外部通信，其内部还有多个微蜂窝小区网关，以集中大楼范围内的信号。内部 5G 也可以充当局域网。

你的手机和平板电脑已切换到内部 5G 信号，你打开软件定义网络覆盖，立即进入公司局域网。你的智能手机为你做了很多工作，它本质上是你通往周围的个人区域网的私人网关。你参加了今天的第一场会议，但你的同事不在，迟到了几分钟。他表示歉意，但解释说他的车出问题了。

他那辆新车向制造商上报了压缩机和涡轮增压器的异常情况。制造商立即得知此事，一位代表打电话给你的同事，告诉他，正常通勤的情况下，在两天内这辆车有 70% 的可能出现涡轮增压器故障。他们预约了经销商，准备了新零件来修理压缩机。这为他节省了更换涡轮的大量成本，并减少了许多麻烦。

午餐时，团队决定去市中心一家新开的鱼肉卷饼店。你们一行四人决定同乘一辆轿跑出行，虽然这辆车坐两个人可能会更舒适一些。不幸的是，你们将不得不把车停在一个更昂贵的停车场里。

停车收费标准是动态的，遵循供求关系。因为一些活动，场地已经饱和，即使是在周二中午，收费标准也翻了一倍。好的一面是，提高停车费的系统也会告知你的车和智能手机，到底要开到哪个停车场的哪个车位。你输入鱼肉卷饼店地址，就会弹出停车场和容量，在到达之前，你就可以预订一个位置。当车靠近大门时，大门会识别你的手机签章、车牌或多种因素的组合，然后打开。你将开到车位上，应用程序通过正确的传感器向停车场云端登记你已在正确位置。

当天下午，你需要去位于城市另一边的制造厂。这是一个典型的工厂：几台注塑机、

⊖ 约 355 毫升。——编辑注

⊜ 约 1.524 米。——编辑注

取放装置、包装机以及所有配套的基础设施。最近，产品的质量有所下滑。最终产品存在接头连接问题，外观上也不如上个月的产品。到达现场后，你与经理交谈并检查现场。一切看似正常，但质量肯定变差了。你们两人见面后，调出了厂区的系统仪表盘。

该系统使用许多传感器（振动、温度、速度、视觉和跟踪信标）监控车间。数据是实时积累和可视化的。有许多预测性维护算法可以监视各种设备的磨损和错误迹象，这些信息会传输到设备制造商和你的团队。制造自动化和诊断日志没有发现任何异常模式，因为它们已经被最好的专家训练过。看起来这种问题需要通过每日 SWOT（优势、劣势、机会和威胁）团队会议来解决，这需要你的组织中最优秀和最聪明的人花费数小时到数周时间，代价是昂贵的。但是，你有很多数据。工厂车间的所有数据都保存在一个长期存储的数据库中。这项服务是有成本的。一开始，这个成本很难被证明是合理的，但现在你相信它已经为自己收回了千倍的成本。通过使用复杂的事件处理器和分析包处理所有这些历史数据，你可以快速开发出一组规则，对故障部件的质量进行建模。向后追溯导致故障的事件，你意识到这不是小故障，它涉及多个方面的问题：

- 夏季工作空间的内部温度上升了 2℃，以节省能源。
- 由于供应问题，总成将产量降低了 1.5%。
- 其中一台注塑机已接近预期的维护周期，温度和组装速度将其故障情况推到了预测值之上。

你发现了这个问题，并使用新参数对预测性维护模型重新进行了训练，以便在将来能控制这种情况。总的来说，今天工作得不错。

虽然这是个虚构的情形，但今天与它已经很接近了。维基百科是这样定义物联网的：物联网（Internet of Things，IoT）是指物理设备、车辆（也称为"连接设备"和"智能设备"）、建筑物和其他物品之间的网络连接，这些物品中嵌入了电子产品、软件、传感器、执行器和网络连接，使其能够收集和交换数据。

1.1　物联网的历史

"物联网"一词最有可能归因于凯文·阿什顿（Kevin Ashton）1997 年在宝洁公司使用 RFID 标签管理供应链的工作。由此，他于 1999 年进入麻省理工学院，在那里与一群志同道合的人共同创立了自动识别中心研究联盟（更多信息可访问 http://www.smithsonianmag.com/innovation/kevin-ashton-describes-the-internet-of-things-180953749/）。

从那时起，物联网已经从简单的 RFID 标签发展成为一个生态系统和产业，到 2030 年，这个产业将拥有 1 万亿个互联网连接设备。直到 2012 年，"物"主要是指联网的智能手机、平板电脑、个人计算机和笔记本电脑。本质上，"物"是指在各个方面都起到计算机作用的东西。从 1969 年的 ARPANET 开始，互联网才刚刚起步，大部分围绕物联网的技术都不存在。如前所述，到 2000 年，与互联网有关的大多数设备都是各种尺寸的计算机。表 1-1 显示了将事物连接到互联网的缓慢进展。

表 1-1

年份	设备	参考文献
1973	Mario W. Cardullo 获得第一个 RFID 标签的专利	US Patent US 3713148 A
1982	卡内基－梅隆大学连接互联网的汽水机	https://www.cs.cmu.edu/~coke/history_long.txt
1989	在 1989 年的 Interop 展会上连接互联网的烤面包机	IEEE Consumer Electronics Magazine (Volume: 6, Issue: 1, Jan. 2017)
1991	惠普推出了 HP LaserJet IIISi 产品：第一台连接以太网的网络打印机	http://hpmuseum.net/display_item.php?hw=350
1993	剑桥大学的连接互联网的咖啡壶（第一个互联网摄像头）	https://www.cl.cam.ac.uk/coffee/qsf/coffee.html
1996	通用汽车 OnStar 系统（2001 远程诊断）	https://en.wikipedia.org/wiki/OnStar
1998	蓝牙技术联盟（SIG）成立	https://www.bluetooth.com/about-us/our-history
1999	LG 互联网数码 DIOS 冰箱	https://www.telecompaper.com/news/lg-unveils-internetready-refrigerator--221266
2000	Cooltown 普及的第一个计算无处不在的实例：HP 实验室，一个计算和通信技术的系统，将人、场所和对象结合在一起，为其创建网络连接的体验	https://www.youtube.com/watch?v=U2AkkuIVV-I
2001	推出首款蓝牙产品：KDDI 蓝牙手机	http://edition.cnn.com/2001/BUSINESS/asia/04/17/tokyo.kddibluetooth/index.html
2005	联合国国际电信联盟的报告首次预测了物联网的兴起	http://www.itu.int/osg/spu/publications/internetofthings/internetofThings_summary.pdf
2008	成立了 IPSO 联盟，以促进对象上的 IP，这是第一个以物联网为重点的联盟	https://www.ipso-alliance.org
2010	在成功开发固态 LED 灯泡之后，形成了智能照明概念	https://www.bu.edu/smartlighting/files/2010/01/BobK.pdf
2014	苹果公司为信标创建 iBeacon 协议	https://support.apple.com/en-us/HT202880

当然，物联网一词引起了很多关注和炒作。从流行语的角度，这很容易看出来。自 2010 年以来，已发布的专利数量（https://www.uspto.gov）呈指数级增长。谷歌搜索数（https://trends.google.com/trends/）和 IEEE 同行评审的论文出版物数量在 2013 年达到拐点并开始激增（如图 1-1 所示）。

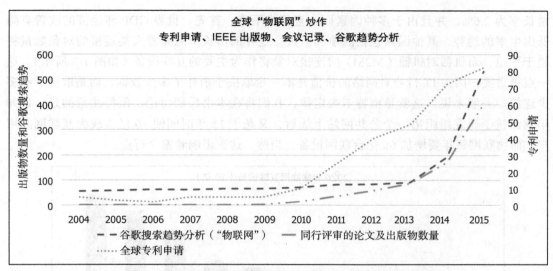

图 1-1 关于物联网关键词搜索、专利、技术出版物的分析

1.2 物联网的潜力

物联网已经影响到包括工业、企业、健康和消费品的各个领域。重要的是要了解这种影响，以及为什么这些不同的行业将被迫改变制造产品和提供服务的方式。也许作为架构师，你需要专注于一个特定的部分，但是了解与其他用例的重叠是有帮助的。

如前所述，有一种观点认为，物联网相关工业、服务和贸易的影响在 2020 年将占全球 GDP 的 3%（The route to a trillion devices，ARM Ltd 2017）至 4%（The Internet of Things：Mapping Value Beyond the Hype，McKinsey and Company 2015）。2016 年 全 球 GDP 为 75.64 万亿美元，预计到 2020 年将增至 81.5 万亿美元。据此判断，物联网解决方案的价值范围是 2.4 万亿～ 4.9 万亿美元。

互联设备的规模是前所未有的。对行业增长的预测是有风险的。为了使预测相对准确，我们参考了多个研究公司和关于互联设备数量的报告，这些预测差别很大，但仍在同一数量级。如图 1-2 所示，这 10 个分析机构对 2020 ～ 2021 年的设备数量的平均预测值是约 334 亿。ARM 进行了一项研究，预测到 2035 年将有 1 万亿台互联设备投入使用。从各方面来看，短期内物联网部署的年增长率约为 20%。

这些数字应该会给读者留下深刻的印象。例如，如果我们采取非常保守的立场，预测只有 200 亿个新连接的设备（不包括传统的计算和移动产品），那么每秒将有 211 个新的互联网连接对象上线。

为什么这对科技产业和信息技术行业意义重大？因为目前世界人口的年增长率为 0.9% ～ 1.09%（https://esa.un.org/unpd/wpp/）。世界人口增长率在 1962 年达到峰值，同比增长率为 2.6%，并且由于多种因素而一直稳步下降。首先，世界 GDP 和经济的改善有降低出生率的趋势，其他因素包括战争和饥荒。这样的增长率意味着人类连接的对象数量将趋于平稳，而**机器对机器（M2M）**的连接对象将作为主要的互联设备（如图 1-3 所示）。这一点很重要，因为 IT 行业对网络的价值并不一定取决于消耗了多少数据，而是取决于有多少连接。一般来说，这就是梅特卡夫定律，我们将在本书后面讨论。值得注意的是，1990年欧洲核子研究组织第一个公共网站上线后，又花了 15 年时间使 10 亿人成为互联网的用户。而物联网每年要增加 60 亿台联网设备。当然，这正影响着整个行业。

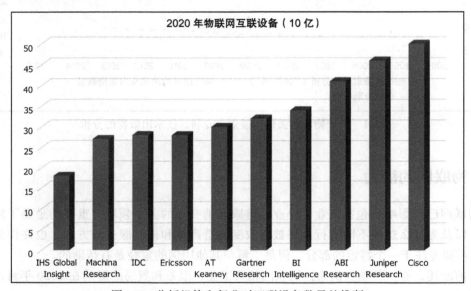

图 1-2　分析机构和行业对互联设备数量的推断

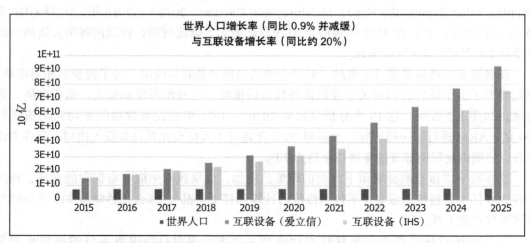

图 1-3　人口增长与互联设备增长之间的差距。互联设备增长 20%，而人口增长近 0.9%。人口将不再驱动网络和 IT 容量

应该指出的是，经济影响不只是创收。物联网或其他任何技术带来的影响还表现在以下方面：

- 新的收入来源（例如，绿色能源解决方案）
- 降低成本（例如，家庭患者医疗保健）
- 缩短上市时间（例如，工厂自动化）
- 改善供应链物流（例如，资产跟踪）
- 减少生产损失（例如，被盗或易腐物品变质）
- 提高生产力（例如，机器学习和数据分析）
- 品牌替换（例如，Nest 智能恒温器取代传统恒温器）

在整本书的讨论中，物联网解决方案能带来什么价值应该是我们最关心的问题。如果仅仅是一个新的小工具，那么市场范围将是有限的。只有当可预见的收益大于成本时，一个行业才会蓬勃发展。

一般来说，目标应该是比传统技术提高 5 倍。这一直是我在 IT 行业的目标。当考虑到变革、培训、购置、支持等成本时，5 倍的差异是一个合理的经验法则。

1.3　物联网的定义

应该以一定的怀疑态度看待其中的一些说法。几乎不可能量化联网设备的确切数量。此外，我们必须将自然连接互联网的设备分开，比如智能手机、个人计算机、服务器、网络路由器和 IT 基础设施。我们也不应该将已经在办公室、家庭和工作场所存在了几十年的机器纳入物联网的范畴，这些机器本身就是通过某种形式的网络连接起来的。我们也不将办公室的打印机、复印机或扫描仪纳入物联网范畴。

本书将从连接设备的角度来研究物联网，这些设备之前未必相互连接或接入互联网。它们可能一直没有太多的计算或通信能力。我们假定这些设备历来在成本、功率、空间、重量、尺寸或散热方面有局限性。

正如我们在物联网设备的历史中所看到的，自 20 世纪 80 年代初以来，已经可以实现连接传统上不可连接的物体（如卡内基 - 梅隆大学的冰箱），但其成本相当高。它需要 DEC PDP 11 大型计算机的处理能力。摩尔定律证明了硅芯片组中晶体管的数量和密度的增加，登纳德缩放比例定律则改善了计算机的功率配置。遵循这两种趋势，我们现在生产的设备可以使用更强大的 CPU 和更大的内存容量，运行能够执行完整网络栈的操作系统。只有满足了这些要求，物联网才能成为一个独立的产业。

对于物联网设备的基本要求如下：

- 具有计算能力，可以运行 Internet 协议软件栈
- 能够利用 802.3 等网络传输的硬件和电源
- 不是传统的互联网连接设备，如个人计算机、笔记本电脑、智能手机、服务器、数

据中心设备、办公生产力设备（office productivity machine）或平板电脑

本书还包括"边缘"设备。边缘设备本身可以是物联网设备，也可以是物联网设备的"主机"。本书后面详细介绍的边缘设备通常是管理计算机节点，它们延伸到更接近数据产生或数据动作的源。它们可能不是数据中心的典型服务器和集群，而是现场的空间、电力和环境加固设备。例如，数据中心刀片服务器由针对可控环境进行优化的电子器件组成，其服务环境包含冷热通道、热交换器和不间断电源。边缘设备有可能会被放置在室外，暴露在天气因素下，以及在无法持续供电的区域。其他时候，它们可能包括传统的服务器节点，但其不受数据中心的限制。

鉴于这些限定因素，物联网市场的实际规模小于分析机构的预测。当我们将传统的 IT 和互联网连接设备与物联网设备划分开来时，会看到不同的增长率，如图 1-4 所示。

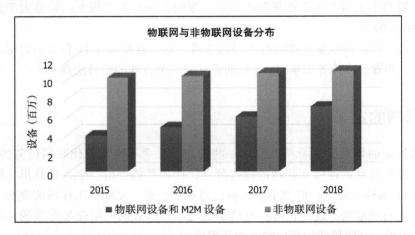

图 1-4　按定义将物联网设备与非物联网设备（如 IT 设备和移动计算）的销售量分开

进一步分析物联网设备中使用的实际组件，会发现另一个有趣的模式。如前所述，大多数互联网连接设备需要一定水平的性能和硬件才能通过标准协议进行通信。然而，图 1-5 显示了通信芯片和处理器的数量与传感器出货数量的差异。这强化了一个概念：从传感器到边缘计算机和通信设备有大量的"扇出"（fan-out）。

值得注意的是，大多数物联网装置并不是具有运行互联网硬件和软件栈能力的单一设备。大多数传感器和设备没有直接连接互联网的能力。它们缺乏连接互联网所需的处理能力、内存资源和配电。更确切地说，很多真正的物联网都依赖于星形网络中的网关和边缘计算机。有大量设备的扇出通过本地个人区域网、非 IP 网络（蓝牙）、工业协议（ModBus）、传统的棕地（brownfield）协议（RS232）和硬件信号连接到边缘计算机。

1.3.1　工业和制造业

按照连接数量和服务为制造业和工厂自动化带来的价值衡量，**工业物联网**（Industrial

IoT，IIoT）是整个物联网领域中增长最快、规模最大的细分市场之一。这一细分市场历来是**运营技术（OT）**的领域。这涉及实时监控物理设备的硬件和软件工具。这些系统在历史上一直是管理工厂车间的性能和输出的本地计算机和服务器。我们称这些系统为**监控和数据采集（SCADA）**。传统的 IT 角色与 OT 角色的管理方式不同。OT 将关注产量指标、正常运行时间、实时数据收集和响应以及系统安全。IT 角色将专注于安全性、分组、数据交付和服务。随着物联网在工业和制造业中的普及，这些领域会与成千上万的工厂和生产机器的预测性维护相结合，将前所未有的数据量传递到私有云和公有云基础设施。

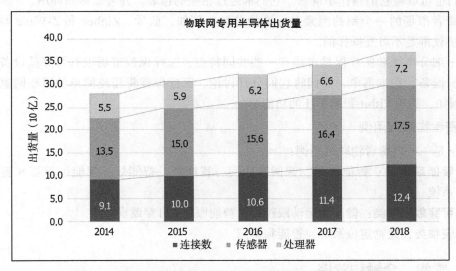

图 1-5　物联网销售中传感器、处理器和通信 IC 的销售趋势

这一细分市场的特点包括需要为 OT 提供准实时或实时的决策，这意味着时延是工厂车间物联网面临的主要问题。

此外，停机时间和安全性也是最受关注的问题。这意味着需要数据冗余，可能还需要私有云网络和数据存储。工业细分市场是增长最快的市场之一。它的一个特点是对棕地技术的依赖，意味着硬件和软件接口不是目前的主流技术。有 30 年历史的生产机器通常依赖 RS485 串行接口，而不是现代无线网络的网状结构。

工业和制造业物联网用例

以下是工业和制造业物联网用例及其影响：

- ❑ 对新旧设备进行预防性维护
- ❑ 通过实时需求提高产量
- ❑ 节能
- ❑ 安全系统，例如热感应、压力感应和气体泄漏
- ❑ 工厂车间专家系统

1.3.2　消费者

消费类设备是最早接入互联网的细分市场之一。在 20 世纪 90 年代，消费者物联网最早出现在一所大学里，它是一个联网的咖啡壶。在 21 世纪初，随着蓝牙技术的应用，消费者物联网得到了蓬勃发展。

目前，数百万个家庭拥有 Nest 温控器、Hue 智能灯泡、Alexa 助手和 Roku 机顶盒。人们也把 Fitbits 和其他可穿戴技术联系在一起。消费者市场通常是最先采用这些新技术的市场。我们也可以将它们当作小玩意。它们都经过精美的包装，并可以即插即用。

消费者市场的一个制约因素是标准的分歧。例如，蓝牙、Zigbee 和 Z-Wave 等主要的 WPAN 协议都是不可互操作的。

这一细分市场和医疗保健市场有一些共同特点，医疗保健市场也有可穿戴设备和家庭健康监护设备。在本书中，我们将它们分开讨论，医疗保健将超越简单的可联网家庭健康设备（例如，超越 Fitbit 智能手环的功能）。

消费者物联网用例

以下是一些消费者物联网用例：

- ❑ **智能家居类**：智能灌溉、智能车库门、智能锁、智能灯、智能恒温器和智能安全系统
- ❑ **可穿戴设备类**：健康和运动跟踪器、智能服装 / 可穿戴设备
- ❑ **宠物类**：宠物定位系统、智能狗狗门

1.3.3　零售、金融和营销

这一类别是指任何以消费者为基础的商业交易场所，可以是实体店，也可以是快闪售货亭。这些服务包括传统的银行服务和保险公司，也包括休闲和接待服务。零售物联网正在发展，目的是降低销售成本和改善客户体验。这是通过大量的物联网工具实现的。为了简化，我们还将广告和营销添加到此类别。

这一细分市场衡量即时金融交易中的价值。如果物联网解决方案不能提供这种响应，则必须对它的投资建设进行慎重考虑。这会限制人们寻找新的方法来节约成本或增加收入。提高客户的效率可以使零售商和服务行业提供更好的客户体验，同时将开销和销售成本损失降到最低。

零售、金融和营销物联网用例

一些此类物联网用例如下：

- ❑ 定向广告，如近距离定位已知或潜在客户并提供销售信息
- ❑ 信标（如近距离感知客户、业务模式和间歇时间）作为营销分析
- ❑ 资产跟踪，如库存控制、损失控制和供应链优化

- □ 冷库监控，例如分析易腐存货的冷藏。将预测分析应用于食品供应
- □ 资产保险跟踪
- □ 驾驶员的保险风险测量
- □ 商场、酒店或市区的数字标牌
- □ 娱乐场所、会议、音乐会、游乐园和博物馆内的信标系统

1.3.4　医疗保健

医疗行业将与制造业和物流业争夺物联网领域收入和影响的首位。对于几乎每个发达国家，所有能提高生活质量和降低医疗成本的系统都是最受关注的。物联网已经做好了准备，无论患者身在何处，都可以对其进行远程和灵活的监控。

先进的分析和机器学习工具将用于观察患者，以诊断疾病和给出治疗方案。在需要危重症护理的情况下，这些系统还可以作为监控器。目前，可穿戴健康监视器约有 5 亿台，未来几年将以两位数的速度增长。

医疗系统的严管是非常重要的。从 HIPAA 合规到数据安全，物联网系统需要像医疗级别的工具和设备一样工作。如果患者在家接受监控，那么现场系统需要与医疗中心进行全天候、可靠且无停机时间的通信。系统可能需要在医院网络中同时监视救护车辆中的患者。

医疗保健物联网用例

一些医疗保健物联网用例如下：

- □ 家庭患者护理
- □ 预测性和预防性医疗的学习模型
- □ 痴呆症患者和老年人护理和跟踪
- □ 医院设备和供应资产跟踪
- □ 药物追踪和安全
- □ 偏远地区远程医疗
- □ 药物研究
- □ 患者跌倒指示灯

1.3.5　运输业和物流业

运输和物流在物联网方面即使不是主要驱动力，也是非常重要的驱动力。这些用例涉及使用设备跟踪正在交付、运输或装运的资产，无论是在卡车、火车、飞机还是船上。这也是车联网的领域，它们通过通信向驾驶员提供帮助，或代表驾驶员进行预防性维护。现在，一辆普通的新车会有大约 100 个传感器。随着车 – 车通信、车 – 路通信和自动驾驶成为实现安全性或舒适性的必备功能，这一数字将会翻倍。它的重要作用不仅局限于消费性车辆，还延伸到无法承受任何停机时间的铁路线和航运船队。我们还将看到能够跟踪工人

工具、建筑设备等资产和其他有价值资产的服务卡车。有些用例可能非常简单，但也非常昂贵，比如监控服务车辆在运送货物时的位置。系统需要根据需求和常规设定将卡车和服务人员自动运送到各个地点。这种移动型的系统有地理定位的要求，其中大部分来自 GPS 导航。从物联网的角度看，分析的数据将包括资产和时间，也包括空间坐标。

运输业和物流业物联网用例

以下是一些运输业和物流业物联网用例：

❑ 车队跟踪和位置感知
❑ 市政车辆的规划、路线和监控（除雪、垃圾处理）
❑ 冷藏运输和食品配送安全
❑ 轨道车辆识别和跟踪
❑ 车队内的资产和包裹跟踪
❑ 道路车辆的预防性维护

1.3.6 农业和环境

农业和环境物联网包括牲畜健康、土地和土壤分析、微观气候预测、有效用水等要素，以及在发生地质和天气相关灾害时进行灾害预测。虽然世界人口增长放缓，但世界经济变得更加富裕。尽管饥荒不像 100 年前那么普遍，但到 2035 年对粮食生产的需求也将翻倍。通过物联网可以实现农业的显著效率提升。利用智能照明并根据家禽年龄调整频谱频率，可以提高养鸡场现有的生长速度并降低死亡率。此外，与目前使用的普通哑光白炽灯相比，智能照明系统每年可节省 10 亿美元的能源。其他用途包括利用传感器的移动和定位来检测牲畜健康状况。养牛场可以在细菌或病毒感染传播之前发现有患病倾向的动物。远程边缘分析系统可以使用数据分析或机器学习方法，实时查找、定位和隔离牛群。

该细分市场在偏远地区（火山）或人口稀疏区域（玉米田）将有所不同。这对数据通信系统有影响，我们将在第 5 章和第 7 章中讨论这些影响。

农业和环境物联网用例

以下是一些农业和环境物联网用例：

❑ 智能灌溉和施肥技术，以提高产量
❑ 智能照明在巢式或家禽养殖中的应用，以提高产量
❑ 牲畜健康和资产跟踪
❑ 通过制造商对远程农业设备进行预防性维护
❑ 基于无人机的土地调查
❑ 通过资产跟踪实现农场到市场的供应链效率
❑ 机器人耕作
❑ 用以预防灾害的火山和断层线监测

1.3.7　能源产业

能源细分市场包括从生产源头到消费者的能源监测。大量的研究和开发集中在消费能源和商业能源监测器上，例如智能电表，它通过低功耗和远距离协议进行通信，可以显示实时能源使用情况。

许多能源生产设施处于偏远或恶劣的环境中，如沙漠地区的太阳能电池板、陡峭山坡上的风力发电场以及核反应堆的危险设施。此外，数据可能需要实时或准实时响应，以便对能源生产控制系统（很像制造系统）做出重要的反应。这可能会影响物联网系统在这一类别中的部署方式。我们将在本书后面讨论实时响应性的问题。

能源产业物联网用例

以下是能源物联网的一些用例：

- ❑ 对石油钻井平台数千个传感器和数据点进行分析，以提高效率
- ❑ 远程太阳能电池板监控和维护
- ❑ 核设施的危险分析
- ❑ 在整个城市范围内部署智能电表、气表和水表，以监控使用情况和需求
- ❑ 分时电价定价
- ❑ 根据天气情况对远程风力涡轮机进行实时叶片调整

1.3.8　智慧城市

"智慧城市"是一个短语，用来指互联和智能化的基础设施、市民和车辆。智能城市是增长最快的细分市场之一，尤其是在考虑税收收入时，其成本收益比相当可观。智慧城市还通过安全、安保和易用性来影响市民的生活。例如，巴塞罗那等多个城市已经采用物联网技术，根据当前容量以及自上次取货以来的时间监控垃圾容器和垃圾箱。这提高了垃圾收集效率，使城市在运输垃圾时使用的资源和税收更少，同时也消除了腐烂有机物的潜在气味和臭味。

智能城市部署的一个特点可能是使用的传感器数量。例如，在纽约的每个街角安装一个智能摄像头需要 3000 多个摄像头。像巴塞罗那这样的城市将部署近 100 万个环境传感器来监测电力使用、温度、环境条件、空气质量、噪声水平和停车位。与流媒体视频摄像机相比，这些设备的带宽需求较低，但传输的数据总量与纽约的监控摄像机几乎相同。在构建正确的物联网架构时，需要考虑数量和带宽的这些特性。

智慧城市还会受到政府命令和法规的影响（我们后面会探讨），因此与政府细分市场有联系。

智慧城市物联网用例

智慧城市物联网的一些用例如下：

❑ 通过环境感知进行污染控制和监管分析
❑ 利用城市范围内的传感器网络进行小气候天气预报
❑ 通过按需废物管理服务提高效率并改善成本
❑ 通过智能交通灯控制和模式化，改善交通流量和燃油经济性
❑ 按需城市照明提高能源使用效率
❑ 根据实时道路需求、天气状况和附近的铲车进行智能扫雪
❑ 根据天气和当前使用情况对公园和公共场所进行智能灌溉
❑ 智能摄像机监控犯罪和实时自动 AMBER 警报
❑ 智能停车场，可根据需要自动找到最佳停车位
❑ 桥梁、街道和基础设施的磨损和使用情况检测，以提高使用寿命和服务质量

1.3.9　军事和政府

美国市政府、州政府和联邦政府以及军方对物联网的部署都有浓厚的兴趣。以加州的行政命令 B-30-15 为例（https://www.gov.ca.gov/news.php? id=18938），该命令指出，到 2030年，影响全球变暖的温室气体排放量将比 1990 年的水平低 40%。为了实现这样的激进目标，环境监测器、能源传感系统和机器智能将需要发挥作用，在保持加州经济活力的同时，按需改变能源模式。其他案例包括物联网战场等项目，目的是提高对敌人的反击效率。当我们考虑对公路和桥梁等政府基础设施的监测时，这一细分市场也属于智慧城市范畴。

政府在物联网中的角色是以标准化、频谱分配和法规的形式发挥作用。例如，频谱资源如何被划分、保护和分配给不同的供应商。我们将在本书中看到某些技术是如何通过联邦控制实现的。

军事和政府物联网用例

以下是一些军事和政府物联网用例：

❑ 通过物联网设备模式分析和信标进行恐怖威胁分析
❑ 无人机部署的群体传感器
❑ 在战场上部署传感器炸弹，形成传感器网络，以监测各种威胁
❑ 政府资产追踪系统
❑ 实时军事人员跟踪和定位服务
❑ 监测敌对环境的综合传感器
❑ 水位监测，以测量大坝和防洪能力

1.4　使用案例和部署示意

理解物联网和边缘计算系统最有效的方法是从实际产品的用例开始。在这里，我们将

研究解决方案旨在提供什么，然后将重点放在底层技术上。用户和客户不会详细说明完整的系统需求，我们则需要从现有约束中找到差异。这里的例子还将说明物联网部署是不同工程学科和科学之间的跨领域协作。通常，会有数码架构师、网络工程师、低级固件工程师、工业架构师、人因工程师、电路板布局工程师，以及云和 SaaS 开发人员。无论如何，不能进行孤岛式设计。一个领域的设计选择往往可能导致性能差、电池寿命差、网络费用过高或与远程设备的通信不可靠。

1.4.1　案例研究——远程和缓医疗

　　一家为老年人提供家庭护理和咨询服务的机构打算采用更好、更可行、更经济的解决方案，使他们目前的家庭护理和护理援助实现现代化，以解决日益严重的成本危机和患者数量的危机。目前，这项服务将对威斯康星州麦迪逊市一个 100 英里⊖半径范围内的 500 多名患者进行为期 7 天的常规的家庭护理探访。探访内容包括从送药、特殊护理服务到测量患者生命体征等。患者通常超过 70 岁，无法管理带回家的任何 IT 基础设施。此外，患者家中可能没有任何互联网连接或宽带连接。

要求

提供商希望系统能够提供以下最低功能集和服务：

❑ 为每位患者分配一个可穿戴设备，以监测心率、血氧、运动、温度和所采取的步骤。

❑ 在患者家中安装额外的设备，以监测特定的患者状况和生命体征，如血压、血糖水平、体重、口腔温度等。

❑ 系统必须向中央操作仪表板报告患者生命体征数据。

❑ 系统还将提醒患者何时服用某种药物或何时进行生命测试。

❑ 系统必须能够在断电时跟踪患者的状态。

❑ 可穿戴系统配有一个易于识别的按钮，可向等待的操作员服务发出紧急情况（如坠落）信号。设备将闪烁，表示紧急情况已启动。设备将与操作员进行双向音频通信。对于听力受损的患者，将使用替代方法与患者沟通。

❑ 整个网络必须能够管理 500 名现有患者，并以每年 10% 的速度增长。

❑ 系统必须在实施的三年内实现总体成本节约和 33% 的投资回报率。这一**关键绩效指标**（KPI）通过将居家护理和护理协助从每天三小时减少到每天两小时，同时提高项目中患者的医疗质量来测量。

实施

医疗物联网和远程医疗是物联网、人工智能 / 机器学习和传感器系统发展最快的领

⊖　1 英里约等于 1609 米。——编辑注

域之一。它的**年增长率**（YoY）为 19%，到 2025 年市场规模为 5340 亿美元，因此引起了人们的极大兴趣。然而，我们研究这个特定的案例，是因为它对系统设计者设置了很多的限制。具体而言，在医疗保健领域，严格的要求以及 HIPAA 和 FDA 法规对构建一个影响患者福祉的系统强加了必须克服的限制。例如，HIPAA 要求保证患者数据的安全性，因此必须对整个系统进行加密和数据安全的设计及限定。此外，在这里，当我们试图建立一个与互联网连接的系统时，需要考虑老年人的约束条件，即缺乏与互联网的强连接。

该系统将分为三个主要部分：

❑ **远端边缘层**：由两个设备组成。首先是为患者提供的可穿戴设备。第二个是各种不同的医疗等级测量工具。可穿戴设备是无线设备，而其他测量设备可能是也可能不是无线设备。两者都将与接下来描述的 PAN-LAN 层组件建立安全通信。

❑ **近边缘 PAN-WAN 层**：这将是一个安装在患者家中或可能被护理的地方的安全设备。它应该是便携式的，但是一旦安装，就不应该由患者使用和篡改。这将容纳 PAN-LAN 网络基础设施设备。它还包含边缘计算系统，用于管理设备、控制态势感知，并在发生故障时安全地存储患者数据。

❑ **云层**：这将是存储、记录和管理患者数据的聚合点。它还提供了仪表板和态势感知规则引擎。临床医生将通过单一仪表板和统一管理界面来管理一组已安装的家庭护理系统。管理 500 名患者（每年同比增长 10%）将带来快速管理大量数据的挑战，尤其是在紧急情况下。因此，将构建规则引擎来确定事件或情况何时超出边界。

该架构的三层构成了从传感器到云端的系统。下一部分将详细介绍每个层的各个方面。

我们选择的单一用例只是一个来自可穿戴设备的物联网事件，必须将它传播到云端才能显示仪表板。数据流延伸到该物联网用例的所有三层，如图 1-6 所示。

该用例将从集成传感器读取数据，并将数据作为已配对设备的蓝牙广播包广播到边缘计算机。边缘系统管理与蓝牙个域网的关系，并将在电源或通信故障时检索、加密和存储传入的数据到云端。边缘系统还负责将蓝牙数据转换为基于 MQTT 协议封装的 TCP/IP 数据包。

它还必须设置、管理和控制蜂窝通信。MQTT 允许可靠和强大的传输到等待的云系统（本例中的 Azure）。在那里，数据通过 TLS 加密，基于电缆传输，然后进入 Azure 物联网中心。届时，数据将通过流分析引擎进行验证和调集，并传送到逻辑应用。在那里，基于云的 Web 服务将承载患者的信息和事件的仪表板。

远端架构

让我们从远端和可穿戴设计开始。对于这个项目，我们首先将用户需求分解为可操作的系统需求（表 1-2）。

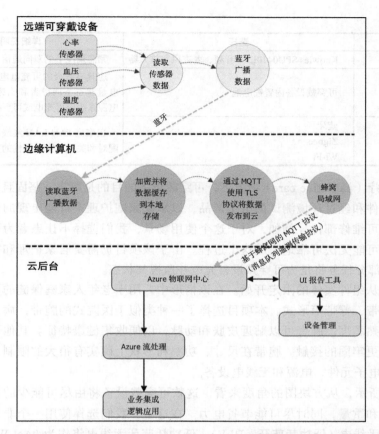

图 1-6　此用例中的基本数据流和软件组件。请注意，边缘计算设备的作用是通过传输协议
在蓝牙设备和云之间提供转换。它还充当缓存服务器和加密代理

表　1-2

用例	选择	详细说明
可穿戴式监护仪	· 腕带 · 颈带 · 胸带 · 臂带	患者可穿戴设备 设备应在浸水、冷、热、湿度等多个环境参数下保持完整性
可穿戴式生命监护仪	TI AFE4400 心率和脉搏血氧仪	医用级心率监护仪和血氧传感器
	ST Micro MIS2DH 医用级 MEMS 加速度计	运动和计步器传感器
	Maxim MAX30205 人体温度传感器	医用级温度传感器
紧急呼叫按钮	一个带有 LED 的可视按钮	该按钮应按下，但不会产生误报事件。此外，当紧急情况启动时，指示灯应闪烁。另外，可以启动双向通信
边缘控制系统	ST Micro STM32WB 微控制器	系统连接传感器，并提供 PAN 通信到 PAN-WAN 层。边缘系统包含必要的无线电硬件和音频编解码器

（续）

用例	选择	详细说明
麦克风	Knowles SPU0410LR5 音频、麦克风和放大器	紧急情况下的双向通信
电力系统	可穿戴设备内置锂电池	应具有数天的可充电电池寿命，并在低电量状态下向患者和临床医生发出警告。电源系统应可充电或可更换
配对	蓝牙 Zigbee Wi-Fi	在家庭 PAN-LAN 集线器内，需要一种配对和关联可穿戴属性的方法

在和缓治疗（palliative care）情况下，可穿戴设备的目的是可靠、坚固且耐用。我们选择了医疗级组件和经过环境测试的电子产品，以承受家庭护理中可能出现的使用情况。该设备也将没有可维修部件。例如，对于这个使用场景，我们选择不让患者为可穿戴设备充电，因为患者可能无法可靠地完成这个过程。由于该项目仍需居家护理和护理协助，因此护理协助的部分任务将是为可穿戴设备充电并监视其状态。

系统通常从组件实体的限定开始。在该情形中，用于老年人家庭保健的可穿戴系统可以是腕带、颈带、臂带等形式。本项目选择了一种类似于医院式的腕带，病人对这种腕带已经有一定的熟悉度。腕带可以贴近皮肤和动脉，以便收集健康特征。其他形式的可穿戴设备无法提供更牢固的接触。腕带在尺寸、功率和形状上确实有很大的限制，必须包含以下所述的所有电子元件、电源和无线电设备。

如图 1-7 所示，从方块图的角度来看，这款可穿戴设备将由尽可能少的部件组成，以尽量减少空间和重量，同时尽可能节省电力。在这里，我们选择使用一个非常省电的微控制器和蓝牙 5 无线电（**低功耗蓝牙**，BLE）。低功耗蓝牙无线电将作为 PAN-WAN 集线器的 PAN 通信。BLE 5 的范围可达 100 米（当启用 LE 远程模式时，可以更远）。

这对于患者不必离开的家庭护理情况已经足够了。

边缘层架构

PAN-WAN 边缘层是中央边缘计算机、网关和路由器。在许多情况下，这个功能是由智能手机设备来完成的。但是，在这个方案中，我们需要使用比普通智能手机用户更经济的蜂窝服务计划来构建系统。由于我们的规模是 500 名用户，并且还在不断增长，我们决定使用现成的硬件组件构建一个集线器，为客户提供最佳的解决方案。

我们选择的边缘计算机是一台工业级的单板计算机，能够运行企业级的 Linux 发行版。Inforce 6560 作为蓝牙 5.0 个域网和蜂窝广域网之间的网关，如图 1-8 所示。**片上系统**（SOC）方便地集成了以下硬件：

- ❑ 骁龙 660 处理器，高通 Kryo 260 CPU
- ❑ 3 GB 板载 LPDDR4 DRAM
- ❑ 32 GB eMMC 存储
- ❑ 一个 microSD 卡接口

- 蓝牙 5.0 无线电
- 802.11n / ac Wi-Fi 2.4 GHz 和 5 GHz 无线电网络

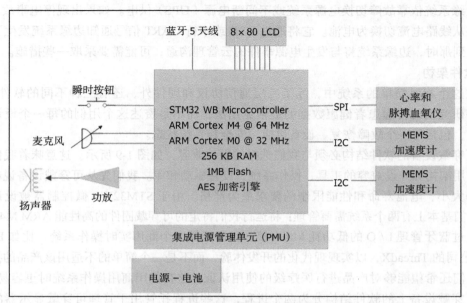

图 1-7 家庭和缓护理的可穿戴计算设备

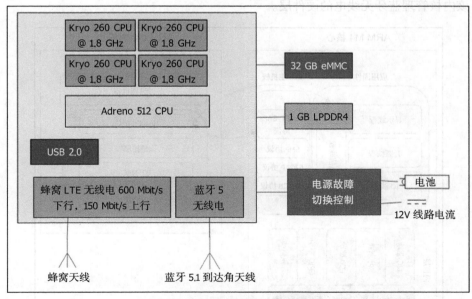

图 1-8 边缘系统硬件框图

边缘计算机还将使用蓝牙 5.1 位置跟踪到达角天线阵列。这一新标准将使边缘系统可对蓝牙领域内的可穿戴设备和患者获得厘米级的位置精度。这将允许跟踪患者的运动、锻炼、浴室功能和紧急情况。

边缘系统依靠故障切换电源系统或**不间断电源**（UPS）供电。如果出现停电事故，UPS设备将从线路电流切换为电池。它将通过 USB 或串行 UART 信号通知边缘系统发生了电源事件。到那时，边缘系统将与发生电源事件的云管理沟通，可能需要采取一些措施。

软件架构

在这个相对简单的系统中，除了三层通信协议和硬件外，还有三种不同的软件模型。我们将研究实时传递患者健康数据的最常见用法，而不是赘述这个用例的每一个设计的细微差别，包括每一个故障恢复、设备供应、安全和系统状态。

可穿戴设备的软件结构必须与我们选择的硬件兼容，如图 1-9 所示。这意味着我们要选择与所用架构和外设兼容的工具、操作系统、设备驱动和库。我们先从可穿戴设备说起，它对代码大小、电池寿命和性能限制的要求最为严格。由于 STM32WB 微控制器被设计为双核，我们基本上有两个系统需要管理：将运行我们特定的可穿戴固件的高性能 ARM M4 内核，以及通过蓝牙管理 I / O 的低功耗 M0 内核。我们选择一个商用实时操作系统，比如 Express Logic 公司的 ThreadX，以实现现代化的开发体验，而不是一个简单的不适用该产品的控制循环。我们还希望能够对产品进行医疗级的使用认证，这在使用商用操作系统时更容易实现。

可穿戴设备上的软件结构分为两个进程，这些进程托管用于管理可穿戴显示器的多个线程、扬声器和麦克风硬件、心跳和运动传感器的 I/O 以及蓝牙栈。蓝牙栈与 M0 内核进行通信，该内核管理蓝牙无线电的硬件层。

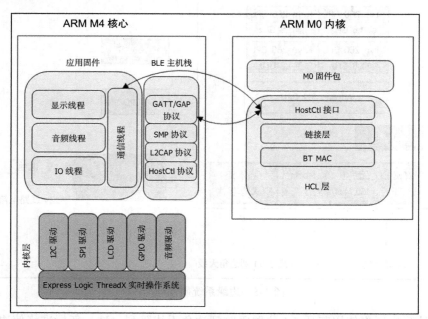

图 1-9　可穿戴式系统软件堆栈，分为两个处理内核，用于应用程序服务和 IO 通信

边缘计算机具有更多的处理资源，因为它必须提供完整的 TCP/IP 栈、PAN 和 WAN 通信与路由、加密服务、存储服务、设备置备和故障安全固件升级。如图 1-10 所示，对于边缘系统，我们选择 Linux Debian 系统，因为它比紧密嵌入的 RTOS 提供更多的功能和服务。云系统以及边缘计算机或可穿戴设备上的所有服务都是通过"规则引擎"进行协调的。规则引擎可以是使用针对此客户或用例的自定义逻辑的简单"专家系统"。一个更健壮的设计可以使用像 Drools 这样的标准化框架。由于每个患者可能需要有一套不同的规则，因此使用一个动态的、可互换的规则引擎是有意义的，该引擎可以用不同的患者指令上传。这是一个自主的顶层主管，可以定期捕获运行状况数据、解决安全问题、可靠地发布新固件更新、管理身份验证和安全性，并处理大量错误和故障情况。规则引擎必须是自主的，这样才能满足系统的产品需求，而无须通过云直接控制。

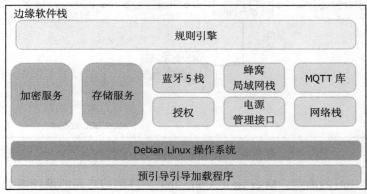

图 1-10　边缘计算机软件栈，其中包含由单个监督和自治"规则引擎"管理的许多服务

云服务层提供摄取、长期数据存储、流分析和患者监护仪表板的服务。它为医疗保健提供商提供了一个通用接口，可以通过其安全地管理数百个边缘系统。这也是一种可以快速报告运行状况、错误情况和系统故障并安全地提供设备升级的方法。云服务与边缘服务的划分如下：

- ☐ 云服务
  - 对于多个远端患者和系统的数据获取和管理
  - 几乎无限的存储容量
  - 对边缘进行受控软件部署和更新
- ☐ 边缘服务
  - 对事件的低时延和实时的反应
  - PAN 与传感器通信
  - 最低连接要求

商业云服务将附带服务协议和经常性成本，而边缘系统在大多数情况下只会产生单一的前期硬件和开发成本。

在考虑云组件时,我们需要一项服务来安全地从多个边缘设备接收数据。数据需要存储以供分析和监控。云服务还应该包括一种管理和提供边缘安装的方法。最后,我们寻找一种方法来获取病人的实时数据,并将其显示给有资质的工作人员。

对于这个项目,我们选择使用 Microsoft Azure IoT 作为云提供商来管理这个大型部署并实现增长和可扩展性。Azure IoT 提供了如图 1-11 所示的架构。

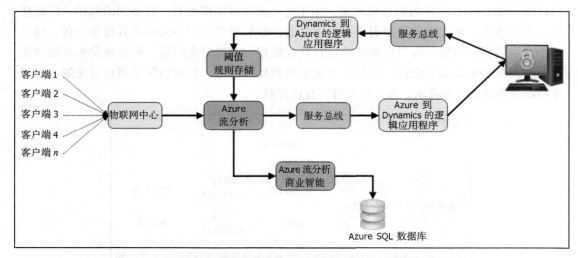

图 1-11　典型的 Microsoft Azure IoT 软件栈和云架构

至少在 IoT Hub 的前端,Microsoft Azure IoT 软件架构之间的设计通常是保持一致的。数据将从各种经过身份验证的源传输到 Azure IoT 中心。云网关能够扩展到非常大型的 IoT 安装。在幕后,IoT Hub 是一组数据中心流程和服务的集合,用于侦听和响应传入的事件。

IoT Hub 将把合格的流路由到流分析引擎。在这里,数据将被快速地实时分析,就像数据能够被吸收一样快。数据可以汇集到商业智能服务,长期存储在 Azure SQL 数据库中,并移动到服务总线。服务总线以队列的形式响应事件和故障,以允许系统对它们做出响应。我们架构中的最后一个组件是云"黏合"层,它将数据路由到物联网设备(Logic App Dynamics 到 Azure)或响应传入数据(Logic App Azure 到 Dynamics)。Microsoft Dynamics 365 作为一个逻辑应用程序接口,允许物联网事件的可见性、仪表板的创建、Web 框架,甚至移动和智能手机报警。

这个用例只是商业产品的实际功能的一小部分。我们忽略了重要的领域,如配置、身份验证、错误情况、弹性固件升级、系统安全性和信任根、故障转移条件、音频通信、密钥管理、LCD 显示工作以及仪表板控制系统本身。

1.4.2　用例回顾

我们在这个非常简短的介绍性用例中所展示的是,企业和商业设计的物联网与边缘计算需求涉及许多学科、技术和考虑因素。试图以现代的性能、可靠性、可用性和安全性预期简化将互联网连接与边缘系统桥接的复杂性，可能会以失败告终。

正如我们在简略的医疗可穿戴用例中所看到的那样，我们的设计涉及许多可互操作的组件，这些组件组成了一个系统。负责物联网系统的架构师必须对这些系统组件有一定程度的了解：

- ❑ 硬件设计
- ❑ 电源管理和电池设计
- ❑ 嵌入式系统设计和编程
- ❑ 通信系统、无线电信令、协议使用和通信经济学
- ❑ 网络栈和协议
- ❑ 安全性、服务开通、身份验证和可信平台
- ❑ 性能分析和系统分区
- ❑ 云管理、流系统、云存储系统和云经济学
- ❑ 数据分析、数据管理和数据科学
- ❑ 中间件和设备管理

本书的目的是帮助架构师通过无数的细节和每一个层次的选择找到正确的方法。

1.5　小结

欢迎来到物联网世界。作为这个新领域的架构师，我们必须了解客户的需求以及用例的需求。物联网系统不是一种"一劳永逸"的设计。客户期望通过搭上物联网的列车而有所收获。

首先，必须有积极的回报。这取决于你的业务和客户的意图。从我的经验来看，目标是获得 5 倍的收益，这对将新技术引入现有行业有很好的促进作用。其次，物联网设计本质上是多种设备。物联网的价值不是单个设备或单个位置向服务器广播数据。它是一组可以传播信息，并理解这些汇总信息将要告诉你的价值的设备。任何设计都必须具备弹性和可伸缩性，因此，在前期设计中需要注意这一点。

我们已经了解了物联网的各个细分市场，以及物联网的预测增长率和实际增长率。我们还探讨了一个单一的商业用例，并看到物联网和边缘计算跨越了多个学科、技术和功能。开发商业上可行的物联网和边缘计算系统的机制将要求架构师理解这些不同的部分以及它们是如何相互关联的。

我们现在开始探索物联网和边缘计算系统的整体拓扑结构，然后在本书的其余部分分解各个组件。

第 2 章　物联网架构和核心物联网模块

边缘计算和物联网生态圈从位于地球最偏远角落的最简单传感器开始，将模拟物理效应转化为数字信号（互联网的语言）。然后，数据经过有线和无线信号、各种协议、自然干扰和电磁碰撞等复杂的过程，到达互联网的以太网。从那里，打包的数据将遍历各种渠道，到达云端或大型数据中心。物联网的优势不仅仅是一个传感器发出的信号，而是数百个，数千个，可能是数百万个传感器，事件和设备的集合。

本章首先介绍了物联网与机器对机器架构的定义。还讨论了架构师在构建可扩展、安全和企业物联网架构中的作用。为此，架构师必须能够讲出设计给客户带来的价值。架构师还必须在平衡不同的设计选择中扮演多种工程和产品角色。

本章对本书的编排方式以及架构师应该如何阅读本书和发挥其作为架构师的作用进行了概述。本书将物联网架构设计作为一项涉及许多系统和工程领域的整体工作。本章将着重介绍：

- ❏ **传感器和电源**：我们涵盖了物理传感到数字传感、电力系统和储能的转变。
- ❏ **数据通信**：我们深入研究使用米级（near-meter）、千米级（near-kilometer）和超远距离通信系统和协议的设备通信，以及网络和信息理论。
- ❏ **边缘计算**：边缘设备有多种角色，从路由到网关、边缘处理和云边缘（雾）互连。我们研究边缘的作用，以及如何成功构建和划分边缘机器。我们还将研究从边缘到云的通信协议。
- ❏ **计算、分析和机器学习**：我们将研究通过云和雾计算的数据流，以及高级机器学习和复杂事件处理。
- ❏ **威胁和安全**：最后的内容是研究地球上最大攻击面的安全性和脆弱性。

2.1　相连的生态系统

几乎每家主要的技术公司都在物联网和边缘计算（图 2-1）领域进行了投资或已经投入了巨资。新的市场和技术已经形成（有些已经崩溃或被收购）。在本书中，我们几乎会涉及信息技术的每个细分领域，因为它们都在物联网中发挥作用。

如图 2-1 所示，以下是我们将研究的物联网 / 边缘计算解决方案中的一些组件：

- ❏ **传感器、执行器和物理系统**：嵌入式系统、实时操作系统、能量收集源、微机电系统（Micro-Electro-Mechanical System，MEMS）。

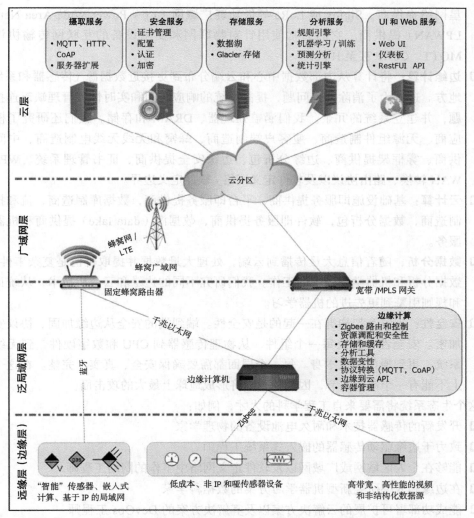

图 2-1　物联网 / 边缘计算系统的架构层示例。这是架构师必须考虑的众多潜在配置之一。
这里我们展示了通过直接通信和通过边缘网关的传感器到云的路由。我们还将重点
介绍边缘计算节点和云组件提供的功能

- **传感器通信系统**：无线个人区域网（Wireless Personal Area Network，WPAN）的范围从 0 厘米到 100 米，是低速和低功耗的通信信道，通常是非 IP 的，其在传感器通信中占有一席之地。
- **局域网**（Local Area Network，LAN）：通常是基于 IP 的通信系统，例如 802.11 Wi-Fi，通常采用点对点或星形拓扑结构的快速无线通信。
- **聚合器、路由器、网关**：嵌入式系统提供商，最便宜的厂商。
- **广域网**（Wide Area Network，WAN）：使用 LTE 或 Cat M1 的蜂窝网络提供商、卫

星网络提供商、Sigfox 或 LoRa 等**低功耗广域网**（Low-Power Wide-Area Network，LPWAN）提供商。它们通常使用针对物联网和受限设备的互联网传输协议，如 MQTT、CoAP 甚至 HTTP。

❑ **边缘计算**：将计算从内部数据中心和云端分布到更接近数据源（传感器和系统）的地方。这是为了消除延迟问题，提高系统的响应时间和实时性，管理缺乏连接的问题，并建立系统的冗余。我们涵盖处理器、DRAM 和存储。我们还研究了模块供应商、无源组件制造商、瘦客户端制造商、蜂窝和无线无线电制造商、中间件提供商、雾框架提供商、边缘分析包、边缘安全提供商、证书管理系统、WPAN 到 WAN 转换、路由协议以及软件定义网络 / 软件定义边界。

❑ **云计算**：基础设施即服务提供商，平台即服务提供商，数据库制造商，流和批处理制造商，数据分析包，软件即服务提供商，数据湖（data lake）提供商和机器学习服务。

❑ **数据分析**：随着信息大量传播到云端，处理大量数据并提取价值是复杂事件处理、数据分析和机器学习技术的工作。我们研究不同的边缘和云分析技术，从统计分析和规则引擎到更先进的机器学习。

❑ **安全性**：把整个架构绑在一起的是安全性。端到端的安全从边缘加固、协议安全到加密。安全性会触及每一个组件，从物理传感器到 CPU 和数字硬件，到无线通信系统，再到通信协议本身。每一个层面都需要确保安全、真实、完整。在这个链条上不能有一个薄弱环节，因为物联网将形成地球上最大的攻击面。

这个生态系统将需要来自工程学科的人才，例如：

❑ 开发新的传感器技术和耐久电池设备的物理学家
❑ 致力于边缘驱动传感器的嵌入式系统工程师
❑ 能够在个人区域网或广域网以及软件定义网络中工作的网络工程师
❑ 在边缘和云端研究新型机器学习方案的数据科学家
❑ 能成功部署可扩展的云解决方案以及雾解决方案的 DevOps 工程师

物联网还需要服务供应商，例如解决方案提供公司、系统集成商、增值经销商和 OEM。

2.1.1　物联网、机器对机器与 SCADA

在物联网世界中，一个常见的混淆领域是它与**机器对机器**（M2M）技术之间的区别。在物联网成为主流词汇之前，M2M 曾被大肆追捧。早在 M2M 之前，SCADA（监督控制和数据采集）系统是工厂自动化的互连机器的主流。虽然这些指的都是互联设备，并且可能使用类似的技术，但还是有区别的。

让我们更仔细地研究下面这些：

❑ **M2M**：这是一个一般概念，涉及自治设备直接与另一个自治设备通信。自治是指节点在没有人工干预的情况下实例化并与另一节点通信信息的能力。通信形式对应用程序开放。 M2M 设备很可能不使用固有的服务或拓扑进行通信。这省去了通常用于云服务和存储的典型 Internet 设备。 M2M 系统也可以通过非基于 IP 的信道进行通信，例如串行端口或自定义协议。

❑ **物联网**：物联网系统可能包含一些 M2M 节点（例如使用非 IP 通信的蓝牙网状网），但是它们在边缘路由器或网关处汇聚数据。网关或路由器之类的边缘设备充当 Internet 的入口点。另外，某些具有更强大计算能力的传感器可以将 Internet 网络层推入传感器本身。无论互联网接入点存在何处，只要有办法与互联网相连，它就属于物联网的定义范畴。

❑ **SCADA**：此术语指监督控制和数据采集。这些工业控制系统自 20 世纪 60 年代以来一直用于工厂、设施、基础设施和制造自动化。它们通常涉及**可编程逻辑控制器**（PLC），监测或控制机械上的各种传感器和执行器。SCADA 系统是分布式的，只是最近才与互联网服务连接。这就是工业 2.0 和制造业新增长的地方。这些系统使用 ModBus、BACNET 和 Profibus 等通信协议。

通过将传感器、边缘处理器和智能设备的数据传到互联网上，可以将传统的云服务应用于最简单的设备。在云技术和移动通信成为主流且具有成本效益之前，现场简单的传感器和嵌入式计算设备没有很好的手段在全球范围内以秒为单位进行数据通信、永久存储信息，并分析数据，以寻找趋势和模式。随着云技术的发展，无线通信系统变得越来越普及，锂离子等新能源设备变得具有成本效益，机器学习模型也不断发展，以产生可操作的价值。这极大地改善了物联网价值主张。如果没有这些技术的融合，我们将仍然处在 M2M 世界。

2.1.2　网络的价值、梅特卡夫定律和贝克斯特伦定律

有人认为，网络的价值是基于梅特卡夫定律的。罗伯特·梅特卡夫（Robert Metcalfe）在 1980 年提出了一个概念，即任何网络的价值都与系统的连接用户的平方成正比。就物联网而言，"用户"可能是指传感器或具有某种通信形式的边缘设备。

一般来说，梅特卡夫定律表示为：

$$V \propto N^2$$

其中：

❑ V= 网络的价值

❑ N= 网络中的节点数

图 2-2 有助于理解上式，在交叉点处可以获得正的**投资回报率**（ROI）。

最近进行了一个示例，以验证梅特卡夫定律对区块链价值和加密货币趋势的影响。我们将在第 13 章中更深入地探讨区块链。

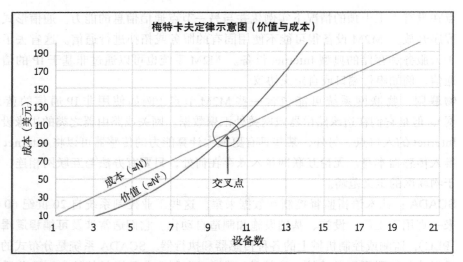

图 2-2 梅特卡夫定律。网络的价值与 N^2 成正比。每个节点的成本表示为 kN，其中 k 是任意常数。在本例中，k 表示每个物联网边缘传感器 10 美元的常数。关键之处在于，由于价值的增长，交叉点迅速出现，表示这时这个物联网部署实现正的投资回报率

Ken Alabi 最近的一份白皮书表明，区块链网络似乎也遵循梅特卡夫定律：*Electronic Commerce Research and Applications,* Volume 24, C（July 2017），Page number 23-29。

梅特卡夫定律没有考虑到随着用户数量以及数据消费的增加，服务下降的情况，但网络带宽却不能不考虑。梅特卡夫定律也没有考虑到不同级别的网络服务、不可靠的基础设施（如行驶车辆中的 4G LTE）或影响网络的不良行为（如拒绝服务攻击）。

为了说明这些情况，我们使用贝克斯特伦法则。

$$\sum_{i=1}^{n} V_{i,j} = \sum_{i=1}^{n} \sum_{k=1}^{m} \frac{B_{i,j,k} - C_{i,j,k}}{(1+r_k)^{t_k}}$$

其中：

- $V_{i,j}$：代表网络 j 上设备 i 的网络的现值
- i：网络上的单个用户或设备
- j：网络本身
- k：单次业务
- $B_{i,j,k}$：网络 j 上设备 i 的业务 k 将带来的利益
- $C_{i,j,k}$：网络 j 上设备 i 的业务 k 的成本
- r_k：对于业务 k 的时间的利率折现率
- t_k：业务 k 所用的时间（以年为单位）
- n：个人人数

❑ m：交易数

贝克斯特伦定律告诉我们，要核算一个网络的价值（例如物联网解决方案），我们需要核算所有设备的所有业务，并将其价值相加。如果网络 j 因为任何原因宕机，用户的代价是什么？这就是物联网网络带来的影响，也是一个比较有代表性的现实世界的价值归属。方程中最难建模的变量是交易 B 的收益，虽然看每一个物联网传感器，价值可能非常小，微不足道（比如某机器上的温度传感器丢失一个小时）。也有时候，它可能是非常重要的（例如，水传感器的电池没电了，导致零售商的地下室被淹，造成了重大的库存损失和保险调整）。

架构师在构建物联网解决方案时的第一步应该是了解他们所设计的东西带来了什么价值。在最坏的情况下，物联网部署会成为一种负担，实际上会给客户带来负价值。

2.1.3　物联网和边缘架构

本书涵盖了许多技术、学科和专业知识水平。作为一名架构师，需要了解某个设计选择对系统可扩展性和其他部分产生的影响。与传统技术相比，物联网技术和服务的复杂性和关系之间的相互联系要明显得多，这不仅是因为规模巨大，而且因为架构类型不同。有许多令人迷惑的设计选择。例如，在撰写本书时，我们仅统计了 700 多家物联网服务提供商，它们提供基于云的存储、SaaS 组件、物联网管理系统、中间件、物联网安全系统以及人们可以想象的各种形式的数据分析。除此之外，不同的 PAN、LAN 和 WAN 协议的数量也在不断变化，并随地区而变化。选择错误的 PAN 协议可能会导致通信质量下降和信号质量显著降低，只有通过添加更多节点完成网状网才能解决此问题。架构师的作用应该是提出和提供解决整个系统问题的解决方案：

❑ 架构师需要考虑局域网和广域网中的干扰影响——数据如何从边缘进入互联网？
❑ 架构师需要考虑弹性（resiliency）以及数据丢失的成本。弹性管理应该在栈的较低层中管理，还是在协议本身中管理？
❑ 架构师还必须选择互联网协议，如 MQTT、CoAP 和 AMQP，以及如果其决定迁移到另一个云供应商，该协议将如何工作。

处理应驻留的位置的选择也需要考虑。这产生了边缘 / 雾计算的概念，通过处理源头附近的数据来解决延迟问题，但更重要的是减少带宽和通过 WAN 和云移动数据的成本。接下来，我们将在分析收集的数据时考虑所有选择。使用错误的分析引擎可能会导致无用的噪声或算法所需资源过大而无法在边缘运行。从云端返回传感器的查询将如何影响传感器设备本身的电池寿命？除此以外，我们还必须加强安全性，因为我们所建立的物联网部署现已成为城市最大的攻击面。如你所见，选择很多，并且彼此之间互有联系。

有许多选择需要考虑。当你考虑边缘计算系统和路由器、PAN 协议、WAN 协议和通信的数量时，有超过 150 万种不同的架构组合可供选择（图 2-3）。

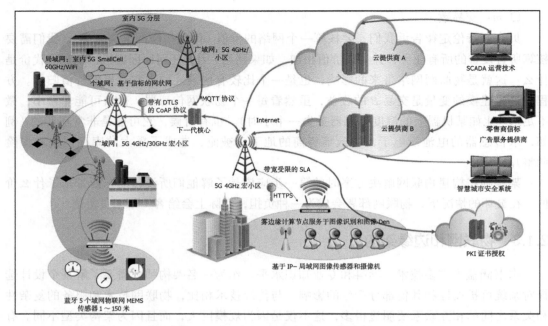

图 2-3　物联网设计选择：从传感器到云端再到云端的各级物联网架构的全貌

2.1.4　架构师的作用

架构师这个词在技术学科中经常使用。有软件架构师、系统架构师和解决方案架构师。即使在特定的领域内，如计算机科学和软件工程，你也可能看到有 SaaS 架构师、云架构师、数据科学架构师等头衔的人。这些人都是公认的专家，在某一领域拥有切实的技能和经验。这些类型的专业垂直领域跨越了多个横向技术。在本书中，我们针对的是物联网架构师。

这是一个横向的角色，意味着它将触及这些领域中的许多领域，并将它们整合在一起，形成一个可用、安全和可扩展的系统。

我们会尽可能深入地了解整个物联网系统，把一个系统整合起来。有时，我们会探讨纯理论，比如信息和通信理论。有时，我们会探讨物联网系统外围或者植根于其他技术的主题。通过阅读和参考本书，架构师将对物联网的不同方面有一个可供参考的指南，而这些方面都是构建一个成功系统所需要的。

无论你是电气工程或计算机科学专业的人员，还是拥有云架构方面专业知识的人员，本书都将帮助你理解一个整体的系统，从定义上讲，这应该是架构师作用的一部分。

本书还打算在全球范围内进行大规模推广。用一个或两个终端设备建立概念验证是一回事，而构建一个绵延多个大洲、不同的服务提供商和成千上万个终端的物联网解决方案是另一个完全不同的挑战。每个主题都可以用于爱好者和制造商的活动，这旨在扩展到全球企业系统，约有数千到数百万个边缘设备。

架构师会对所有相连的系统提出问题，他会意识到对一个解决方案进行优化可能会在系统的另一部分产生不理想的效果。

例如：

- □ 系统是否可以扩展，容量如何？这将影响广域网、边缘到云协议以及中间件到云供应系统的决策。
- □ 在失去连接的情况下，系统将如何运行？这将影响边缘系统、存储组件、5G 服务配置文件和网络协议的选择。
- □ 云将如何管理和调配边缘设备？这将影响边缘中间件和雾组件，以及安全服务的决策。
- □ 我的客户解决方案如何在有噪声的射频环境中工作？这将影响对 PAN 通信和边缘组件的决策。
- □ 如何更新传感器上的软件？这将影响安全协议、边缘硬件和存储、PAN 网络协议、中间件系统、传感器成本和资源，以及云供应层的决策。
- □ 哪些数据有助于提高客户的绩效？这将影响有关使用什么分析工具，在哪里分析数据，如何保护和变换数据，以及边缘/云分区的决策。
- □ 如何从端到端保护设备、业务和通信？

2.2　第一部分——传感和电源

一个物联网业务以从一个事件开始或结束，这个事件可以是一个简单的运动，一个温度变化，或者锁上的传动器的移动。与现有的许多 IT 设备不同，物联网在很大程度上与物理动作或事件有关。它的反应是影响一个现实世界的属性。有时，这涉及从单个传感器产生相当多的数据，例如用于机械预防性维护的听觉传感。有时，它是一个单一的数据位，表明来自病人的重要健康数据。不管是什么情况，传感系统已经发展起来，利用摩尔定律扩展到亚纳米尺寸，并大大降低了成本。第一部分从物理和电气的角度探讨了 MEMS、传感和其他形式的低成本边缘器件的深度。该部分还详细介绍了驱动这些边缘机器所必需的电源和能源系统。我们不能把边缘的电源视为理所当然。数 10 亿个小型传感器的集合仍将需要大量的总能量驱动。我们将在本书中重新审视电源，以及云端的一些无害的改变是如何严重影响系统的整体电源架构的。

2.3　第二部分——数据通信

本书的很大一部分内容是关于连接性和网络的。还有无数其他资料深入探讨应用开发、预测分析和机器学习。本书也会涉及这些主题，但同样重视数据通信。如果没有重要的技术将数据从最偏远和最恶劣的环境传送到谷歌、亚马逊、微软和IBM的超大数据中心，物联网就不会存在。IoT的缩写包含了互联网一词，正因如此，我们需要深入研究网络、通信，甚至信号理论。物联网的出发点不是传感器或应用，而是关于连接性，我们将在本书中看到这一点。一个成功的架构师将理解从传感器到广域网以及再回到传感器的网络互联限制。

这个通信和网络部分从通信和信息的理论和数学基础开始。成功的架构师需要使用初步的工具和模型，不仅要了解为什么某些协议会受到限制，还需要设计可以在物联网层面上成功扩展的未来系统。

这些工具包括无线无线电变量，如范围和功率分析、信噪比、路径损耗和干扰等。第二部分还详细介绍了信息理论的基础和影响数据整体容量和质量的约束条件，探讨香农定律的基础。无线频谱是有限的、共享的，因此部署大规模物联网系统的架构师需要了解频谱是如何分配和治理的。

本部分所探讨的理论和模型将在本书的其他部分不断使用。

然后，数据通信和网络将从称为**个人区域网**（PAN）的近距离通信系统中建立起来，通常使用非互联网协议信息。关于PAN的章节将包括新的蓝牙5协议和网状网，以及Zigbee和Z-Wave的深入介绍。这些代表了所有物联网无线通信系统的多元性。接下来，我们将探讨无线局域网和基于IP的通信系统，包括大量的IEEE 802.11 Wi-Fi系统、线程和6LoWPAN。本章还研究了新的Wi-Fi标准，如用于车载通信的802.11p。

该部分最后介绍使用蜂窝（4G LTE）标准的远距离通信，并深入理解支持4G LTE和专用于物联网和机器对机器通信的新标准（如Cat-1和Cat-NB）的基础设施。最后一章还涵盖了5G标准和公开许可的蜂窝通信（MulteFire），以使架构师为未来的长距离传输做好准备，在这种情况下，每个设备都用某种能力连接。我们还探讨了LoRaWAN和Sigfox等专有协议，以了解架构之间的差异。

2.4　第三部分——边缘计算

边缘计算使非传统计算能力接近数据源。尽管嵌入式系统已经存在于设备中近40年，但边缘计算已不仅仅是用于显示温度的简单8位微控制器或模数转换器电路。随着连接对象的数量和用例的复杂性在行业中不断增加，边缘计算试图解决关键问题。例如，在物联网领域，我们需要以下内容：

- ❑ 积累来自多个传感器的数据，并提供互联网入口。
- ❑ 解决关键安全情况下的实时响应，例如远程手术或自动驾驶场景。
- ❑ 可以管理大量非结构化数据（如视频数据甚至视频流）处理的解决方案，以节省通过无线运营商和云提供商传输数据的成本。

边缘计算也是分层次的，我们会研究 5G 基础设施、多接入边缘计算和雾计算。

我们将仔细研究硬件、操作系统、机械和功率，这是架构师必须为不同的边缘系统考虑的。例如，架构师可能需要一个能满足成本和功率要求的系统，但可能会放弃一些处理能力。其他设计可能需要极强的适应性和恢复性，因为边缘计算机可能处于非常偏远的地区，基本上需要自我管理。

为了将传感器的数据桥接到互联网上，我们需要两种技术：网关路由器和支持基于 IP 的协议，旨在提高效率。本部分探讨了 PAN 网络上的传感器与 Internet 桥接的边缘的路由器技术的作用。路由器的作用在保护、管理和引导数据方面尤为重要。边缘路由器对底层网状网络进行协调和监控，并对数据质量进行平衡和平整。数据的私有化和安全也是至关重要的。第三部分将探讨路由器在创建虚拟专用网络、虚拟局域网和软件定义广域网中的作用。实际上一个边缘路由器所服务的节点可能有数千个，从某种意义上说，它可以作为云的延伸，正如我们将在第 11 章中描述的那样。

本部分继续介绍节点、路由器和云之间物联网通信中使用的协议。物联网已经使用新的协议，而不是几十年来使用的传统 HTTP 和 SNMP 类型的消息传递。物联网数据需要高效、功耗感知和低时延的协议，这些协议可以在云内和云外轻松引导和保护数据。本部分探讨了诸如普适性 MQTT，以及 AMPQ 和 CoAP 等协议，并举例说明它们的使用和效率。

2.5　第四部分——计算、分析和机器学习

此时，我们必须考虑如何处理从边缘节点流入云服务的数据。我们先谈谈云架构的各个方面，如 SaaS、IaaS 和 PaaS 系统。架构师需要了解云服务的数据流和典型设计（云服务是什么，如何使用）。我们以 OpenStack 作为云设计的模型，探讨从摄取器（ingestor）引擎到数据湖（data lake），再到分析引擎的各种组件。

理解云架构的约束条件对于正确判断系统的部署和扩展规模也很重要。架构师还必须了解延迟如何影响物联网系统。另外，并非所有事物都属于云。将所有物联网数据移至云计算而不是在边缘进行处理（边缘计算）或将云服务向下扩展到边缘计算设备（雾计算）时，成本都是可度量的。这部分深入研究雾计算的新标准，例如 OpenFog 架构。

从物理模拟事件转化为数字信号的数据可能会产生可操作的后果。这就是物联网的分析和规则引擎发挥作用的地方。物联网部署的复杂程度取决于所设计的解决方案。在某些情况下，一个寻找异常温度极端值的简单规则引擎可以很容易地部署在监控几个传感器的边缘路由器上。在其他情况下，大量的结构化和非结构化数据可能会实时流向基于云的数据湖，既需要快速处理以进行预测分析，也需要使用先进的机器学习模型进行长程预测，例如时间相关信号分析包中的循环神经网络。本部分详细介绍了从复杂事件处理器到贝叶斯网络，再到神经网络的推理和训练的分析方法的用途和限制。

2.6　第五部分——物联网中的威胁与安全

在本书的最后，我们对物联网入侵和攻击进行了调查。在许多情况下，物联网系统无法在家庭或公司中得到保护。它们将在公共场所、在非常偏远的地区、在移动的车辆中，甚至在人体内。物联网代表了任何类型的网络攻击的最大攻击面。我们已经看到无数的学术黑客、有组织的网络攻击，甚至是以物联网设备为目标的国家安全攻击。第五部分将详细介绍此类攻击的几个方面，以及任何架构师对消费者物联网或企业物联网在互联网部署时必须考虑的应对方案。我们将探讨拟议的国会法案，以确保物联网的安全，并了解这种政府授权的动机和影响。

本部分将检查物联网或任何网络组件所需的典型安全规定，还将探讨区块链和软件定义边界等新技术的细节，以提供对保护物联网所需的未来技术的见解。

2.7　小结

本书将关联介绍包括边缘计算和物联网的各种技术。在本章中，我们总结了本书所涉及的领域和主题。架构师必须认识到这些不同工程学科之间的相互作用，以构建一个可扩展、稳健和优化的系统。架构师还将被要求提供物联网系统为最终用户或客户提供价值的支持证据。在这里，我们了解了梅特卡夫定律和贝克斯特伦定律作为支持物联网部署的工具的应用。

在接下来的章节中，我们将学习从传感器和边缘节点到互联网和云的通信。首先，我们将研究无线电信号和系统背后的基础理论及其约束和限制，然后我们将深入研究近距离和远距离无线通信。

第 3 章　传感器、终端和电力系统

物联网（IoT）是从数据源或执行某个操作的设备开始的，我们称之为**终端或节点**，它们是与互联网相关联的东西。一般来说，当人们讨论物联网时，数据的实际来源往往被忽视，这些数据源是输出与时间相关的数据流的传感器，这些数据流必须被安全地传输、分析和存储。物联网的价值体现在总数据量中，因此，传感器提供的数据至关重要。然而，对于架构师来说，理解数据以及如何分析数据是至关重要的。在大规模物联网部署中，除了了解收集什么数据以及如何获取数据外，掌握可以感知到什么数据以及各种传感器的约束条件是非常有用的。例如，系统必须考虑丢失的设备和错误的数据，架构师必须了解传感器数据不可靠的原因，以及传感器在现场发生故障的原因。本质上，我们正在把模拟世界与数字世界连接起来。主要的连接设备是传感器，所以了解它们的作用至关重要。

这就是物联网的本质。正如我们在第 1 章中提到的，传感器和边缘设备是导致物联网增长的主要组成部分，因此了解它们在架构中的关系非常重要。本章将从电子和系统的角度重点介绍传感设备，重要的是要了解被测量的对象以及为什么要测量背后的原理。

人们会问："对于我要解决的问题，我应该考虑什么类型的传感器或边缘设备？"在部署物联网解决方案时，架构师应该考虑成本、特性、大小、可用寿命和精度等方面。此外，边缘设备的功率和能量在物联网文献中很少被提及，但它们对于构建可靠和持久的技术至关重要。在本章结束时，读者应该对传感器技术及其限制条件有一个深入的了解。

在本章中，我们将讨论以下主题：

- 传感设备：从热电偶到 MEMS 传感器，再到视觉系统
- 发电系统
- 储能系统

3.1　传感设备

我们首先关注传感或输入设备。从简单的热电偶到先进的视频系统，这些传感设备都有各种各样的形式和复杂性。物联网之所以能够快速增长，一个原因就是随着半导体制造和微机械加工技术的进步，这些传感系统的尺寸和成本已经大大降低。

3.1.1　热电偶和温度传感器

温度传感器是传感器产品中最普遍的形式，它们几乎无处不在。从智能恒温器到物联

网冷藏物流，从冰箱到工业机械，它们普遍存在，而且很可能是物联网解决方案中你将接触到的第一个传感设备。

热电偶

热电偶（TC）是一种温度传感装置，它们不依赖激励信号工作。因此，它们产生非常小的信号（振幅通常为微伏）。不同材料的两根导线在温度测量取样处相遇，每种金属彼此独立地产生电压差，这种效应称为**塞贝克电动效应**，两种金属之间的电压差与温度存在非线性关系。

电压的大小取决于所选的金属材料，电线的末端必须与系统进行热隔离，这一点非常重要（并且电线需要处于相同的受控温度下）。在图 3-1 中，你将看到一个阻热块，其温度由传感器控制。这通常通过**冷端补偿技术**来控制，其中温度是变化的，但可以通过块传感器进行精确测量。

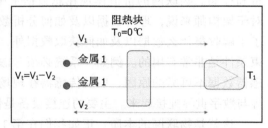

图 3-1 热电偶原理图

当对电压差进行采样时，软件通常会提供一个查询表，根据所选金属的非线性关系导出温度。

热电偶通常应用于简单测量。由于细微杂质会影响导线成分，并导致与查找表不匹配，因此系统的精度也会有所不同，可能需要精密级热电偶，但成本较高。

另一个影响是老化。由于热电偶通常用于工业环境中，高热环境会导致传感器的精度随着时间的推移降低。因此，物联网解决方案必须考虑传感器生命周期内的变化。

热电偶适用于较宽的温度范围，对不同的金属组合进行颜色编码，并按类型标记（例如，E、M 和 Pt-PD 等）。一般来说，这些传感器适用于长引线的远距离测量，通常用于工业和高温环境。

图 3-2 显示了各种热电偶金属类型及其在不同温度范围内的能量线性关系。

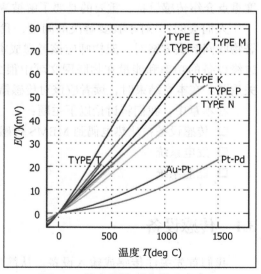

图 3-2 热电偶类型表征 E（T）：T

电阻式温度检测器

电阻式温度检测器（Resistance Temperature Detector，RTD）在很窄的温度范围内工作，但其相比热电偶（低于 600 摄氏度）具有更好的精度。它们通常用非常细的铂丝紧紧包裹在陶瓷或玻璃上。这样就形成了电阻与温度的关系。因为电阻式温度检测器是基于电阻的测量，所以需要一个励磁电流来操作它（1 毫安）。

电阻式温度检测器的电阻遵循预定的斜率，它有一个基准电阻，200 PT100 电阻式温度检测器的斜率为 0.00200 欧姆 / 摄氏度，范围为 0 ～ 100 摄氏度。在这个范围内（0 ～ 100 摄氏度），斜率将是线性的。电阻式温度检测器有两线、三线和四线封装，四线模型用于高精度校准系统。电阻式温度检测器通常与桥式电路一起使用，以提高分辨率，并通过软件将结果线性化。图 3-3 显示了绕线电阻式温度检测器的设计和形状。

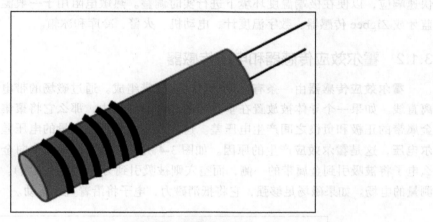

图 3-3　绕线电阻式温度检测器

电阻式温度检测器很少在 600 摄氏度以上使用，这限制了其在工业中的应用。在高温下，铂可能被污染，从而导致不正确的结果。然而，当在其规定温度范围内测量时，电阻式温度检测器相当稳定和准确。

热敏电阻

最后一个温度传感设备是**热敏电阻**，它们也是基于电阻的关系型传感器（如电阻式温度检测器），但在给定温度下比电阻式温度检测器产生更高幅度的变化，基本上，这些电阻是根据温度变化的。它们也被用在电路中，以减少涌入电流。电阻式温度检测器与温度变化呈线性关系，而热敏电阻与其呈高度非线性关系，适用于温度小范围狭窄且需要高分辨率的场合。热敏电阻有两种类型：NTC，电阻随温度升高而减小；PTC，电阻随温度升高而增大。热敏电阻使用陶瓷或聚合物，而金属是电阻式温度检测器的基础。

热敏电阻广泛应用于医疗器械、科学设备、食品处理设备、孵化箱和家用电器（如恒温器）中。

温度传感器概要

表 3-1 重点介绍了不同温度传感器的使用情况和优点。

表 3-1

类别	热电偶	电阻式温度检测器	热敏电阻
温度范围（摄氏度）	−180 ～ 2320	−200 ～ 500	−90 ～ 130
响应时间	快（微秒）	慢（秒）	慢（秒）
尺寸	大（约 1 毫米）	小（5 毫米）	小（5 毫米）
精度	低	中	很高

通常，热电偶用于测量工业应用和用户加热（如窑或熔炉）中的温度。这需要电子设备快速响应，以便在极端温度环境下进行实时调整。热敏电阻用于一般温度传感，如普通的蓝牙或 Zigbee 传感器、数字温度计、电动机、火警、冷库和冰箱。

3.1.2 霍尔效应传感器和电流传感器

霍尔效应传感器由一条有电流经过的金属带组成。通过磁场的带电粒子流会使光束偏离直线。如果一个导体被放置在垂直于电子流的磁场中，那么它将聚集电荷载流子，并在金属带的正极和负极之间产生电压差。这将产生一个可以测量的电压差。这个差值称为**霍尔电压**，这是**霍尔效应**产生的原因。如图 3-4 所示，如果在磁场中向金属带施加电流，那么电子将被吸引到金属带的一侧，而空穴则被吸引到另一侧（见曲线）。这将产生一个可以测量的电场。如果磁场足够强，它将抵消磁力，电子将沿着直线运动。

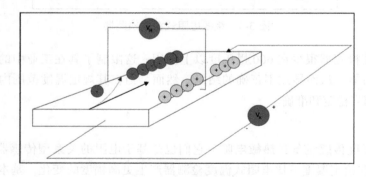

图 3-4 霍尔效应的例子

电流传感器利用霍尔效应测量系统的交流和直流电流。电流传感器有两种形式：开环和闭环。闭环传感器比开环传感器更昂贵，通常用于电池供电的电路中。

霍尔传感器的典型用途包括位置传感、磁强计、高可靠性开关和水位检测。它们被用于工业传感器，以测量不同机器和电机的转速。此外，这些设备成本很低，并且能承受恶劣的环境条件。

3.1.3 光电传感器

光和光强度的检测被用于许多物联网传感器设备，如安全系统、智能开关和智能街道照明。顾名思义，光敏电阻的电阻随光强度的变化而变化，而光电二极管则将光转换成电流。

光敏电阻是用高电阻半导体制造的。当其吸收的光足够多时，电阻减小。在黑暗中，光敏电阻可以有相当高的电阻（在兆欧范围内）。半导体吸收的光子允许电子跳到导电带上导电。光敏电阻对波长敏感，具体取决于它们的类型和制造商。光电二极管是具有 $p–n$ 结的真正的半导体。这种装置通过产生一个电子－空穴对响应光照。

空穴向阳极移动，电子迁移到阴极，产生电流。传统的太阳能电池以这种光伏模式工作，产生电能。如果有必要，也可以在阴极上使用反向偏压，以改善时延和响应时间。表 3-2 对比了光敏电阻和光电二极管。

表　3-2

类别	光敏电阻	光电二极管
感光度	低	高
主动 / 被动（半导体）	被动	主动
温度灵敏度	高	低
光照变化的时延	长（10 毫秒开，1 秒关）	短

3.1.4　PIR 传感器

热释电红外（Pyroelectric InfraRed，PIR）传感器包含两个插槽，填充了对红外辐射和热产生反应的材料。典型的用例是安全性或热体运动。在最简单的形式中，菲涅耳透镜位于 PIR 传感器的顶部，使两个插槽均形成向外扩展的弧线。这两条弧线形成了检测区域。当一个热体进入或离开其中一个弧线时，它会产生一个信号并进行采样。PIR 传感器使用一种晶体材料，当受到红外辐射时会产生电流。**场效应晶体管**（Field-Effect Transistor，FET）检测电流的变化并将信号发送到放大单元。PIR 传感器在 8 ～ 14 微米的范围内响应良好，这是人体的典型特征。

图 3-5 说明了检测两个区域的两个红外区域。虽然这在某些情况下是可以的，但通常我们需要检查整个房间或区域的移动或活动。

要用单个传感器扫描更大的区域，需要多个菲涅耳透镜将房间各区域的光线汇聚起来，从而在 PIR 阵列上创建不同的区域。这也有将红外能量汇聚到离散场效应晶体管区域的效果。通常，这样的设备允许架构师控制灵敏度（范围）和保持时间。

保持时间是指从检测到一个物体在 PIR

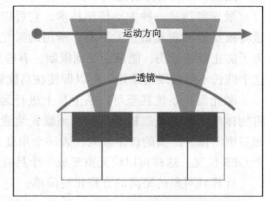

图 3-5　PIR 传感器：对在视野内移动的红外源做出反应的两个元件

路径上移动到输出运动事件的时间，保持时间越短，输出的事件就越多。

图 3-6 显示了一个典型的 PIR 传感器，其菲涅耳透镜以固定焦距聚焦在基板上。

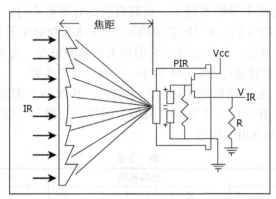

图 3-6　左：菲涅尔透镜将红外区域聚焦到 PIR 传感器上

3.1.5　激光雷达和主动传感系统

本节将介绍主动传感系统。我们已经讨论过许多简单地响应环境变化的被动传感器。主动传感涉及广播信号，该信号被用来测量空间或时间上的环境。虽然这一领域很广，但我们将重点介绍激光雷达，它是主动传感系统的基础。

LiDAR（激光雷达）是光探测和测距（Light Detection And Ranging）的缩写。这种传感器通过测量激光脉冲在目标上的反射来测量到目标的距离。当 PIR 传感器将检测到一个范围内的运动时，激光雷达就能够测量一个范围。这个过程在 20 世纪 60 年代首次被证明，现在广泛应用于农业、自动化和自动驾驶车辆、机器人、监控和环境研究。这种类型的主动传感机器也能分析任何穿过其路径的东西。它们被用来分析气体、大气、云的形成和成分、微粒、移动物体的速度等。

激光雷达是一种主动传感技术，它可以发射激光能量。当激光击中物体时，一部分能量将被反射回激光雷达发射器。所用的激光器的波长一般为 600 ～ 1000 纳米，相对便宜。为了防止眼睛受伤，能量会受到限制。有些激光雷达装置在 1550 纳米的范围内工作，因为这个波长不能被眼睛聚焦，所以即使在高能量下也不会造成伤害。

激光雷达系统甚至可以从卫星上进行远距离扫描。这种激光器每秒产生 15 万个脉冲，将物体反射回光电二极管阵列。该激光装置还可以通过旋转镜扫描场景，以建立环境的全面三维图像。广播的每个波束代表一个角度、**飞行时差**（Time-of-Flight，ToF）测量值和一个 GPS 位置。这样可以使光束形成一个具有代表性的场景。

计算到对象的距离的方程相对简单：

$$距离 = \frac{（光速 \times 飞行时差）}{2}$$

激光雷达和其他主动传感器的工作方式类似（如图 3-7 所示）。每一个都有一个代表性的广播信号，返回到传感器以构建图像或指示事件已经发生。这些传感器比无源传感器更复杂，而且需要更多功率、成本和使用面积。

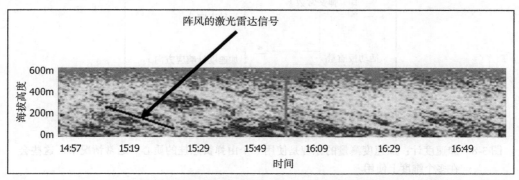

图 3-7　激光雷达：激光雷达图像用来分析大气阵风以保护风力涡轮机的一个例子。图片由 NASA 提供

3.1.6　MEMS 传感器

微电子机械系统（MEMS）自 20 世纪 80 年代首次生产以来就已进入工业领域，然而，第一个 MEMS 压力传感器可追溯到 20 世纪 60 年代，当时的科莱特半导体产品有限公司开发了一种压阻式压力传感器。

基本上，它们包含了与电子控制装置相互作用的微型机械结构。通常，这些传感器在 1 ～ 100 微米的几何尺寸范围内。与本章中提到的其他传感器不同，MEMS 机械结构可以旋转、拉伸、弯曲、移动或改变形状，进而影响电信号。这是由一个特定的传感器捕捉和测量的信号。

MEMS 设备是在典型的硅制造工艺中使用多个掩模、光刻、沉积和蚀刻工艺制造的。然后，MEMS 硅芯片与其他组件（如运算放大器、模数转换器和支持电路）封装在一起。通常，MEMS 设备将在相对较大的 1 ～ 100 微米范围内被制造，而典型的硅结构是在 28 纳米或以下制造的。该工艺包括薄层沉积和蚀刻，以创建 MEMS 设备的三维结构。

除了传感器系统之外，MEMS 设备还可以在喷墨打印机和**数字光处理器**（Digital Light Processor，DLP）投影机等现代高架投影机的头部找到。将 MEMS 传感设备合成像针头一样小的封装的能力已经拥有，这将使物联网发展成数十亿个相连的事物成为可能。

MEMS 加速度计和陀螺仪

加速度计和陀螺仪在当今许多移动设备（如计步器和健身跟踪器）中很常见，主要用于定位和运动跟踪。这些设备将使用 MEMS 压电元件产生电压以响应运动。

陀螺仪检测旋转运动，加速度计响应线性运动的变化。图 3-8 说明了加速度计的基本原理。通常，通过弹簧固定在校准位置的质心将对加速度的变化做出反应，而加速度的变化是通过 MEMS 电路中的不同电容测量的。质心在一个方向上的加速度变化时表现为静止状态。

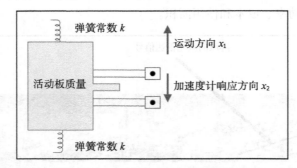

图 3-8　加速度计：加速度测量的原理是使用一个由弹簧悬挂的质心。通常情况下，这些会在多个维度上使用

加速度计将被合成，以响应多个维度 (X, Y, Z) 而不是一维，如图 3-8 所示。

陀螺仪的工作原理略有不同。陀螺仪不依赖对质心的运动响应，而是依赖旋转参考系的科里奥利效应。图 3-9 演示了这个概念。如果不增加速度，物体将沿弧线运动，而无法到达北向目标。向圆盘外缘移动需要额外的加速度才能保持向北的运动方向，这就是科里奥利加速度。在 MEMS 设备中，没有旋转盘，而是在硅衬底上的一系列 MEMS 装配环上施加一个谐振频率。

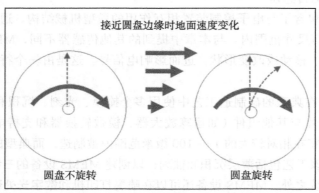

图 3-9　加速度计：旋转盘对向北移动路径的影响

这些环是同心的，被切割成小的弧形。同心环允许更大的面积来测量旋转运动的精度。单环需要刚性支撑梁，而且不那么可靠。通过将圆环分拆成弧形，结构失去刚性，对旋转力更加敏感。直流电源产生的静电力在环内共振，而附在环上的电极负责检测电容器的变化。如果共振环受到扰动，则检测到科里奥利加速度。科里奥利加速度由以下方程定义：

$$a = -2\omega \times v$$

根据方程，在有旋转盘的情况下，加速度是系统的旋转角速度和旋转盘速度的乘积，如图 3-9 所示。在没有旋转盘的情况下，加速度是系统的旋转角速度和 MEMS 设备的谐振频率的乘积，如图 3-10 所示。给定一个直流电源，一个力改变了间隙大小和电路的总电容。外电极检测环中的偏转，而内电极提供电容测量。

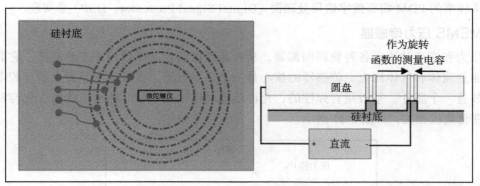

图 3-10　左：同心切割环，代表放置在硅衬底上的陀螺仪传感器。右：连接到相应硅衬底的圆盘间隙

陀螺仪和加速度计都需要电源和一个用于信号调节的运算放大器。经过调节后，输出信号可以由数字信号处理器进行采样。

这些设备可以在非常小的封装中合成，例如 InvenSense MPU-6050，它在一个 4 毫米 × 4 毫米 ×1 毫米的体积中封装了一个六轴陀螺仪和加速度计。

该设备利用 3.9 毫安的电流，有利于低功率传感。

像 InvenSense MPU-6050 这样的设备通常用于游戏机、智能电视和智能手机。这使用户可以与设备有引人入胜的交互式体验。像这样的设备可以在三维空间中精确地跟踪用户的运动。

MEMS 麦克风

MEMS 设备也可用于声音和振动检测。这些类型的 MEMS 设备与前面介绍的加速度计有关。对于物联网部署，声音和振动测量在工业物联网和预测性维护应用中很常见。例如，在化学制造或离心机中，旋转或分离混合大量物料的混合物的工业机器需要精确的水平测量。MEMS 声音或振动检测装置通常用于监测此类设备的健康和安全。

这种类型的传感器需要具有足够采样频率的模数转换器。此外，还需要一个放大器来加强信号。

MEMS 麦克风的阻抗在几百欧姆左右（这需要仔细注意所使用的放大器）。MEMS 麦克风可以是模拟的或数字的。模拟变量将偏向于一些直流电压，并连接到编解码器进行模数转换。数字麦克风的 ADC 靠近麦克风源，当编解码器附近有来自蜂窝网络或 Wi-Fi 信号的信号干扰时，这一点将很有用。

数字 MEMS 麦克风的输出可以是**脉冲密度调制**（Pulse Density Modulated，PDM）或以 I^2S 格式发送。PDM 是一种高采样率协议，能够从两个麦克风通道进行采样。它通过共享时钟和数据线，并在不同的时钟周期从两个麦克风中的一个进行采样来实现这一点。I^2S 的采样率不高，而且在音频速率（赫兹到千赫兹范围）下的抽取可以获得较好的质量。这仍然允许在采样中使用多个麦克风，但可能根本不需要 ADC，因为采样发生在麦克风中。一个具有高采样率的 PDM 需要**数字信号处理器**（Digital Signal Processor，DSP）来实现。

MEMS 压力传感器

压力和应变计用于各种物联网部署，从智能城市监控基础设施到工业制造。它们通常用于测量流体和气体压力。传感器的核心是一个压电电路。将在压电基板上的空腔上方或下方放置一个膜片。基板是有弹性的，允许压电晶体改变形状。这种形状的变化与材料的电阻变化直接相关，如图 3-11 所示。

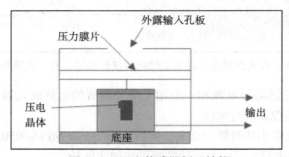

图 3-11　压力传感器剖面结构

这种类型的传感器以及本章中列出的基于励磁电流的其他传感器，都依赖**惠斯通电桥**来测量变化。惠斯通电桥可以有两线、四线或六线的组合。当压电基板弯曲并发生电阻改变时，电压的变化通过电桥测量（如图 3-12 所示）。

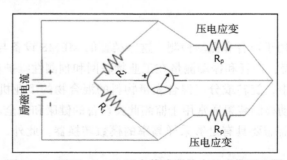

图 3-12　用于 MEMS 压力传感器放大的惠斯通电桥

3.2　高性能物联网终端

到目前为止，我们已经研究了一些简单的传感器，它们只是以二进制或模拟形式返回必须采样的信息。然而，物联网设备和传感器对其所承担的任务具有强大的处理能力和性能。智能传感器包括摄像机和视觉系统等设备。智能传感器可以包括大量的处理能力，包括高端处理器、数字信号处理器、FPGA 和定制 ASIC。在本节中，我们将探讨智能传感器的一种形式：**视觉系统**。

3.2.1　视觉系统

与之前探索的简单传感器相比，视觉系统要复杂得多，它需要大量的硬件、光学元件和成像硅。视觉系统从观察场景的透镜开始。透镜提供聚焦功能，但也为传感元件提供更多的光饱和度。在现代视觉系统中，我们使用两种类型的传感元件之一：**电荷耦合设备**（Charge-Coupled Device，CCD）或**互补金属氧化物半导体**（Complementary Metal-Oxide Semiconductor，CMOS）设备。CCD 和 CMOS 的区别可以概括如下：

❏ CCD：电荷从传感器传输到芯片边缘，通过模数转换器按顺序采样。CCD 可以产生高分辨率和低噪声的图像。它们消耗相当大的功率（是 CMOS 的 100 倍）。它们还需要独特的制造工艺。

❏ CMOS：单个像素包含晶体管来对电荷进行采样，并允许单独读取每个像素。CMOS 更容易受噪声影响，但功耗很小。

目前市场上大多数传感器都是用 CMOS 制造的。一个 CMOS 传感器集成到一个硅芯片中，该芯片显示为一个二维晶体管阵列，排列在硅衬底上。每一个红色、绿色或蓝色的传感器上都会有一系列微透镜，将附带的光线聚焦到晶体管元件上。这些微透镜中的每一个都会将特定的颜色衰减到一组特定的光电二极管（R、G 或 B），这些光电二极管对光照强度做出响应。然而，透镜并不完美。它们会增加色差，不同波长的折射率不同，从而导致不同的焦距和模糊。透镜也可以扭曲图像，造成针垫现象。

接下来将进行一系列步骤来过滤、规范化图像，经过多次转换，使其成为可用的数字图像。这是**图像信号处理器**（Image Signal Processor，ISP）的核心可以按照图 3-13 所示的顺序执行步骤。

请注意，对于图像中的每个像素，流水线的每个阶段都要进行多次转换和处理。数据和处理的数量需要大量的定制硅或数字信号处理器。以下列出了管道中的功能块职责：

❏ **模数转换**：传感器信号放大后转换成数字形式（10 位）。数据从光电二极管传感器阵列中被读取，以扁平化的系列行 / 列代表刚刚捕获的图像。

❏ **光学夹**：消除由于传感器黑电平引起的传感器偏置效应。

❏ **白平衡**：模拟不同色温下眼睛的色度显示。中性色调显示为中性。这是使用矩阵转换来执行的。

❏ **死点校正**：识别死像素并使用插值补偿其损失。死像素被替换为相邻像素的平均值。

❏ **Debayer 滤波和去马赛克**：Debayer 滤波可分离 RGB 数据，使绿色饱和度超过红色和蓝色内容，以进行亮度灵敏度调整。它还从传感器隔行扫描的内容创建图像的平面格式，用更先进的算法保留图像的边缘。

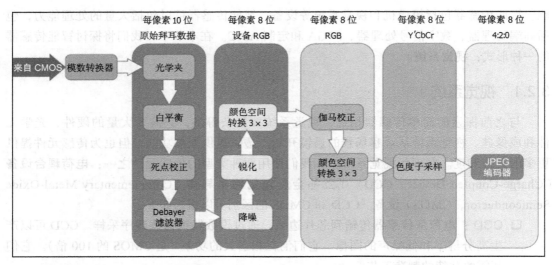

图 3-13　图像传感器：用于彩色视频的典型图像信号处理器管道

❑ **降噪**：传感器会由于混叠效应、模数转换等原因产生噪声。噪声可能与晶体管级像素灵敏度的不均匀性或光电二极管的泄漏有关，从而暴露出暗区。其他形式的噪声也存在。这个相位通过一个中值滤波器（3×3 阵列）在所有像素上去除图像捕获中引入的白噪声和相干噪声。或者，可以使用去斑点滤波器，它需要对像素进行排序。其他方法也存在。然而，它们都在像素矩阵中运动。

❑ **锐化**：使用矩阵乘法对图像进行模糊处理，然后将模糊与内容区域中的细节相结合，以创建锐化效果。

❑ **颜色空间转换 3×3**：颜色空间转换为 RGB 特定处理的 RGB 数据。

❑ **伽马校正**：校正 CMOS 图像传感器对不同辐照度下 RGB 数据的非线性响应。伽马校正使用**查找表**（LookUp Table，LUT）插值并校正图像。

❑ **颜色空间转换 3×3**：从 RGB 到 Y′CbCr 格式的附加颜色空间转换。选择 YCC 是因为 Y 可以用比 CbCr 更高的分辨率存储而不会损失视觉质量。它还使用 4∶2∶2 位表示（4 位 Y、2 位 Cb 和 2 位 Cr）。

❑ **色度子采样**：由于 RGB 色调的非线性为了色调匹配和质量，校正图像以模拟其他介质（如胶片）。

❑ **JPEG 编码器**：标准 JPEG 压缩算法。

这里应该强调的是，这是一个很好的例子，说明了传感器有多复杂，以及有多少数据、硬件和复杂性可以整合为一个简单的视觉系统。在 1080p 分辨率下，以每秒 60 帧的保守速度通过视觉系统或相机的数据量是巨大的。

所有的阶段（除了 JPEG 压缩）在一个固定功能硅片（如 ASIC）的 ISP 中一次移动一个周期。每秒处理的数据总量为 1.368 GB。考虑到 JPEG 压缩作为最后一步，通过定制的硅片和 CPU/DSP 内核，处理的数据量远远超过 2 GB/s。我们永远不会将原始的拜耳图像视频流送到云端进行处理——这项工作必须尽可能靠近视频传感器。

3.2.2　传感器融合

本章所述的所有传感器设备需要考虑的一个方面是**传感器融合**的概念。传感器融合是将几种不同类型的传感器数据结合起来，以揭示比单个传感器所能提供的更多关于情景信息的过程。这在物联网领域很重要，因为单个热传感器不知道是什么导致温度快速变化。然而，当结合来自附近其他传感器的数据（这些传感器观察 PIR 运动检测和光照强度）时，物联网系统可以识别出：在阳光明媚的时候，大量的人聚集在某个区域，然后可以决定增加智能建筑内的空气流通。一个简单的热传感器只记录当前的温度值，没有与情景相关的认知能够意识到由于人们的聚集和阳光的照射，热量正在上升。

利用来自多个传感器（边缘和云）的时间相关数据，处理系统可以根据更多的数据做出更好的决策。这就是大量数据从传感器涌入云端的原因之一，这也正导致了大数据增长。随着传感器变得更便宜、更容易集成，就像 TI SensorTag 一样，我们将看到更多的传感组合提供情境感知。

传感器融合有两种模式：

❑ **集中式**：将原始数据传输并聚合到中央服务，并在那里进行融合（例如，基于云的融合）

❑ **分散式**：在传感器处进行数据关联

传感器相关数据的基础通常通过**中心极限定理**表示，其中两个传感器测量值 x_1 和 x_2 结合起来，根据组合的方差显示相关测量值 x_3。这只需将两个度量值相加，然后用方差加权求和：

$$x_3 = (\sigma_1^{-2} + \sigma_2^{-2})^{-1}(\sigma_1^{-2}x_1 + \sigma_2^{-2}x_2)$$

其他的传感器融合方法是卡尔曼滤波和贝叶斯网络。

第 8 章将深入讨论边缘计算，并举例说明"传感器融合"的例子，这将强化这样的技术对资源和处理的要求，它已经超越了简单的传感器电子技术。

3.2.3　输出设备

物联网生态圈中的输出设备几乎可以是任何东西，从简单的 LED 到完整的视频系统。其他类型的输出包括执行器、步进电机、扬声器和音频系统、工业阀门等。毫无疑问，这些设备需要不同复杂度的各种控制系统。根据输出的类型和它们所服务的用例，也应该预料到大部分控制和处理需要位于边缘，或者靠近设备（而不是在云中完全控制）。例如，一个视频系统可以从云提供商处获得传输数据流，但需要在边缘提供输出硬件和缓冲能力。

一般来说，输出系统需要大量的能量来转换成机械运动、热能，甚至光。一个小的业余级控制流体或气流的螺线管，需要 9～24 伏直流电压和 100 毫安的电流才能可靠地工作并产生 5 牛顿的力，而工业级螺线管的工作电压一般为数百伏。

3.3 功能示例（整合在一起）

在传感器收集到的数据被传输、处理或采取行动之前，这些传感器的数据收集本身并没有多大价值。该处理可以由嵌入式控制器执行，也可以发送到云端的上游。建造这个系统需要更多的硬件。通常，传感器将使用已建立的输入输出接口和通信系统，如 I²C、SPI、UART、SPI 或其他低速输入输出接口（在第 11 章中介绍）。其他设备，如视频系统，将需要更快的输入输出接口来保持高分辨率和快速视频帧速率。这样的输入输出接口将包括 MIPI、USB 甚至 PCI-Express。为了实现无线通信，传感器需要与蓝牙、Zigbee 或 802.11 等无线传输硬件一起使用。所有这些都需要额外的组件，我们将在本节中介绍这些组件。

3.3.1 功能示例——TI SensorTag CC2650

德州仪器 CC2650 SensorTag 是物联网传感器模块开发、原型开发和设计的一个很好的例子。SensorTag 在软件包中具有以下功能和传感器：

- ❏ 传感器输入
  - 环境光传感器（TI 光传感器 OPT3001）
  - 红外温度传感器（TI 热电堆红外 TMP007）
  - 环境温度传感器（TI 光传感器 OPT3001）
  - 加速度计（InvenSense MPU-9250）
  - 陀螺仪（InvenSense MPU-9250）
  - 磁强计（Bosch Sensor Tec BMP280）
  - 高度计 / 压力传感器（Bosch Sensor Tec BMP280）
  - 湿度传感器（TI HDC1000）
  - MEMS 麦克风（Knowles SPH0641LU4H）
  - 磁传感器（Bosch Sensor Tec BMP280）
  - 两个按钮式 GPIO
  - 簧片继电器（Meder MK24）
- ❏ 输出设备
  - 蜂鸣器 / 扬声器
  - 两个发光二极管
- ❏ 通信
  - 低能耗蓝牙

- Zigbee
- 6LoWPAN

该软件包由一个 CR2032 扣式电池供电。最后，该设备可以置于信标模式（iBeacon）并用作消息广播器。

图 3-14 是 CC2650 SensorTag 模块的框图。

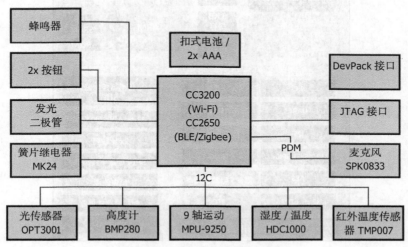

图 3-14　TI CC2650 SensorTag

图 3-15 是 MCU 的框图。MCU 使用 ARM Cortex M3 和 ARM Cortex M0 提供输入输出和处理能力，它们通过各种总线接口连接到模块上的传感器组件。

该设备配备了许多传感器、通信系统和接口，但处理能力有限。该设备使用 TI 公司的一个处理模块（MCU CC265），其中包括一个小型 Cortex M3 CPU，只有 128 KB 的闪存和 20 KB 的 SRAM。这是因为它的极低的功耗。M0 内核（性能明显低于 M3）管理无线电传输。

虽然省电，但这限制了系统的处理量和资源量。通常，像这样的组件需要有网关、路由器、手机或其他一些智能设备。像这样为低功耗和低成本而构建的传感器设备将没有资源用于更高要求的应用程序，如 MQTT 协议栈、数据聚合、蜂窝通信或分析。因此，人们在现场看到的大多数终端传感设备都比这个组件更简单，可以进一步降低成本和功耗。

3.3.2　传感器到控制器

在前面许多传感元件的例子中，信号在到达任何地方之前都需要放大、滤波和校准。通常，硬件需要一个具有一定分辨率的模数转换器。图 3-16 是一个输出 5V 信号的简单 24 位模数转换器。

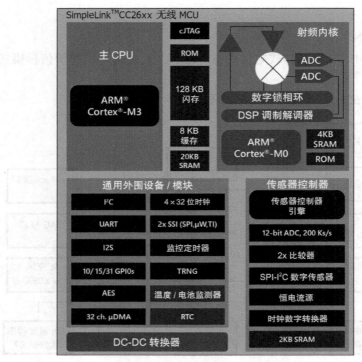

图 3-15　TI CC2650 MCV 框图

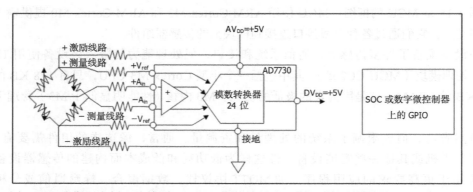

图 3-16　惠斯通电桥：连接到 AD7730 模数转换器，作为微控制器或芯片系统的输入

　　输出可以是原始脉冲调制数据，或串行接口，如 I²C、SPI 或 UART 到微控制器或数字信号处理器。在实际使用的系统中，德州仪器红外热电堆传感器（TMP007）是一个很好的例子。这是一种非接触式 MEMS 温度传感器，它吸收红外波长并将其转换为参考电压，同时使用冷端参考温度。

　　它的额定值是准确检测温度在 −40 摄氏度到 +125 摄氏度之间的环境。在图 3-17 中，我们可以看到本章关于这一部分的总结。

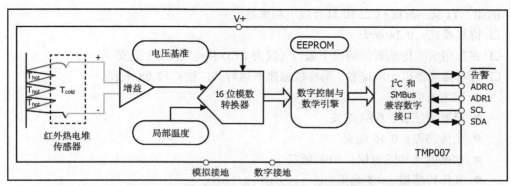

图 3-17   德州仪器 TMP007 红外热电堆传感器系统

3.4   能源和电源管理

由于传感器和边缘设备数量达数 10 亿，将用于非常偏远的地区，因此能否提供可靠的电源成为一个挑战。此外，在物联网部署过程中，有传感器将被埋入海底，或嵌入混凝土基础设施，这将使电源更加复杂化。在本节中，我们将探讨能量收集和电源管理的概念。这两个概念在整个物联网中都是非常重要的概念。

3.4.1   电源管理

电源管理是个非常广泛的主题，涉及软件和硬件。了解电源管理在成功的物联网部署中的作用，以及如何有效地管理远程设备和长寿命设备的电源非常重要。架构师必须为边缘设备建立功率预算，包括：

- ❏ 有源传感器电源
- ❏ 数据收集频率
- ❏ 无线电通信强度和功率
- ❏ 通信频率
- ❏ 微处理器或微控制器功率与核心频率的函数关系
- ❏ 无源组件电源
- ❏ 漏电或供电效率低下造成的能量损失
- ❏ 驱动器和电机的功率储备

功率预算只是反映了从电源（电池）中需要被减去的功率总和。随着时间的推移，电池也不具有线性功率行为。当电池在放电过程中失去能量容量时，电压会迅速下降。这给无线通信系统带来了问题。如果电池电压降到最低电压以下，收音机或微处理器将达不到阈值电压，导致掉电。

例如，TI SensorTag C2650 具有以下功率特性：

❑ 待机模式：0.24 毫安

❑ 在禁用所有传感器的情况下运行（仅为 LED 供电）：0.33 毫安

❑ 所有传感器以 100 毫秒 / 采样数据速率运行并广播：12.08 毫安

  ● BLE：5.5 毫安

  ● 温度传感器：0.84 毫安

  ● 光传感器：0.56 毫安

  ● 加速度计和陀螺仪：4.68 毫安

  ● 气压传感器：0.5 毫安

TI SensorTag 使用标准 CR2032 扣式电池，额定值为 240 毫安时。因此，最长寿命预计为 44 小时左右。然而，当我们讨论 Peukert 的容量时我们会看到，对于电池型的设备来说，下降的速度是变化的，而且是非线性的。

采用了许多电源管理实践，例如在硅中不使用的时钟门控组件、降低处理器或微控制器的时钟速率、调整感测频率和广播频率、降低通信强度的退避策略以及各种级别的睡眠模式。这些技术作为一种通用的实践广泛应用于计算机业务中。

✎ 这里描述的技术反映了反作用功率管理技术。它们试图根据动态电压、频率调整和其他方案降低能源消耗。未来要考虑的新技术包括近似计算和概率设计。这两种方案都依赖这样一个事实，即在运行于边缘的传感器环境中，尤其是在涉及信号处理和无线通信的用例中，绝对精度并不总是必需的。近似计算可以在硬件或软件中完成，当与诸如地址和乘法器等功能单元一起使用时，可以简单地降低整数的精度水平（例如，值 17 962 相当接近 17 970）。概率设计实现了许多物联网部署可以容忍一定程度的不完善，以放松设计约束。这两种技术都可以将门的数量和功率减少到比常规硬件设计几乎成指数级下降的水平。

3.4.2　能量收集

能量收集不是一个新概念，但却是物联网的一个重要概念。从本质上讲，任何表示状态变化的系统（例如，从热到冷、无线电信号、光）都可以将其形式的能量转换为电能。一些设备将其作为唯一的能源形式，而另一些则是混合系统，利用收集来增加或延长电池的寿命。反过来，收集到的能量可以存储和用于（节省）为低能耗设备供电，例如物联网中的传感器。系统必须有效地捕捉能量和储存能量。因此，需要先进的电源管理。例如，如果一个能量收集系统使用嵌入人行道的压电机械收集技术，它将需要在没有足够的人流量来保持装置充电的情况下进行补偿。与能量收集系统的持续通信会进一步消耗能量。通常，这些物联网部署将使用先进的电源管理技术，以防止功能完全丧失。

低备用电流、低泄漏电路和时钟节流等技术经常被使用。图 3-18 说明了能量收集最理想的领域以及它可以提供动力的技术。架构师必须注意确保系统既没有动力不足，也没有动力过剩。一般来说，收集系统的能量潜力低，转换效率低。架构师应该考虑在有大量未开发的废弃能源供应的情况下收集能量，例如在工业环境中。

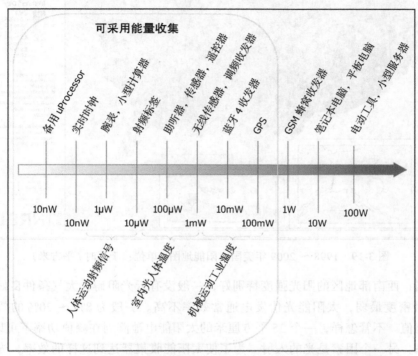

图 3-18　能量收集的最佳地点。该图显示了各种设备的典型能耗

能量收集技术在智能城市和远程通信的物联网产品中很常见。例如，许多城市经常使用以太阳能电池阵列为主要电源的交通统计和安全监视器。另一个例子是邮件和包裹投递箱，它使用瞬间的机械能量，当盒子打开时，这些能量会被捕捉到，以便电力电子设备监控投递箱的容量。

收集太阳能

来自光的能量，无论是天然的还是人造的，都可以被捕获并用作能源。在本章前面，我们讨论了光电二极管及其与可见光的关系。同样的二极管可以被大量用于建造传统的太阳能电池阵列。太阳能的发电能力是太阳能电池阵列面积的函数。实际上，室内太阳能发电效率不如太阳光直射。面板的额定功率是以瓦特为单位的最大输出功率。

太阳能收集的有效性取决于太阳的照射量，而日照量随季节和地理位置而变化。像美国西南部这样的地区可以从直接的光伏能源中回收相当多的能源。图 3-19 所示是由美国能源部国家可再生能源实验室编制的，其网站是：www.nrel.gov。

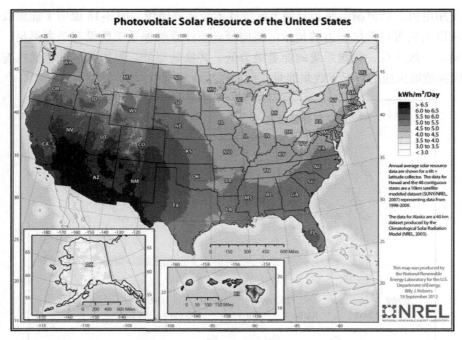

图 3-19 1998 ～ 2009 年美国太阳能地图（单位：千瓦时 / 平方米）

在美国，西南部地区的阳光强度特别好，一般没有云光阻碍，大气条件良好，而阿拉斯加的能量密度最弱，太阳能光伏发电通常效率不高。一般为 8% ～ 20% 的效率，其中 12% 是典型值。不管怎样，一个 25 平方厘米的太阳能电池阵列在峰值功率下可以产生 300 毫瓦的功率。另一个因素是光的入射。为了使太阳能收集器达到这样的效率，光源必须垂直于阵列。如果入射角随太阳移动而变化，那么效率会进一步下降。在与太阳垂直时效率为 12% 的收集器，在太阳与垂直方向成 30 度角时，效率大约只有 9.6%。

最基本的太阳能收集器是太阳能电池，它是一种简单的 p-n 半导体，类似于前面讨论的光电传感器。如前所述，当光子被捕获时，p 和 n 材料之间会产生电势。

压电机械收集

正如本章前面提到的，压电效应可以用作传感器，但也可以用来发电。机械应变可以通过运动、振动甚至声音转化为能量。这些收集器可用于智能道路和基础设施，即使嵌入混凝土中，也可根据交通流动情况采集和更换系统。这些装置产生毫瓦量级的电流，因此适用于具有某种形式的能量收集和储存的非常小的系统。这个过程可以使用 MEMS 压电机械设备、静电和电磁系统来执行。

静电收集结合了法拉第定律，基本上，人们可以通过改变线圈的磁通量来感应电流。在这里，振动被耦合到线圈或磁铁上。不幸的是，该方案在物联网传感器领域提供的电压太小，无法进行整流。

　　静电系统是利用保持恒定电压或电荷的两个电容板之间的距离变化。由于振动导致板之间的距离发生变化，可根据以下模型收集能量（E）：

$$E = \frac{1}{2}QV^2 = \frac{Q^2}{2C}$$

这里，Q 是极板上的恒定电荷，V 是恒定电压，C 代表前面等式中的电容。电容也可以用板的长度 L_w 表示，相对静态电容率用 ε_0 表示，板之间的距离用 d 表示，关系如下：

$$C = \varepsilon_0 L_w / d$$

通过微机械加工和半导体制造，静电转换具有可扩展性和成本效益的优点。

　　最后一种机电转换方法是**压电机械**。

　　压电设备在本章前面讨论传感器输入时已经讨论过。同样的基本概念也适用于能源生产。当压电机械 MEMS 设备试图阻尼附着在其上的质量时，振荡将转化为电流。

　　振动或机械能的捕获和转换的另一个考虑因素是在能量被使用或储存之前需要进行调节。通常情况下，无源整流器是通过加入一个大的滤波电容器来进行调节的。其他形式的能量收集不需要这样的调节。

射频能量收集

　　射频（RadioFrequency，RF）能量收集已经生产多年，以 RFID 标签的形式出现。RFID 的优点在于它是一种近场通信，由于近距离，它使用一个收发器为 RFID 标签供电。

　　对于远场应用，我们需要从广播传输中获取能量。广播传输几乎无处不在，电视、手机信号和收音机都提供服务。与其他形式相比，从无线电频率捕获能量尤其困难，因为射频信号的能量密度在所有采集技术中是最小的。射频信号的捕获基于具有捕获频段的适当天线，典型的使用频段在 531 ～ 1611 千赫兹范围内（均在调幅无线电范围内）。

热回收

　　对于任何表现出热流的设备，热能都可以转化为电流。热能可以通过两个基本过程转化为电能：

❑ **热电**：通过塞贝克效应将热能直接转化为电能。

❑ **热离子**：也称为热隧穿。电子从被加热的电极中喷射出来，然后插入冷的电极中。

　　当导电材料中存在温度梯度时，就会产生热电效应（塞贝克效应）。在两个不同的电导体之间，从热区到冷区的载流子流动产生了电压差。热电偶或**热电发生器**（ThermoElectric Generator，TEG）可以简单地根据人体核心温度和外界温度的温差有效地产生电压。5℃ 的温差可以在 3 V 下产生 40 μW。当热量流过传导材料时，热侧电极诱导电子流到冷侧电极，产生电流。现代热电设备使用 n 型或 p 型碲化铋串联。一侧接触热源（热电偶），另一侧被隔离。

　　热电偶堆收集的能量与电压的平方成正比，相当于电极之间的温差。可以通过以下方程式模拟热电偶所获得的能量：

$$V = \int_{T_L}^{T_H} S_1(T) - S_2(T) \mathrm{d}T$$

这里 S_1 和 S_2 代表热电偶堆中两种材料（n 型和 p 型）在存在温差时的不同塞贝克系数，$T_H - T_L$。由于塞贝克系数是温度的函数，存在温差，因此结果是电压差。这个电压通常很小，所以许多热电偶串联在一起形成一个热电偶堆。

💡 热电偶堆和热电偶的主要区别如下：
- 热电偶根据两个导体形成的电连接产生与温度有关的电压输出，并测量两个不同温度的差异。对于高精度的温度测量来说，它们并不精确。
- 热电偶堆也是使用许多热电偶的电子设备，通常在串联电路中。它们通过热阻层测量温差。它们的输出电压与局部温差成比例。

目前热电偶的一个实质性问题是能量转换效率低（不足 10%），然而，它们的优点是显著的，包括体积小、易于制造，因此成本相当低。它们的寿命也很长，超过 100 000 小时。当然，主要的问题是找到一个相对恒定的热变化源。在多个季节和多个温度的环境中使用这种设备是一个挑战。对于物联网设备，热电发电通常在 50 毫瓦范围内。

热离子产生基于电子从一个热电极喷射到一个冷电极上的势垒。势垒是材料的工作函数，当有重要的热源时使用最佳。虽然它的效率比热电系统好，但是跨越势垒所需的能量使得它通常不适合用于物联网传感器设备。可以考虑量子隧穿等替代方案，但它目前仍处于研究阶段。

3.4.3　储能

物联网传感器的典型存储是电池或超级电容器。在考虑传感器电源的架构时，必须考虑以下几个方面：

- 电源子系统的体积允许。电池能不能装得下？
- 电池能量容量。
- 可获得性。如果该装置嵌入混凝土中，就可以使用有限形式的能量再生，而且更换电池的难度会很高。
- 重量。该单元是打算作为无人机飞行，还是漂浮在水面上？
- 电池多久充电一次？
- 可再生能源形式是否如太阳能一样是持续可用的，还是间歇性的？
- 电池功率特性。当电池放电时，它的能量如何随时间变化。
- 传感器是否处于可能影响电池寿命和可靠性的热约束环境中？
- 电池是否具有保证最小电流可用性的配置文件？

能量和功率模型

电池容量以安培小时为单位。估算电池电源寿命的简化公式如下：

$$t = \frac{C_p}{I^n}$$

公式中，C_p 为 Peukert 容量，I 为放电电流，n 为 Peukert 指数。众所周知，Peukert 效应有助于预测电池的寿命，当放电增加时，电池的容量以不同的速率减少。这个方程显示了在更高的放电速率下如何从电池中使用更多的电能。或者，以较低的速率放电将增加电池的有效运行时间。对此现象的一种看法是，额定电流为 100 Ah 的蓄电池，在 20 小时内完全放电（本例中为 5A）。如果把它放得更快（比如说，10 小时内），容量就会降低。如果把它放得慢一点（比如说超过 40 小时），它会更大。然而，当在图上表示时，关系是非线性的。Peukert 指数通常介于 1.1 和 1.3 之间。随着 n 的增加，我们从一个完美的电池进一步发展到一个随着电流增加放电更快的电池。Peukert 曲线适用于铅酸蓄电池的性能，图 3-20 显示了一个示例。

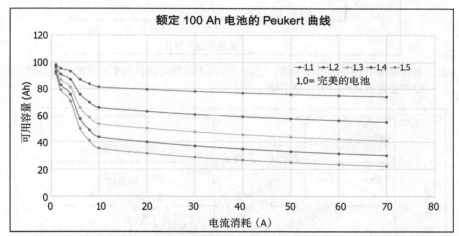

图 3-20　额定功率为 100 Ah 的电池在 20 小时内的 Peukert 曲线从 1.1 到 1.5。曲线显示，随着 Peukert 系数的增大，容量下降

人们可以看到不同类型的电池放电率的差异。碱性电池的一个优点是，在图表的很大一部分，放电率几乎是线性的。锂离子在性能上具有阶梯式的功能，因此使电池充电预测更加困难。尽管如此，锂离子在整个充电过程中提供一个近乎稳定和持续的电压水平，并在整个充电过程中持续地为电子设备供电（图 3-21）。

图 3-21 图还说明了铅酸和镉镍具有较低的电压电势和曲线衰减功率，可以更可靠地计算。末尾的斜度也表明了 Peukert 的容量。

温度极大地影响电池的寿命，特别是电池中的电活性载体。随着温度的升高，电池放电时的内阻减小。即使在储存电池时，它们也会自放电，这会影响电池的整个使用寿命。

在权衡能量容量和功率处理时，图 3-22 是显示储能系统之间关系的一种有用方法。它是一种基于对数的刻度，选取电源的能量密度（Wh/kg）与功率密度（W/kg）绘制。这显示使用寿命更长的设备（电池）与存储更多能量的设备（超级电容器）的关系，如图 3-22 所示。

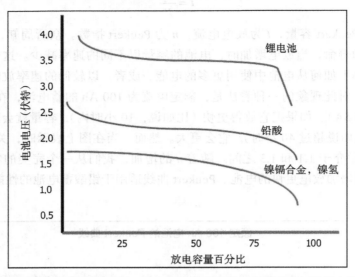

图 3-21　各种电池的相对放电率示例。锂离子在其寿命期间提供几乎恒定的电压，但在其存储容量接近尾声时会急剧下降

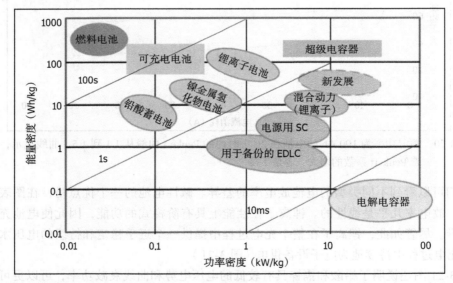

图 3-22　描述电容器、超级电容器、电池和燃料电池在能量容量与能源终身供应之间的差异的 Ragone 图

　　锂离子电池比镍镉和镍氢电池具有更高的能量密度和放电速率。电容器的功率密度很高，但能量密度相对较弱。注意：该图是基于对数的，它还显示了各种存储系统的放电时间。

电池

通常，**锂离子电池**（Lithium-ion，Li-ion）由于能量密集，是移动设备中的标准电源形式。在这样的电池中，锂离子从负极向正极移动。在充电过程中，离子移回负区。这被称为离子运动。

电池也可以通过许多充放电循环来形成记忆。这种容量损失用初始容量的量度来表示（例如，1000 次循环后损失 30%）。这种损耗几乎与环境温度直接相关，在高温环境下损耗会增加。因此，如果要使用锂离子，架构师必须在受限的环境中管理热能。

电池寿命的另一个因素是自放电。当电池发生不必要的化学反应时，能量就会损失。损失率取决于化学和温度。通常情况下，锂离子电池可使用 10 年（每月损失约 2%），而碱性电池只能使用 5 年（每月损失 15% ~ 20%）。

超级电容器

超级电容器的储能容量明显高于普通电容器。普通电容器的能量密度在 0.01 Wh/kg 之间。超级电容器的能量密度为 1 ~ 10 Wh/kg，因此使它们更接近电池的能量密度，电池的能量密度约为 200 Wh/kg。像电容器一样，能量是以静电的方式储存在板上，不像电池那样涉及能量的化学传递。通常，超级电容器是由石墨烯等相当特殊的材料制成的，这会影响整体成本。超级电容器的优点是在几秒钟内充满电，而锂离子电池在几分钟内充电到 80% 左右，然后需要一个涓流电流才能安全地继续充电。

此外，超级电容器不会被过度充电，而锂离子电池可能会过度充电，从而导致严重的安全隐患。超级电容器有两种形式：

❏ **双电层电容器**（EDLC）：使用活性炭电极，静电储存能量
❏ **伪电容器**：使用过渡金属氧化物和电化学电荷转移

与电池相比，超级电容器在预测剩余电力可用时间方面具有优势。剩余能量可以通过终端电压来预测，而终端电压随时间变化。锂离子电池从充满电到放电的能量分布是平坦的，因此很难估计时间。由于超级电容的电压分布随时间而变化，因此需要一个直流 - 直流转换器来补偿电压的大范围变化。

一般来说，超级电容器或电容器的主要问题是漏电流和成本。从本节后面的表格中可以看出，超级电容器有其用武之地。人们经常会在混合动力解决方案中看到它们与普通电池一起提供瞬时电力（例如，电动汽车加速），而电池供应则维持车辆运行时的电力。

放射性电源

一个高能量密度（10^5 千焦 / 立方厘米）的放射源由于发射粒子的动能而产生热能。铯 −137 等放射源的半衰期为 30 年，功率容量为 0.015 W/g。这种方法可以在瓦特到千瓦的范围内发电，但在用于物联网部署的低功耗传感器级别中不实用。太空飞行器已经使用这种技术几十年了。利用 MEMS 压电电子技术捕捉电子并迫使微型电枢移动，可以产生可被收集的机械能，这是很有前途的发展。放射性衰变的第二个影响是相对较弱的功率密度分

布。半衰期较长的辐射源功率密度较低。因此，它们适用于大容量充电超级电容器，以便在需要时提供瞬时能量。放射源的最后一个问题是所需的铅屏蔽的重量。铯 −137 需要 80 毫米 / 瓦的屏蔽，这会增加物联网传感器的成本和重量。

💡 放射性电源的例子包括"好奇"号火星探测器和"新地平线"号宇宙飞船等太空飞行器。

储能概要和其他形式的电力

如前所述，选择正确的电源至关重要。表 3-3 提供了在选择正确电源时要考虑的系统中不同组件的概要比较。

表 3-3

类别	锂离子电池	超级电容器
能量密度	200 Wh/kg	8 ～ 10 Wh/kg
充放电循环	容量在 100 到 1 000 次循环后下降	几乎无限
充放电时间	1 ～ 10 小时	毫秒到秒
工作温度	−20 ～ +65°C	−40 ～ +85°C
工作电压	1.2 ～ 4.2 V	1 ～ 3V
电力输送	恒压随时间变化	线性或指数衰减
充电速率	（非常慢）40 C/x	（非常快）1 500 C/x
使用寿命	0.5 ～ 5 年	5 ～ 20 年
外形尺寸	非常小	大
成本（美元 / 千瓦时）	低（250 美元到 1 000 美元）	高（10 000 美元）

3.5 小结

本章总结了物联网部署中使用的几种不同传感器和终端。物联网并不是简单地将设备连接到互联网上。虽然这是一个关键的组成部分，物联网的本质是连接模拟世界和数字世界。本质上，以前没有连接的东西和设备现在有机会收集信息并与其他设备通信。这是强大的，因为从未被捕获的数据现在具有价值。感知环境的能力将为客户带来更高的效率、收入流和价值。感知可以实现智慧城市、预测性维护、跟踪资产以及分析海量数据汇总中的隐藏意义。为这样的系统供电也是至关重要的，架构师必须理解设计不当的系统会导致电池寿命过短，从而导致修复成本高昂。

下一章内容将通过非 IP 通信将终端连接到互联网。我们将探讨物联网领域流行的各种无线个人区域网及其各种特性和功能。

第4章 通信和信息论

有大量的技术和数据路径可用于传输数据，本书将探讨选择通信技术时面对的各方面问题、约束和比较。前一章详细介绍了传感器的架构和设计，现在我们必须将数据封装并传送到互联网。这需要了解通信和传输数据的局限性。

我们将回顾无线射频信号以及信号质量、限制、干扰、模型、带宽和范围的影响因素，在此基础上讨论近距离和远程通信。在不同的频段中有许多 PAN/WAN 通信协议可供选择，架构师必须了解选择一个无线频谱而不是另一个无线频谱的利弊。

到本章结束时，你应该了解无线电通信速率和带宽的限制。无论你是在构建一个支持蓝牙的物联网设备，还是一个带有 5G 无线电的边缘路由器，无线电的规则和物理原理都同样适用。

图 4-1 有助于描述无线协议的各种范围和数据速率，我们将在后面的章节中介绍。

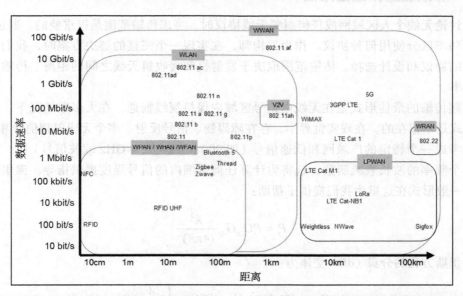

图 4-1 针对不同范围、数据速率和用例（电源、车辆等）设计的各种无线通信协议和类别

WPAN 经常与其他近距离通信缩略词一起使用，例如无线场域网（wireless Field Area Network，FAN）、无线局域网（Wireless Local Area Network，WLAN）、无线归属地局域网（wireless Home Area Network，HAN）、无线邻域网（wireless Neighborhood Area Network，NAN）和无线体域网（Wireless Body Area Network，WBAN）。

本章将提供有关通信系统、频率空间和信息论的基础模型及理论的知识。还将提供通信约束和比较模型，帮助架构师了解某些类型的数据通信的工作方式和原理，以及在某些情况下无法工作的原因。

我们从通信理论开始，因为它在选择正确的无线技术组合来部署物联网解决方案方面有着基础性的作用。

4.1 通信理论

物联网是许多不同设备的集合，这些设备在网络和协议层的最远端自动产生和 / 或消费数据。重要的是要了解为物联网或任何形式的网络构建通信系统的限制。物联网将把体域网、个人区域网、局域网和远程广域网结合到一个通信信道网络中。

使物联网成为可能的大多数技术都是围绕通信结构构建的，因此，本章专门介绍网络和通信系统的基础知识。我们现在将重点讨论通信和信号系统。我们将探讨通信系统的范围、能量和局限性，以及架构师将如何使用这些工具设计成功的物联网解决方案。

4.1.1 射频能量和理论范围

在讨论无线个人区域网或任何射频无线协议时，考虑传输范围是很重要的。通过范围、速率和功率区分使用何种协议。作为架构师，在实现一个完整的解决方案时，我们需要考虑不同的协议和设计选择。传输范围取决于发射机和接收机天线之间的距离、传输频率和发射功率。

射频传输的最佳形式是在无线电信号区域内保持视线畅通。在大多数情况下，这种理想的模式是不存在的。在现实世界中，存在障碍物、信号反射、多个无线射频信号和噪声。

当考虑一个特定的广域网和低速信号（如 900 MHz 与 2.4 GHz 载波信号）时，可以推导出每个频率的波长衰减函数，这将为计算任何范围内的信号强度提供指导。**弗里斯传输方程**的一般形式在这里为我们提供了帮助：

$$P_r = P_t G_{Tx} G_{Rx} \frac{\lambda^2}{(4\pi R)^2}$$

弗里斯方程的**分贝（dB）**变体为：

$$P_r = +P_t + G_{Tx} + G_{Rx} + 20\log_{10}\left(\frac{\lambda}{4\pi R}\right)$$

其中 G_{Tx} 和 G_{Rx} 是发射机和接收机的天线增益，R 是发射机和接收机之间的距离，P_r 和 P_t 分别是接收机和发射机的功率。

图 4-2 说明了该公式。900 MHz 信号在 10 米处的损耗为 51.5 dB，2.4 GHz 信号在 10 米处的损耗为 60.0 dB。

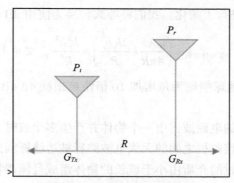

图 4-2　弗里斯方程图解

　　我们可以通过使用一个称为链路预算的比率来证明功率和距离是如何影响信号质量的。这是发射功率与灵敏度水平的对比，以对数（dB）为单位进行测量。人们可能只是想提高功率以满足范围要求，但在许多情况下，这会违反法规或影响电池寿命。另一个选择是提高接收机的灵敏度水平，这正是蓝牙 5 在最新规范中所做的。链路预算是发射机功率与接收机灵敏度之比，如下所示：

$$链路预算 = \frac{Tx\ 功率}{Rx\ 灵敏度水平}$$

　　链路预算以 dB 对数尺度为单位，因此，增加分贝相当于将数字比率相乘，从而得出以下等式：

$$接收机功率（dB）= 发射功率（dB）+ 增益（dB）- 损耗（dB）$$

　　假设没有影响任何信号增益（例如，天线增益）的因素，增强接收只有两种方法：增加发射功率或降低损耗。

　　当架构师必须为特定协议的最大范围建模时，他们将使用**自由空间路径损耗**（FSPL）公式。这是电磁波在自由空间（无障碍物）直线传播的信号损失量。FSPL 公式的影响因素是信号的频率（f）、发射机和接收机之间的距离（R）和光速（c）。用分贝表示 FSPL 公式为：

$$
\begin{aligned}
\mathrm{FSPL(dB)} &= 10\log_{10}\left(\left(\frac{4\pi R f}{c}\right)^2\right) \\
&= 20\log_{10}\left(\frac{4\pi R f}{c}\right) \\
&= 20\log_{10}(R) + 20\log_{10}(f) + 20\log_{10}\left(\frac{4\pi}{c}\right) \\
&= 20\log_{10}(R) + 20\log_{10}(f) - 147.55
\end{aligned}
$$

　　FSPL 公式是简单的一阶计算。另一个更好的近似方法考虑了来自地面的反射和波干扰，例如**平面地球损耗公式**。此处，h_t 是发射天线的高度，h_r 是接收天线的高度。k 表示自

由空间波数,如下式所示进行了简化。我们将等式转换为使用 dB 表示法:

$$\frac{P_r}{P_t} = L_{\text{平面地球损耗}} \approx \left(\frac{\lambda}{4\pi R} k \frac{2h_t h_r}{R} \right) \approx \frac{h_t^2 h_r^2}{R^4}, \quad \text{其中 } k = \frac{2\pi}{\lambda}$$

值得注意的是,平面地球损耗为每增加 10 倍距离损耗 40 dB。增加天线高度会有所帮助。天然干扰类型包括:

❑ **反射**:当一个传播的电磁波击中一个物体并产生多个波时。

❑ **衍射**:当发射机和接收机之间的无线电波路径被边缘锋利的物体阻挡时。

❑ **散射**:当波传播通过的介质由小于波长的物体组成且障碍物数量较大时。

这是一个重要的概念,因为架构师必须选择一个广域网解决方案,其频率影响数据带宽、信号的最终范围和信号穿透对象的能力。频率增加自然会增加自由空间损耗(例如,2.4 GHz 信号的覆盖范围比 900 MHz 信号少 8.5 dB)。

一般而言,900 MHz 信号的可靠性是 2.4 GHz 信号距离的两倍。900 MHz 信号的波长为 333 mm,而 2.4 GHz 信号的波长为 125 mm。因此,900 MHz 信号具有更好的穿透能力,而不会受到散射的影响。

散射是广域网系统的一个重要问题,因为在部署时,许多天线之间没有自由的直线传播,信号必须穿透墙壁和地板。不同材料对信号的衰减有不同的影响。如图 4-3 所示。

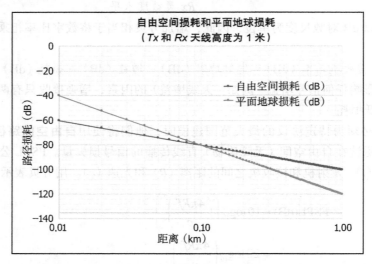

图 4-3　使用 2.4 GHz 信号且天线高度为 1 米的自由空间损耗与平面地球损耗(dB)

✍ 6 dB [一] 的损耗相当于信号强度降低了 50%,而 12 dB 的损耗相当于降低了 75%。

在表 4-1 中我们发现 900 MHz 信号在材料渗透方面比 2.4 GHz 信号更有优势。

一　应为 3 dB。——译者注

表　4-1

材料	损耗（dB）900 MHz	损耗（dB）2.4 GHz
0.25 英寸（6.35 毫米）厚的玻璃	−0.8 dB	−3 dB
8 英寸（20.32 厘米）厚的砖墙或砌块墙	−13 dB	−15 dB
岩板	−2 dB	−3 dB
实木门	−2 dB	−3 dB

如表 4-2 所示，2.4 GHz 频谱的许多协议都是商用的，并在全球范围内使用。 2.4 GHz 提供的数据带宽是 900 MHz 信号的 5 倍，并且天线的体积更小。此外，在不经许可的情况下，2.4 GHz 频谱可在多个国家使用。

表　4-2

	900 MHz	2.4 GHz
信号强度	通常可靠	易受干扰、拥挤
距离	是 2.4 GHz 的 2.67 倍	更短，但可以通过改进编码进行补偿（蓝牙 5）
穿透能力	长波长可以穿透大多数材料和植被	可能会受某些建筑材料以及水蒸气的干扰
数据速率	有限	比 900 MHz 快 2～3 倍
信号干扰	信号可能会受到高大物体和障碍物的影响；对树叶有更好的穿透性	信道干扰某些对象的可能性更小
信道干扰	干扰 900 MHz 无绳电话、RFID 扫描仪、手机信号、婴儿监视器	干扰 802.11 Wi-Fi
成本	中等	低

这些方程提供了理论模型。对于某些实际情况，例如多径损耗，没有任何分析方程可以给出准确的预测。

4.1.2　射频干扰

在本章中，我们将看到减少信号干扰的几种新颖方案。对于许多形式的无线技术来说，这是一个问题，因为频谱是未经许可和共享的（我们将在下一节对此进行更多讨论）。因为可能有多个设备在一个共享空间中散发射频能量，所以会发生干扰。

以蓝牙和 802.11 Wi-Fi 为例，它们都在共享的 2.4 GHz 频谱中工作，但即使在拥挤的环境中也能正常工作。我们将看到，低功耗蓝牙（Bluetooth Low Energy，BLE）将随机选择 40-2 MHz 信道中的一个作为跳频的形式。

在图 4-4 中，我们可以看到 BLE 上的 11 个空闲信道（其中 3 个是广播信道），它们有 15% 的冲突概率（尤其是因为 802.11 没有在信道之间跳跃）。新的蓝牙 5 规范提供了诸如时隙可用性掩码等技术，以将 Wi-Fi 区域从频率跳列表中锁定。我们稍后将探讨其他技术。这里我们展示了 Zigbee 和 BLE 的 ILM 频段。同时显示的是 2.4 GHz 频谱中可能与三个 Wi-Fi 信道发生的竞争。

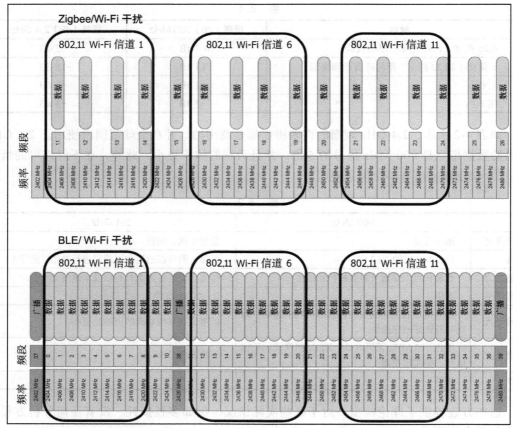

图 4-4　2.4 GHz 频段中 802.11 Wi-Fi 信号的 BLE 和 Zigbee 干扰的比较。BLE 提供更多的时隙和跳频，以便在发生 Wi-Fi 冲突时进行通信

4.2　信息论

在详细介绍广域网细节之前，需要先了解一些初步的理论。与通信密切相关的一点是比特率如何影响发射功率，进而影响传播范围。我们将学到，数据的完整性和比特率是有限度的。此外，我们需要将窄带通信与宽带通信进行分类。

4.2.1　比特率限制和香农－哈特利定理

在远程通信和近距离通信中，目标是在频谱和噪声的限制下使比特率和距离最大化。香农－哈特利定理是由麻省理工学院的克劳德·香农（Claude Shannon）在 20 世纪 40 年代的工作（C. E. Shannon (1949/1998). *The Mathematical Theory of Communication.* Urbana, IL: University of Illinois Press）和贝尔实验室的（Ralph Hartley）在 20 世纪 20 年代的工

作（*R. V. L. Hartley (July* 1928). "*Transmission of Information*" (PDF). *Bell System Technical Journal*）得出的。基础工作由贝尔实验室的哈里·奈奎斯特（Harry Nyquist）提出，他确定了单位时间内电报中可以传播的最大脉冲（或比特）数（*H. Nyquist, Certain Topics in Telegraph Transmission Theory, in Transactions of the American Institute of Electrical Engineers, vol. 47, no. 2, pp. 617-644, April 1928*）。

本质上，奈奎斯特提出了一个采样限制，该限制确定了给定采样率下的理论带宽。这称为奈奎斯特速率，如以下公式所示：

$$f_p \leq 2B$$

这里，f_p 是脉冲频率，B 是以赫兹为单位的带宽。这说明最大比特率限制为采样率的两倍。从另一个角度看，该公式确定了有限带宽信号需要采样以保留所有信息的最小比特率。欠采样会导致混叠效果和失真。

然后，哈特利设计了一种以线速率来量化信息的方法。线速率的单位是比特 / 秒（例如，Mbit/s）。这就是哈特利定律（Hartley's law），香农定理的前身。哈特利定律简单规定了可实现可靠传输的最大可区分脉冲幅度数，这受信号的动态范围和接收机能够准确解释每个单独信号的精度限制。这里显示的哈特利定律由 M（唯一的脉冲幅度形状的数量）表示，相当于电压数量的比率：

$$M = 1 + \frac{A}{\Delta V}$$

将方程转换为以 2 为底的对数，可以得到线速率 R：

$$R = f_p \log_2(M)$$

如果将其与前面的奈奎斯特速率结合起来，我们将获得可以在带宽为 B 的单个信道上传输的最大脉冲数，但是计算结果并不精确，M 的值（不同的脉冲数）可能会受到噪声的影响。

$$R \leq 2B \log_2(M)$$

香农通过考虑高斯噪声的影响，对哈特利方程进行了改进，并用信噪比对哈特利方程进行了完善。香农还引入了纠错编码的概念，而不是使用可单独区分的脉冲幅度。这个方程称为香农 – 哈特利定理：

$$C = B \log_2\left(1 + \frac{S}{N}\right)$$

这里，C 是信道容量，单位是比特每秒，B 是信道带宽，单位是赫兹，S 是接收到的平均信号，单位是瓦特，N 是信道上的平均噪声，单位是瓦特。这个等式的影响是微妙且重要的。信号的噪声每增加一分贝级，容量就会急剧下降。同样，提高信噪比将增加容量。如果没有任何噪声，容量将是无限的。

也可以通过在方程中添加一个乘数 n 来改进香农 – 哈特利定理。这里，n 表示附加的天线或通道。我们之前已经将其作为多输入多输出（Multiple Input, Multiple Output，MIMO）技术进行了回顾。

$$C = B \times n \times \log_2\left(1 + \frac{S}{N}\right)$$

为了理解香农法则如何适用于本书中提到的无线系统的限制，我们需要用每比特的能量而不是**信噪比**（SNR）来表示这个方程。实际上，一个有用的示例是确定达到一定比特率所需的最小信噪比。例如，如果我们希望在带宽容量为 5000 kbit/s 的信道上达到 200 kbit/s 传输速率，那么所需的最小 SNR 如下：

$$C = B\log_2\left(1 + \frac{S}{N}\right)$$

$$200 = 5000 \times \log_2\left(1 + \frac{S}{N}\right)$$

$$\frac{S}{N} = 0.028$$

$$\frac{S}{N} = -15.528\text{dB}$$

这表明使用比背景噪声弱的信号来传输数据是可行的。

然而，数据速率是有限制的。可以通过**功率效率**来显示这种效果，功率效率代表每比特的 SNR，是一个无量纲单位（但是，通常用 dB 表示），通过 E_b/N_0 得到。E_b 表示一个数据位的能量，单位为焦耳。N_0 表示噪声频谱密度，单位为瓦特 / 赫兹。功率效率表达式消除了调制技术、错误编码和信号带宽的偏差影响。我们假设系统是完美和理想的，使得 $R_B=C$，其中 R 是吞吐量。香农 – 哈特利定理可以改写为：

$$\frac{C}{B} = \log_2\left(1 + \frac{E_b C}{N_0 B}\right)$$

$$\frac{E_b}{N_0} = \frac{2^{\frac{C}{B}} - 1}{\frac{C}{B}}$$

$$\frac{E_b}{N_0} \geqslant \lim_{\frac{C}{B} \to 0} \frac{2^{\frac{C}{B}} - 1}{\frac{C}{B}} = \ln(2) = -1.59\text{dB}$$

这就是**加性高斯白噪声**（AWGN）的香农极限。AWGN 是一种信道，在信息论中通常用来表示自然中随机过程影响的一种基本噪声形式。这些噪声源总是存在于自然界中，包括热振动、黑体辐射和大爆炸的残余效应。噪声的"白色"方面意味着在每个频率上添加等量的噪声。

可以在显示频谱效率与每比特 SNR 的图上绘制此限制（参见图 4-5）。

图 4-5 中最受关注的区域是 $R>B$ 区域，该区域高于香农极限的曲线，但它属于不可能区域，因为任何可靠的信息交换都不能超过限制线。低于香农极限的区域称为**可实现区域**，是 $R>B$ 的地方。在任何形式的通信中，每种协议和调制技术都试图尽可能接近香农极限。

我们可以看到使用各种调制形式的典型 4G LTE 都在这个区域。

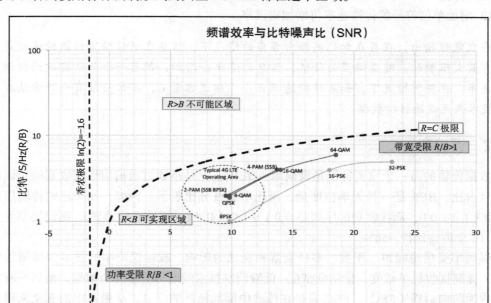

图 4-5　频谱效率与 SNR（功率效率）曲线。虚线表示香农极限，在 ln（2）=-1.6 处收敛。在 4G LTE 信号的典型范围内，在香农极限下显示了各种调制方案

还有另外两个区域值得关注。图 4-5 右上角的**带宽受限**区域可实现高频谱效率和良好的 E_b/N_0 SNR 值。在此空间中，唯一的限制是要在固定或强制性的频谱效率与无限制的发射功率 P 之间进行权衡，这意味着容量在可用带宽上可以显著增长。相反的效果称为**功率限制区域**（见图 4-5 左下角）。功率限制区域是 E_b/N_0 SNR 非常低的区域，因此，香农极限迫使我们降低频谱效率值，通过牺牲频谱效率来获得稳定的传输质量 P。

✍ 功率限制示例的一个例子是太空飞行器，例如飞往土星的卡西尼号探测器。在这种情况下，信号的自由空间路径损耗非常大，要获得可靠的数据，唯一的方法就是将数据速率降到非常低的值。我们在蓝牙 5 中也看到了这一点，它使用了新的 BLE 编码 PHY。在这种情况下，数据速率从 1 Mbit/s 或 2 Mbit/s 降至 125 kbit/s，以提高范围和数据完整性。

图 4-5 中还显示了一些典型的调制方式，如相移、QAM 等。香农极限还表明，任意改进调制技术（如 4-QAM 到 64-QAM 的正交幅度调制）不会线性缩放结果。高阶调制（例如，64-QAM 与 4-QAM 相比）的好处在于，每个符号可以传输更多比特（6 比特对 2 比特）。高阶调制的主要缺点是：

❑ 使用更高阶的调制需要更大的 SNR 才能工作。

❑ 更高阶的调制需要更为复杂的电路和 DSP 算法。

❑ 增加单位符号的传输速率将增加错误率。

📖 香农定理指出，在存在加性高斯白噪声的情况下，信息在通信信道传输的速度是有最大限制的。随着噪声的降低，信息的速率会增加，但有一个无法突破的极限速率。在任何情况下，如果传输速率 R 小于信道容量 C，那么应该有一种方法或技术来无误地传输数据。

4.2.2 误码率

数据传输的另一个重要特征是**误码率**（BER），它是指通过通信信道接收到的错误比特的数量占比。BER 是一种无单位度量，用比率或百分比表示。例如：如果原始传输序列是 1010110100，而接收到的序列是 0010101010（粗体表示差异），则误码率为 5 个错误 /10 个传输比特 =50%。

误码率受信道噪声、干扰、多径衰落和衰减的影响。改善误码率的技术包括增加发射功率、提高接收机灵敏度、使用低密度 / 低阶调制技术或增加更多冗余数据。最后一种技术通常称为**前向纠错**（FEC）。FEC 只是在传输中添加额外的信息。从最基本的意义来讲，我们可以添加三重冗余和多数表决算法，但是，这将使带宽减少至原来的 1/3。现代 FEC 技术包括汉明码和 Reed-Solomon 纠错码。误码率可以用 E_b/N_0 SNR 的函数来表示。

图 4-6 显示了各种调制技术及其在各种 SNR 下的误码率。

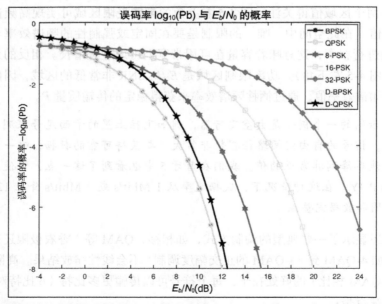

图 4-6 不同调制方式下的误码率（Pb）与功率效率（E_b/N_0）SNR。当 SNR 向右增加时，误码率自然减小

此时应了解以下内容：

- ❑ 我们现在可以计算系统达到一定数据速率所需的最小 SNR。
- ❑ 为无线服务增加容量或带宽的唯一方法是：
  - ● 增加更多的频谱和信道容量，从而显著提高带宽。
  - ● 增加更多的天线（MIMO），这可以显著提高带宽。
  - ● 使用先进的天线和接收机提高 SNR，这只能以对数形式改善方程。
- ❑ 香农极限是数字传输的最终界限。超过极限是可能的，但将损失数据完整性。
- ❑ 影响噪声的因素以及 SNR 的表示方式。
- ❑ 不能简单地只提高调制水平而不增加错误率和复杂性带来的成本。

4G LTE 蜂窝信号将在本书后面部分介绍，它在 700 MHz ~ 5 GHz 的频谱中工作，在这个范围内有几十个隔离的频带。手机（或基于电池的物联网设备）的功率远低于蜂窝基站，但物联网设备通常会将传感器数据传输到云端。我们在这里研究的是物联网设备的上行链路。上行功率限制为 200 mW，即 23 dBm。这限制了整个传输范围，但是，这个限制是动态的，并且会根据信道的带宽和数据速率而变化。像一些 WPAN 和 WLAN 设备一样，4G 系统也使用正交频分复用。每个信道都有许多用来解决多径衰落问题的子载波。如果把所有通过子载波传输的数据加起来，就可以获得高数据速率。

4G LTE 一般使用 20 MHz 信道，LTE-A 可以使用 100 MHz 信道。这些宽信道受限于整个频谱的可用性，并且与多个运营商（ATT、Verizon 等）和共享频谱的其他技术竞争。

蜂窝通信的另一个复杂性是，载波可以将频谱的一部分分开并彼此隔离。

📖 Cat-3 LTE 可以使用 5 MHz、10 MHz 或 20 MHz 信道。最小的通道粒度为 1.4 MHz。
允许 LTE-A 聚合多达 5 个 20 MHz 信道，以实现 100 MHz 的聚合带宽。

测量无线设备工作距离的一种方法是**最大耦合损耗**（Maximum Coupling Loss，MCL）。MCL 是发射机和接收天线之间发生总信道损耗但仍能提供数据服务的最大距离。MCL 是测量系统覆盖率的一种非常常用的方法。MCL 将包括天线增益、路径损耗、阴影和其他无线电影响因素。一般来说，4G LTE 系统的 MCL 约为 142 dB。在研究 Cat-M1 等蜂窝物联网技术时，我们将重新讨论 MCL。

📖 在这一点上，我们应该掌握的是，如果增加每比特的收听时间，那么噪声水平就会下降。如果将比特率降低为原来的 1/2，则以下情况成立：Bit_Rate/2=Bit_Duration*2。此外，每比特的能量增加 2 倍，则噪声能量增加 $\sqrt{2}$ 倍。例如，如果将 Bit_Rate 从 1 Mbit/s 降低到 100 kbit/s，那么 Bit_Duration 将增加 10 倍，范围将提高 $\sqrt{10}$ =3.162 倍。

4.2.3　窄带通信与宽带通信

我们将要讨论的许多无线协议都是应用在**宽带通信**领域中。然而，我们将看到，在**窄**

带通信中也有一些应用，尤其是对于 LPWAN。窄带和宽带的区别如下：

❑ **窄带**：工作带宽不超过信道相干带宽的无线电信道。通常，当讨论窄带时，我们指的是带宽为 100 kHz 或更小的信号。在窄带中，多径会引起振幅和相位的变化。窄带信号会均匀地衰减，所以增加频率对信号没有好处。窄带信道也称为平坦衰落信道，因为它们通常会以相等的增益和相位相互传递所有频谱分量。

❑ **宽带**：操作带宽可能大大超过其相干带宽的无线电信道。这些带宽通常大于 1 MHz。在这里，多径导致"自干扰"问题。宽带信道也称为频率选择信道，因为整个信号的不同部分将受到宽带中不同频率的影响。这就是宽带信号使用多种频率范围在多个相干频段上分配功率，以减少衰落效应的原因。

相干时间是振幅或相位变化与先前值不相关所需的最短时间。

还有许多其他形式的衰落效应。路径损耗是典型的损耗与距离成正比的情况。阴影是指地形、建筑物和山丘相对于自由空间造成信号障碍的地方，而多径衰落是由于无线电信号对物体的重新组合散射和波干扰（由于衍射和反射）。其他损耗包括多普勒频移，当射频信号在移动的车辆中时会发生这种情况。衰落现象分为两类：

❑ **快衰落**：当相干时间很短时，这是多径衰落的特征。信道将每隔几个符号改变一次。因此，相干时间将较低。这种类型的衰落也被称为瑞利衰落，它是由于大气颗粒物或在人口稠密的大都市地区生的射频信号的随机方差的概率。

❑ **慢衰落**：当相干时间较长，并且通常由于多普勒扩展或阴影而出现长距离移动时，会出现这种情况。在这里，相干时间足够长，能够成功地传输比快衰落路径多得多的符号。

图 4-7 说明了快衰落和慢衰落路径之间的区别。

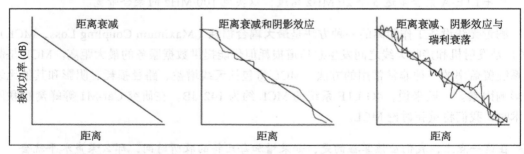

图 4-7 不同的射频信号衰落效应。左：视线范围内的一般路径损耗。中：由大型结构或地形引起的慢衰落效应。右：距离、慢衰落和快衰落的综合效应

📝 我们将看到，利用窄带信号的技术使用所谓的**时间分集**来克服快衰落的问题。时间分集仅仅意味着信号和有效载荷被多次传输，并指望其中能有一条消息成功接收。

在多径情况下，**延迟扩展**是来自各种多径信号的脉冲之间的时间。具体地说，它是信号的第一次到达和信号的多径分量的最早到达之间的延迟。

相干带宽定义为将信道视为平坦的频率的统计范围。该范围内的两个频率可能具有相似衰落特性。相干带宽 B_c 与延迟扩展 D 成反比：

$$B_c \approx \frac{1}{D}$$

符号在没有符号间干扰的情况下可以传输的时间是 $1/D$。图 4-8 说明了窄带通信和宽带通信的相干带宽。由于宽带比相干带宽 B_c 大，因此它更有可能具有独立的衰落属性。这意味着不同的频率分量将经历不相关的衰落，而窄带频率分量都在 B_c 内并且将经历均匀衰落。

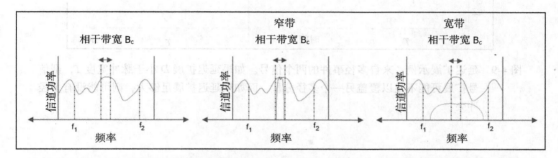

图 4-8 相干带宽以及对窄带和宽带的影响：如果 $|f_1-f_2|$ B_c，那么频率 f_1 和 f_2 将独立衰落。这里清楚地表明窄带位于 B_c 内，而宽带明显地超出了 B_c 的范围

必须确保从多路径场景发送多个信号之间的时间间隔足够远，以免干扰符号。这被称为**符号间干扰**（ISI）。图 4-9 说明了延迟扩展太短而导致 ISI。假设总带宽 $B \gg 1/T$（其中 T 是脉冲宽度时间）并且隐含 B 和 $1/D$，那么我们通常可以说带宽必须远大于相干带宽：$B \gg B_c$。

一般来说，较低的频率具有更大的穿透能力和较少的干扰，但它们需要更大的天线且可用传输带宽较少。频率越高，路径损耗越大，但天线越小且带宽越大。

总体比特率将受到延迟扩展的影响。例如，假设我们使用 QPSK 调制，BER 为 10^{-4}。那么对于各种延迟扩展（D），我们有：

- ❏ $D=256$ μs: 8 kbit/s
- ❏ $D=2.5$ μs: 80 kbit/s
- ❏ $D=100$ ns: 2 Mbit/s

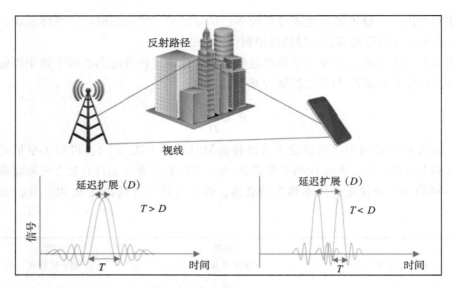

图 4-9　延迟扩展示例：来自多径事件的两个信号。如果延迟扩展 D 小于脉冲宽度 T，则信号扩展可能不足以覆盖另一个多径分量，而如果延迟扩展足够大，则可能没有多径冲突

4.3　无线电频谱

无线通信基于无线电波和整个无线电频谱内的频带。在下一章中，我们将介绍蜂窝和其他远程介质的远程通信。在这里，我们重点关注 1000 米或更短的距离。我们将研究频谱分配过程以及 WAN 设备的典型频率使用。

频谱管理

频谱范围从 3 Hz 到 3 THz，频谱内的分配由**国际电信联盟**（ITU）管理。频段被视为频谱的一部分，可以根据频率进行分配、授权、出售或免费使用。从国际电信联盟的角度来看，频段分为如图 4-10 所示的几类。

在美国，**联邦通信委员会**（Federal Communications Commission，FCC）和**国家电信和信息管理局**（National Telecommunications and Information Administration，NTIA）控制频谱使用权。FCC 管理非联邦频谱使用，而 NTIA 管理联邦使用（美国陆军、联邦航空局、联邦调查局等）。

FCC 管理的整个频谱范围从 kHz 到 GHz 频率（包括 GHz）。整体频率分布和分配如图 4-11 所示。方框标出的是本书将讨论的频率。

频率	IEEE 频段	欧盟(EU), 北约, USECM	ITU	
			ITU 频段	ITU 缩写
0.3 Hz				
3 Hz			1	ELF
30 Hz			2	SLF
300 Hz			3	ULF
3 kHz		A	4	VLF
30 kHz			5	LF
300 kHz			6	MF
3 MHz	HF		7	HF
30 MHz	VHF		8	VHF
250 MHz		B		
300 MHz	UHF		9	UHF
500 MHz		C		
1 GHz	L	D		
2 GHz	S	E		
3 GHz		F		
4 GHz	C	G		
6 GHz		H		
8 GHz	X	I		
10 GHz			10	SHF
12 GHz	Ku	J		
18 GHz	K			
20 GHz				
27 GHz	Ka	K		
30 GHz				
40 GHz	V	L		
60 GHz		M	11	EHF
75 GHz	W			
100 GHz				
110 GHz	mm			
300 GHz			12	THF
3 THz				

图 4-10　IEEE、EU 和 ITU 的频率和频段识别矩阵

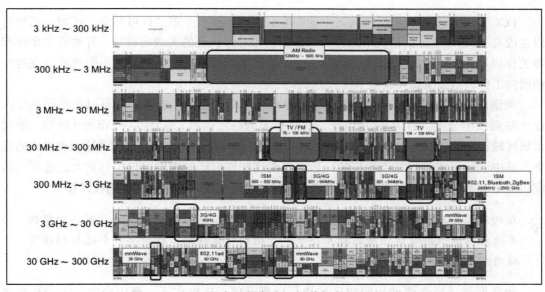

图 4-11　FCC 的完整频率分配频谱与本书涵盖的范围

图 4-12 显示了 900 MHz ～ 2.7 GHz 范围内频率分配的一小部分（WPAN 信号常见），以及当前如何分配频率。如果你想更详细地查看此图像，请参阅 https://www.fcc.gov/engineering-technology/policy. and-rules-division/general/radio-spectrum-allocation。 在许多领域，这种频率分配是多用途且共享的（如图 4-12 所示）。

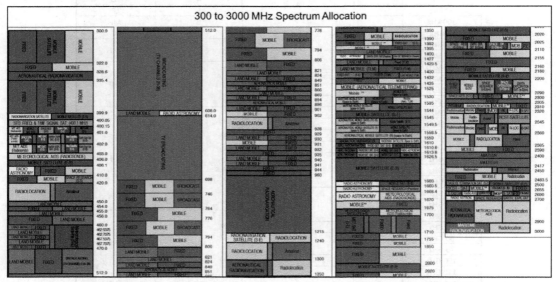

图 4-12　FCC 和 NTIA 在 300 MHz ～ 3 GHz 之间的频率分配图。该图仅占整体频率分配的一小部分。资料来源：FCC,“United States Frequency Allocations: The Radio Spectrum”, October 2003

FCC 还分配授权和未授权频谱中的频率。在"未授权"或"许可豁免"区域，用户可以在没有 FCC 许可证的情况下操作，但必须使用经过认证的无线电设备，并遵守功率限制和工作周期等技术要求。这些在 FCC 第 15 部分规则文件中有详细说明。用户可以在这些频谱内工作，但会受到无线电干扰。

频谱的授权区域允许特定区域 / 位置专用。可以在全国范围内，也可以在不同的地点逐个站点授予分配。自 1994 年以来，通过拍卖为特定区域 / 细分市场 / 市场（例如，蜂窝市场区域、经济区域等）授予了频谱中这些区域的专有权。有些频段可能是这两种模式的混合，其中频段可能是逐站点授权的，后来围绕这些许可证的频段被拍卖到更大的地区或国家。FCC 还允许建立二级市场，并制定了政策和程序用于频谱租赁和控制权转移。

- 💡 在欧洲，频率分配治理由**欧盟委员会**（European Commission，EC）控制。欧盟的其他成员国试图在该区域内建立公平和平衡的频谱分配。欧盟委员会还控制该区域内频率的交易和销售。

物联网部署通常将使用授权区域进行远程通信，这将在下一章中介绍。未授权频谱通常用于**工业、科学和医疗**（ISM）设备。对于物联网，IEEE 802.11 Wi-Fi、蓝牙和 IEEE 802.15.4 协议均位于 2.4 GHz 的未授权频谱中。

4.4　小结

本章为理解无线通信的理论和局限性提供了基础。我们鼓励更多的信息和更深入的研究来理解数据传输的二阶和三阶约束。架构师应该了解无线信号的不同模型和约束、射频能量散布、距离以及香农 – 哈特利定理提供的信息论的基本限制。架构师还应该了解频率空间管理和分配策略。本章还提供了一个会话和术语，将在接下来关于 WPAN、WLAN 和 WAN 的章节中重复使用。

下一章将讨论物联网数据从传感器到云端的传输，这是通过近距离个人区域网的第一次跳跃。我们从那里建立起无线局域网和广域网系统。

以防丢失？安全？SSL协议？哪些端口被开放了？IPEC和TLS的区别是什么？后者如何实现？
如何阻止端口扫描？……这些问题太多了。

第5章 基于WPAN的非IP协议

传感器和其他连接到互联网上的物体需要一种传输和接收信息的方法。这就是个人区域网（Personal Area Network，PAN）和近距离通信的主题。在物联网领域，与传感器或驱动器的通信介质可以是一根同轴电缆也可以是**无线个人区域网**（Wireless Personal Area Network，WPAN）。在本章中，我们将重点关注WPAN，因为它是目前对于工业、商业和消费者连接网络来说最为普遍的方法。基于有线的连接方式也仍在使用，但是主要用在传统行业和不适用无线电射频的地区。在终端和互联网之间有很多种不同的通信渠道，其中有些可能建立在传统的IP栈（6LoWPAN）上，另外一些使用非IP协议（互联网协议）来通信，以最大限度地节约资源（BLE）。

我们把IP和非IP分开，是因为基于IP的通信系统对资源有更多的细节要求，并且需要完整的TCP/IP堆栈资源和要求，而非IP通信则不需要。非IP通信系统针对成本和能源使用进行了优化，而基于IP的解决方案通常具有较少的约束（例如802.111 Wi-Fi）。下一章将详细说明WPAN和WLAN上的IP重叠。

本章将涵盖各种非IP通信标准、WPAN的各种拓扑结构（网状、星形），以及WPAN通信系统的约束和目标。这些类型的通信系统可以在亚米级到大约200米的范围内进行操作（有些可以达到更远的距离）。我们将深入研究Bluetooth®无线协议和新的蓝牙5.0规范，这将为理解其他协议奠定基础，并且是物联网解决方案中普遍且重要的一部分。

本章将包括专有和开放标准的技术细节。每一个通信协议都会因为某种原因或者用例被采用。本章的重点主题包括：

- 射频信号质量和范围
- 无线频谱分配
- 蓝牙无线协议，特别是新的蓝牙5规范
- 802.15.4
- Zigbee®
- Z-Wave®

本章将探讨物联网领域中的四个相关的无线个人区域网。本章的相当一部分将专门讨论蓝牙技术，因为它提供了大量功能，并且在物联网生态圈中拥有很深的影响。此外，蓝牙5.0还增加了蓝牙规范中以前没有的许多功能，并提供了范围、功率、速度和连接性，使其成为许多用例中最强大的WPAN解决方案。本章还将研究基于Zigbee、Z-Wave和IEEE 802.15.4的网络。

要知道，WPAN 这个词也是语义过载的。最初，它指具体个人"身体"的字面意思，以及个人周围的区域网络与可穿戴设备的连接，但现在它的含义已经扩大了。

5.1 802.15 标准

本章中描述的许多协议和网络模型都基于 IEEE 802.15 工作组。最初的 802.15 工作组专注于可穿戴设备，并创造了"个人区域网"一词。如今该工作组的工作已经显著扩展，现在主要关注更高数据速率协议、从米到千米的传输范围以及专业通信。每天有超过数百万台设备使用 802.15.x 协议。以下是 IEEE 的各种协议、标准和规范：

- ❑ 802.15：WPAN 的定义。
- ❑ 802.15.1：原始蓝牙 PAN 基础。
- ❑ 802.15.2：蓝牙的 WPAN、WLAN 共存规范。
- ❑ 802.15.3：用于多媒体的 WPAN 高数据速率（55 Mbit/s+）。
  - ● 802.15.3a：高速 PHY（物理层）增强。
  - ● 802.15.3b：高速 MAC 增强。
  - ● 802.15.3c：高速毫米波（>1 Gbit/s）技术。
- ❑ 802.15.4：低数据速率、简便、易于设计、延长电池寿命的规范（Zigbee）。
  - ● 802.15.4-2011：汇总（规格 a-c）包括 UWB、中国和日本的 PHY。
  - ● 802.15.4-2015：汇总（规格 d-p）包括 RFID 支持、医疗频段 PHY、低功耗、电视空白区、轨道通信。
  - ● 802.15.4r（保持）：测距协议。
  - ● 802.15.4s：**频谱资源利用（SRU）**。
  - ● 802.15.t：2 Mbit/s 的高速 PHY。
- ❑ 802.15.5：网状网络。
- ❑ 802.15.6：用于医疗和娱乐的人体局域网。
- ❑ 802.15.7：基于光结构的可见光通信。
  - ● 802.15.7a：扩展范围至紫外线和近红外，改名为光学无线。
- ❑ 802.15.8：**对等意识通信（PAC）**，10 Kbit/s ～ 55 Mbit/s 的无基础设施对等通信。
- ❑ 802.15.9：**密钥管理协议（KMP）**，管理密钥安全的标准。
- ❑ 802.15.10：第 2 层网状路由，推荐 802.15.4、多 PAN 的网状路由。
- ❑ 802.15.12：上层接口，以使 802.15.4 比 802.11 或 802.3 更容易使用。

该联盟还拥有兴趣小组（IG），负责研究可靠性（IG DEP），以解决无线可靠性和弹性、高数据速率通信（HRRC IG）和太赫兹通信（THz IG）。

5.2 蓝牙

蓝牙是一种低功率无线连接技术，普遍应用于手机、传感器、键盘和视频游戏系统。蓝牙这个名字可追溯至公元 958 年左右。在现在的挪威和瑞典地区有一个哈拉尔德·布拉坦国王（King Harald Blatand），他的名字来源于其喜欢吃蓝莓，牙齿变成了蓝色。他把交战的部落聚集在一起，最初的蓝牙 SIG 的成立也是由此而来。甚至蓝牙的标志也是丹麦人使用的古代日耳曼字母的符文组合。今天，蓝牙已经盛行，本节将重点介绍蓝牙 SIG 在 2016 年批准的蓝牙 5 协议。其他变体也将被提及。要了解更多关于过去的蓝牙技术，请访问蓝牙 SIG 的网站 www.bluetooth.org。

5.2.1 蓝牙的历史

蓝牙技术最初是由爱立信在 1994 年提出的概念，目的是用射频媒介代替连接计算机周边设备之间的电缆和电线。为了以类似的方式实现计算机和手机的无线连接，英特尔和诺基亚也加入了进来。三个巨头公司在 1996 年瑞典隆德的爱立信公司举行的一次会议上组成了 SIG 技术联盟。到 1998 年，联盟已经发展到有 5 个成员：英特尔、诺基亚、东芝、IBM 和爱立信。那一年，蓝牙 1.0 版本规范发布。随后 2.0 版本在 2005 年被批准，那时参加联盟的成员已经超过 4000 个。2007 年，蓝牙技术联盟与北欧半导体公司和诺基亚公司共同开发超低功耗蓝牙技术，也就是现在的**低功耗蓝牙**（BLE）技术。低功耗蓝牙技术将市场带入了一个全新的阶段，即设备可以使用纽扣电池。截至 2010 年，联盟已经发布了蓝牙 4.0 的规范，其中正式包括了低功耗蓝牙技术。目前，蓝牙技术联盟在全球已经售出蓝牙产品超过 25 亿件，成员已经达到 3 万个。

蓝牙技术在物联网中已被广泛应用，当在**低功耗**（LE）模式下用于信标、无线传感器、资产跟踪系统、远程控制、健康监测和报警系统时，蓝牙是主要设备。蓝牙相比于其他协议获得成功和更加普及的原因在于恰当的时机、易于批准以及移动设备上的普遍性。例如，目前 BLE 设备可以用于远程物联网领域和工业 4.0 用例，如油罐监控。

纵观其历史，蓝牙和所有可选组件均已获得 GPL 许可，并且实质上是开源的。

蓝牙在功能和能力上提升的修订历史如表 5-1 所示。

表　5-1

版本	功能	发布时间
蓝牙 1.0 和 1.0B	基本速率蓝牙（1Mbit/s）初始版本发布	1998
蓝牙 1.1	IEEE 802.15.1-2002 标准化 1.0B 规范缺陷解决 非加密信道支持**接收信号强度指示符**（RSSI）	2002
蓝牙 1.2	IEEE 802.15.1-2005 快速连接和发现 **自适应跳频扩频**（AFH） 主机控制接口（三线 UART） 流量控制和重传模式	2003

（续）

版本	功能	发布时间
蓝牙 2.0（增强速率选项）	**增强数据速率模式**（EDR）: 3 Mbit/s	2004
蓝牙 2.1（增强速率选项）	使用的公钥加密的**安全简单配对**（SSP），带有四种唯一身份验证的方法 **扩展查询响应**（EIR）允许更好的过滤和功率降低	2007
蓝牙 3.0 （增强速率选项、高速选项）	L2CAP **增强型重传模式**（ERTM），用于可靠和不可靠的连接状态 备用 MAC/PHY（AMP）24 Mbit/s，使用 802.11 PHY 单播无连接数据，实现低时延 增强的功率控制	2009
蓝牙 4.0 （增强速率选项、高速选项、低功耗选项）	又名蓝牙智能 引入**低能耗模式**（LE） 引入 ATT 与 GATT 协议和配置 双模式：BR/EDR 和 LE 模式 带有 AES 加密的安全管理器	2010
蓝牙 4.1	**移动无线服务**（MWS）共存 Train nudging（共存特性） 隔行扫描（共存特性） 设备支持多种角色同时出现	2013
蓝牙 4.2	低功耗安全连接 链路层隐私 IPv6 支持文件	2014
蓝牙 5.0	**时隙可用掩码**（SAM）2 Mbit/s PHY 和低功耗 低功耗远程模式 低功耗扩展广播模式 网状网络	2016
蓝牙 5.1	测向 GATT 缓存 随机广播信道索引 定期广播同步传输	2019

5.2.2 蓝牙 5 通信进程和拓扑

蓝牙无线由两种无线技术系统组成：**基本速率**（BR）和**低功耗**（简写为 LE 或 BLE）。节点可以是广播者、扫描者或发起者：

- ❑ **广播者**：设备发送广播包。
- ❑ **扫描者**：设备接收无连接意向的广播包。
- ❑ **发起者**：设备试图形成一个连接。

有一些蓝牙事件发生在蓝牙 WPAN：

- ❑ **广播**：这是一个由广播设备到扫描设备发起的过程，以提醒设备希望配对或在广播包中传递一个消息。
- ❑ **连接**：这个事件是设备和主机配对的过程。

❑ **周期性广播**（蓝牙 5）：允许广播设备通过信道跳转在 37 个非主要信道上周期性地广播，间隔为 7.5 ms ~ 81.91875 s。

❑ **扩展广播**（蓝牙 5）：这允许扩展协议数据单元（PDU）支持广播链接和大型 PDU 负载，可能还包括涉及音频或其他多媒体的新用例（在 5.2.9 节有涉及）。

在低功耗模式下，设备可以通过广播信道简单地完成整个通信过程。或者，通信需要双向通信并强制设备形成连接。设备必须形成这种类型的连接，即通过侦听广播包来启动进程。在本例中，侦听器称为**发起者**。在广播者发出一个可连接的广播事件时，发起者可以使用相同的物理信道形成一个连接请求。

然后，广播者可以决定是否要建立连接。如果形成一个连接，那么广播事件结束，这时发起者被称为**主节点**，广播者被称为**从节点**。这种连接在蓝牙术语中称为**微微网**（piconet），这时连接事件发生。所有连接事件发生在主节点和从节点之间的同一起始信道上。数据交换和连接结束以后，可以利用跳频为这对连接选择一个新的信道。

根据**基本速率** / 增强数据速率（BR/EDR）模式或低功耗模式（BLE），微微网有两种不同的形式。在 BR/EDR 模式下，微微网使用 3 位寻址并且一个微微网上只能有 7 个从节点。多个微微网可以形成一个**散布式**网络联盟，但必须有第二个主节点来管理辅助网络。从节点 / 主节点承担着将两个微微网桥接在一起的责任。在 BR/EDR 模式下，该网络使用相同的跳频计划，所有的节点将保证在特定的时间内处于同一信道。在 BLE 模式下，该系统使用 24 位寻址，因此与主节点相关联的从节点数量是数以百万计的，每个主从关系本身就是一个微微网，并且在唯一的信道上。在微微网中，节点可以是**主节点**（M）、**从节点**（S）、**备用节点**（SB）或**停止节点**（P）。待机模式是设备的默认状态。在这种状态下，它可以一个低功率模式。在一个微微网上，最多有 255 台设备可以处于待机状态或停止状态。

✎ 在微微网中，蓝牙 5.0 已经不再支持并删除了停止状态，只有 4.2 版本以上的蓝牙设备才支持停止状态。蓝牙 5.0 仍然支持待机状态。

一个微微网的网络拓扑如图 5-1 所示。

5.2.3 蓝牙 5 栈

蓝牙有三个基本组件：硬件控制器、主机软件和应用程序配置文件。蓝牙设备有单模和双模两种版本，这意味着它们要么仅支持低功耗蓝牙栈，要么同时支持传统模式和低功耗模式。在图 5-2 中，我们可以看到控制器和主机之间在**主机控制接口**（Host Controller Interface，HCI）层的间隔。蓝牙允许一个或多个控制器都与一个主机相连。

蓝牙栈要素

栈由层（或协议和配置文件）组成：

❑ **协议**：水平层和代表功能模块的层。图 5-2 表示协议栈。

❑ **配置文件**：代表使用协议的垂直功能。配置文件将在本章后面详细介绍。

图 5-2 展示了一个综合的蓝牙堆栈架构图，包括 BR/EDR 和 BLE 模式以及 AMP 模式。

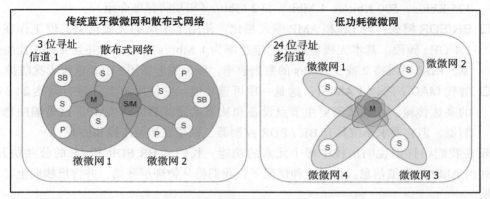

图 5-1 传统（BR/EDR）蓝牙和 BLE 微微网之间的区别。在 BR/EDR 模式下，由于 3 位寻址，一个微微网上最多可以关联 7 个从节点，它们共享一个公共信道。只有当辅助网络上有一个关联的主节点时，其他微微网才能加入网络并形成一个散布式网络。在 BLE 模式下，由于 24 位寻址，数以百万计的从节点可以加入多个微微网中，同时只有一个主节点。每个微微网可以在不同的信道上，但每个微微网中只有一个从节点可以与主节点关联。实际上，BLE 微微网的体积往往要小得多

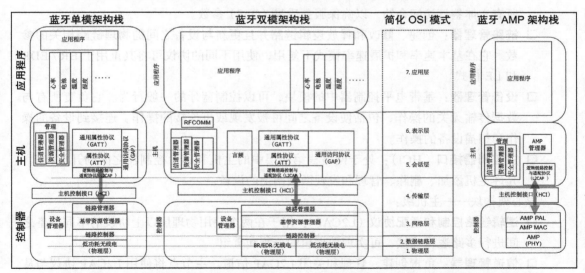

图 5-2 蓝牙单模（只有低功耗模式）和双模（传统模式和低功耗模式）与简化 OSI 栈的对比。右图说明了 AMP 模式。注意具有上层堆栈的主机软件平台和底层堆栈的控制器硬件之间的职责分离。HCI 是硬件和主机之间的传输信道

图 5-2 所示的三种蓝牙操作模式（每个需要不同的物理层）简述如下：

❑ **低功耗模式**：使用 2.4 GHz ISM 频段，采用**跳频扩频**（FHSS）作为干扰保护。物

理层与 BR / EDR 和 AMP 无线电的区别在于调制、编码和数据速率。该模式工作在 1M 符号 /s 下，比特率为 1Mbit/s。蓝牙 5 允许多种可配置的数据速率，包括 125 Kbit/s、500 Kbit/s、1 Mbit/s 和 2 Mbit/s（稍后将详细介绍）。

❏ **BR/EDR 模式**：与 LE 和 AMP 模式相比，使用了不同的无线信道，但工作在 ISM 2.4 GHz 频段。基本无线电操作额定速率为 1 Mbit/s 的比特率并且支持 1 比特的速率。EDR 可维持 2 或 3 Mbit/s 的数据速率。该无线电采用 FHSS 进行干扰防护。

❏ **替代 MAC / PHY（AMP）**：这是一项可选功能，它使用 802.11 进行高达 24 Mbit/s 的高速传输。此模式需要主节点设备和从节点设备都支持 AMP。这是辅助物理控制器，但它要求系统具有 BR / EDR 控制器，以建立初始连接和协商。

现在我们将详细说明堆栈中每个元素的功能。我们从 BR/EDR 和 LE 的公共块开始，然后列出 AMP 的详细信息。在这三种情况下，我们将从物理层开始，并将堆栈向上移动到应用层。

核心架构块——控制器级：

❏ **BR/EDR 物理层（控制块）**：负责在 79 个信道上的 1 个物理信道收发数据包。

❏ **低功耗物理层**：低功耗物理接口，负责管理 40 个信道和跳频。

❏ **链路控制器**：从数据负载中编码和解码蓝牙数据包。

❏ **基带资源管理器**：负责来自所有无线资源的接口。它管理物理信道的调度和协商与所有实体签订访问合约，以确保服务质量（QoS）参数。

❏ **链路管理器**：创建、修改和释放逻辑链路并且更新与设备之间的物理链路相关的参数。它在基本速率和扩展速率模式下复用，使用不同的协议可将其重用于 BR / EDR 和 LE 模式。

❏ **设备管理器**：基带电平控制器中的模块，可以控制蓝牙的一般行为。它负责所有与数据传输无关的操作，包括使设备之间可被发现或可连接的操作、连接到设备的操作和扫描设备的操作。

❏ **主控制器接口（HCI）**：处于网络栈第四层中的主机和芯片控制器之间的开放接口，允许主机添加、删除、管理和发现微微网上的设备。

核心架构块——主机级：

❏ **逻辑链路控制和适配协议（L2CAP）**：用于在两个使用物理层以上协议的不同设备之间进行多路逻辑连接，可实现数据包的分割和重组。

❏ **信道管理器**：负责创建、管理和关闭 L2CAP 信道。主节点将使用 L2CAP 协议与从信道管理器进行通信。

❏ **资源管理器**：负责管理基带级数据包提交的次序。它有助于确保服务质量一致性。

❏ **安全管理协议（SMP）**：此数据块负责生成、授权和存储密钥。

❏ **服务发现协议（SDP）**：通过通用唯一识别码（UUID）发现在其他设备上提供的服务。

❏ **音频**：可选的高效流式音频播放配置文件。

- ❑ **RFCOMM**：负责 RS-232 的仿真和接口，用于支持电话功能。
- ❑ **属性协议（ATT）**：一种主要用于 BLE 的有线应用协议（但也可适用于 BR/EDR）。ATT 经过优化，可在 BLE 低功耗电池硬件上运行。它与 GATT 紧密耦合。
- ❑ **通用属性协议（GATT）**：用于配置属性服务器和属性客户端。该协议描述属性服务器中使用的服务。每个 BLE 设备都必须有一个 GATT 配置文件。它主要（如果不是唯一的）用于 BLE，但是也可用于普通的 BR/EDR 设备。
- ❑ **通用访问协议（GAP）**：控制连接和广播状态。通用访问协议允许设备被外界可见，并成为所有其他协议的基础。

AMP 特殊栈：

- ❑ **AMP（PHY）**：物理层负责传输和接收高达 24Mbit/s 的数据包。
- ❑ **AMP MAC**：IEEE 802 中定义的媒体访问控制层参考层模型。它为设备提供选址方法。
- ❑ **AMP PAL**：AMP MAC 与主机系统（L2CAP 和 AMP 管理器）接口的层。将来自主机的命令转换为特定的 MAC 原语，反之亦然。
- ❑ **AMP manager**：使用 L2CAP 与同级 AMP 管理器在远程设备上通信。它可以发现远程 AMP 设备，并确定它们的可用性。

蓝牙 5 的物理层和界面

蓝牙设备工作在 2.4000 至 2.4835 GHz **工业、科学和医疗（ISM）**非授权频段。正如本章前面提到的，这个特殊的非授权区域充斥着大量其他无线媒体，比如 802.11 Wi-Fi。为了减少干扰，蓝牙支持**跳频扩频**。

✍ 当在 BR / EDR 的蓝牙经典模式之间进行选择时，EDR 将具有较低的干扰机会，并与 Wi-Fi 和其他蓝牙设备更好地共存，因为其速度会缩短播出时间。

在蓝牙 1.2 中引入了**自适应跳频**（Adaptive Frequency Hopping，AFH）技术。自适应跳频技术使用两种类型的信道：已使用的和未使用的。已使用的信道作为跳频序列的一部分在发挥作用。在跳频序列中，当需要时，未使用的信道会以随机替换的方式被已使用的信道替换。BR/EDR 模式有 79 个信道，BLE 有 40 个信道。

在 79 个信道中，BR/EDR 模式对其他信道干扰的概率不到 1.5%。这就是为什么一个办公室可以有数百个耳机、外设和设备都在同一范围内争夺频率空间（例如，固定和连续使用干扰源）。

自适应跳频允许一个从节点设备报告信道分类信息给主节点，以帮助配置跳频。802.11 Wi-Fi 在有干扰的情况下，自适应跳频技术就会使用专用技术组合优先处理两个网络之间的流量。例如，如果跳频序列在第 11 信道上有规律地碰撞，微微网上的主节点和从节点将简单地协商，并且在之后跳转到第 11 信道。

在 BR/EDR 模式下，物理信道被划分为时隙。数据被放置在精确的时隙进行传输，而且在必要的情况下也可以使用连续的时隙。通过使用这种技术，蓝牙实现了全双工通信的**时分多址双工**（TDD）。BR 采用**高斯频移键控**（GFSK）调制以实现其 1 Mbit/s 速率，而 EDR 使用**差分四相相移键控**（DQPSK）调制达到 2 Mbit/s 速率和采用 **8 相差分移相移键控**（8DPSK）达到 3 Mbit/s 速率。

另一方面，LE 模式使用**频分多址**（FDMA）和**时分多址**（TDMA）接入方案。由于采用 40 个信道而不是 BR/EDR 的 79 个信道，且每个信道之间相隔 2 MHz，系统将把 40 个信道分出 3 个作为广播信道，剩下的 37 个作为二级广播信道和数据信道。蓝牙信道是伪随机选择的，并以 1600 跳 / 秒的速度进行切换。图 5-3 说明了在 ISM 2.4 GHz 空间中的 BLE 频率分布和分区。

TDMA 用于协同通信的方式是，要求一个设备在预定时间发送数据包，并要求接收设备在另一个预定时间做出响应。

物理信道被细分为特定 LE 事件的时间单位，如广播、定期广播、扩展广播和连接。在 LE 中，一个主节点可以在多个从节点之间形成连接。同样，一个从节点可以与多个主节点形成多个物理链路，一个设备可以同时作为主节点和从节点。

不允许主从关系的角色转变，反之亦然。

✍ 如前所述，40 个信道中有 37 个用于数据传输，有 3 个用于广播。第 37、38 和 39 信道用于广播 GATT 文件。在广播中，设备将在三个信道上同时传输广播包。这有助于增加扫描主机设备看到广告的概率，并做出响应。

频率	频段	
2402 MHz	37	广播
2404 MHz	0	数据
2406 MHz	1	数据
2408 MHz	2	数据
2410 MHz	3	数据
2412 MHz	4	数据
2414 MHz	5	数据
2416 MHz	6	数据
2418 MHz	7	数据
2420 MHz	8	数据
2422 MHz	9	数据
2424 MHz	10	数据
2426 MHz	38	广播
2428 MHz	11	数据
2430 MHz	12	数据
2432 MHz	13	数据
2434 MHz	14	数据
2436 MHz	15	数据
2438 MHz	16	数据
2440 MHz	17	数据
2442 MHz	18	数据
2444 MHz	19	数据
2446 MHz	20	数据
2448 MHz	21	数据
2450 MHz	22	数据
2452 MHz	23	数据
2454 MHz	24	数据
2456 MHz	25	数据
2458 MHz	26	数据
2460 MHz	27	数据
2462 MHz	28	数据
2464 MHz	29	数据
2466 MHz	30	数据
2468 MHz	31	数据
2470 MHz	32	数据
2472 MHz	33	数据
2474 MHz	34	数据
2476 MHz	35	数据
2478 MHz	36	数据
2480 MHz	39	广播

图 5-3 BLE 频率被划分为 40 个独特的频段，相隔 2 MHz。其中 3 个信道专门用于广播，其余 37 个用于数据传输

其他形式的干扰出现在 2.4 GHz 的移动无线标准中。这里，蓝牙 4.1 中引入了一种叫作"列车推送（train nudging）"的技术。

💡 蓝牙 5.0 引入了 SAM。一个 SAM 允许两个蓝牙设备可以指示相互可用的收发时隙。建立一个映射，指示时隙可用性。通过映射，蓝牙控制器可以优化它们的 BR/EDR 时隙和改善整体性能。

对于低功耗模式，SAM 是不可用的。然而，在蓝牙中存在一个被忽视的机制，称作**信道选择算法 2**（CSA2），它可以帮助在系统嘈杂环境下实现跳频，并且不受多径衰落影响。CSA2 在蓝牙 4.1 中被引入，它是一种非常复杂的信道映射和跳频算法。它提高了无线电的抗干扰度，在强干扰区域允许无线电限制可使用的高频信道的数量。CSA2 限制信道的附加效应是它允许传输功率增加到 +20 dBm。就如提到的，因为低功率模式广播信道和连接信道不多，所以在传输能力上会有一些限制。比起之前的版本，在蓝牙 5 中 CSA2 允许有更多的信道被使用，可能会放开监管限制。

蓝牙包结构

每个蓝牙设备都有一个唯一的 48 位地址码，称为 BD_ADDR。BD_ADDR 的前 24 位指的是制造商的特定地址，这些是通过 IEEE 注册管理购买的。此地址包括**唯一组织标识符**（OUI），也称为公司 ID，并且是由 IEEE 指定的。后 24 位对公司来说可以免费修改。

还有另外三种安全的随机地址格式，以后会在本章的 BLE 安全部分讨论。图 5-4 展示了 BLE 广播包的结构和各种 PDU 类型。这表示了一些最常用的 PDU。

5.2.4　BR/EDR 操作

经典的蓝牙（BR/EDR）模式是面向连接的。如果设备已连接，即使没有数据通信，也会继续维持连接。任何蓝牙连接发生之前，设备必须发现它并且扫描物理信道，并随后响应其设备地址和其他参数。设备必须处于可连接模式才能监视其寻呼扫描。连接过程分为三个步骤：

1. **查询**：在此阶段，两个蓝牙设备从未关联或结合；它们彼此一无所知。设备之间必须通过查询请求发现彼此。如果其他设备正在监听，它会用它的 BD_ADDR 地址进行响应。

2. **寻呼**：通过寻呼或连接过程在两个设备之间形成连接。此时，每个设备都知道对方的 BD_ADDR。

3. **连接**：连接状态有四个子模式。两个设备处于活跃通信是正常状态。
   - **活跃模式**：这是蓝牙数据传输和接收或者等待传输时隙的正常操作模式。
   - **监听模式**：这是一种节能模式。这时设备基本上休眠，但是将在特定的时隙侦听传输，特殊时隙可以通过编程方式更改（例如，50 毫秒）。
   - **保持模式**：这是由主节点或从节点激发的临时低功率模式。它不会像监听模式一样监听数据传输，并且从节点会暂时忽略**访问控制列表**（ACL）包。而在这种模式下，切换到连接状态会非常快。
   - **停止模式**：如前所述，此模式在蓝牙 5 中不推荐使用。

这些阶段的状态图如图 5-5 所示。

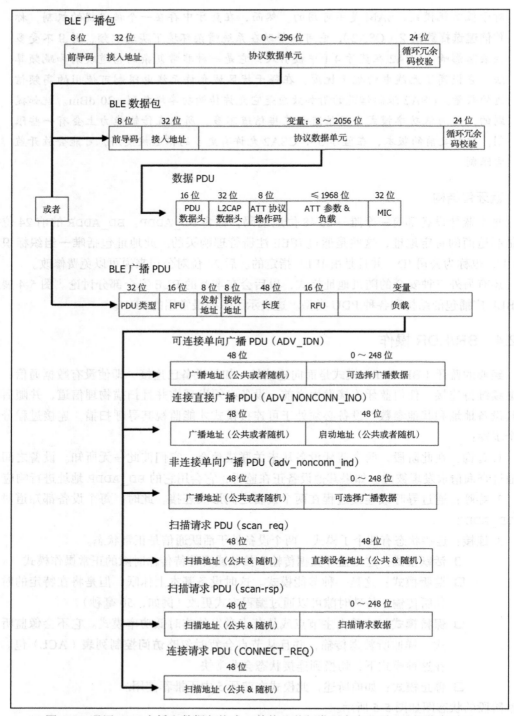

图 5-4　通用 BLE 广播和数据包格式。其他几种包类型会在蓝牙 5.0 规范中引用

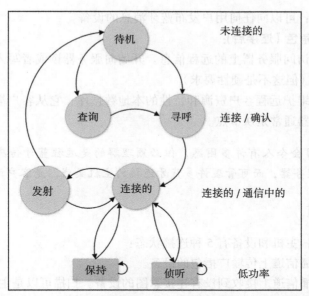

图 5-5　在待机模式、设备查询模式、发现模式、连接 / 传输模式、低功率模式下的蓝牙连接过程

　　如果这个过程成功完成，那么两个设备可以在一定范围内强制地自动连接。这些设备现在正在配对。这个一次性的匹配过程在智能手机与车载音响的连接中最为常见，但它在物联网中的任何地方也都可以应用。已配对的设备在身份验证过程将共享一个秘钥。更多关于密钥和认证的内容将在蓝牙的安全性部分进行介绍。

💡　Apple 建议在监听模式时设置 15 毫秒间隔。这样可以在使设备处于活跃模式时显著节省功率，而且还可以与该区域内的 WiFi 和其他蓝牙信号更好地共享频谱。此外，Apple 建议设备首先将主机首次发现的广播间隔设置为 20 毫秒，然后广播 30 秒。如果设备仍然无法连接到主机，则应以编程方式增加广播间隔，以增加完成连接过程的机会。参见 *Bluetooth Accessory Design Guidelines for Apple Products Release 8, Apple Computer, June 16, 2017.*

5.2.5　低功耗蓝牙技术角色

　　由于蓝牙技术对设备和服务器有不同的命名法，所以下面的列表有助于阐述清楚这些命名的区别。下面的这些层将在这一章讲述。

　　❑ **链路层角色（预连接）：**
　　　　● **主节点**：通常是主机，它负责扫描场内的新设备和信标广播。
　　　　● **从节点**：通常是试图连接到主节点并且启动广播消息的设备。
　　❑ **通用接入协议层角色（预连接）：**
　　　　● **中心设备**：唯一可以发送连接请求并与外部设备建立固定连接的设备。

- **外围设备**：可以向任何用户发布蓝牙消息的设备。
- ❑ **通用网关层角色（连接后）：**
  - **客户端**：访问服务器上的远程信息。开始向服务器读或者写入请求。客户端通常是主节点（但这不是硬性要求）。
  - **服务器**：维护远程客户资源和特性的本地数据库。它从客户端响应读或者写入请求。服务器通常是从节点。

💡 虽然物联网项目会令人有许多困惑，但必须理解的是远程蓝牙传感器或资产跟踪标签实际上是服务器，而可管理许多蓝牙连接的主机集线器是客户端。

5.2.6 BLE 运算

在 BLE 模式下，主机和设备有 5 种连接状态：
- ❑ **广播**：在广播信道上传输广播包的设备。
- ❑ **扫描**：在广播信道上接收到没有连接意图的设备。扫描可以是主动的或被动的：
  - **主动扫描**：链路层监听广播 PDU。根据接收到的 PDU，它可以请求广播者发送附加信息。
  - **被动扫描**：链路层将只接收数据包，不能发送。
- ❑ **初始化**：需要与其他设备形成连接的设备监听可连接的广播包，并通过发送一个连接包初始化。
- ❑ **连接**：在连接状态下，主从节点之间存在着关系。主节点是发起者，从节点是广播者：
  - **中心设备**：启动器将角色和标题转换到中心设备
  - **外围设备**：广播设备成为外围设备
- ❑ **待机**：设备处于未连接状态

建立连接后，中心设备可被称为主节点，而外部设备称为从节点。

广播状态有几个功能和属性。广播可以是一般的广播，设备可以在网络上向其他的设备发送一个普通邀请。定向广播是独一无二的，目的在于尽可能快地做一个特定的对等连接。此广播模式包含广播设备和被邀请设备的地址。

当接收设备识别该数据包时，立即发送一个连接请求。定向广播的目的是要得到快速及时的注意，广播以 3.75 毫秒的速度发送，但只有 1.28 秒。一个非连接广播本质上是一个信标（甚至可能不需要一个信标接收机）。我们将在本章后面描述信标。最后，被发现的广播可以响应扫描请求，但不接受连接。图 5-6 显示了 BLE 操作的五个链路状态。

以前没有与主机绑定的 BLE 设备开始通过发送广播在三个广播信道上通信。主机可以使用 SCAN_REQ 响应从广播设备请求更多信息。外部设备使用 SCAN_RSP 响应，并包含设备名称或可能的服务。

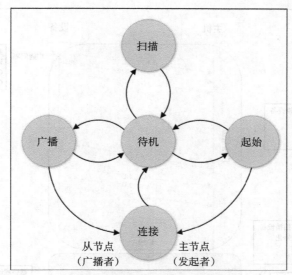

图 5-6　低功耗蓝牙链路状态

💡 SCAN_RSP 可以影响外部设备上的电源使用情况。如果设备支持扫描响应，那么它必须保持在接收模式时是活跃的，从而消耗能量。SCAN_REQ 即使没有主机设备也会发生这种情况。建议禁用受功率限制的物联网外围设备的扫描响应。

扫描结束后，主机（扫描者）发起一个 CONNECT_REQ，此时扫描者和广播者将发送空的 PDU 包来表示确认。扫描者现在被称为主节点，而广播者被称为从节点。主节点可以通过 GATT 发现主节点的配置文件和服务。发现完成后，数据可以从从节点到主节点进行交换，反之亦然。终止后，主节点将回到扫描模式，从节点将回到广播模式。图 5-7 说明了从广播到数据传输的 BLE 配对过程。

5.2.7　蓝牙配置文件

应用程序使用配置文件与各种蓝牙设备进行接口。配置文件定义了蓝牙协议栈各层的功能和特性。本质上，配置文件将协议栈连接在一起，并定义了各层之间的接口方式。配置文件描述了设备所广播的发现特性，它们还用于描述服务的数据格式以及应用程序用于读写设备的特性。配置文件并不存在于设备上，相反，它们是由蓝牙 SIG 维护和管理的预定义结构。

基本的蓝牙规范必须包含通用接入协议。通用接入协议定义了 BR/EDR 设备的无线电、基带层、链路管理器、L2CAP 和服务发现。同样，对于 BLE 设备，通用接入协议将定义无线电、链路层、L2CAP、安全管理器、属性协议和通用属性配置文件。

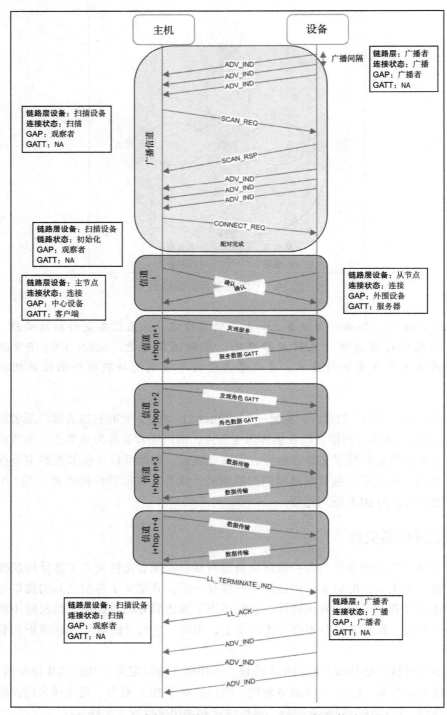

图 5-7　BLE 广播、连接、GATT 服务查询和数据传输阶段

ATT 属性协议是一种针对低功耗设备优化的客户端 - 服务器线协议（例如，长度从不通过 BLE 传输，而是由 PDU 大小暗示）。ATT 也是非常通用的，很多东西都是由 GATT 来提供帮助的。ATT 配置文件包括：

❑ 16 位处理程序

❑ 一个 UUID，用于定义包含长度的属性类型值

从逻辑上讲，GATT 在逻辑上居于 ATT 之上，即使不是唯一的，也主要用于 BLE 设备。GATT 规定了服务器和客户端的角色。GATT 客户端通常是一个外围设备，而 GATT 服务器是主机（例如，PC 或智能手机）。一个 GATT 配置文件包含两个组件：

❑ **服务**：服务将数据分解为逻辑实体。协议中可以有多种服务，每个服务都有一个唯一的通用唯一识别码来将其区别。

• **特征**：特征是 GATT 配置文件的最底层，包含与设备关联的原始数据。数据格式由 16 位或 128 位 UUID 区分。架构师可以自由创建自己的特征，只有他们的应用程序才能解释这些特征。

图 5-8 是一个蓝牙 GATT 配置文件的例子，它为各种服务和特性提供了相应的 UUID。

蓝牙规范要求只能用一台 GATT 服务器。

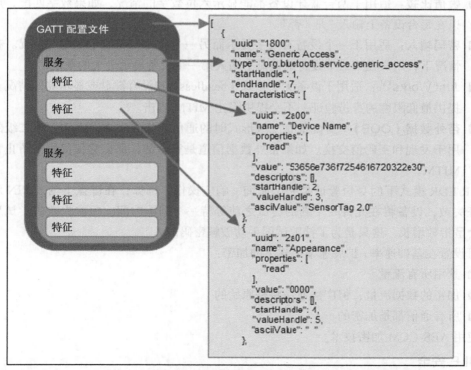

图 5-8　GATT 协议分层和在德州仪器 CC2650 SensorTag 上使用的示例

蓝牙 SIG 维护了许多 GATT 配置文件的集合。在编写本报告时，蓝牙联盟支持的 GATT 配置文件有 57 个（https：//www.bluetooth.com/ specification/gatt）。SIG 支持的配置文件包括健康监测器、自行车和健身设备、环境监测器、人机界面设备、室内定位、物体传输、定位和导航服务以及许多其他设备。

5.2.8　BR/EDR 安全

从 1.0 开始，蓝牙安全就以某种形式作为协议的一部分存在了。因为机制不同，所以我们分开讨论 BR/EDR 模式和 BLE 模式的安全性。先从 BR/EDR 模式开始说，BR/EDR 模式有多种身份验证和配对的模式。对于 BR/EDR 和 BLE 安全性，建议阅读并遵循美国国家标准协会提供的最新安全指南（*Guide to Bluetooth Security, NIST Special Publication (SP) 800-121 Rev. 2, NIST, 5/8/2017*）。

配对需要生成一个秘密的对称密钥。在 BR/EDR 模式下，这被称为链接密钥，而在 BLE 模式下，它被称为长期密钥。旧的蓝牙设备使用**个人识别码**（PIN）配对模式启动链路密钥。较新的设备（4.1 以上）使用 SSP。

SSP 为不同种类的用例提供了许多不同关联模型的配对过程。SSP 也使用公钥加密来防止窃听和**中间人**（MITM）攻击。所支持的模型 SSP 包括：

- ❑ **数值比较**：适用于两台蓝牙设备都能显示六位数字的情况，如果数字匹配，用户可以在每台设备上输入"是 / 否"。
- ❑ **密码输入**：适用于一个设备有数字显示而另一个设备只有数字键盘的情况。在这种情况下，用户在第二个设备的键盘上输入第一个设备显示屏上的数值。
- ❑ **Just Works™**：适用于设备无头模式（headless）和没有键盘或显示器的情况。它只提供最低限度的身份验证，不会提供阻止 MITM 攻击。
- ❑ **带外数据**（OOB）：当设备有二级形式时的通信，如 NFC 或 Wi-Fi。第二级的信道用于发现和密码值交换。如果带外数据信道是安全的，那么它仅仅用来防止窃听和 MITM。

BR/EDR 模式下的身份验证是一个质询 – 响应操作，例如，在键盘上输入 PIN 码。如果验证失败，设备将在允许一个新的尝试之前等待一个间隔时间。每次失败的尝试后，间隔都会呈指数增长。这只是为了挫败试图手动破解密码的人。

可设置在基础速率 / 扩展速率模式下的加密：

- ❑ 禁用所有流量
- ❑ 加密的数据流量，但广播通信将是原始的
- ❑ 所有通信都是加密的

加密使用 AES-CCM 加密技术。

BLE 安全

BLE 配对（本章前面已解释过）是通过设备发起 `Pairing_Request` 并交换能力、需

求等开始的。在配对过程的初始阶段不会发生任何涉及安全配置文件的事情。就这一点而言，配对安全与四种 BR/EDR 方法（也称为关联模型）类似，但在蓝牙 BLE 4.2 中略有不同。

- ❏ **数值比较**：这和 Just Works 是一样的，但是最后，两个设备都将生成一个确认值，并显示在主机和设备屏幕上供用户验证匹配。
- ❏ **密码输入**：类似于 BR/EDR 模式，除了非初始化设备创建一个名为 nonce 的随机 128 位种子来验证连接。通过为该位生成一个确认值，在每个设备上分别对密码的每个位进行验证。确认值进行交换，并且应该匹配。这个过程一直持续到所有位被处理完毕。这为 MITM 攻击提供了一个相当稳健的解决方案。
- ❏ **Just Works™**：设备交换公共秘钥后，非初始化设备创建一个 nonce 来生成一个确认值 Cb。它传输 nonce 和 Cb 到初始设备，该设备反过来生成自己的 nonce，并立即发送给第一个设备。然后，初始设备将通过生成自己的 Ca 值（应与 Ca 相匹配）来确认非启动随机数的真实性。如果匹配失败，则连接已损坏。这也不同于 BR/EDR 模式。
- ❏ **带外（OOB）**：与 BR/EDR 模式相同。只有在 OOB 信道安全的情况下，它才会防止窃听和 MITM。在 BLE 中（从蓝牙 4.2 开始），密钥生成使用 LE 安全连接。

在 BLE 中（从蓝牙 4.2 开始），密钥生成使用 LE 安全连接。LE 安全连接是为了解决 BLE 配对中的安全漏洞而开发的，它允许窃听者看到配对交换。这个过程使用一个长期密钥（LTK）加密连接。该密钥基于**椭圆曲线 Diffie-Hellman（ECDH）**公钥加密技术。

主密钥和从密钥都将生成 ECDH 公私密钥对。这两个设备将交换各自对的公共部分，并处理 Diffie-Hellman 密钥。此时，可以使用 AES-CCM 加密技术对连接进行加密。

BLE 还可以随机化其 BD_ADDR。记住，BD_ADDR 是一个类似 MAC 的 48 位地址。而不是本章前面提到的静态地址值，有三个其他的选择：

- ❏ **随机静态**：这些地址要么是在制造过程烧入设备的硅片中产生，要么是在设备电源重启时产生。如果设备经常性地进行电源重启，那么就会生成一个唯一的地址，只要电源重启的频率高，这个地址就会保持安全。在物联网传感器环境中可能不是这样。
- ❏ **随机私有可解析**：这种寻址方法只有两个设备在绑定过程中交换身份解析密钥（IRK）时才能使用。设备将使用 IRK 把地址编码地址转换为广播包中的随机地址。另一个 IRK 的设备也将把随机地址转回到真正的地址。用这种方法，装置将基于 IRK 周期性地生成一个新的随机地址。
- ❏ **随机私有不可解析**：设备地址是一个简单的随机数字，一个新的设备地址可以在任何时间生成。这样就提供了最高级别的安全。

5.2.9　信标

蓝牙信标是 BLE 的附加应用，蓝牙信标对物联网技术来说是一个有重大意义的技术。因为信标不一定是传感器，在第 3 章中我们没有明确介绍它们（尽管在有些广播包中提供了传感信息）。信标只在 LE 模式下使用蓝牙设备在某个周期性的基础上发布广播。信标从不与主机连接或配对。如果一个信标连接，所有的广播就会停止，并且其他设备也听不到这个信标。这三个用例对零售、医疗保健、资产跟踪、物流和其他市场有很重要的作用：

❑ 静态**兴趣点**（POI）
❑ 广播遥测数据
❑ 室内定位和地理定位服务

蓝牙广播在广播 UUID 中使用一条信息来包含更多的信息。如果收到正确的广播，移动设备上的应用程序可以响应这个广播并执行我们的行动。一个典型的零售用例将使用一个移动应用程序，它将响应附近存在的信标广播，并在用户的移动设备上弹出一个广告或销售信息。该移动设备将通过 Wi-Fi 或蜂窝网络进行通信，以检索其他内容，并向这家公司提供关键的市场和购物者数据。

信标可以将其校准后的 RSSI 信号强度作为一个广播。信标的信号强度由制造商进行校准，通常是在一米处进行校准。室内导航有三种不同的方式：

❑ **每个房间有多个信标**：这是一个简单的三角测量方法，目的是根据从一个房间的许多信标收集到的广播 RSSI 信号强度来确定用户的位置。给定每个信标的广播标定电平和每个信标的接收强度，一个算法就可以确定一个房间内接收机的大致位置。这假设所有信标都在一个固定的地方。

❑ **每个房间单信标**：在该方案中，每个房间都有一个信标，允许用户在房间和大厅之间进行导航，并将其定位为一个房间。这在博物馆、机场、音乐会场馆等场所都很有用。

❑ **每个建筑有几个信标**：与移动设备中的加速度计和陀螺仪相结合，一栋建筑物中的多个信标可以在一个大的开放空间中实现无死角计算能力。这样，一个信标就可以设定一个起始位置，移动设备根据用户的移动情况来计算其位置。

目前使用的基本信标协议有两种。谷歌的 Eddystone 和 Apple 的 iBeacon。传统的蓝牙设备只能支持 31 字节的信标信息。这就限制了设备可以传递的数据量。

整个 iBeacon 消息只是一个 UUID（16 字节）、一个主编号（2 字节）和副编号（2 字节）。UUID 特定于应用程序和用例。主编号进一步细化用例，副编号将用例延伸到一个窄的实例。

iBeacon 提供两种检测设备的方法：

❑ **监视**：即使关联的智能手机应用程序没有激活，监视也可以进行。
❑ **测距**：测距只在应用程序被激活的情况下才有效。

Eddystone（也称为 UriBeacons）可以传输四种不同类型的帧，具有可变长度和帧编码：

❑ **Eddystone-URL**：统一资源定位。该帧允许接收设备根据信标的位置显示网络内容。激活内容不需要安装应用程序。内容的长度是可变并且应用独特的压缩方案，以减少 URL 的大小到 17 字节。

❑ **Eddystone-UID**：16 字节的唯一信标 ID，具有 10 字节的命名空间和 6 字节的实例。

它使用谷歌信标注册表返回附件。

❑ Eddystone-EID：需要更高安全级别的信标的短期标识符。由于没有固定的名称空间和 ID，标识符经常循环，并且需要授权应用程序解码。它使用谷歌信标注册表返回附件。

❑ Eddystone-TLM：广播信标本身的广播遥测数据（电池电量、开机后时间、广播数量）。它与 URI 和 URL 数据包一起广播。

图 5-9 说明了 Eddystone 和 iBeacon 的蓝牙 BLE 广播包结构。iBeacon 最简单，只有一种长度一致的帧结构。Eddystone 包含四种不同的帧结构并且具有可变的长度和编码格式。注意，有些字段是硬编码的，例如 iBeacon 的长度、类型和公司 ID，以及 Eddyston 的标识符。

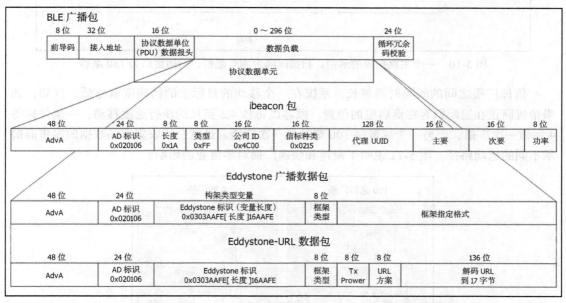

图 5-9　iBeacon 和 Eddystone 广播数据包（PDU）的不同点举例

扫描间隔和广播间隔试图最小化在一段时期内传达有用数据的广播数量。扫描窗口的持续时间通常比广播的持续时间长，因为扫描器的功率比信标中的纽扣电池的功率大。图 5-10 显示一个信标广播每 180 毫秒扫描一次的过程，而主机每 400 毫秒扫描一次。

信标每隔 150 毫秒就在专用信道 37、38 和 39 上做广播。注意广播信道的顺序不是连续的，因为跳频可能调整了顺序。由于扫描间隔和广播间隔不同步，有些广播未能到达主机。只有一个广播可以到达主机上的 37 信道，但通过设计，蓝牙在三个信道上都做广播，以最大限度地增加成功的机会。

建构一个信标系统有两个基本的挑战。第一个是广播间隔与位置跟踪的精度的影响。第二个是广播时间间隔对电池寿命的影响。这两种效果是相互平衡的，需要精心设计才能正确部署并延长电池寿命。

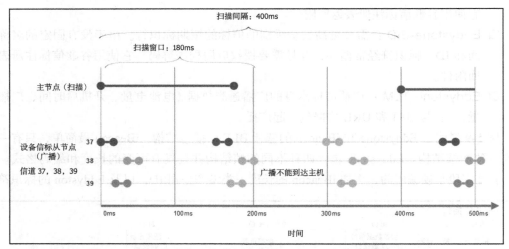

图 5-10　一个主机扫描的示例，扫描间隔为 400 毫秒，扫描窗口为 180 毫秒

　　信标广播之间的间隔时间越长，系统在一个移动的目标上的精确度就越低。例如，如果销售商正在追踪顾客在商店里的位置。顾客以每秒 4.5 英尺的步行速度移动，一组信标每 4 秒做一次广播，而另一个部署每 100 毫秒做一次广播，这就会给收集市场数据的零售商揭示不同的运动路径。图 5-11 说明了慢速和快速广播对零售业的影响。

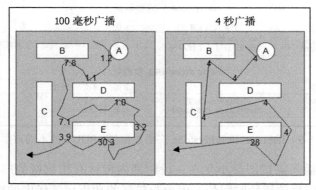

图 5-11　高频广播与低频广播对位置精确度的影响。数字表示在商店中特定点花费的客户时间

　　当顾客在商店里四处走动时，4 秒的广播间隔会失去客户位置的准确性。另外，在特定点花费的时间只能以 4 秒的间隔被追踪。花费在位置 B 和位置 C 的时间（当顾客离开商店时）可能丢失。在这种情况下，销售商可能会想知道为什么顾客在 B 地点花了 7.8 秒？为什么他们在出去的路上回到了 C 点。

　　频繁广播的副作用是对信标电池寿命的影响。通常，信标中的电池是锂离子 CR2032 纽扣电池。*The Hitchhikers Guide to iBeacon Hardware: A Comprehensive Report by Aislelabs. Web 14 March, 2016*（https://www.aislelabs.com/ reports/beacon-guide/）

已对一些常见信标的电池寿命进行了分析，并更改了它们的广播间隔（100 毫秒，645 毫秒和 900 毫秒）。他们还使用了不同的电池增加储存能量。结果显示，平均寿命从 0.6 个月到一年多，这取决于芯片组，但更重要的是广播间隔时间。与广播间隔时间一样，不仅发射功率会影响电池的整体寿命，而且传输帧数也会影响电池的整体寿命。

💡 广播间隔时间设置过长，对电池寿命有益，但是对于位置感知不理想。如果信标是在噪声环境下工作的，间隔设定在最高值（大于 700 毫秒），扫描器（智能手机）将不得不等待整个接收广播包的周期。这可能导致应用程序超时。

快速的 100 毫秒间隔对于跟踪快速移动的对象是有用处的（例如在舰队后勤或无人机采集信标中的资产跟踪）。如果架构师想要设计追踪 4.5 英尺 / 秒速度的人类运动，那么 250 ～ 400 毫秒就足够了。

对于物联网架构师来说，一项有价值的工作是了解电力传输的成本。本质上，物联网设备在电池到达无法再为设备供电的程度之前，可以发送的 PDU 数量是有限的，除非重置或充电（见第 4 章）。假设 iBeacon 每 500 ms 发布一次，包长度为 31 字节（可能更长）。

此外，该设备使用了 CR2032 纽扣电池，在 3.7 伏下额定容量为 220 毫安时。信标电子元件在 3 伏下消耗 49 毫安。我们可以预测它的寿命信标与传输效率：

- ❑ 功耗 = 49 毫安 ×3 伏 = 0.147 毫瓦
- ❑ 字节 / 秒 = 31 ×（1 秒 /500 毫秒）×3 信道 = 186 字节 / 秒
- ❑ 比特 / 秒 = 186 字节 / 秒 ×8 = 1488 比特 / 秒
- ❑ 每比特能量 = 0.147 毫瓦 /（1488 比特 / 秒）= 0.098 毫焦 / 比特
- ❑ 每条广播的能耗 = 0.098 毫焦 / 比特 ×31 字节 ×8 字节 / 比特 = 24.30 毫焦 / 广播
- ❑ 电池储能：220 毫安时 ×3.7 伏 ×3.6 秒 = 2930 焦
- ❑ 电池寿命 =（2930 焦 ×（1 000 000 毫焦 / 焦））/（（24.30 毫焦 / 广播）×（1 广播 / 0.5 秒））×0.7 = 42 201 646 秒 = 488 天 = 1.3 年

如第 4 章中所述，常数 0.7 是考虑到电池寿命的下降。1.3 年是一个理论极限，由于诸如漏电流以及可能需要定期运行的设备的其他功能等因素，这个理论值是无法达到的。

关于蓝牙 5 的信标，最后要说明的是，新规范通过允许在数据信道和广播信道中传播广播包，扩展了信标广播的长度。这从根本上打破了广播 31 字节的限制。

使用蓝牙 5，消息大小可以是 255 字节。新蓝牙 5 广播信道被称为二级广播信道。它们通过在报头设置一个特定的蓝牙 5 扩展类型来保证蓝牙 4 设备的向后兼容性。传统主机将抛弃无法识别的报头，并且根本不监听设备。

如果蓝牙主机收到信标广播，表明有一个二级广播信道，它可以辨识出数据信道中更多的数据。主广播包的有效载荷不再包含信标数据，但一个常见的扩展广播有效载荷可以标识数据信道号和时间偏移量。主机将在特定的时间从特殊的数据信道中读取并且回复真实的信标数据。数据也可以指向另一个数据包（称为多个二级广播链路）。

这种传输长信标信息的新方法确保了大量数据可以被发送到客户的智能手机上。其他用例和功能现在也被启用了，比如广播用来传输音频流等同步数据。当游客在博物馆参观各种艺术作品时，信标可以将音频讲座发送到智能手机上。

广播也可以被匿名化，这意味着广播包可以不必将发射机的地址与它绑定。因此，当一个设备产生一个匿名广播时，它不传输自己的设备地址。这样可以提高私密性，降低能耗。

蓝牙 5 还可以几乎同时传输多个人的广播（具有独特的数据和不同的间隔）。这将允许蓝牙 5 信标几乎同时传输 Eddystone 和 iBeacon 信号而不需要任何信号重新配置。

此外，蓝牙 5 信标可以检测是否被主机扫描。这是强大的功能，因为信标可以检测用户是否收到了广播，然后停止传输以节省功率。

5.2.10　蓝牙 5 的范围和速度增强

蓝牙信标强度是受限制的，可以通过设置发射机功率，以保护电池寿命。通常情况下，需要在视线范围内才能获得最佳的信标范围和信号强度。图 5-12 显示了典型的视距（line-of-sight）蓝牙 4.0 通信的信号强度与距离的曲线。

蓝牙 5 只有在使用 LE 编码模式时才会延长距离，我们将在后面研究。

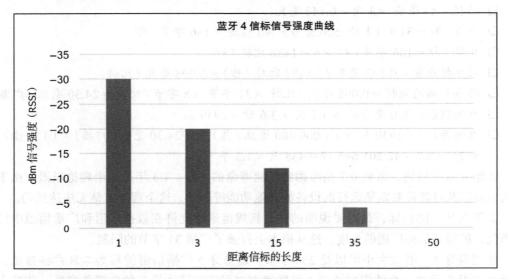

图 5-12　信标强度受限。通常生产商会限制信标的发射机功率，以保护电池寿命。当人从信标处移开时，信号强度会如预计的一样下降。一般 30 步范围的距离是信标的可用距离（蓝牙 4.0）

蓝牙也有基于各设备分类的不同的功率级别、范围和传输功率，见表 5-2。

表　5-2

组数	最大输出电平（dBm）	最大输出功率（mW）	最大范围	用例
1	20 dBm	100 mW	100 m	USB 适配器，接入点
1.2	10 dBm	10 mW	30 m（典型 5 m）	信标，可穿戴
2	4 dBm	2.5 mW	10 m	移动设备，蓝牙适配器，智能卡读取器
3	0 dBm	1 mW	10 cm	蓝牙适配器

蓝牙 5 超过了传统蓝牙限制，提高了范围和数据速率。一种名为 LE2M 的新型无线物理层可以通过蓝牙 5 实现。这就加倍了蓝牙原始数据速率，从 1M 符号 / 秒到 2M 符号 / 秒。在蓝牙 5 上传输相同数量的数据比在蓝牙 4 上传输用的时间少。

新物理层功率从 +10 dbm 增加到 +20 dbm，允许有更大的使用范围。这都与物联网设备使用了纽扣电池尤为相关。

关于范围，蓝牙 5 在 BLE 上有另一个可选的物理层扩展范围传输器。这个辅助物理层被标记为 LE 编码。该物理层仍采用蓝牙 4.0 的 1M 字符 / 秒的速率，但降低了 125 kb/s 或 500 kb/s 的低数据包编码，增加了 + 20 dbm 的传输功率。这比蓝牙 4.0 增加 4 倍的范围和更好的建筑物内渗透效果。LE 编码物理层确实为了增加覆盖范围而增加了电源功率。

5.2.11　蓝牙网状网

蓝牙还提供了附属规范，用于 BLE 堆栈的网状网络。本节详细介绍蓝牙网状网架构。

蓝牙网状网

在蓝牙 SIG 用蓝牙 5 正式发布网状网规范之前，有一些专有的和特设的方案使用旧的蓝牙版本来构建网状结构。然而，在蓝牙 5 规范发布后，SIG 专注于在蓝牙中正式确定网状网络。在蓝牙 5.0 规范发布半年后，蓝牙 SIG 在 2017 年 7 月 13 日发布了网状协议、设备和模型规范 1.0。这三个规格由蓝牙 SIG 公布如下：

❑ **网状协议规范 1.0**：定义启用可互操作的网状网络解决方案的基本要求
❑ **网状网模型规范 1.0**：网状网络上节点的基本功能
❑ **网状网设备属性 1.0**：定义网状网模型规格所需的设备属性

目前还不知道网状网络的大小是否有任何限制。规范中有一些限制。在 1.0 规范中，一个蓝牙网状网最多可以有 32 767 个节点和 16 384 个物理组。表示网状网深度的最大**生存时间**（Time-To-Live，TTL）是 127。

💡 蓝牙 5 网状网理论上允许 2^{128} 个虚拟组。实际上，分组会被更多地限制。

蓝牙网状网基于 BLE，并且位于前面所述的 BLE 物理层和链路层之上。物理层和链路层之上是网状网特有的层：

- □ **模型**：在一个或多个模型上实现行为、状态和绑定规范
- □ **基础模型**：网状网络的配置和管理
- □ **访问层**：定义应用数据格式、加密过程和数据验证
- □ **上层传输层**：管理身份验证、加密和对进出访问层的数据进行解密，传输控制信息例如好友消息和心跳消息
- □ **较低传输层**：执行**分割和重组**（SAR），如有必要需将 PDU 分段
- □ **网络层**：决定在哪个网络接口上输出消息。它管理各种地址类型，并支持许多承载程序
- □ **承载层**：定义网状网 PDU 的处理方式。支持两种类型的 PDU：广播载体和 GATT 载体。广播载体处理网状网 PDU 的传输和接收，而 GATT 承载为不支持广播承载的设备提供代理
- □ **BLE**：完整的 BLE 规范

蓝牙网状网可以结合网状网络或 BLE 功能。具有网状网和 BLE 支持功能的设备能够与其他设备（如智能手机或者具有信标功能的设备）进行通信。图 5-13 显示的是蓝牙网状网规范堆栈。重要的是要实现替换链路层上方的堆栈。

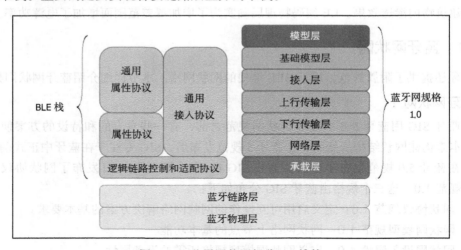

图 5-13 蓝牙网状网规范 1.0 堆栈

蓝牙网状网拓扑

蓝牙网状网采用了泛洪网络的概念。在泛洪网络中，网状网中的节点收到的每一个传入数据包都会通过每一条传出链路发送，除了通往上层消息（parent of the message）的链路。泛洪式网络还有一个优点：如果一个数据包能够被传递，那么它就会被传递（尽管可能通过许多路径传递多次）。它会自动找到最短的路线（可能会因动态网状网中的信号质量和距离而异）。就路由协议而言，该算法是最简单的实现。

此外，它不需要中央管理器，如基于核心路由器上的 Wi-Fi 网络。相比之下，另一种

类型的网状路由包括基于树的算法。对于树形算法（或集群树算法），需要一个协调器实例化网络并成为父节点。然而，树并不一定是真正的网状网络。其他网状路由协议包括主动式路由和被动式路由，前者在每个节点上保持最新的路由表，后者只在需求时更新每个节点上的路由表，例如，当需要通过节点发送数据时。Zigbee（后面会讲到）是主动路由的一种形式，称为 Ad Hoc 按需距离向量（AODV）。图 5-14 显示了泛洪式广播。到达每一层的时间可以在不同节点之间动态变化。另外，网状网络必须是对到达任何节点的重复消息具有弹性，如节点 7 和节点 D。

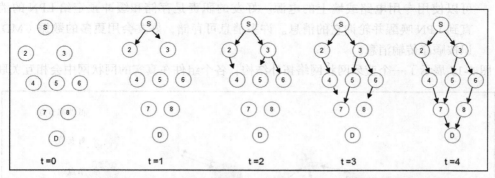

图 5-14　泛洪式网状网结构（S= 资源，D= 终点）：资源产生的数据通过网状网中的每个节点进行传输和流动

泛洪式网络的主要缺点是带宽资源的浪费。根据每个节点的扇出情况，蓝牙网状网的拥塞情况会很严重。另一个问题是拒绝服务攻击。如果网状网只是简单地扇出消息，那么就需要一个设施来知道何时停止传输。蓝牙通过"生存时间"标识符来实现这一点，我们将在本章后面介绍。

组成蓝牙网状网的实体包括以下几个方面：

❑ **节点**：已预先配置的蓝牙设备和网状网的成员。

❑ **未启动配置设备**：潜在的网状网接入设备，然而还不是网状网的一部分，没有进行启动配置。

❑ **元素**：如果一个节点包含多个组成设备，则这些子设备被称为元素。每个部分都可以独立控制和寻址。一个例子是带有温度、湿度和流明传感器的蓝牙节点。这将是一个有三个元素的单节点（传感器）。

❑ **网状网网关**：可以在网状网和非蓝牙技术之间传递信息的节点。

一旦被启动配置，节点就可以支持一系列可选特性，包括：

❑ **中继特性**：支持中继的节点被称为中继节点，并且可以重传接收到的消息。

❑ **代理特性**：这允许本身不支持蓝牙网状网的 BLE 设备与网状网上的节点进行交互。它是使用代理节点执行的。代理公开了与传统蓝牙设备的 GATT 接口，并定义了基于面向连接的承载的代理协议。传统设备读取和写入 GATT 代理协议，并且代理节点将消息转换为真实的网状网 PDU。

❑ **低功耗特性**：网状网的一些节点需要获得极低的功耗水平。它们可能每小时提供一次环境传感器信息（如温度），并由主机或云管理工具每年配置一次。当一条信息每年只会到达一次时，这种类型的设备不能被置于监听模式。节点进入一个被称为**低功耗节点**（LPN）的角色，它与一个好友节点配对。LPN 进入深度睡眠状态，并对相关的好友节点进行轮询，以获取在它睡眠时可能已经到达的任何消息。

❑ **好友特性**：好友节点与 LPN 相关联，但不一定像 LPN 那样有电源限制。好友节点可以使用专用电路或墙上的电源。好友的职责是存储和缓冲预定给 LPN 的消息，直到 LPN 唤醒并轮询它的消息。许多消息可存储，好友会用**更多的数据**（MD）标识按顺序传输消息。

图 5-15 展示了一个蓝牙网状网络拓扑结构，各个组件在真实的网状网中会相互关联。

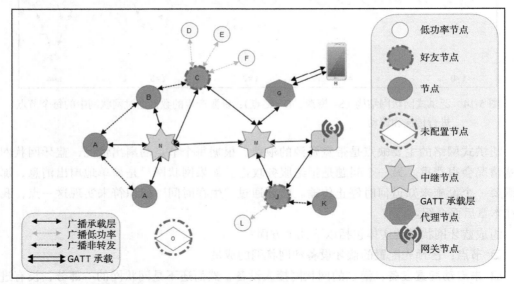

图 5-15　蓝牙网状网络拓扑结构。注意这些类包括节点、LPN、好友、网关、中继节点和未配置的节点

　　蓝牙网状网将在每个节点上缓存消息，这在泛洪式网络中是至关重要的。由于同一条消息可能从不同的来源到达不同的时间，因此缓存将提供对收到和处理的最新消息的查找。如果新消息与缓存中的消息相同，则将其丢弃。这样可以确保系统的幂等性。

　　每条消息都携带一个 TTL 字段。如果消息被一个节点接收到，然后重新发射，那么 TTL 减少 1。这是一种预防在网状网传输消息时无尽循环的安全机制。它还可以阻止网络制造扩大化的拒绝服务攻击。

　　心跳消息定期从每个节点广播到网状网。心跳通知节点仍然存在并且正常运行。它还允许网状网知道节点离我们有多远，以及它是否从最后的心跳中改变了距离。本质上，它是在计算到达节点的跳数。这个过程允许网状网重组和自愈。

蓝牙网状网寻址模式

蓝牙网状网使用三种形式的寻址：

❑ **单播寻址**：在网状网中唯一标识单个元素。地址是在配置过程中分配的。

❑ **组寻址**：这是多路广播寻址的一种形式，它可以代表一个或多个元素。这些地址可以由蓝牙 SID 预先定义为 SIG 固定组地址，也可以临时分配。

❑ **虚拟地址**：一个地址可以分配给多个节点和不止一个元素。虚拟寻址使用 128 位 UUID。目的是 UUID 可以被生产商预先设置，以允许他们在全球范围内对产品进行寻址。

蓝牙网状协议以 384 字节长的消息开头，这些消息分为 11 字节的包裹。蓝牙网状网中的所有通信都是面向消息的，可以传输两种形式的消息：

❑ **已确认的消息**：这些信息要求收到信息的节点做出回应。确认信息还包括发起人在原始信息中要求的数据。因此，这种确认的消息具有双重目的。

❑ **未确认的信息**：这些信息不需要接收方的回应。

从节点发送消息也称为发布。当节点配置为处理发送到特定地址的选择消息时，称为订阅。每个消息都使用网络密钥和应用程序密钥进行加密和身份验证。

应用程序的关键是特定的应用程序或用例（例如，打开一盏灯与配置 LED 灯的颜色）。节点将发布事件（灯开关），其他节点将订阅这些事件（灯和灯泡）。图 5-16 展示了一个蓝牙网状网拓扑。在这里，节点可以订阅多个事件（大厅灯和走廊灯）。圆圈代表组地址。一个开关会发布到一个组。

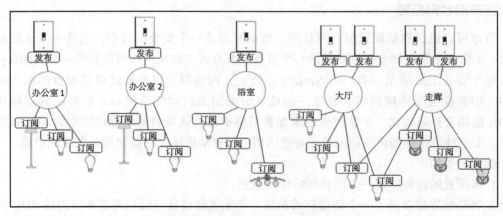

图 5-16　蓝牙网状网发布 – 订阅模型

蓝牙网状网引入了**群消息**的概念。在网状网中，你可能有一组类似的物体，如浴室灯和大厅灯。这样有助于网络的可用性。例如，如果添加了一个新的灯，仅仅只需给这个灯进行分配，网状网的其余部分不需要任何改变。

前面示例中的灯开关有两种状态：开和关。蓝牙网状网定义状态，在这种情况下，它们被标记为通用的开 – 关。通用的状态信息支持许多类型的设备，从灯到风扇再到制动器。它们是为一般（或通用）目的重用模型的快速方法。随着系统从一种状态移动到另一种状态，这在网状网上称为状态转换。状态也可以相互绑定。如果状态发生更改，则会影响到另一个状态的过渡。例如，控制吊扇的网状网可能有一个速度控件状态，当它的值为 0 时，将通用的开关状态更改为关。

属性类似于状态，但它不止具有二进制值。例如，一个温度传感器可能有一个状态温度 8 表示和发布一个 8 位温度的值。属性可以由元素的供应商设置为制造商（只读），也可以设置为管理员，这样它就允许被读写访问。这两个状态和属性通过网状网上的消息进行通信。消息有三种类型：

❑ Get：从一个或多个节点请求给定状态的值
❑ Set：更改状态的值
❑ Status：是对包含数据的 get 的响应

所有这些状态和属性的概念最终形成一个模型（蓝牙网状网规范堆栈的最高级别）。一个模型可以是一个服务器，在这种情况下，它定义了状态和状态转换。另外，一个模型也可以是一个客户端，它不定义任何状态，而是定义了状态交互消息，用于 get、set 和 status。控制模型可以支持服务器和客户端模型的相互混合。

网状网络还可以利用蓝牙 5 的标准功能如匿名广播和多重广播设置。以连接到电话进行语音通信的网状网络为例，同时也中继转发数据包用于其他用途。通过使用多个广播集，两个用例可以同时被处理。

蓝牙网状网配置

节点可以通过**启动配置**加入网状网。启动配置是一个安全的过程，它将一个未启动配置的、不安全的设备转变为网状网的一个节点。节点将首先从网状网中获得一个 NetKey。

每个设备上必须至少有一个 NetKey 才能接入网状网。设备通过启动配置器加入网状网中。启动配置器将网络密钥和唯一的地址分配给未启动配置设备。启动配置过程使用 ECDH 密钥交换来创建一个临时密钥来加密网络密钥。这为启动配置过程中的 MITM 攻击提供了安全性。由椭圆曲线得出的设备密钥用于加密从启动配置器向设备发送的消息。

配置过程如下：

1. 未配置的设备广播一个网状网信标广播包。

2. 启动配置器发送了一个到设备的邀请。未配置的设备与已开通服务能力的 PDU 进行响应。

3. 启动配置器和设备交换公共密钥。

4. 未配置的设备向用户输出一个随机数。用户向启动配置器输入数字（或 ID），密码交换开始完成认证阶段。

5. 会话密钥由这两个设备各自从私钥以及交换的公钥中得到。会话密钥用于保护完成配置过程需要的数据，包括保护 NetKey。

6. 该设备将状态由未启动配置设备更改为节点，这时其拥有 NetKey、1 个单一传播地址和 1 个被称为 IV 索引的网状网安全参数。

5.2.12　蓝牙 5.1 技术

2019 年 1 月，蓝牙 SIG 提出了 5.0 规范的第一次更新：蓝牙 5.1。主要的增强功能包括位置跟踪、广播和快速启动配置的具体功能。该规范的具体新功能包括：

- ❑ 三维测向
- ❑ GATT 缓存增强
- ❑ 随机广播渠道指数
- ❑ 定期广播同步传输
- ❑ 大量功能增强

蓝牙 5.1 测向功能

蓝牙 5.1 的一个重要的新能力是能够高度精确地定位物体（如图 5-17 所示）。这项技术将用于无法使用或不便使用 GPS 的地方。例如，一个博物馆可以在大型展厅内使用方向性信标引导观众，并让他们面对感兴趣的展品。这些用例属于**实时定位系统（RTLS）**和**室内定位系统（IPS）**。在以前的蓝牙设计（以及其他无线协议）中，近距离和定位解决方案是基于物体的 RSSI 信号强度而得出的。接收机离发射机越远，RSSI 水平越低。由此可以得出距离的推导形式。然而，这有很高的不准确性，并受环境条件的影响，如穿透各种障碍物的信号变化。

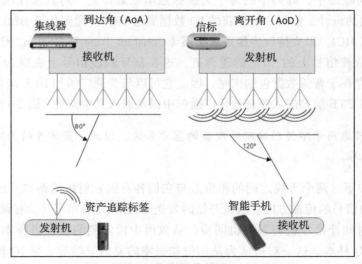

图 5-17　蓝牙 5.1 定位操作模式：AoA 和 AoD

而之前的蓝牙版本提供了米级距离的跟踪，蓝牙 5.1 允许近厘米级别的准确性和跟踪。在蓝牙 5.1 中，可以使用两种不同的方法高精度地推导距离和角度。这两种方法是：

- **到达角（AoA）**：一个设备（例如，一个智能标签）通过单天线传送一个特定测向包，而接收装置将通过天线阵列收集信号。这主要对 RTLS 有用。
- **离开角度（AoD）**：设备（例如信标或 IPS）使用它的天线阵向接收设备（手机）发送一个特殊的包，在接收设备中对信号进行处理，以确定传输坐标。这主要用于室内导向系统。

在 AoA 模式下，接收机将使用线性天线阵列。如果发射机在与线性阵列相同的法线平面上广播信号，则接收系统中的每根天线将发现相同相位的信号。然而，如果传输角度有一定程度的偏移，那么接收天线就会在不同的相位发现信号。这就是入射角的推导方法。

这种蓝牙应用的天线应该是**统一的线性阵列**（ULA）或**统一的矩形阵列**（URA）。不同的是，线性阵列是沿着一个平面的单一直线的天线，而矩形阵列是一个二维网格。ULA 只能测量单个入射角（方位角），而 URA 可以同时测量信号的仰角和方位角，URA 系统也可以通过使用额外的阵列来完成 x，y，z 轴，从而跟踪整个三维空间。一般来说，两根天线之间的最大距离是半个波长。在蓝牙中，载波频率为 2.4 GHz，而光速为 30 万公里 / 秒。这意味着波长为 0.125 米，最大天线间距为 0.0625 米。

📝 **注意**：在构造多维天线阵列时存在相当大的挑战。近距离天线彼此之间会试图通过一个所谓相互耦合（mutual coupling）的过程影响彼此。这是一种电磁效应，靠近的天线会吸收邻居的能量。这反过来又会减少传输到目标接收机的能量，并导致效率低下以及扫描盲区。扫描盲区会在发射阵列的某些角度产生几乎完全的盲点。必须注意对天线源进行限定。

在蓝牙方向跟踪中，阵列中的每个天线都是串联采样的。对其采样顺序进行了微调，以优化天线阵列的设计。然后，将捕获的 IQ 数据通过 HCI 传递到传统 BLE 堆栈。蓝牙 5.1 更改了链路层和 HCI，以支持称为**恒定音扩展**（Constant Tone Extension，CTE）的新领域。CTE 是出现在载波信号上的 "1" 的逻辑流。这在蓝牙载波信号上表现为 250kHz 的逻辑波。由于 CTE 存在于普通数据包的末尾，因此它可以与普通广播和 BLE 消息同时使用。下图说明了如何将 CTE 信息嵌入现有蓝牙广播包中以及嵌入其中何处（图 5-18）。

💡 CTE 信息只能用于不使用编码物理层的蓝牙系统。因此，蓝牙 5 的长距离模式不支持位置跟踪。

操作原理如下。两个天线之间的相位差与它们各自到发射机的距离差成正比。路径长度取决于输入的信号的传输方向。测量开始时发送 CTE 恒定音信号（没有调制或移相）。这样就有足够的时间让接收机与发射机同步。从数组中检索到的接收机样本为称为 "同相" 和 "正交" 的 IQ 样本。这一对被认为是相位和振幅的复值。然后它将 IQ 样本储存在 HCI 中进行处理（图 5-19）。

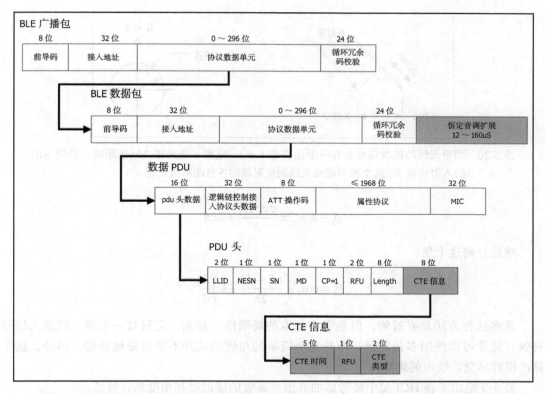

图 5-18　CTE 数据包结构。注意，必须启用头字段中的 CP 位才能使用 CTE 结构。CTE 的详细信息位于 CTE 信息中

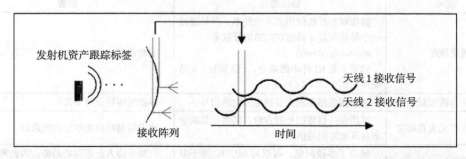

图 5-19　两根天线的接收信号会有一个相位差（ϕ）。这个差与每个接收天线到发射源的距离成正比

　　另一种思考相位差的方法是使用极坐标，如图 5-20 所示。因为我们测量的是相位 2 信号或更多信号（很可能是现代天线阵列中的许多信号），所以我们必须关闭蓝牙的所有形式的移相调制。

　　定位算法在 HCI 内执行，以确定相位角。蓝牙 5.1 没有定义可用的具体角度预估算法。确定到达角的最基本的算法 θ 是通过简单三角函数算出相位差（$\phi_1 - \phi_2$）。由于我们知道阵列天线的距离，我们可以通过先计算相位差得到 AoA：

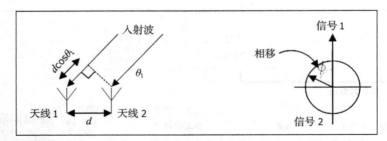

图 5-20　两根天线的接收信号会有一个相位差（ϕ）。这里 d 是天线之间的距离。必须得出的入射角是 θ。这个差与接收天线到发射源的各自距离成正比

$$\phi_2 - \phi_1 = 2\pi \frac{d \cos \theta_1}{\lambda} + 2k\pi$$

然后分解这个角：

$$\theta_1 = \cos^{-1}\left(\frac{(\phi_2 - \phi_1)}{2\pi} - k\right)\frac{\lambda}{d}$$

虽然这种方法是有效的，但是它有基本的局限性。首先，它只对一个单一的输入信号有效。蓝牙可以使用多径场景，而且这个简单的角度公式并不能很好地补偿。另外，这个算法很容易受到噪声的影响。

表 5-3 给出了在 HCI 层中要考虑的其他更高级的接近度和角度估计算法。

表　5-3

技术	操作理论	质量
传统波束赋形	波束赋形算法使用多天线技术，并且通过一个导向向量 a 调整它们的信号权重。 $x(t)=a(\theta)s(t)+n(t)$ 这里 x 是 IQ 样本的集合，s 是信号，n 是噪声	准确性差
巴特利特波束赋形	通过调整相移放大自特定方向的信号	多源时解析分辨率低
最小方差无失真响应	试图保持目标信号的方向，同时尽量减少来自其他方向的信号	比巴特利特波束赋形的效果好
空间平滑	解决了多径问题，可以与 MUSIC 等子空间算法结合使用	有减少协方差矩阵的趋势，因此降低了准确性
多信号分类（MUSIC）	子空间估计器，在协方差矩阵上使用特征分解。 该算法将循环浏览所有的 θ，以找到最大值或峰值——这是期望的方向	计算上是最复杂的，但是在产生方向追踪上的准确性非常高。它还需要预先知道一些参数。 这在室内或多径效应普遍存在的地方可能会有问题
通过旋转不变技术（ESPRIT）估算信号参数	根据一个元素与前一个元素处于恒定相移这一事实调整导向向量	比多信号分类的计算量更大

ESPRIT 和 MUSIC 被称为子空间算法，因为它们试图将接收到的信号分解为"信号空间"和"噪声空间"。子空间算法通常比波束形成算法更精确，但计算量也更大。

-ᗑ̣- 这些先进的角度分辨率算法在 CPU 资源和内存方面非常昂贵。从物联网的角度看，你不应该期望这些算法能够运行在远端设备和传感器上，特别是电量有限技术设备。相反，运行这些算法需要大量具有足够浮点处理的边缘计算设备。

蓝牙 5.1 GATT 超高速缓存

蓝牙 5.1 的一个新特性是 GATT 高速缓存，它试图更好地优化 BLE 服务附件性能。我们了解到 GATT 在 BLE 启动配置的服务发现阶段受到质疑。许多设备永远不会改变其 GATT 协议，通常包括服务、特点和描述符。例如，客户端蓝牙热传感器可能永远不会改变属性，这些属性描述了可以在设备上查询的值的类型。

蓝牙 4.0 引入了**服务变更指示**功能。这个功能允许已高速缓存信息的设备设置特征标志（服务变更），去迫使服务器报告在其 GATT 结构中出现的任何变化。这有几个问题：

❑ 每个服务器都需要维护它所连接的每一个服务器的存储信息，以及它是否已经通过"服务变更指示"告知该服务器其 GATT 特性发生了变化。这给小型嵌入式物联网设备带来了存储负担。

❑ 服务变更功能只适用于已经绑定的设备。此前规范中的这一规则对各种设备造成了不必要的能耗和用户体验问题。

❑ 可能存在竞争条件。例如，在连接到服务器后，客户端可以超时等待服务变更通知。客户端然后将继续正常发送定期 ATT PDU，但稍后会收到来自服务器的"服务变更指示"。

GATT 缓存在蓝牙 5.1 中没有任何变更时，允许客户端跳过服务发现阶段。这改善了速度和能量损耗，也消除了潜在的竞争条件。以前未绑定的不受信任的设备可以跨连接的缓存属性表。要使用此特性，需要使用两个通用属性服务成员：**数据库散列**（Database Hashand）以及**客户支持功能**。数据库散列是标准的 128 位 AES-CMAC 从服务器的属性表构造的散列。在建立连接时，客户端必须立即读取并缓存散列值。如果服务器曾经改变了它的特性（因此生成了一个新的散列值），那么客户端将识别出其中的差异。在这种情况下，客户端很可能拥有比小型物联网终端更多的资源和存储空间，以存储各种可信和不可信设备的许多散列值。客户端有能力识别出它之前已经连接到设备，而且属性没有变化。因此，它可以跳过服务发现。这比以前的架构在能耗和建立连接的时间上有了很大的改善。

客户端支持功能支持一种称为**稳健缓存**的技术。系统现在可以处于两种状态之一：**可感知更改**和**不可感知更改**。如果启用了稳健缓存，那么对这些状态具有可见性的服务器就可以发送一个"数据库不同步错误"，以回应任何 GATT 操作。它通知客户端数据库已过期。当客户端认为服务器处于不可感知更改状态时，客户端将忽略所有收到的 ATT 命令。

如果客户端执行一个服务发现并更新它的表和数据库散列，它可以发送服务变更指示，并将转换到可感知更改状态。这与较早的"服务变更指示"相似，但消除了竞争情况的可能性。

蓝牙 5.1 随机广播信道索引

BLE 利用信道 37（2402 MHz）、38（2426 MHz）和 39（2480 MHz）发送广播信息。在蓝牙 5.0 和以前的协议中，当所有信道都在使用时，广播信息按照严格的顺序轮流通过这些信道。当两个或更多的设备处于同一距离时，这往往会导致数据包碰撞。随着越来越多的设备进入蓝牙领域，会发生更多的碰撞，这将浪费能源并降低性能。为了解决这个问题，蓝牙 5.1 允许随机选择广播指数，但遵循六种潜在顺序的模式：

- Channel 37 --> Channel 38 --> Channel 39
- Channel 37 --> Channel 39 --> Channel 38
- Channel 38 --> Channel 37 --> Channel 39
- Channel 38 --> Channel 39 --> Channel 37
- Channel 39 --> Channel 37 --> Channel 38
- Channel 39 --> Channel 38 --> Channel 37

图 5-21 和图 5-22 显示了以前的蓝牙严格订购广播和蓝牙 5.1 随机广播流程之间的区别。

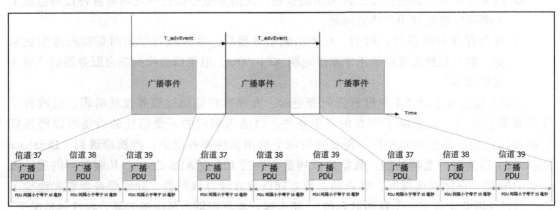

图 5-21　传统广播流程。注意严格的信道排序 37 à 38 à 39。在拥挤的蓝牙 PAN 中存在潜在的危险造成冲突

蓝牙 5.1 定期广播同步传输

正如在上一节中提到的，所有的广播信息都是在 37、38、39 信道上传输的。广播事件窗口之间用 0 毫秒到 10 毫秒之间的伪随机值来彼此分开。这有助于避免碰撞，但它对各种应用程序是有限制的。然而，这使扫描系统的角色复杂化，必须与正在进行的广播同步，见图 5-23。

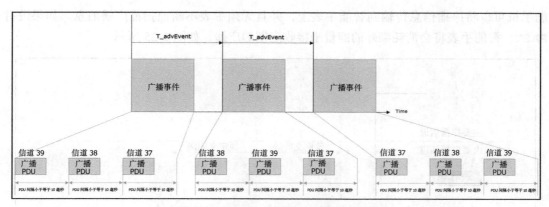

图 5-22　蓝牙 5.1 随机广播信道索引

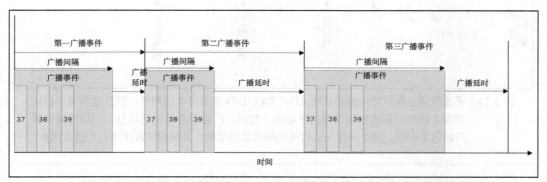

图 5-23　传统蓝牙广播：广播间隔（advInterval）始终是 0.625 毫秒的整数倍，范围从 20 毫
秒到 10 485.759375 秒。广播事件之间的延迟（advDelay）是一个伪随机值，范围为
0～10 毫秒。连续广播事件之间的随机间隙有助于避免碰撞，但使扫描器的作用复
杂化，扫描器必须试图与正在传送的数据包的随机定时同步

通过周期性广播，设备可以指定一个预定义的时间间隔，该时间间隔是扫描主机可以
同步到的（图 5-24）。这是通过使用扩展的广播数据包实现的。这种同步广播的方法通过允
许广播者（以及扫描者）以设定的时间间隔睡眠和唤醒来发送和接收广播信息，可以为能源
紧张的设备带来大量的电能效益。

周期性广播在许多用例中起到了有益的作用，但一些能量受限设备可能没有支持频繁
广播的资源。一个称为**周期性广播同步传输（PAST）**的功能允许另一个不受功率或资源限
制的代理设备执行所有同步工作，然后将同步细节传递给受限制的设备。一个典型的用例
可能是作为配对智能手表代理的智能手机。如果手机（扫描器）接收到来自信标的广播，它
可以将从周期性的 AUX_SYNC_IND 数据包中接收到的数据传输给智能手表。由于相比智能
手机，智能手表更可能能量受限，所以手表只接收选定的广播信息。

蓝牙 5.1 创建了一种名为 LL_PERIODIC_SYNC_IND 的新链路层控制消息，用来使智

能手机可以将广播信息传输到智能手表上，并且无须手表不断地扫描广播消息。如果没有
PAST，智能手表将会消耗额外的能量来接收定期的广播，如图 5-25 所示。

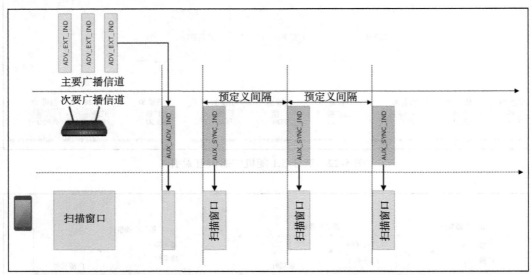

图 5-24　通过使用主要广播信道和传输 ADV_EXT_IND 消息启动周期性广播。这将通知扫描
　　　　　器哪个物理层和次要信道将用于通信。然后，广播设备将发送信息，如信道图和所
　　　　　需的信息间隔。这个预定义的时间间隔将是固定的，并被扫描者用来与广播者同步

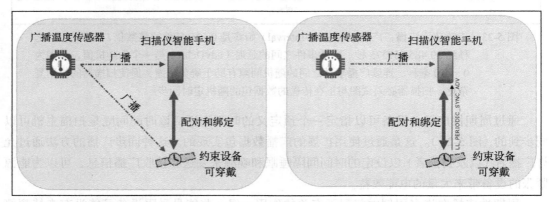

图 5-25　使用 PAST 的一个例子。在这种情况下，一个能量受限的设备（智能手表或可穿戴
　　　　　设备）已经与智能手机配对。两者都会定期接收来自物联网温度传感器的广播，这
　　　　　在系统能源效率方面是次优的。右边的系统利用 LL_PERIODIC_SYNC_ADV 允许
　　　　　可穿戴设备向智能手机请求广播同步。在这种情况下，智能手机是可穿戴设备可能
　　　　　想要使用的广播信息的代理

蓝牙 5.1 微改进

蓝牙 5.1 设计中增加了一些附加方面和小特性：

❑ HCI 支持 LE 安全连接中的调试密钥。当蓝牙使用安全 Diffie-Hellman 密钥协议建立安全通信时，就不可能获得共享密钥，并将其用于调试、鉴定或开发工作。

这一改动通过增加一个 HCI 命令来通知主机使用调试密钥值，从而使 LE 安全连接能够与 Diffie-Hellman 协议一起工作。

❑ 睡眠时钟精度更新机制。通常在建立连接时，主节点设备会使用**睡眠时钟精度**（SCA）字段通知从节点其内部时钟的精度。如果主节点连接到一些设备，它可能需要改变其时钟精度。之前主机没有办法通知附加设备时钟精度已经改变。一个名为 LL_CLOCK_ACCURACY_REQ 的新链路层消息可以传输到连接的设备，让它们与主节点同步调整时钟。这样可以降低系统的功率。

❑ 在扫描响应数据中使用 AdvDataInfo（ADI）字段。这是一种在蓝牙 5.0 的扩展广播中暴露的遗留缺点。在蓝牙 5.0 的扫描响应中没有使用该字段，但在 5.1 中进行了修正。

❑ QoS 与流量规范之间的交互。这是一个传统的 BR/EDR 的增强和规则的澄清。

❑ 二级广播的主信道分类。二级广播信道现在可以通过 HCI 命令 LE_Set_Host_Channel_Classification 将信道分类为"不良"。

❑ 允许广播集 ID（SID）出现在扫描响应报告中。这些是用于蓝牙 5.0 的扩展广播字段，但从未出现在扫描响应中。

5.3　IEEE 802.15.4

IEEE 802.15.4 是由 IEEE 802.15 工作组定义的标准 WPAN。该模式于 2003 年获得批准，并成为许多其他协议的基础，其中包括 Thread（后面会介绍）、Zigbee（本章后面会介绍）、WirelessHART 等。

802.15.4 只定义了栈的底层部分（物理层和数据链路层），而没有定义栈的上层。构建一个完整的网络解决方案要靠其他联盟和工作组来完成。802.15.4 及其上的协议的目标是低成本、低功耗的 WPAN。最新的规范是 2012 年 2 月 6 日批准的 IEEE 802.15.4e 规范，这是我们要在本章讨论的版本。

5.3.1　IEEE 802.15.4 架构

IEEE 802.15.4 协议在三个不同的无线电频段（868 MHz、915 MHz 和 2400 MHz）的未许可频谱中运行。其目的是尽可能扩大地理覆盖范围，这意味着会有三种不同的频段和多种调制技术。虽然较低的频率使 802.15 在射频干扰或范围方面的问题更少，但 2.4 GHz 频段是迄今为止全球最常使用的 802.15.4 频段。较高的频段之所以受到欢迎，是因为较高的速度可以使发射和接收的占空比更短，从而节省功率。

另一个使 2.4 GHz 频段流行的因素是由于蓝牙的普及而被市场接受。表 5-4 列出了各种 802.15.4 频段的各种调制技术、地理区域和数据速率。

表 5-4

频率范围（MHz）	信道编号	调制方式	数据速率（Kbit/s）	地区
868.3	1 个信道：0	BPSK	20	欧洲
		O-QPSK	100	
		ASK	250	
902 ~ 928	10 个信道：1 ~ 10	BPSK	40	北美，澳大利亚
		O-QPSK	250	
		ASK	250	
2405 ~ 2480	16 个信道：11 ~ 26	O-QPSK	250	全世界

在露天视距测试中，基于 802.15.4 协议的典型范围大约为 200 米。在室内，典型的范围大约是 30 米。更高功率的收发器（15 dBm）或网状网络可用于扩大覆盖范围。图 5-26 显示了 802.15.4 使用的三个频段和频率分布。

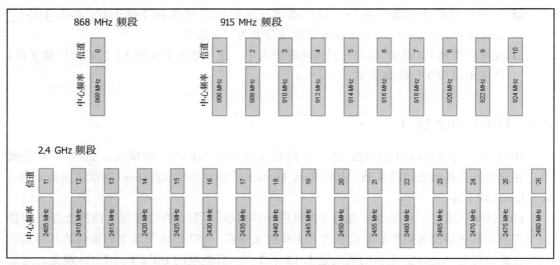

图 5-26　IEEE 802.15.4 频段和频率分配：915 MHz 频段使用 2 MHz 频率间隔，2.4 GHz 频段使用 5 MHz 频率间隔

为了管理共享频率空间，802.15.4 和大多数其他无线协议使用某种形式的**带有避免冲突的载波侦听多路访问**（Carrier Sense Multiple Access With Collision Avoidance，CSMA/CA）。由于在同一信道上不可能同时监听和传输（不可能一边听一个频道，一边用同一个频道传输），冲突检测方案不起作用。因此，我们使用冲突避免。CSMA/CA 只是在预定的时间内监听一个特定的信道。如果感应到该信道是"空闲"的，那么它就会先发送一个信号，告诉所有其他发射机该信道是繁忙的。如果信道繁忙，那么传输将被推迟一段随机时间。在封闭的环境中，CSMA/CA 将提供 36% 的信道使用率。然而，在现实世界的场景中，只有 18% 的信道可以使用。

　　IEEE 802.15.4 组定义工作发射功率至少能够达到 3 dBm，接收机灵敏度在 2.4 GHz 时为 −85 dBm，在 868/915 MHz 时为 −91 dBm。通常，这意味着传输电流为 15 ～ 30 mA，接收电流为 18 ～ 37 mA。

　　使用偏移正交相移键，状态的数据速率在 250 kbit/s 达到峰值。

　　协议栈只包括 OSI 模型的最底层两层（PHY 和 MAC）。PHY 负责符号编码、位调制、位解调和数据包同步。它还执行发送 − 接收模式的切换和包内定时 / 回知延迟控制。图 5-27 所示为 802.15.4 协议栈与 OSI 模型的对比。

IEEE 802.15.4 协议栈		简化 OSI 模型
其他标准或专有层		7. 应用层
		6. 表示层
		5. 会话层
		4. 传输层
		3. 网络层
IEEE 802.15.4 MAC 层		2. 数据链路层
IEEE 802.15.4 物理层（2.4 GHz 无线电）（868/915 MHz 无线电）		1. 物理层

图 5-27　IEEE 802.15.4 协议栈：只定义了 PHY 和 MAC 层，其他标准和组织可以自由加入
PHY 和 MAC 之上的第 3 ～ 7 层

　　在物理层之上是数据链路层，负责检测和纠正物理链路上的错误。该层还控制**媒体访问控制**（Media Access Control，MAC）层，使用 CSMA/CA 等协议处理避免冲突的问题。MAC 层通常用软件实现，并在微控制器（MCU）上运行，如流行的 ARM Cortex M3 甚至 8 位 ATmega 内核。有一些硅片厂商在纯硅片中加入了 MAC，如 Microchip Technology Inc。

　　从 MAC 到堆栈上层的接口是通过两个称为**服务访问点**（Service Access Point，SAP）的接口提供的：

❑ **MAC-SAP**：用于数据管理

❑ **MLME-SAP**：用于控制和监控（MAC 层管理实体）

IEEE 802.15.4 中有两种通信类型：信标通信和无信标通信。

　　对于基于信标的网络，MAC 层可以生成允许设备进入 PAN 的信标，并为设备进入信道进行通信提供定时事件。该信标也用于通常处于休眠状态的基于电池的设备。该设备定时醒来，并监听来自其邻居的信标。如果听到信标，就会开始一个被称为超帧间隔的阶段，其中的时隙被预先分配，以保证设备的带宽，设备可以呼吁邻居节点的注意。**超帧间隔**（SuperFrame interval，SO）和**信标间隔**（beacon interval，BO）由 PAN 协调器完全控制。超级帧被划分为 16 个大小相等的时隙，其中一个时隙专门作为该超级帧的信标。在基于信标的网络中，采用了时隙 CSMA/CA 信道接入方式。

保证时隙（Guaranteed Time Slot，GTS）可以分配给特定的设备，防止任何形式的争夺。最多允许七个 GTS 域。GTS 时隙由 PAN 协调器分配，并在其广播的信标中宣布。PAN 协调器可以根据系统负载、需求和容量动态地改变 GTS 分配。GTS 方向（发射或接收）是在 GTS 启动前预先确定的。一个设备可以请求一个发送和/或一个接收 GTS。

超级帧具有在信道上存在串扰的**竞争接入时期**（Contention Access Period，CAP）和可用于传输和 GTS 的**无争用时期**（Contention Free Period，CFP）。图 5-28 说明了一个超帧，由 16 个由信标信号（其中一个必须是信标）限定的等时隙组成。一个无争用时期将进一步划分为 GTS，一个或多个窗口（GTSW）可以分配给一个特定的设备。在 GTS 期间，其他设备不能使用该信道。

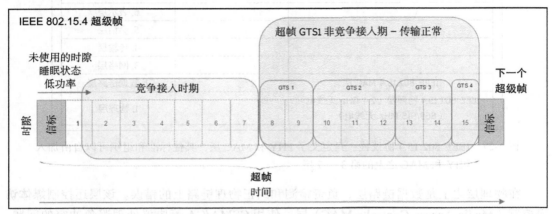

图 5-28　IEEE 802.15.4 超帧序列

除了基于信标的网络之外，IEEE 802.15.4 还支持无信标网络。这是一个简单得多的方案，其中 PAN 协调器不传输信标帧。然而，这意味着所有节点一直处于接收模式。这通过使用非时隙 CSMA/CA 提供了全时争用接入。传输节点将执行**空闲信道评估**（Clear Channel Assessment，CCA），在该评估中，它将监听信道，以检测信道是否被使用，如果是空闲信道则进行传输。CCA 是 CSMA/CA 算法的一部分，用于"感知"一个信道是否被使用。如果一个信道没有来自其他设备（包括非 802.15.4 设备）的其他流量，设备就可以接收到信道的访问。在信道繁忙的情况下，算法进入一个"回退"算法，并等待一段随机的时间来重试 CCA。IEEE 802.15.4 组为 CCA 的使用规定如下：

❏ **CCA 模式 1**：能量高于阈值（最低）。当检测到任何大于阈值（ED）的能量时，CCA 将报告一个繁忙的介质。

❏ **CCA 模式 2**：仅载波帧听（介质 – 默认）。此模式使 CCA 仅在检测到**直序扩频**（Direct-Sequence Spread Spectrum，DSSS）信号时才报告繁忙介质。该信号可能高于或低于 ED 阈值。

❏ **CCA 模式 3**：能量高于阈值（最强）的载波帧听。在该模式下，CCA 如果检测到能量高于 ED 阈值的 DSSS 信号，则报告繁忙。

- **CCA 模式 4**：带定时器的载波侦听检测模式。CCA 启动一个毫秒数的定时器，只有检测到高速率的 PHY 信号时才会报忙。如果定时器过期，没有观察到高速率信号，CCA 将报告介质空闲。
- **CCA 模式 5**：高于阈值的载波感知和能量的组合模式。

关于 CCA 模式的说明：

- 能量检测将超过指定接收机灵敏度最多 10 分贝。CCA 检测时间将等于 8 个符号周期。
- 需要注意的是，基于能量检测的 CCA 模式对设备的能量消耗最小。

这种模式将比基于信标的通信消耗更多的能量。

5.3.2　IEEE 802.15.4 拓扑结构

IEEE 802.15.4 中有两种基本的设备类型：

- **全功能设备**（FFD）：支持任何网络拓扑结构，可以是一个网络（PAN）协调器，并可以与任何设备 PAN 协调器通信
- **简化功能设备**（RFD）：只限于星形拓扑，不能作为网络协调器，只能与网络协调器通信

星形拓扑是最简单的，但要求对等节点之间的所有消息通过 PAN 协调器进行路由选择。对等拓扑结构是一种典型的网状网结构，它可以直接与相邻节点通信。构建更复杂的网络和拓扑是高层协议的职责，我们将在 5.4 节进行讨论。

PAN 协调器有一个独特的角色，即设置和管理 PAN。它还担负着传输网络信标和存储节点信息的任务。与可能使用电池或能量收集电源的传感器不同，PAN 协调器是不断接收传输信号的，并且通常是在专用的电力线（墙上的电源）上。PAN 协调器始终是一个 FFD。

RFD 或者甚至低功耗的 RFD 都可以基于电池。它们的作用是搜索可用的网络，并在必要时传输数据。这些设备可以进入休眠状态很长一段时间。图 5-29 是星形拓扑与对等拓扑的关系图。

在 PAN 内，允许广播信息。要向整个光纤网广播，只需指定 PAN ID 为 0xFFFF。

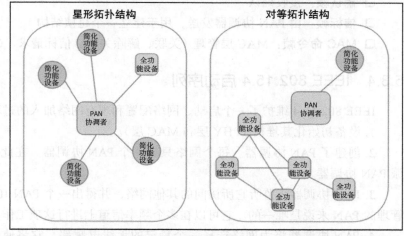

图 5-29　IEEE 802.15.4 网络拓扑结构指南。802.15.4 的实现者可以自由构建其他网络拓扑

5.3.3　IEEE 802.15.4 地址模式和数据包结构

　　标准规定所有地址都基于唯一的 64 位值（IEEE 地址或 MAC 地址）。然而，为了节省带宽和减少传输如此大地址的能量，802.15.4 允许加入网络的设备将其唯一的 64 位地址"换成"一个短的 16 位本地地址，从而实现更高效的传输和更低的能量。

　　这个交换过程是 PAN 协调器的职责。我们把这个 16 位本地地址称为 PAN ID，因为可以存在多个 PAN，所以整个 PAN 网络本身就有一个 PAN 标识符。图 5-30 是 802.15.4 数据包结构图。

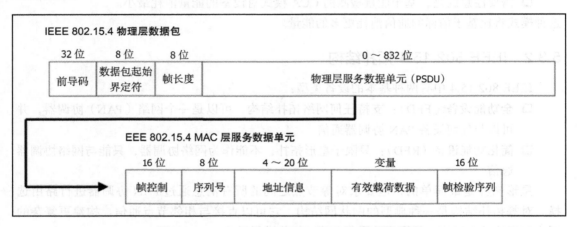

图 5-30　IEEE 802.15.4 PHY 和 MAC 数据包编码

　　帧是数据传输的基本单元，有四种基本类型（一些基本的概念在上一节已经讲过）：
- ❑ **数据帧**：应用数据传输
- ❑ **确认帧**：接收确认
- ❑ **信标帧**：由 PAN 协调器发送，用于建立一个超帧结构
- ❑ **MAC 命令帧**：MAC 层管理（关联、解除关联、信标请求、GTS 请求）

5.3.4　IEEE 802.15.4 启动序列

　　IEEE 802.15.4 维护了一个启动、网络配置和现有网络加入的过程。流程如下：

　　1. 设备初始化其堆栈（PHY 层和 MAC 层）。

　　2. 创建了 PAN 协调器。每个网络只有一个 PAN 协调器。在此阶段进行之前，必须指派 PAN 协调器。

　　3. PAN 协调器将监听它所访问的其他网络，并得出一个 PAN ID，这个 PAN ID 对它要管理的 PAN 来说是唯一的。它可以在多个频率信道上进行这项工作。

　　4. PAN 协调器将为网络选择一个特定的无线电频率。它将使用能量检测扫描，扫描 PHY 可以支持的频率并侦听，以找到一个静止的信道。

5. 网络将通过配置 PAN 协调器启动，然后以协调器模式启动设备。此时，PAN 协调器可以接受请求。

6. 节点可以通过使用活动频道扫描找到 PAN 协调器来加入网络，在该频道中，节点将在其所有频道上广播信标请求。当 PAN 协调器检测到信标时，它将响应请求设备。或者，在基于信标的网络中（前面详细介绍过），PAN 协调器将例行地发送信标，设备可以执行被动信道扫描并侦听信标。然后设备将发送一个关联请求。

7. PAN 协调器将决定设备是否应该或可以加入网络。这可以基于访问控制规则，甚至如果 PAN 协调器有足够的资源管理另一个设备。如果接受，则 PAN 协调器将为设备分配一个 16 位的短地址。

5.3.5　IEEE 802.15.4 安全性

IEEE 802.15.4 标准包括加密和认证形式的安全规定。架构师可以根据成本、性能、安全性和功率灵活地处理网络安全问题。表 5-5 列出了不同的安全套件。

基于 AES 的加密使用带有计数器模式的分组密码。AES-CBC-MAC 仅提供身份验证保护，而 AES-CCM 模式提供完整的加密和身份验证套件。802.15.4 无线电提供一个**访问控制列表**（Access Control List，ACL）来控制使用哪个安全套件和密钥。设备最多可以存储 255 个 ACL 条目。

MAC 层还计算连续重复之间的"新鲜度检查"，以确保旧帧或旧数据不再被认为是有效的，并将阻止这些帧继续向上堆栈。

每个 802.15.4 收发器必须管理自己的 ACL，并向其填充一个"受信任的邻居"列表以及安全策略。ACL 包括要与之通信的被清除的节点的地址、要使用的特定安全套件（AES-CTR、AES-CCM-xx、AES-CBC-MAC-xx）、AES 算法的密钥、最后初始向量（IV）和重播计数器。

表 5-5 列出了各种 802.15.4 安全模式和特性。

表　5-5

种类	说明	访问控制	保密性	帧完整性	顺序有效期
无	无安全性				
AES-CTR	仅 CTR 加密	X	X		X
AES-CBCMAC-128	128 位 MAC	X		X	
AES-CBCMAC-64	64 位 MAC	X		X	
AES-CBCMAC-32	32 位 MAC	X		X	
AES-CCM-128	加密和 128 位 MAC	X	X	X	X
AES-CCM-64	加密和 64 位 MAC	X	X	X	X
AES-CCM-32	加密和 32 位 MAC	X	X	X	X

对称加密依赖于使用相同密钥的两个终端。可以使用共享的网络密钥在网络级别管理

密钥。这是一种简单的方法，其中所有节点拥有相同的密钥，但存在内部攻击的风险。在每对节点之间共享唯一密钥的情况下，可以使用成对键控方案。这种模式增加了开销，特别是对于从节点到邻居的高度扇出的网络。组键控是另一种选择。在这种模式下，一个密钥在一组节点之间共享，并用于组中的任意两个节点，组基于设备相似性、地理位置等。最后，一种混合的方法是可能的，结合三种方案中的任何一种。

5.4 Zigbee

Zigbee 是基于 IEEE 802.15.4 基础的 WPAN 协议，针对受成本、功率和空间限制的商业和住宅物联网。本节从硬件和软件的角度详细介绍 Zigbee 协议。Zigbee 得名于蜜蜂飞行的概念。当一只蜜蜂在各花丛间往返采集花粉时，它就像一个流经网状网络的包——从一个装置到另一个装置。

5.4.1 Zigbee 的历史

低功耗无线网状网络的概念在 20 世纪 90 年代成为标准，并在 2002 年成立了 Zigbee 联盟来解决这个问题。Zigbee 协议是在 2004 年 IEEE 802.15.4 批准后构想出来的。2004 年 12 月 14 日成为 IEEE 802.15.4.-2003 标准。2005 年 6 月 13 日公开了 1.0 规范，也就是 Zigbee 2004 规范。其历史记录如下：

- ❑ 2005：Zigbee 2004 发布
- ❑ 2006：Zigbee 2006 发布
- ❑ 2007：Zigbee 2007 发布，也被称为 Zigbee Pro（引入集群库，Zigbee 2004 和 Zigbee 2006 具有一些向后兼容性限制）

该联盟与 IEEE 802.15.4 工作组的关系类似于 IEEE 802.11 工作组和 Wi-Fi 联盟。Zigbee 联盟维护和发布协议标准、组织工作组、管理应用程序配置文件列表。IEEE 802.15.4 定义了 PHY 和 MAC 层，但仅此而已。

此外，802.15.4 没有指定任何关于多跳通信或应用程序空间的内容。这就是 Zigbee（以及其他构建在 802.15.4 之上的标准）发挥作用的地方。

Zigbee 是专有的、封闭的标准。它需要授权费和 Zigbee 联盟提供的协议。许可授予持有者 Zigbee 合规性和标识认证。它保证了与其他 Zigbee 设备的互操作性。

5.4.2 Zigbee 概述

Zigbee 是基于 802.15.4 协议的，但在其之上还增加了额外的网络服务，使其更类似于 TCP/IP。这允许 Zigbee 形成网络、发现设备、提供安全性和管理网络。它不提供数据传输服务或应用程序执行环境。因为本质上是一个网状网络，它具有自愈性和临时性的形式。

此外，Zigbee 以简单为荣，并声称通过使用轻量级协议栈可以减少 50% 的软件支持。

Zigbee 网络有三个主要组成部分：

- **Zigbee 控制器**（Zigbee Controller，ZC）：这是 Zigbee 上一个非常强大的设备，用来形成和启动网络功能。每个无线个域网网络将有一个完成 802.15.4 2003 PAN 协调器（FFD）的 ZC。网络形成后，ZC 可以作为 ZR（Zigbee Router，无线个域网路由器）。它可以分配逻辑网络地址和允许节点加入或离开网状网。
- **Zigbee 路由器**（Zigbee Router，ZR）：这个组件是可选的，但它能处理一些网状网络跳网和路由协调的负载。它也可以履行 FFD 的角色，并与 ZC 有关联。ZR 参与消息的多跳路由，并可以分配逻辑网络地址允许节点加入或离开网状网。
- **Zigbee 终端设备**（Zigbee End Device，ZED）：通常是一个简单的终端设备，比如电灯开关或恒温器。它包含了足够的功能与协调器沟通。它没有路由逻辑，因此，到达 ZED 的任何消息如果不是针对该终端设备的话，则只是简单地中继。它也不能执行关联（本章后面将详细介绍）。

Zigbee 针对三种不同类型的数据流量。周期性数据以应用程序定义的速率（例如，传感器周期性传输）递送或传输。

当应用或外部刺激以随机速率发生时，就会出现间歇性数据。适用于 Zigbee 的间歇性数据的一个很好的例子是电灯开关。Zigbee 服务的最后一种流量类型是重复性低时延数据。Zigbee 为传输分配了时隙，并且可以具有非常低的时延，这适合电脑鼠标或键盘。

Zigbee 支持三种基本拓扑（如图 5-31 所示）：

- **星形网络**：一个 ZC 与一个或多个 ZED。它只扩展两跳，因此在节点距离上受到限制。它还要求有一条可靠的链路，因为在 ZC 上有一个单点故障。
- **簇树**：采用信标的多跳网络，并在星形网络上扩展网络覆盖范围。ZC 和 ZR 节点可以有子节点，但是 ZED 仍然是真正的终端。子节点只与父节点通信（比如小星形网络）。父节点可以向下与其子节点通信，也可以向上与其父节点通信。问题仍然存在，单点故障在中心。

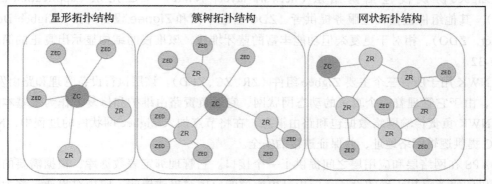

图 5-31　Zigbee 网络拓扑的三种形式，从最简单的星形网络到簇树再到真正的网状网

❑ **网状网络**：动态路径形成和变形。路由可以从任何源设备到任何目的设备。它使用树和表驱动的路由算法。ZC 和 ZR 无线电必须一直供电，以执行路由任务，消耗电池寿命。此外，计算网状网络中的时延如果不是非确定性的，也会很困难。在这种模式下，一些路由规则被放宽，但是，在一定范围内的路由器之间可以直接进行通信。主要的优点是网络可以发展到视线之外，并且有多条冗余路径。

 Zigbee 理论上最多可以部署 65 536 个 ZED。

5.4.3　Zigbee PHY 和 MAC（与 IEEE 802.15.4 的区别）

Zigbee 和蓝牙一样，主要在 2.4 GHz ISM 频段运行。与蓝牙不同的是，Zigbee 在欧洲也以 868 MHz 的频率工作，在美国和澳大利亚则以 915 MHz 的频率工作。由于频率较低，它比传统的 2.4 GHz 信号有更好的穿透墙壁和障碍物的倾向。Zigbee 并没有使用 IEEE 802.15.4 的所有 PHY 和 MAC 规范，确实使用了 CSMA/CA 避免冲突方案。它还使用 MAC 级机制来防止节点之间相互通话。

 Zigbee 不使用 IEEE 802.15.4 信标模式。此外，Zigbee 中也不使用超帧的 GTS。

802.15.4 的安全规范略有修改。提供身份认证和加密的 CCM 模式要求每一层都有不同的安全性。Zigbee 针对的是资源严重受限和深度嵌入式系统，并没有提供 802.15.4 中定义的安全级别。

Zigbee 基于 IEEE 802.15.4-2003 规范，然后在 IEEE 802.15.4-2006 规范中用两个新的物理层和无线电进行了增强标准化。这意味着数据速率比 868 MHz 和 900 MHz 频段的数据速率略低。

5.4.4　Zigbee 协议栈

Zigbee 协议栈包括**网络层**（network layer，NWK）和**应用层**（application layer，APS）。其他组件包括安全服务提供者、ZDO 管理平面和 **Zigbee 设备对象**（Zigbee Device Object，ZDO）。相对于更复杂但功能丰富的蓝牙堆栈，该堆栈的结构显示出真正的简单性（图 5-32）。

NWK 用于所有三个主要 Zigbee 组件（ZR、ZC、ZED）。该层执行设备管理和路由发现。此外，由于它管理着一个真正的动态网状网，它还负责路由维护和修复。作为最基本的功能，NWK 负责传输网络数据包和路由消息。在将节点加入 Zigbee 网状网的过程中，NWK 为 ZC 提供逻辑网络地址，并保证连接的安全。

APS 在网络层和应用层之间提供了一个接口。它管理绑定表数据库，根据需要的服务与提供的服务寻找正确的设备。应用是由所谓的应用对象建模的，应用对象通过称为簇的对象属性映射相互通信。对象之间的通信是在一个压缩的 XML 文件中创建的，以达到普遍性。所有设备都必须支持一组基本的方法。每个 Zigbee 设备总共可以存在 240 个终端。

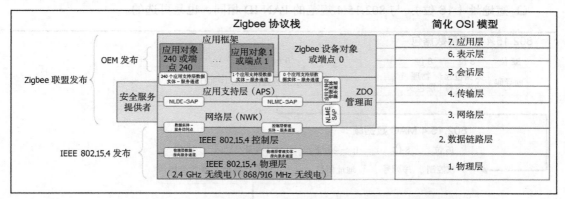

图 5-32　Zigbee 协议栈和相应的简化 OSI 模型作为参考框架

APS 将 Zigbee 设备与用户进行接口。Zigbee 协议中的大多数组件都驻留在这里，包括 **Zigbee 设备对象**（Zigbee Device Object，ZDO）。终端 0 称为 ZDO，是负责整个设备管理的关键组件，包括管理设备的密钥、策略和角色。它还可以发现网络上新的（一跳式）设备和这些设备提供的服务。ZDO 启动并响应设备的所有绑定请求。它还通过管理设备的安全策略和密钥在网络设备之间建立安全关系。

绑定是两个端点之间的连接，每个绑定都支持一个特定的应用程序配置文件。因此，当我们组合源端点和目标端点、集群 ID 和配置文件 ID 时，我们可以在两个终端和两个设备之间创建唯一的消息。绑定可以是一对一、一对多或多对一。绑定的一个例子是连接到一组灯泡的多个灯开关。开关应用终端将与灯终端关联。ZDO 通过应用对象将开关终端与灯终端关联，提供绑定管理。可以创建集群，允许一个开关打开所有的灯，而另一个开关只能控制一个灯。

原始设备制造商（OEM）提供的应用程序配置文件将描述用于特定功能的设备集合（例如，电灯开关和烟雾报警器）。应用程序配置文件中的设备可以通过集群相互通信。每个集群将有一个独特的集群 ID，以识别其在网络中的身份。

5.4.5　Zigbee 寻址和数据包结构

Zigbee 协议位于 802.15.4 PHY 层和 MAC 层之上，复用其数据包结构，如图 5-33 所示。网络在网络层和应用程序层有所不同。

图 5-33 说明了将 802.15.4 的一个 PHY 和 MAC 数据包分解为相应的网络层帧数据包（NWK）以及应用层帧（APS）。

Zigbee 每个节点使用两个唯一地址：

❏ **长地址（64 位）**：由设备制造商分配，是不可改变的。这将 Zigbee 设备从所有其他 Zigbee 设备中唯一地识别出来。这与 802.15.4 64 位地址相同。顶部 24 位是指 OUI，底部 40 位由 OEM 管理。地址是以块为单位管理的，可以通过 IEEE 购买。

❑ 短地址（16 位）：与 802.15.4 规范的 PAN ID 相同，也是可选的。

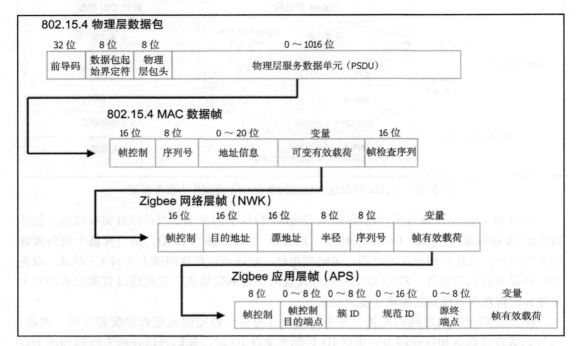

图 5-33　Zigbee 网络（NWK）和应用层（APS）在 802.15.4 PHY 和 MAC 数据包上的驻留

5.4.6　Zigbee 网状路由

表路由采用 AODV 路由和**集群树算法**。AODV 是一种纯按需路由系统。在这个模型中，节点之间在没有发生某种关联之前（例如，两个节点需要通信），不必相互发现。AODV 也不要求不在路由路径中的节点维护路由信息。如果一个源节点需要和一个目的节点通信，而路径不存在，那么就会开始一个路径发现过程。AODV 同时提供单播和组播支持。它是一个被动的协议，也就是说，它只根据需求提供通往目的地的路由，而不是主动提供。在需要连接之前，整个网络都处于静默状态。

簇树算法形成一个能够自我修复和冗余的自组织网络。网状网中的节点选择一个簇头，并围绕簇头节点创建簇。然后这些自形成的簇通过指定的设备相互连接。

Zigbee 能够以多种方式发送数据包：

❑ 广播：将数据包传送到结构中的所有其他节点。

❑ 网状路由（表路由）：如果目标路由表存在，那么路线将遵循相应的表规则，非常高效。Zigbee 将允许一个网状网和表格最多路由 30 跳。

□ **树路由**：从一个节点到另一个节点的单播消息。树路由是完全可选的，可以在整个网络禁用。因为一个大的路由表不存在，它提供了比网状路由更好的内存效率。然而，树路由不具有与网状路由相同的连接冗余。Zigbee 支持树形路由最多 10 跳。

□ **源路由**：主要在有数据集中器时使用。这就是 Z-Wave 提供网状路由的方式。

路径发现是发现一条新路线或修复一条损坏的路线的过程。设备将向整个网络发出一个路由请求命令帧。如果目的地接收到命令帧，它将使用至少一个路由应答命令帧进行响应（如图 5-34 所示）。对所有可能返回的路径进行检查和评估，以找到最优路径。

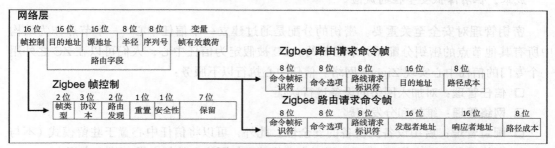

图 5-34　Zigbee 路由包发出一个路由请求命令帧，随后用一个路由应答命令帧进行应答

💡 在路径发现过程中报告的链路成本可以是恒定的，也可以基于接收的可能性。

Zigbee 协会

如前所述，ZED 不参与路由。终端设备与父路由器通信，父路由器也是路由器。当 ZC 允许一个新设备加入一个网络时，它进入一个称为关联的进程。如果一个设备失去了与它的父设备的联系，设备可以在任何时候通过称为"孤立（orphaning）"的过程重新加入。

要正式加入 Zigbee 网络，设备广播一个信标请求，请求网状网上被授权允许新节点加入的设备发出的后续信标。起初，只有 PAN 协调器被授权提供这样的请求，在网络成长后，其他设备可能会参与。

5.4.7　Zigbee 安全性

Zigbee 基于 IEEE 802.15.4 的安全条款。Zigbee 提供了三种安全机制：ACL、128 位 AES 加密和消息更新计时器。

Zigbee 安全模型分布在几个层上：

□ **应用层**为 ZDO 提供密钥创建和传输服务。

□ **网络层**管理路由，如果路由可用，输出帧将使用路由定义的链接密钥，否则将使用网络密钥。

□ **MAC 层**的安全通过 API 管理，由上层控制。

多个密钥由 Zigbee 网络管理：

❑ **主密钥**：主密钥可以由制造商预装或由用户手动输入。它构成了 Zigbee 设备的安全基础。主密钥总是先安装，并由信任中心传输。

❑ **网络密钥**：这把钥匙将提供网络层面的保护，以防止外部攻击者。

❑ **链接密钥**：在两个设备之间形成安全绑定。如果两台设备可以选择使用已安装的链接密钥或网络密钥，它们将始终默认使用链接密钥，以提供更多的保护。

> 链接密钥在受限设备上的密钥存储是重资源的。网络密钥可以用来减轻部分存储成本，但有降低安全性的风险。

密钥管理对安全至关重要。密钥的分配是通过建立一个信任中心（一个节点作为结构中所有其他节点的密钥分配器）来控制的。ZC 被假定为信任中心，人们可以在 ZC 之外用一个专门的信任中心实现 Zigbee 网络。信任中心执行以下服务：

❑ **信任管理**：对加入网络的设备进行认证

❑ **网络管理**：维护和分发钥匙

❑ **配置管理**：启用设备到设备的安全性。此外，可以将信任中心置于驻留模式（不与网络设备建立密钥），也可以置于商业模式（与网络上的每个设备建立密钥）。

Zigbee 在 MAC 层和 NWK 层中使用 128 位密钥作为其规范的一部分。MAC 层提供了三种加密模式：AES-CTR、AES-CBC-128 和 AES-CCM-128（均在 IEEE 802.15.4 部分中定义）。然而，NWK 层只支持 AES-CCM-128，但是对其进行了微调，以提供仅加密和仅完整性的保护。

消息完整性确保消息在传输过程中没有被修改。这种类型的安全工具用于 MITM 攻击。参考 Zigbee 数据包结构，消息完整性代码和辅助头提供了为每个发送的应用消息添加额外检查的字段。

身份验证由公共网络密钥和配对设备之间的独有密钥提供。

消息更新定时器用于查找已经超时的消息。当控制重传的工具发动时，这些消息会被拒绝并从网络中删除。这适用于传入和传出的消息。任何时候创建一个新的密钥，更新定时器都会被重置。

5.5 Z-Wave

Z-Wave 是 900 MHz 频段的另一种网状网技术。它是一种 WPAN 协议，主要用于消费者和家庭自动化，大约有 2100 种产品在使用该技术。它已经在照明和 HVAC 控制领域找到了进入商业和建筑领域的途径。然而，就市场份额而言，Z-Wave 还没有达到蓝牙或 Zigbee 那样的市值。

它的第一次表现是在 2001 年，在丹麦一家开发光控系统的公司 Zensys 出现的。2005 年，Zensys 与 Leviton Manufacturing、丹佛斯（Danfoss）和英格索兰（Ingersoll-Rand）组

建了联盟，正式名称为 Z-Wave 联盟。联盟在 2008 年收购了西格玛设计公司，现在西格玛是 Z-Wave 硬件模块的唯一供应商。Z-Wave 联盟的成员公司现在包括 SmartThings、霍尼韦尔、贝尔金、博世、Carrier、ADT 和 LG。

Z-Wave 在大多数情况下都是封闭协议，其硬件模块制造商数量有限。该规范已经开始向公众开放，但还有大量的材料没有公开。

5.5.1 Z-Wave 概述

Z-Wave 的设计重点是家庭和消费者照明 / 自动化。它旨在使用非常低的带宽与传感器和交换机进行通信。该设计在 PHY 和 MAC 级别上基于 ITU-T G.9959 标准。ITU-T G.9959 是国际电信联盟针对 1 GHz 以下频段的短距离窄带无线通信收发器的规范。

根据原产国的不同，在 sub-1 GHz 范围内有几个频段用于 Z-Wave。在美国，908.40 MHz 的中心频率是标准。Z-Wave 有三种不同频率传播的数据速率：

❑ 100 Kbit/s：916.0 MHz 与 400 KHz 扩展

❑ 40 Kbit/s：916.0 MHz 与 300 KHz 扩展

❑ 9.6 Kbit/s：908.4 MHz 与 300 KHz 扩展

每个频段都在一个信道上运行。

在 PHY 级进行的调制对 9.6 Kbit/s 和 40 Kbit/s 的数据速率采用频移键控。在快速的 100 Kbit/s 速率下，使用高斯频移键控。在 0 dB 时，输出功率大约为 1 mW。

如前面介绍的其他协议中所述，CSMA/CA 用于管理信道竞争。这是在堆栈的 MAC 层管理的。节点以接收模式开始，如果有数据正在广播，则等待一段时间后再传输数据。

从角色和责任的角度来看，Z-Wave 网络是由具有特定功能的不同节点组成的：

❑ **控制器设备**：这个顶层设备为网状网络提供路由表，是网状网下的主机 / 主控器。控制器有两种基本类型：

   ● **主控制器**：主控制器是主控器，一个网络中只能有一个主控器。它有能力维护网络拓扑结构和层次结构。它还可以将节点纳入或排除在拓扑结构之外，并有分配节点 ID 的职责。

   ● **辅助控制器**：这些节点协助主控制器进行路由选择。

❑ **从设备 / 节点**：这些设备根据它们接收到的命令进行操作。这些设备不能与邻近的从属节点通信，除非通过命令指示它们这样做。从站可以存储路由信息，但不计算或更新路由表。通常情况下，它们会在网状网络中充当中继器。

控制器也可以定义为便携式和静态。便携式控制器被设计成可以像遥控器一样移动。一旦它改变了位置，它将重新计算网络中最快的路线。静态控制器的目的是固定的，如插在墙壁插座上的网关。静态控制器可以始终处于“开启“状态，并接收从属状态信息。

控制器在网络中也可以有不同的属性：

❑ **状态更新控制器**（Status Update Controller，SUC）：静态控制器还具有状态更新控制器的作用。在这种情况下，它将接收主控制器关于拓扑更改的通知，它还可以协助进行从机的路由选择。

- ❏ **SUC ID 服务器**（SUC ID Server，SIS）：SUC 还可以协助包括和排除主站的从站。
- ❏ **桥接控制器**：这本质上是一个静态控制器，能够充当 Z-Wave 网状网和其他网络系统（例如 WAN 或 Wi-Fi）之间的网关。网桥最多可以控制 128 个虚拟从节点。
- ❏ **安装控制器**：这是一个便携式控制器，可以协助进行网络管理和 QoS 分析。

从节点也支持不同的属性：

- ❏ **路由从节点**：从根本上讲，这是一个从节点，但具有向网状网中的其他节点发送非请求信息的能力。通常情况下，如果没有主控制器的命令，从节点是不允许向其他节点发送消息的。节点存储了一组静态路由，当消息被发送时，它将使用这些路由。
- ❏ **增强从节点**：这些从节点具有与路由从节点相同的能力，但增加了实时时钟和应用数据的持久存储。例如煤气表。

📓 从节点 / 设备可能是基于电池的，例如家庭中的运动传感器。要想让从节点成为中继器，它就必须始终保持功能，并监听网状网上的消息。正因为如此，基于电池的设备永远不会被用作中继器。

5.5.2　Z-Wave 协议栈

Z-Wave 是一种非常低带宽的协议，目的是拥有一个稀疏的网络拓扑，因此协议栈试图在每个消息中以尽可能少的字节进行通信。协议栈由五层组成，如图 5-35 所示。

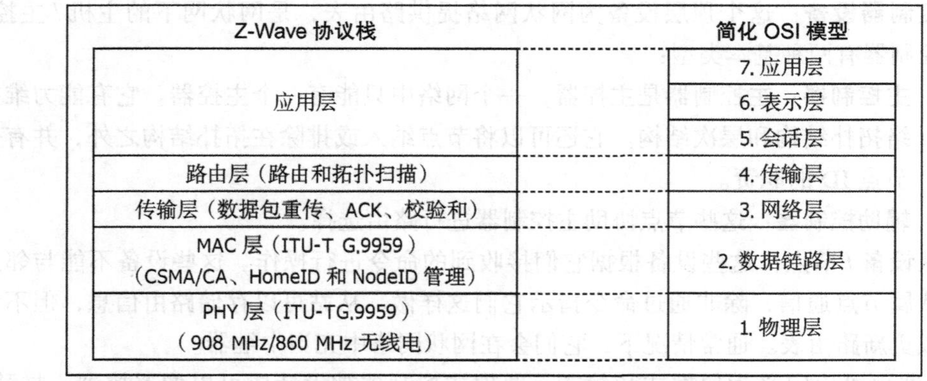

Z-Wave 协议栈	简化 OSI 模型
应用层	7. 应用层
	6. 表示层
	5. 会话层
路由层（路由和拓扑扫描）	4. 传输层
传输层（数据包重传、ACK、校验和）	3. 网络层
MAC 层（ITU-T G.9959） （CSMA/CA、HomeID 和 NodeID 管理）	2. 数据链路层
PHY 层（ITU-TG.9959） （908 MHz/860 MHz 无线电）	1. 物理层

图 5-35　Z-Wave 协议栈和 OSI 模型比较：Z-Wave 使用第五层协议栈，其底层两层（PHY 和 MAC）由 ITU-T G.9959 规范定义

各层可以描述如下：

- ❏ **PHY 层**：由 ITU-T G.9959 规范定义。该层管理信号调制、信道分配、发射机的前

导码绑定和接收机的前导码同步。

- ❏ **MAC 层**：管理上一节定义的 HomeID 和 NodeID 字段。MAC 层还使用主动避撞算法和回退策略来缓解信道上的拥塞和争用。
- ❏ **传输层**：管理 Z-Wave 帧的通信。该层还负责根据需要重传帧。其他任务包括传输的确认和校验绑定。
- ❏ **路由层**：提供路由服务。此外，网络层还会进行拓扑扫描，更新路由表。
- ❏ **应用层**：为应用程序和数据提供用户界面。

5.5.3 Z-Wave 寻址

与蓝牙和 Zigbee 协议相比，Z-Wave 的寻址机制相当简单。寻址方案保持简单，因为所有的尝试都是为了最大限度地减少流量和节省电力，如图 5-36 所示。在继续之前，有两个基本的寻址标识符需要进行定义：

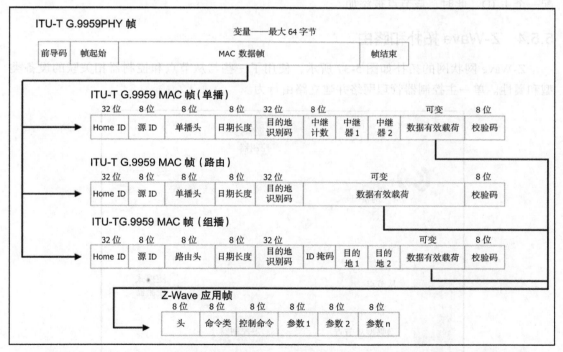

图 5-36 从 PHY 到 MAC 再到应用层的 Z -Wave 数据包结构。同时定义了三种数据包类型：单播、路由和组播

- ❏ **Home ID**：这是一个 32 位的唯一标识符，已在控制器设备中预先编程，以帮助识别 Z-Wave 网络和其他网络。在网络启动期间，所有 Z-Wave 节点的原点 ID 为 0，控制器将用正确的原点 ID 系统地填充从属节点。

❑ **Node ID**：这是一个由控制器分配给每个节点的 8 位值，提供 Z-Wave 网络中节点的地址。

传输层提供了几种帧类型来辅助重传、确认、功率控制和认证。网络帧的四种类型包括：

❑ **单播帧**：这是向单个 Z-Wave 节点发送的数据包。这种类型的数据包后面必须有一个确认。如果没有发生 ACK，则会发生重传序列。

❑ **ACK 帧**：这是对单播帧的确认响应。

❑ **多播帧**：该消息被传送给多个节点（最多 232 个）。这种类型的消息不使用确认。

❑ **广播帧**：类似于多播消息，该帧被传输到网络中的所有节点。同样，没有使用 ACK。

一个新的 Z-Wave 设备要想在网状网上使用，必须经过配对和添加过程。该过程通常由设备上的机械装置或具体的用户按键启动。如前所述，配对过程涉及主控制器为新节点分配一个主 ID。此时，该节点被添加。

5.5.4 Z-Wave 拓扑和路由

Z-Wave 网状网的拓扑如图 5-37 所示，使用了一些与从节点和控制器相关联的设备类型和属性。单一主控制器管理网络并建立路由行为。

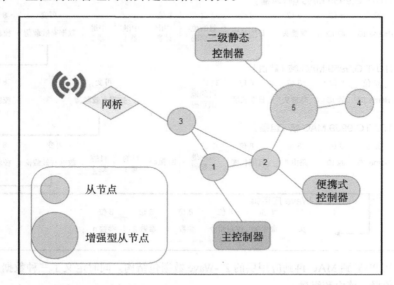

图 5-37　Z-Wave 拓扑包括单个主控制器、四个从节点和一个增强型从节点。桥接控制器充当 Wi-Fi 网络的网关。便携式控制器和辅助控制器也位于网状网上以协助主控制器

Z-Wave 堆栈的路由层管理从一个节点到另一个节点的帧传输。路由层会在需要时建立正确的中继器列表，扫描网络拓扑变化，维护路由表。该表相当简单，只指定哪个邻居连

接到给定的节点。它只向前看一个即时跳。这个表是由主控制器通过询问网状网中的每个节点从它的位置可以到达哪些设备来构建的。

使用源路由浏览网状网意味着当消息通过结构时，对于每一个接收到帧的跳，它将把数据包转发给链中的下一个节点。举个例子，在下面的路由表中，从 Bridge 到 Slave 5 的最短路径遵循以下逻辑路径：Bridge | Slave 3 | Slave 2 | Slave 5。

 Z-Wave 将路由跳数限制为最多四个。

图 5-38 给出了上述拓扑结构的路由表。

	增强型 Slave 1	增强型 Slave 2	增强型 Slave 3	增强型 Slave 4	增强型 Slave 5	主控制器	附属 SIS	网桥	便携式控制器
增强型 Slave 1	0	1	1	0	0	1	0	0	0
增强型 Slave 2	1	0	1	0	1	0	0	0	1
增强型 Slave 3	1	1	0	0	0	0	0	1	0
增强型 Slave 4	0	0	0	0	1	0	0	0	0
增强型 Slave 5	0	1	0	1	0	0	1	0	0
主控制器	0	0	0	0	0	0	0	0	0
附属 SIS	0	0	0	0	1	0	0	0	0
网桥	1	0	1	0	0	0	0	0	0
便携式控制器	0	1	0	0	0	0	0	0	0

图 5-38　Z-Wave 源路由算法示例

 便携式控制器在维护最佳路由路径方面面临挑战，因此，便携式控制器将使用替代技术来寻找通往目的节点的最佳路由。

5.6　小结

本章介绍了将物联网数据从设备传输到互联网的第一步。将数十亿个设备连接起来的第一步是使用正确的通信媒介到达传感器、对象和执行器，从而引起一些动作。这就是 WPAN 的作用。我们已经探讨了未授权频谱的基础，以及作为架构师如何衡量 WPAN 的性能和行为。

这一章深入讨论了新的蓝牙 5 和蓝牙 5.1 协议，并将其与其他标准如 IEEE 802.15.4 基础协议、Zigbee 和 Z-Wave 进行了比较。我们研究了信标、各种数据包和协议结构以及网状网结构。在这一点上，架构师应该了解如何比较和对比这些架构。

下一章将探讨基于 IP 的 PAN 和 LAN 网络，如无处不在的 802.11 Wi-Fi 网络、Thread 和 6LoWPAN，以及未来的 Wi-Fi 通信标准。这些探讨 WPAN、WLAN 和广域网架构的网络章节将例行地回到基础知识，如本章开始介绍的信号强度测量和范围方程，应该作为今后的参考。

第 6 章　基于 IP 的 WPAN 和 WLAN

WPAN 网络从一开始就没有采用常用的传输控制协议 / 互联网协议（TCP/IP）。蓝牙、Zigbee 和 Z-Wave 的协议栈与真正的 TCP/IP 协议相似，但本质上并不通过 TCP/IP 进行通信。现阶段确实存在 Zigbee 上适用的 IP（采用 Zigbee-IP）和蓝牙上适用的 IP（采用 IPSP 以支持 6LoWPAN）。在后续章节中，我们将介绍一个 WPAN 示例，该示例使用 802.15.4 协议，其具有可以连接任何 IPv6 网络的真正的 IPv6（线程）兼容层。

本章还将介绍使用 IEEE 802.11 协议的有关 Wi-Fi™ 的标准。尽管通常被认为是**无线 LAN**（WLAN），但 802.11 协议却很普遍，并且已使用在物联网部署中，尤其是在智能传感器和网关集线器中。本章将正式介绍 802.11 Wi-Fi 标准目录，包括新的 IEEE 802.11ac 高速协议，还将涵盖 802.11 通过使用 802.11p 协议可以扩展到车联网和交通运输行业物联网的世界中。最后，本章将探讨 IEEE 802.11ah 规范，该规范是基于 802.11 协议构建的无线局域网解决方案，但明确针对功率和成本受限的物联网传感器设备。

本章将涵盖以下内容：
- TCP / IP
- 具有 IP 的 WPAN——6LoWPAN
- 具有 IP 的 WPAN——Thread
- IEEE 802.11 协议和 WLAN

6.1　TCP/IP

在协议栈中支持 IP 层确实会消耗本可用于其他地方的资源，但对建设基于 TCP/IP 通信的物联网系统具有关键优势。我们将首先列举这些好处，不过将由架构师来权衡这些服务成本和对系统的影响。

从生态系统的角度来看，无论在传感器级别使用何种协议，传感器数据最终都将被发送到公共、私有或混合云中进行分析、控制或监视。除 WPAN 以外，我们在 WLAN 和 WAN 配置中所看到的世界都是基于 TCP/IP 的。

出于多种原因，IP 是全球通信的标准形式：
- **无处不在**：几乎每个操作系统和每种媒介都提供 IP 栈。IP 通信协议能够在各种 WPAN 系统、蜂窝、铜缆、光纤、PCI Express 和卫星系统上运行。IP 指定了所有数据通信的确切格式以及用于通信、确认和管理连接性的规则。

- **寿命**：TCP 构建于 1974 年，今天仍在使用的 IPv4 标准是 1978 年设计的。它经受了 40 年的考验。对于许多必须支持设备和系统数 10 年的工业和现场物联网解决方案而言，寿命至关重要。40 年来，制造商设计了各种专有协议，例如 AppleTalk、SNA、DECnet 和 Novell IPX，但是没有一个获得像 IP 一样的市场吸引力。
- **基于标准**：TCP / IP 受 Internet 工程任务组（IETF）的管理。IETF 维护着一组针对 Internet 协议的开放标准。
- **可扩展性**：IP 已经展示了其规模和适用性。IP 网络已经证明可以大规模扩展到数 10 亿用户和更多设备。IPv6 可以为构成地球的每个原子提供唯一的 IP 地址，并且还可支持 100 多个世界。
- **可靠性**：IP 的核心是可靠的数据传输协议。它通过基于无连接网络的数据包传递系统来完成此任务。IP 是无连接的，因为每个数据包都被彼此独立地对待。数据传递也称为尽力而为传递，因为对不同的路由都将进行所有尝试来传输数据包。这种模型的优势是使架构师可以用另一种机制代替传递机制——其实就是用其他东西（例如，具有蜂窝网络的 Wi-Fi）来代替层一和层二的栈。
- **可管理性**：存在管理 IP 网络和 IP 网络上的设备的各种工具。如建模工具、网络嗅探器、诊断工具和各种设备来帮助构建、扩展和维护网络。

传输层也值得考虑。IP 解决了对支持良好且功能强大的网络层的需求，而传输层则需要 TCP 和**通用数据报协议**（Universal Datagram Protocol，UDP）。传输层负责端到端通信。不同的主机和各种网络组件之间的逻辑通信都是在这一层进行管理的。TCP 用于面向连接的传输，而 UDP 用于无连接的传输。UDP 的实现自然比 TCP 容易得多，但没有弹性。两种服务都提供分段重新排序，因为不能保证使用 IP 协议按顺序传送数据包。TCP 还通过使用确认消息和丢失消息的重传，为不可靠的 IP 网络层提供可靠性层。此外，TCP 使用滑动窗口和拥塞避免算法提供流量控制。UDP 提供了一种轻量级、高速的方法将数据广播到可能存在或不一定存在的设备以及可靠或不可靠的设备中。

图 6-1 是标准的七层**开源互联**（OSI）模型栈。

OSI 栈提供了一个参考，说明有多少协议是层层建立的。该模型从第 1 层开始，通常是一个物理实体，例如网络端口或物理接口（PHY）。每层都在上一层数据包基础上添加各种包头和包尾。在此过程继续向上一层移动时，包结构随着添加的包头和包尾而变得越来越大。

从物联网的角度来看，使 IP 接近数据源可桥接数据管理的两个世界。**信息技术**（Information Technology，IT）主要管理网络和网络中事物的基础结构、安全性以及供应。**运营技术**（Operational Technology，OT）主要管理产生某些东西的系统的运行状况和吞吐量。传统意义上这两个角色是分开的，因为诸如传感器、仪表和可编程控制器至今尚未连接，至少没有直接相连。

至少从工业物联网的角度来看，还是专有标准支配着 OT 系统。

OSI 模型			
层	目的 / 功能	应用协议	基础数据类型
7. 应用层	用户应用层：浏览器、FTP、应用软件等 （远程文件接入、资源共享、LDAP、SNMP）	SMTP、FTP	数据
6. 表示层	语法层：加密、压缩（可选） （数据加密 / 解密、编码、传输）	JPEG、ASCII、 ROT13	数据
5. 会话层	同步和逻辑端口路由： （会话建立、开始 & 终止、安全、注册、姓名识别）	RPC、NFS、 NetBIOS	数据
4. 传输层	TCP：主机到主机 & 流控制 （端到端连接 & 可信性、消息段、握手、会话多路复用）	TCP/UDP	TCP：段 UDP：数据报
3. 网络层	包：IP 地址 （路径选择、逻辑地址、路由、流量控制、帧段、子网管理）	IP、IPX、ICMP	包
2. 数据链路层	数据帧：MAC 地址、包 （物理地址、媒体访问控制、LLC、帧错校正、排序和重新排序）	PPP/SLIP	帧
1. 物理层	物理设备：电缆、光纤、射频频谱 （数据编码、媒体附着、基带 / 带宽、发信号、二进制传输）	同轴电缆、 光纤、无线	比特 / 信号

图 6-1　完整的七层 OSI 模型。TCP/IP 代表层 3 和层 4

6.2　具有 IP 的 WPAN——6LoWPAN

为了将 IP 寻址能力应用到体积小并且资源受限的设备中，在 2005 年出现了 6LoWPAN 的概念。它由 IETF 中的一个工作组根据 RFC 4944 规范（征求修正意见书）正式设计，随后利用 RFC 6282 解决报头压缩，利用 RFC 6775 实现邻居发现。该联盟是封闭的，但是，该标准可以向任何人开放和使用。

6LoWPAN 是**基于 IPV6 的低功耗无线个人区域网**（IPV6 over Low-Power Wireless Personal Area Network）的首字母缩写。其目的是通过低功耗射频通信系统进行 IP 联网，适用于功率和空间受限且不需要高带宽联网服务的设备。该协议可以与其他 WPAN 通信，如 802.15.4，以及蓝牙、sub-1 GHz 射频协议和**电力线控制器**（Power-Line Controller，PLC）等。6LoWPAN 最主要的优点是，最简单的传感器就可以拥有 IP 寻址能力，并通过 3G/4G/LTE/Wi-Fi/ 以太网路由器成为网络的一员；其次 IPV6 提供 2^{128} 或 3.4×10^{038} 个理论可寻址的唯一地址，这将覆盖约 500 亿个互联网连接设备，并远超过这个范围。因此，6LoWPAN 非常适合用于增长中的物联网。

6.3　IEEE 802.11 协议和 WLAN

IEEE 802.11 技术是 FCC 最早认证可使用未经许可的 ISM 频段的采用者之一。IEEE

802.11 是一套具有悠久历史和丰富使用案例的协议。802.11 规范定义了网络栈中的**媒体访问控制**（MAC）和物理层（PHY）。这些定义和规范受 IEEE LAN / MAN 标准委员会的约束。WiFi 是基于 IEEE 802.11 标准的 WLAN 的定义，但是由非营利性 Wi-Fi 联盟维护和管理。

1991 年，802.11 的创建要归功于 NCR，其率先研发了一种用于网络收银机的无线协议。直到 1999 年成立 Wi-Fi 联盟后，这项技术才在快速发展的 PC 和笔记本电脑市场中普及。原始协议与现代 802.11 b/g/n/ac 协议有很大不同，它仅支持 2 Mbit/s 速率和前向纠错编码功能。

IEEE 802.11 的成功可以归功于其接近 OSI 模型的分层协议栈，只需用 IEEE 802.11 层替换 MAC 层和物理层即可轻松使用现有的 TCP/IP 基础结构。

如今几乎所有移动设备、笔记本电脑、平板电脑、嵌入式系统、玩具和视频游戏都集成了某种 IEEE 802.11 无线电。802.11 有一段传奇的历史，尤其是在安全模型方面，最初的 802.11 安全模型基于 UC Berkeley 有线等效加密安全机制，后来被证明是不可靠的且容易有风险，包括 2007 年通过 802.11 WEP 的 TJ Maxx 数据泄露在内的几项引人注目的漏洞导致 4500 万张信用卡被盗。如今使用 AES 256 位预共享密钥的 **Wi-Fi 网络安全存储**（WPA）和 WPA2 确实加强了安全性，因而很少再使用 WEP。

本节将详细介绍 802.11 协议和与物联网架构相关的特定信息之间的区别。我们将详细介绍与物联网相关的三种技术，首先介绍当前 IEEE 802.11ac 的设计，然后研究 802.11ah HaLow 和 802.11p V2V。

✍ R. Shaw 和 S Sharma 曾对 802.11 标准做过非常出色的比较，参见 "Comparative Study of IEEE 802.11 a, b, g & n Standards"。

6.3.1　IEEE 802.11 协议集及比较

IEEE LAN / MAN 标准委员会维护并管理着 IEEE 802 规范。最初 802.11 的目标是为无线网络提供链路层协议，它从 802.11 基本规范演变为 2013 年的 802.11ac。从此工作组就专注于其他领域，如图 6-2 所示，特定的 802.11 版本更新已经被用于各种用例和细分领域，例如低功率 / 低带宽物联网互连（802.11ah）、车辆间通信（802.11p）、电视模拟射频空间的再利用（802.11af）、用于音视频的大带宽近距离通信（802.11ad），当然还有 802.11ac 标准的后续标准 802.11ax。

新的版本更新被设计用于射频频谱的不同区域，或者为车辆紧急情况减少隐患并提高安全性。图 6-2 反映了覆盖范围、频率和功率之间的权衡，我们将在本节稍后部分介绍图表中的各个方面，例如调制、MIMO 流和频率使用情况。

IEEE 802.11 协议	应用案例	发布日期	频段（GHz）	带宽（MHz）	每信道流数率最大值－最小值（Mbit/s）	可用 MIMO 流	调制	室内范围（m）	室外范围（m）	每个芯片的理论消耗功率（mW）
802.11	初始 802.11 设计	1997 年 6 月	2.4	22	1～2	1	DSSS、FHSS	20	20	50
a	与 802.11b 同时发布，比 802.11b 不易受到干扰	1999 年 9 月	5 / 3.7	20	6～54	1	OFDM（SISO）	30	120 / 5000	50
b	与 802.11a 同时发布，较 802.11a 有大幅度的速率提升和覆盖范围	1999 年 9 月	2.4	22	1～11	1	DSSS（SISO）	50	150	7～50
g	速度增长超过 802.11b	2003 年 6 月	2.4	20	6～54	1	OFDM、DSSS（SISO）	38	140	50
n	采用多天线技术提高速度和覆盖范围	2009 年 10 月	2.4/5	20 / 40	7.2～72.2 / 15～150	4	OFDM（MIMO）	70	250	40
ac	较 802.11n 拥有更好的性能和覆盖范围，更宽的信道和更有效的调制方法，允许多用户使用 MU-MIMO，引入波束赋形	2013 年 12 月	5	20 / 40 / 80 / 160	7.2～96.3 / 15～200 / 32.5～433.3 / 65～866.7	8	OFDM（MU-MIMO）	35	35	40
ah	为物联网和传感器网络设计的"WiFi HaLow"，低功耗和广覆盖	2016 年 12 月	2.4/5	1～16	347	4	OFDM	1000	1000	低功耗
p	"车辆环境中的无线访问"，专用于短距离通信的智能运输系统，使用案例：收费、安全和紧急碰撞、车联网	2009 年 6 月	5.9	10	27	1	OFDM	NA	400～1000	40
af	"白色 WiFi"或"超级 WiFi"，在电视频段中部署未使用的频谱，以在印度、肯尼亚、新加坡、美国和英国提供最后一英里的连接	2013 年 11 月	0.470～0.710	6～8	568	4	OFDM	NA	6000～100000	thd
ad	一 WiGig 联盟使用 60 GHz 无线网络播放高清视频和工程音频和视频传输，并替代光缆	2012 年 12 月	60	2160	4260	>10	SC、OFDM（MU-MIMO）	10	10	thd
ax	下一代 802.11 的"高效无线（HEW）"，容量比 802.11ac 增加 4 倍，比 802.11ac 的每用户平均速率提高 4 倍，向后兼容 802.11a / b / g / n / ac 密集部署方案	2019 年	2.4/5	20 / 40 / 80 / 160	450～10 000	8	OFDM（MU-MIMO）	35	35	thd

图 6-2 从旧版 802.11 原始规范到尚未批准的 802.11ax 的不同 IEEE 802.11 标准和规范

6.3.2 IEEE 802.11 架构

802.11 协议代表了基于非许可频谱的 2.4 GHz 和 5 GHz ISM 频段中不同调制技术的一系列无线通信。802.11b 和 802.11g 位于 2.4 GHz 频段，而 802.11n 和 802.11ac 开放 5 GHz 频段。上一章详细介绍了 2.4 GHz 频段以及该空间中存在的不同协议。Wi-Fi 易受蓝牙和 Zigbee 相同噪声和干扰的影响，因此它采用多种技术确保鲁棒性和弹性。

从栈的角度来看，802.11 协议位于 OSI 模型的链路层（1 或 2）中，如图 6-3 所示。

该协议栈包括旧 802.11 规范中的各种物理层，例如 802.11 原始物理层（包括红外）、a、b、g 和 n，这是为了保证网络可以向后兼容。大多数芯片组包括整个物理层集合，很难找到一个单独带有原始物理层的部件。

802.11 系统支持三种基本拓扑结构：

❑ **基础结构**：在这种结构中，**站点**（STAtion，STA）是指一个 802.11 终端设备（如智能手机）与一个中央**接入点**（Access Point，AP）通信。AP 可以作为其他网络（WAN）的网关、路由器或较大网络中的真实接入点。这也称为**基础结构基本设置服务**（Basic Set Service，BSS），这是一个星形拓扑结构。

802.11 协议栈								简化的 OSI 模型
应用层								7. 应用层
								6. 表示层
								5. 会话层
传输层								4. 传输层
网络层								3. 网络层
逻辑链路控制								2. 数据链路层
MAC 子层								
802.11 2.4 GHz FHSS 1 Mbps 2Mbps	802.11 2.4 GHz DHSS 1 Mbps 2Mbps	802.11 Infrared 1 Mbps 2Mbps	802.11a 5 GHz OFDM 6, 9, 12, 18, 24, 36, 48, 54 Mbps	802.11b 2.4 GHz DSSS 1, 2, 5.5, 11 Mbps	802.11g 2.4 GHz OFDM 1, 2, 5.5, 11, & 6, 9, 12, 18, 24, 36, 48, 54 Mbps	802.11n 2.4 GHz OFDM 1 to 450 Mbps	802.11ac MU-MIMO 5 GHz OFDM 200, 400, 433, 600, 866, 1300 Mbps	1. 物理层

图 6-3　IEEE 802.11ac 栈

- ❑ **Ad hoc**：802.11 节点可以形成**独立基本服务集**（Independent Basic Set Service，IBSS），其中每个站点都通过接口与其他基站通信，并对这些接口进行管理。在这种结构中没有接入点或星形拓扑结构，这就是对等类型的拓扑结构。
- ❑ **分布式系统（DS）**：DS 利用接入点将两个或者多个独立的 BSS 网络组合在一起。

✍ IEEE 802.11ah 和 IEEE 802.11s 支持网状网拓扑结构。

图 6-4 是 IEEE 802.11 架构的三种基本拓扑结构示意图。

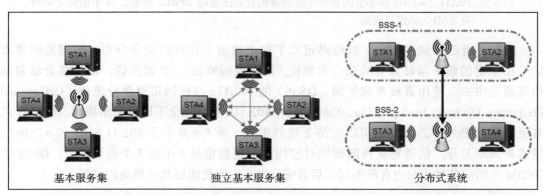

图 6-4　802.11 网络结构，分别是基础结构基本服务集、独立基本服务集和由两个独立基础结构基本服务集组成的分布式系统

总之，802.11 协议最多可将 2007 个 STA 与单个接入点关联，这对我们在后续章节中探讨其他协议非常有意义，如用于物联网的 IEEE 802.11ah。

6.3.3 IEEE 802.11 频谱分配

第一个 802.11 协议使用了 2 ~ 5 GHz ISM 之间的频谱，每个信道间隔大约 20 MHz。信道带宽为 20 MHz，但后来 IEEE 的修正案允许 5 MHz 和 10 MHz 信道间隔。在美国，802.11b 和 g 最多支持 11 个信道（其他国家最多可以支持 14 个信道）。

图 6-5 描述了信道隔离，其中三个信道不重叠（1、6、11）。

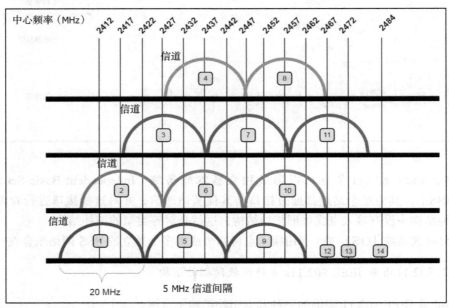

图 6-5   802.11 2.4 GHz 频率空间和非干扰信道组合。注意每 20MHz 带宽，14 个信道之间均有 5 MHz 的信道间隔

802.11 指定了频谱掩码，该掩码定义了每个信道上允许的功率分布。频谱掩码要求信号在指定的频率偏移处衰减到一定幅度（从其振幅峰值），也就是说，信号将会辐射到相邻信道中去。使用**直接序列扩频**（DSSS）的 802.11b 与使用**正交频分复用**（Orthogonal Frequency-Division Multiplexing，OFDM）的 802.11n 具有完全不同的频谱掩码。OFDM 具有更高的频谱效率，因此也可以支持更高的带宽。图 6-6 显示了 802.11 b、g 和 n 之间的信道和调制差异。信道宽度将限制同时使用的信道数量从 4 个到 3 个再到 1 个。DSSS 和 OFDM 之间的信号形状也有所不同，后者密度更高，因此能够具有更高的带宽。

虽然在 2.4 GHz 范围内有 14 个信道，但信道的使用由地区和国家决定。例如北美允许使用信道 1 ~ 11，日本允许 802.11b 使用所有 14 个信道，802.11g / n 使用信道 1 ～ 13，西班牙只允许使用信道 10 和 11；法国允许使用 10 ～ 13。分配方式各不相同，架构师应注意不同国家的限制。IEEE 使用命名规则 regdomain 来描述影响物理层的国家信道、功率和时间限制。

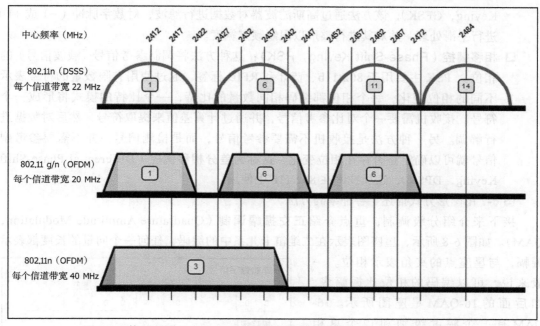

图 6-6　使用不同 DSSS、OFDM 和载波带宽的 802.11b、g 和 n 的区别

6.3.4　IEEE 802.11 调制和编码技术

本节详细介绍 IEEE 802.11 协议中的调制和编码技术。这些技术并非 802.11 独有，正如我们将看到的，它们还应用于 802.15 协议和蜂窝协议。首先我们应该了解一些基本方法——跳频、调制和相移键控，还有不同技术的平衡范围、干扰和吞吐量。

在物理层，无论射频信号使用哪种协议（蓝牙、Zigbee、802.11 等）传输，射频信号传输的数字数据必须转换为模拟信号。模拟载波信号将使用离散数字信号进行调制，称为符号或调制字母表。理解符号调制的一个简单方法是把它看作钢琴的 4 个键，每个键代表两位（00、01、10、11）。如果每秒可以弹奏 100 个键，那么意味着每秒可以传输 100 个符号。如果每个符号（钢琴的音调）代表两位，那么这相当于一个 200 bit/s 的调制器。尽管有许多要学习的符号编码方式，但它们都基于以下三种基本方法：

❑ **幅移键控**（Amplitude-Shift Keying，ASK）：这是一种幅度调制的方法。二进制 0 代表一种调制幅度，1 代表另一种幅度。图 6-7 显示了一个简单的方法，更高级的方法是可以使用更多的幅度等级表示数据分组。

❑ **频移键控**（Frequency-Shift Keying，FSK）：这种调制技术将载波频率调制为 0 或 1，如图 6-7 所示的最简单方法是**二进制频移键控**（Binary Frequency-Shift Keying，PSK），在 802.11 和其他协议中使用。在上一章中，我们讨论了蓝牙和 Z-Wave，这些协议使用一种频移键控方法，称为**高斯频移键控**（Gaussian Frequency-Shift Keying，GFSK），该方法通过高斯滤波器对数据进行滤波，对数字脉冲（−1 或 +1）进行平滑处理，并对其进行整形以限制频谱宽度。

❑ **相移键控**（Phase-Shift Keying，PSK）：这种方法将调制参考信号（载波信号）的相位。PSK 主要用于 802.11b、蓝牙和 RFID 标签，通过使用有限数量的符号表示不同的相位变化。每个相位都编码相同数量的比特，一个比特的模式将形成一个符号。接收机需要一个对比参考信号，并通过计算差值来提取符号，然后对数据进行解调。另一种方法是接收机不需要参考信号，而是检测信号，并不需要参考副信号就可以确定是否存在相位变化，这称为**差分相移键控**（Differential Phase-Shift Keying，DPSK），这项技术在 802.11b 中使用。

图 6-7 用图形方式描述了各种编码方法。

接下来介绍分级调制，重点介绍**正交振幅调制**（Quadrature Amplitude Modulation，QAM）。如图 6-8 所示，星座图表示在二维笛卡儿系中的编码，任何一个向量的长度都表示振幅，与星座点的夹角表示相位。一般来说，可以编码的相位比振幅多，如后面的 16-QAM 星座图所示。16-QAM 有三个幅度级别和 12 个总相角，可以使用 16 位编码。802.11a 和 802.11g 可以使用 16-QAM 甚至更高密度的 64-QAM。显然，星座越密集，可以表示的编码越多，吞吐量越高。

图 6-8 形象地说明了 QAM 编码过程，其中左侧为 16 点（16-QAM）星座图，向量的长度表示三个振幅级别，向量的角度表示每个象限中的三个相位，这样可以生成 16 个符号，这些符号代表生成的信号的相位和振幅在不断变化。右侧是以 8-QAM 为例的波形图，用 3 位（8 值）调制字母表代表不断变化的相位和振幅。

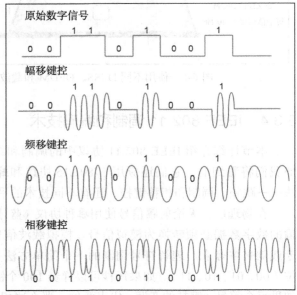

图 6-7 使用键控技术的不同方法的符号编码：幅移键控、频移键控和相移键控。注意当碰到 "1" 时，相移键控是如何改变相位的

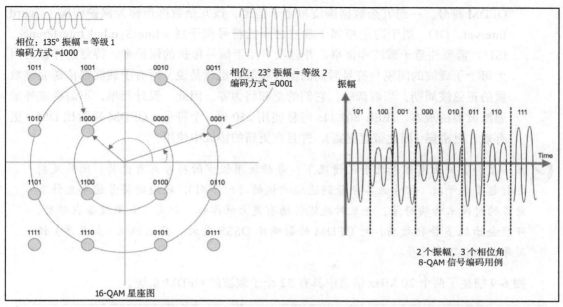

图 6-8　正交振幅调制（QAM）。左：16-QAM 星座图，右：8-QAM 波形编码

QAM 实际使用时有限制。稍后，我们将了解非常密集的星座图，其从根本上提高了吞吐量。在将模数转换器（ADC）和数模转换器（DAC）产生的噪声引入量化误差之前，只能增加一定数量的相位角和振幅。噪声将会一直存在，系统需要对信号进行高速采样弥补上述缺陷。此外，信噪比（SNR）必须超过某个值才能获得较好的误码率（BER）。

802.11 标准采用了不同的干扰缓解技术，这些技术实际上是将信号扩展到整个频带：

❑ 跳频扩频（Frequency-Hopping Spread Spectrum，FHSS）：在 2.4 GHz ISM 频带中的 1 MHz 宽的 79 个非重叠信道上扩展信号。它使用伪随机数生成器来启动跳跃过程。驻留时间是指在跳变之前使用信道的最短时间（400 毫秒）。跳频在上一章中也进行了描述，它是扩展信号的经典方案。

❑ 直接序列扩频（DSSS）：首次在 802.11b 协议中使用，占用 22 MHz 宽的信道。每个比特在传输信号中都被转换为多个比特。传输的数据需要乘以噪声发生器，通过使用伪随机数序列，即伪噪声（Pseudo-Noise，PN），有效地扩展信号到整个频谱，每一位都用 11 位码片序列（相移键控）传输，结果信号是该位和 11 位随机序列的 XOR。考虑到码率，DSSS 每秒可传送约 1100 万个符号。

❑ OFDM：用于 IEEE 802.11a 和更高版本的协议。该技术为了使用 QAM 和 PSM 编码数据，将单个 20 MHz 信道分为 52 个子信道（48 个子信道用于数据，4 个子信道用于同步和监听）。快速傅里叶变换（Fast Fourier Transform，FFT）用于生成每个

OFDM 符号。一组冗余数据围绕每个子信道，该冗余数据带称为**保护间隔**（Guard Interval，GI），用于防止相邻子载波之间的**符号间干扰**（InterSymbol Interference，ISI）。需要注意子载波非常窄，并且没有用于信号保护的保护带。特意这样做是因为每个子载波的间隔与符号时间的倒数相等。也就是说，所有子载波都传送完整数量的正弦波周期，当解调时，它们的总和将为零。因此，设计简单，不需要额外带通滤波器的成本。IEEE 802.11a 每秒使用 250 000 个符号，OFDM 通常比 DSSS 更有效、更密集（因此带宽更宽），并且在更新的协议中使用。

在墙壁和窗户上有信号反射的情况下，每秒使用较少的符号具有优势。因为反射会引起多径干扰（信号的各分量到达接收机的时间不同），较慢的符号速率允许有更多的时间来传输符号，并且对延迟传播有更大的弹性。但是，如果设备在移动，可能会出现多普勒效应，对 OFDM 的影响比 DSSS 更大。其他协议（如蓝牙）使用每秒 100 万个符号。

图 6-9 描述了两个 20 MHz 信道中具有 52 个子载波的 OFDM 系统。

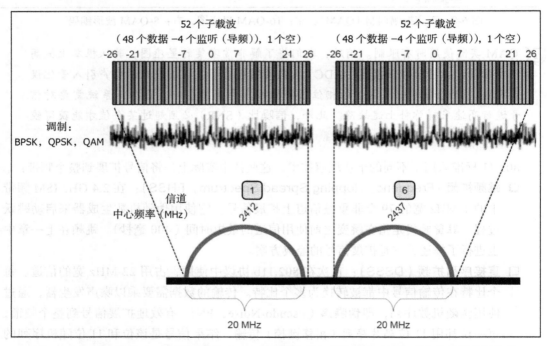

图 6-9　OFDM 示例。一个信道被分为 52 个更小的时隙或子载波（每个时隙或者子载波均携带一个符号）

每种标准可用的不同调制方法称为**调制与编码策略**（MCS），MCS 是一张包括可以使用的调制类型、保护间隔和码率的表，可以使用索引查询此表。

✒️ 802.11b 设备进入市场的时候早于 802.11a, 802.11b 使用不同于 802.11a 的编码策略, 并且编码策略不兼容。由于这两种协议几乎同时发布, 导致在市场上有些人没有注意这两种协议的区别从而产生了混淆。

6.3.5 IEEE 802.11 MIMO

MIMO 是**多输入多输出**（multiple-input multiple-output）的缩写, MIMO 利用了先前提到的称为多径的 RF 现象。多径传输意味着信号将被墙壁、门、窗户和其他障碍物反射。接收机将接收许多信号, 并且在不同时间通过不同的路径到达接收机。

多径往往会使信号失真并引起干扰, 从而最终降低信号质量, 这种现象称为多径衰落。随着多天线的增加, MIMO 系统可以通过简单地增加更多的天线来线性地增加给定信道的容量。MIMO 有两种形式:

❑ **空间分集**: 这里指的是发送和接收分集。单数据流使用空时编码在多个天线上同时传输, 这会使信噪比得到改善, 并且提高了链路可靠性和系统覆盖范围。

✒️ 在上一章中, 我们介绍了蓝牙等 PAN 网络中的跳频技术。跳频是通过不断改变多径的角度来克服多径衰减问题的一种方法。这样做的效果是使射频信号大小失真。蓝牙系统通常只有一根天线, 因此不易变成 MIMO。就 Wi-Fi 而言, 只有最初的 802.11 标准支持一种形式的 FHSS。OFDM 系统保持单信道锁定, 因此可能会遭受多径衰落问题。

使用多个流确实会影响整体的功耗。IEEE 802.11n 提供了一种仅在具有性能优势时才启用 MIMO 的模式, 因此在其他时间是省电的。Wi-Fi 联盟为了满足 802.11n 标准要求所有产品至少支持两个空间流。

❑ **空间复用**: 通过使用多条路径承载更多流量来提供额外的数据容量, 即提高数据吞吐能力。本质上, 一个高速率数据流可以分为多个独立的数据在不同天线上传输。

WLAN 将数据分成多个流, 称为空间流, 每个传输的空间流将在发射机上使用不同的天线。IEEE 802.11n 支持 4 根天线和 4 个空间流。通过为彼此间隔的天线分别发送多个流, 802.11n 中的空间分集使人们相信至少有一个信号会足够强, 能够到达接收机。MIMO 功能需要至少两根天线来支持。流也是与调制无关的, BPSK、QAM 和其他形式的调制都可以和空间流一起工作。

在发射机和接收机上的数字信号处理器将会调整多径效应和视距传输, 后者通过延缓足够的时间, 使其与非视距路径对齐, 这将会提高信号强度。

IEEE 802.11n 协议支持 4 流单用户 MIMO（SUMIMO）设备, 这意味着发射机将协同工作, 与单个接收机通信。此处, 4 根发射天线和 4 根接收天线将多数据流发送给单个客户端。图 6-10 是 802.11n 中 SU-MIMO 和多径使用的说明。

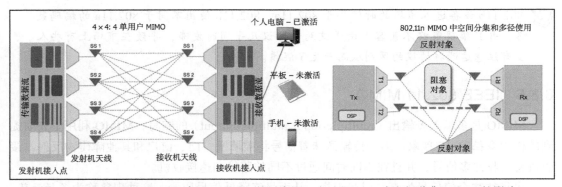

图 6-10　左：IEEE 802.11n 中 SU-MIMO 的示意图。右：802.11n 中空间分集 MIMO 的影响

如图所示，4 根发射天线和 4 根接收天线将多数据流发送给单个客户端（SU-MIMO）。右图中，两个发射机保持固定的距离，各自与两个接收机通信，多径的存在是由两个发射机的反射产生的，单视距路径因更具优势而更受欢迎。发射机和接收机侧的 DSP 设备也通过组合信号来减少多径衰落，因此所得信号几乎没有衰落。

IEEE 802.11 协议用符号 M×N：Z 表示 MIMO 流，其中 M 代表最大发射天线数，N 代表最大接收天线数。Z 代表可以同时使用的最大数据流数。因此，一个 $3\times2：2$ 的 MIMO 意味着有 3 根发射流天线和 2 根接收流天线，但只能同时发射或接收 2 个流。

802.11n 还引入了波束赋形的可选功能，802.11n 定义了两种类型的波束赋形方法：隐式反馈和显式反馈：

❑ **隐式反馈波束赋形**：此模式假定波束赋形器（AP）与波束赋形者（客户端）之间的信道是互易的（两个方向的质量相同）。如果是这样，则波束赋形器发送训练请求帧并接收探测包。利用探测包，波束赋形器可以估计接收机信道并建立导引矩阵。

❑ **显式反馈波束赋形**：在此模式下，波束赋形者通过计算其自身的导引矩阵来响应训练请求，并将矩阵发送回波束赋形器。这是一种更可靠的方法。

图 6-11 说明了在没有视距通信情况下波束赋形的影响。在最坏的情况下，信号到达的相位差为 180 度，并且彼此抵消。通过波束赋形，可以在接收机处对信号进行相位调整，以增强彼此的强度。

波束赋形依赖于多个间隔开的天线将信号聚焦在特定位置。可以调整信号的相位和幅度，使其到达相同的位置并相互增强，从而提供更好的信号强度和范围。不幸的是，802.11n 并未对波束赋形的单一方法进行标准化，而是将其留给了实施者。不同的制造商使用不同的过程，并且只能保证它可与相同的硬件一起使用。因此，波束赋形在 802.11n 时间框架中并未得到广泛采用。

我们将在 6.3.9 节以及下一章中介绍有关使用蜂窝 4G LTE 无线电进行远程通信的 MIMO 技术。

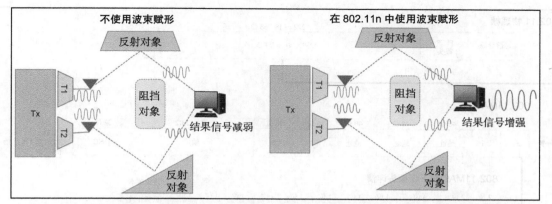

图 6-11　使用和不使用波束赋形的系统示例图。在这种情况下,系统没有视距,它依靠反射
　　　　来传播信号

6.3.6　IEEE 802.11 数据包结构

802.11 使用我们之前已经看到的典型数据包结构以及报头、有效载荷数据、帧标识符等。从物理层帧组织开始,我们有三个字段:前导,用于同步阶段;PLCP 报头,用于描述数据包的配置和特性,例如数据速率;MPDC MAC 数据。

每个 IEEE 802.11 规范都有一个唯一的前导,并且由符号的数量(稍后描述)构成,而不是由每个字段的位数构成,前导结构的示例如下:

- ❏ 802.11 a/g:前导包括一个短训练字段(两个符号)和一个长训练字段(两个符号)。这些被子载波用于定时同步和频率估计。另外,前导包括描述数据速率、长度和奇偶校验的信号字段,该信号决定在此特定帧中正在传输多少数据。
- ❏ 802.11 b:前导将使用 144 位长序列或 72 位短序列。报头将包括信号速率、服务模式、以微秒为单位的数据长度和 CRC。
- ❏ 802.11n:具有两种操作模式:绿地(Greenfield)模式(HT)和混合模式(non-HT)。绿地模式只能在没有旧系统的情况下使用。混合模式和 802.11a/g 系统兼容,但性能上不如 802.11a/g。绿地模式可实现更高的传输速度。

图 6-12 描述的是 802.11 物理层和链路层数据包帧结构。

MAC 帧结构如图 6-12 所示,MAC 帧包含多个代表字段,帧控制(FC 字段)子字段的详细信息如下:

- ❏ 协议版本:表示使用的协议版本。
- ❏ 类型:将 WLAN 帧标识为控制、数据或管理帧类型。
- ❏ 子类型:进一步描述了帧类型。
- ❏ ToDS 和 FromDS:数据帧会将这些位之一设置为 1,以指示该帧是否要发送到分布式系统。这是 IBSS ad hoc 网络。

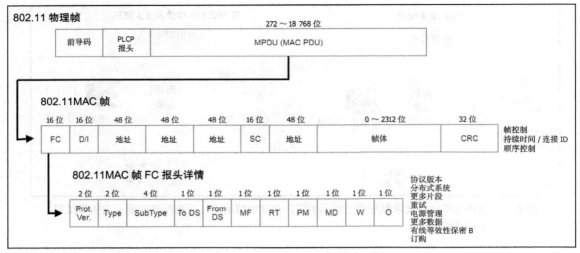

图 6-12　802.11 生成的物理层和链路层数据包帧结构

- **更多片段**：如果将数据包分为许多帧，则除最后一个帧外的每个帧都将具有此位设置。
- **重传**：表示重发了一个帧，有助于解决正在传输的重复帧。
- **电源管理**：指示发送方的电源状态，AP 无法设置该位。
- **更多数据**：当 STA 处于省电模式时，AP 将使用此位提供帮助。该位用于在分布式系统中缓冲帧。
- **有线等效加密**：解密帧时将其设置为 1。
- **顺序**：如果在网络中使用严格顺序模式，则该位置 1。可能无法按顺序发送帧，并且严格的命令模式强制按顺序发送。

从帧控制字段上移 MAC 帧，我们首先检查持续时间 / 连接 ID 位：

- **持续时间 / 连接 ID**：表示持续时间、无争用期间和关联 ID。关联 ID 是在 Wi-Fi 初始握手过程中注册的。
- **地址字段**：802.11 可以管理四个地址，其中可能包含以下信息：
  - 目标地址（DA）
  - 源地址（SA）
  - 发射机地址（TA）
  - 接收机地址（RA）
- **SC**：序列控制是消息顺序的 16 位字段。

802.11 协议具有几种由类型和子类型字段表示的帧，包含三种基本类型：管理帧、控制帧和数据帧。

管理帧提供网络管理、安全性和维护。表 6-1 定义了管理帧类型。

表 6-1　管理帧

帧名称	描述
身份认证帧	STA 将向 AP 发送身份认证帧,该 AP 用自己的身份认证帧进行响应。在此,使用质询响应来发送和验证共享密钥
关联请求帧	从 STA 发送,以请求 AP 进行同步。它包含 STA 想要加入的 SSID 和其他同步信息
关联响应帧	从 AP 传输到 STA,并包含对关联请求的接受或拒绝消息。如果接受,则关联 ID 将在有效负载中发送
信标帧	这是从 AP 广播的定期信标,包括 SSID
解除认证帧	从希望与另一个 STA 保持连接的 STA 发送
解除关联帧	从希望终止连接的 STA 发送
探测请求帧	从一个 STA 广播到另一个 STA
探测响应帧	从 AP 发送,以响应探测请求。它包含诸如支持的数据速率之类的信息
重新关联帧	当 STA 失去一个 AP 的信号强度但使用更强的信号找到与,网络关联的另一个 AP 时使用。新的 AP 将尝试与 STA 关联,并转发存储在原始 AP 缓冲区中的信息
重新关联响应帧	从 AP 发送,接受或拒绝重新关联请求

下一个主要帧类型是**控制帧**,控制帧有助于在 STA 之间交换数据,如表 6-2 所示。

表 6-2　控制帧

帧名称	描述
确认帧(ACK)	如果没有发生错误,那么接收方 STA 将始终对接收到的数据进行 ACK。发送方如果在固定时间后未收到 ACK,则将重新发送该帧
请求发送帧(RTS)	这是避免碰撞机制的一部分。如果 STA 希望发送一些数据,它将通过发送 RTS 消息开始
清除发送帧(CTS)	这是 STA 对 RTS 帧的响应。现在,请求 STA 可以发送数据帧。这是冲突管理的一种形式。时间值用于阻止其他 STA 与请求 STA 传输的传送

最终的帧类型是**数据帧**,这是该协议的数据传输功能的主体。

6.3.7　IEEE 802.11 操作

如前所述,STA 被认为是配备无线网络接口控制器的设备。STA 将始终在侦听特定信道中的主动通信。连接到 Wi-Fi 的第一阶段是扫描阶段,有两种类型的扫描机制:

- ❑ **被动扫描**:这种扫描形式使用信标和探测请求,选择频道后,执行扫描的设备将接收信标和来自附近 STA 的探测请求。接入点可以发送信标,并且如果 STA 接收到传输,则它可以继续加入网络。
- ❑ **主动扫描**:在此模式下,STA 将通过实例化探测请求来尝试定位接入点。此扫描模式使用更多电能,但可以加快网络连接速度。AP 可以用探测请求响应来响应探测请求,这类似于信标消息。

接入点通常会以固定的时间间隔广播信标,该时间间隔称为**目标信标发送时间**(TBTT),通常为每 100 毫秒一次。

信标始终以最低的基本速率进行广播，以确保该范围内的每个 STA 都有能力接收信标，即使它无法连接到该特定网络也是如此。处理信标后，Wi-Fi 连接的下一个阶段是同步阶段。此阶段对于使客户端与访问点保持一致是必不可少的。信标数据包包含 STA 所需的信息：

- **服务集 ID（SSID）**：1～32 个字符的网络名称。通过将 SSID 长度设置为零，可以选择隐藏此字段。即使隐藏，信标帧的其他部分也照常发送。一般来说，使用隐藏的 SSID 不会提供额外的网络安全性。
- **基本服务集 ID（BSSID）**：遵循第 2 层 MAC 地址约定的唯一 48 位。它由 24 位组织唯一标识符和制造商为无线电芯片组分配的 24 位标识符的组合组成。
- **信道宽度**：20 MHz、40 MHz 等。
- **国家 / 地区**：支持的信道列表（特定国家 / 地区）。
- **信标间隔**：前面提到的 TBTT 时间。
- **TIM / DTIM**：唤醒时间和检索广播消息的时间间隔——允许进行高级电源管理。
- **安全服务**：WEP、WPA 和 WPA2 功能。

> 信标是一个有趣的概念，类似于蓝牙信标。蓝牙无线在信标广播中提供了更多的消息功能和灵活性，但是也有许多产品和服务使用 Wi-Fi 信标。

如果 STA 确实找到要与其建立连接的 AP 或另一个 STA，则它将进入认证阶段。本章稍后将讨论 802.11 中使用的各种安全标准。

如果安全和身份认证过程成功，则下一阶段是关联。设备将向 AP 发送关联请求帧。AP 随后将使用关联响应帧进行回复，该关联响应帧允许 STA 加入网络或将其排除在外。如果包括 STA，则 AP 将向客户端释放关联 ID，并将其添加到已连接客户端的列表中。

此时，可以与 AP 交换数据，反之亦然。所有数据帧后都会有一个确认。

6.3.8　IEEE 802.11 安全性

在前一部分，我们描述了一个 Wi-Fi 设备加入一个网络的关联过程，这其中的一个阶段就是授权。在本节我们将介绍用于 Wi-Fi WLAN 的不同类型的身份验证以及它们的优缺点：

- **有线等效加密（Wired Equivalent Privacy，WEP）**：WEP 模式会从客户端发送一个纯文本的密钥。这个密钥会被加密，然后发送回客户端。WEP 可以使用不同大小的密钥，它们一般情况下是 128 位或者 256 位。WEP 使用的是一个共享的密钥，这意味着相同的密钥将对于所有客户端可见。只要监听和嗅探加入网络的客户端传回的所有认证帧，以确定每个人都使用的密钥，就可以很容易地破坏它。由于密钥生成的弱点，伪随机字符串的前几个字节可能会暴露（5% 的概率）部分密钥。通过拦截 500 万～ 1000 万个数据包，攻击者有信心获得足够的信息，以揭示密钥。

❑ **Wi-Fi 保护访问（Wi-Fi Protected Access，WPA）**：Wi-Fi 保护访问（WPA- 企业级）是基于 IEEE 802.11i 安全标准设计并用来替换 WEP 协议的，它是一个不依赖新硬件的软件 / 固件解决方案。一个显著的不同是 WPA 使用**时间密钥完整性协议**，会对每个执行数据包的密钥进行混淆和更新。这就意味着每个数据包都使用不同的密钥进行加密。WPA 首先会基于网关地址、临时密钥会话和一个初始向量生成一个对话。这会相当占用资源，但是每个会话只会执行一次。下一步是从第一阶段的结果中提取低位的 16 位作为每个数据包的 104 位密钥。基于这个密钥进行最终的数据加密。

❑ **WPA 预共享密钥（WPA-PSK）**：WPA-PSK 或 WPA- 个人模式存在于没有 802.11 认证基础设施的地方。在这里，人们使用一个口令作为预共享密钥。每个 STA 可以有自己的预共享密钥与其 MAC 地址相关联。如果预共享密钥使用弱口令，这就与 WEP 类似，弱点已经被发现。

❑ **WPA2**：这取代了原始的 WPA 设计。WPA2 使用 AES 进行加密，这比 WPA 中的 TKIP 强得多。这种加密也称为带有 CBC-MAC 协议的 CTR 模式，简称 CCMP。

✍ 在 802.11n 下想获得更高的宽度速率必须使用 CCMP 模式，否则数据速率将无法超过 54 Mbit/s。同时，使用 Wi-Fi Alliance 商标徽标需要 WPA2 认证。

6.3.9　IEEE 802.11ac

IEEE 802.11ac 是遵循 802.11 族标准的下一代 WLAN 协议。IEEE 802.11ac 在 2013 年 12 月被通过作为未来 5 年的 WLAN 标准。用于实现多站吞吐量至少 1 GBit/s 和单站吞吐量至少 500 Mbit/s 的目标。该技术通过更宽的信道带宽实现这一目标（160 MHz），MIMO 空间流越多，调制方式（256-QAM）越密集。802.11ac 仅存在于 5 GHz 频带中，但将与以前的标准（IEEE 802.11a / n）共存。

IEEE 802.11ac 和 IEEE 802.11n 的细节和区别如下：

❑ 最小 80 MHz 信道宽度，最大 160 MHz 信道宽度

❑ 8 个 MIMO 空间流
  ● 引入了下行 MU-MIMO，可达到四个下行客户端
  ● 具有多根天线的多个 STA 现在可以在多个流上独立发送和接收

❑ 256-QAM 可选调制，能够使用 1024-WAM 标准化波束赋形

值得进一步说明的是多用户 MIMO。802.11ac 将 802.11n 从 4 个空间流扩展到 8 个。影响 802.11ac 速度的最大因素之一是**空分复用**（SDM），如前所述，当与多用户或 802.11ac 的多个客户端结合使用时，此技术称为**空分多址**（SDMA）。本质上，802.11ac 中的 MU-MIMO 是网络交换机的无线模拟。图 6-13 描述了具有三个客户端的 802.11ac 4×4：4 MU-MIMO 系统。

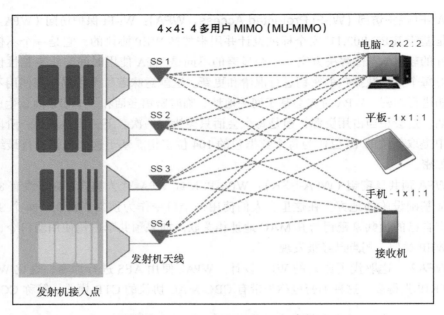

图 6-13　802.11ac MU-MIMO 容量

802.11.ac 还将调制星座图从 64-QAM 扩展到 256-WAM。这意味着有 16 个振幅水平和 16 个相角，需要非常精确的硬件来实现。802.11n 代表每个符号六位，而 802.11ac 代表每个符号完整的八位。

波束赋形方法已由 IEEE 委员会正式标准化。例如，委员会同意显式反馈是波束赋形关联的标准方法。这将使波束赋形和性能优势可以从多个供应商处获得。

每信道带宽的增加（可选配 160 MHz 或两个 80 MHz 块，最高可达 80 MHz）在 5 GHz 空间中显著提高了吞吐量。

从理论上讲，使用 8×8∶8 设备、160 MHz 带宽的信道和 256-QAM 调制，一台设备可以总共维持 6.933 Gbit/s 的吞吐量。

6.3.10　IEEE 802.11p 车联网

车载网络（有时称为**车载 ad hoc 网络**或 **VANET**）是自发且无结构的，就像汽车在城市中移动时与其他车辆和基础设施进行交互一样。该网络模型利用了**车联网**（Vehicle-To-Vehicle，V2V）和**车辆到基础设施**（Vehicle-To-Infrastructure，V2I）模型。

802.11p 任务组在 2004 年起草，并在 2010 年 4 月修正了第一稿，802.11p 被视为美国运输部内的**专用短距离通信**（DSRC）信道。该网络的目标是提供一个标准安全的 V2V 和 V2I 系统，用于车辆安全、收费、交通状态 / 警告、路边援助以及车辆内的电子商务。

图 6-14 显示了 IEEE 802.11p 网络的拓扑和一般用例。网络中有两种类型的节点，首先

是**路边单元**（RSU），它是一个类似于接入点的固定位置设备，用于将车辆和移动设备桥接到互联网，以使用应用程序服务并访问信任权限。另一种节点类型是**车载单元**（OBU），它位于车辆，在需要时它可以与其他 OBU 和固定 RSU 通信。

OBU 可以与 RSU 相互通信，以中继车辆和安全数据。RSU 用于桥接到应用程序服务和信任机构，以进行身份验证。图 6-14 是 802.11p 的用法和拓扑示例。

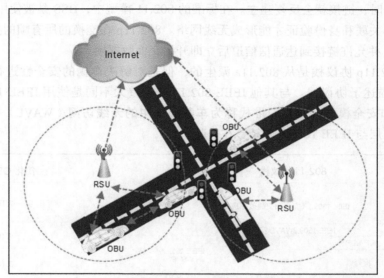

图 6-14 IEEE 802.11p 用例：车辆和固定基础结构 RSU 中的 OBU

对于运输系统，无线通信中存在一些挑战，在车辆通信和控制中必须提高安全等级。诸如多普勒频移、时延效应和强大的自组织（ad hoc）网络之类的物理效应是需要考虑的几个问题。

与 802.11 标准的许多差异是为了确保传输速度上的质量和范围。其他因素是为了减少启动连接的等待时间而进行的更改。以下是 IEEE 802.11p 的功能摘要以及与 IEEE 802.11a 标准的区别：

- ❏ 信道宽度为 10 MHz，而不是 802.11a 中使用的 20 MHz。
- ❏ IEEE 802.11p 在 5.9 GHz 空间的 75 MHz 带宽中运行。这意味着总共有七个可用信道（一个控制信道，两个关键信道和四个服务信道）。
- ❏ 它支持的比特率是 802.11a 的一半，即 3 / 4.5 / 6/9/12/18/24/27 Mbit/s。
- ❏ 具有相同的调制方案，例如 BPSK / QPSK / 16QAM / 64QAM 和 52 个子载波。
- ❏ 符号持续时间已变为 802.11a 的两倍：IEEE 802.11p 支持 8 μs，而 11a 支持 4 μs。
- ❏ 在 802.11p 中，保护时间间隔为 1.6 μs，而 11a 为 0.8 μs。
- ❏ 诸如 MIMO 和波束赋形之类的技术不是必需的，也不是规范的一部分。

表 6-3 所示为 75 MHz 信道的分类。

表 6-3　75 MHz 信道分类

信道	172	174	176	178	180	182	184
中心频率（GHz）	5.860	5.870	5.880	5.890	5.900	5.910	5.920
目标	生命安全	服务	服务	控制	服务	服务	大功率公共安全

802.11p 的基本使用模型是快速创建并关联到 ad hoc 网络。当车辆彼此远离，并与其他车辆重构网络时，链接就会反复建立。在标准的 802.11 模型中，BSS 是被使用的网络拓扑，它需要同步、关联和身份验证才能形成无线网络。802.11p 在交换的所有帧的报头中提供通配符 BSSID，并允许链接到达通信信道后立即开始交换数据帧。

IEEE 802.11p 协议栈是从 802.11a 派生的，但是对解决车辆的安全性进行了重要的更改。图 6-15 描述了协议栈。与其他 IEEE 802.11 栈的重大不同是使用 IEEE 1609.x 标准解决应用程序和安全模型。完整的堆栈称为**车载环境中的无线访问**（WAVE），它将 802.11p PHY 和 MAC 层与 IEEE 1609.x 层结合在一起。

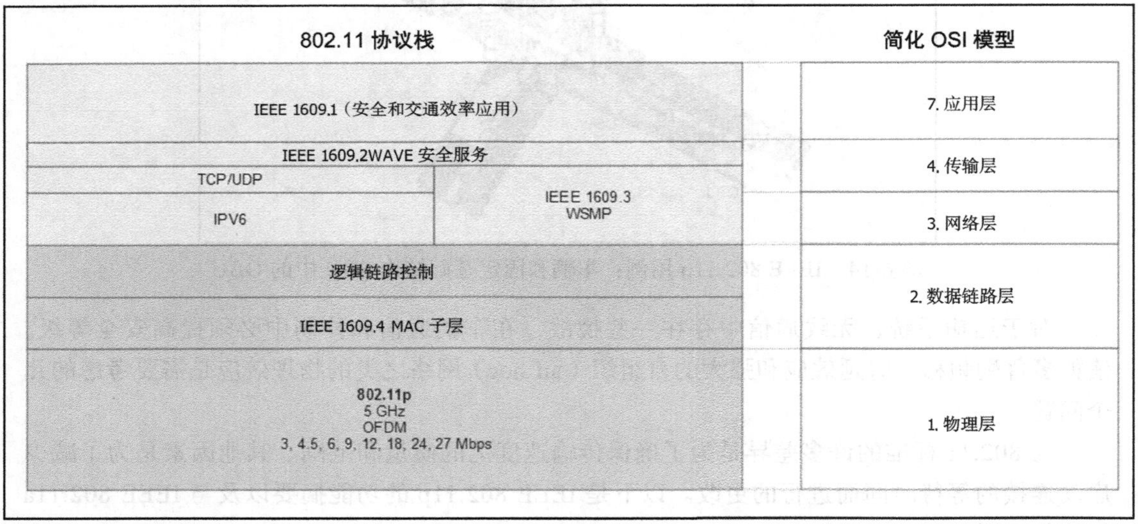

图 6-15　802.11p 汽车协议栈

堆栈中要突出显示的特定差异包括：

❑ 1609.1：WAVE 资源管理器。它根据需要分配和配置资源。

❑ 1609.2：为应用程序和管理消息定义安全服务。该层还提供两种加密模式。可以使用签名算法 ECDSA 的公钥算法。或者，可以使用基于 CCM 模式的 AES-128 的对称算法。

❑ 1609.3：协助建立连接和管理 WAVE 兼容设备。

❑ 1609.4：在 802.11p MAC 层之上提供多信道操作。

在 VANET 中，安全性至关重要。存在可能直接影响公共安全的潜在威胁。广播虚假信息时可能会发生攻击,从而影响其他车辆的反应或性能。这种攻击可能是流氓设备,它在道路上传播危险并导致车辆硬停。安全还需要考虑私人车辆数据,它们伪装成其他车辆并引起拒绝服务攻击。所有这些都可能导致灾难性事件,需要诸如 IEEE 1609.2 之类的标准。

6.3.11　IEEE 802.11ah

802.11ah 基于 802.11ac 架构和物理层,是针对 IoT 的无线协议的变体。该设计尝试针对需要较长电池寿命并且可以优化范围和带宽的受限传感器设备进行优化。802.11ah 也被称为 HaLow,它本质上是一种单词游戏,其中"ha"表示"ah"向后,"low"表示低功率和低频率。总而言之,它是"hello"的派生词。

IEEE 802.11ah 任务组的目的是创建一种扩展范围的协议,以用于农村通信和分担蜂窝小区流量。第二个目的是将该协议用于低于千兆赫兹范围的低吞吐量无线通信。该规范于 2016 年 12 月 31 日发布。该架构与其他形式的 802.11 标准的最大不同之处在于:

- ❑ 在 900 MHz 频谱中运行。这允许材料和大气条件的良好传播和渗透。
- ❑ 信道宽度各不相同,可以设置为 2 MHz、4 MHz、8 MHz 或 16 MHz 宽的信道。可用的调制方法多种多样,包括 BPSK,QPSK,16-QAM,64-WAM 和 256-QAM 调制技术。
- ❑ 基于 802.11ac 标准的调制,并进行了特定更改。总共 56 个 OFDM 子载波,其中 52 个专用于数据,4 个专用于导频音。总符号持续时间为 36 或 40 微秒。
- ❑ 支持 SU-MIMO 波束赋形。
- ❑ 使用两种不同的身份验证方法限制竞争,从而使成千上万 STA 的网络快速关联。
- ❑ 在单个访问点下提供与数千个设备的连接。它具有中继功能,可以减少 STA 的功率,并允许使用单跳到达的方法生成粗略的网状网络。
- ❑ 允许在每个 802.11ah 节点上进行高级电源管理。
- ❑ 允许通过使用受限访问窗口(Restricted Access Window,RAW)进行非星形拓扑通信。
- ❑ 允许扇区划分,这可以将天线分组以覆盖 BSS 的不同区域(称为扇区)。这是通过使用其他 802.11 协议采用的波束赋形来完成的。

基于在 1 MHz 信道带宽上的单个 MIMO 流上的 BPSK 调制,最小吞吐量将为 150 Kbit/s。基于使用 4 个 MIMO 流和 16 MHz 信道的 256 WAM 调制,最大理论吞吐量将为 347 Mbit/s。

📝 IEEE 802.11ah 规范要求 STA 支持 1 MHz 和 2 GHz 信道带宽。接入点必须支持 1 MHz、2 MHz 和 4 MHz 信道。8 MHz 和 16 MHz 信道是可选的。信道带宽越窄,覆盖范围越长,吞吐量也就越慢。
信道带宽越宽,覆盖范围越短,吞吐量也就越快。

信道宽度将根据部署 802.11ah 的区域而变化。由于部分地区的规定，某些组合将无法使用，如图 6-16 所示。

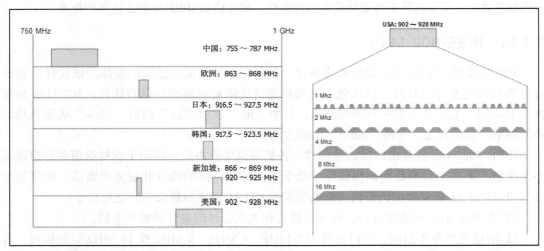

图 6-16　左：根据地区法规，不同的信道选择。右：从 1 MHz 到 16 MHz 的信道，在美国地区内的带宽选项和信道绑定各不相同

IEEE 802.11ah 标准架构的每一次尝试都旨在优化整体范围和效率。这延伸着 MAC 报头的长度。

使用 13 位的唯一**关联标识符**（Association IDentifier，AID）分配也可以实现将数千个设备连接到单个 AP 的目标。这允许根据标准（走廊灯、电灯开关等）对 STA 进行分组。这使 AP 可以连接到超过 8191 个 STA。（802.11 仅可支持 2007 STA。）但是，这么多节点可能会引发大量的信道冲突。即使已连接的 STA 的数量增加，目标也仍是减少为寻址这些站点而传输的数据量。

IEEE 任务组通过删除与 IoT 用例无关的许多字段（例如 QoS 和 DS 字段）实现此目的。图 6-17 说明了与标准 802.11 相比的 802.11ah MAC 下行链路和上行链路帧。

功率管理和信道效率的另一项改进归因于删除确认帧。ACK 对于双向数据是隐式的，即两个设备都正在彼此发送和接收数据。通常，成功接收数据包后将使用 ACK。在这种**双向传输**（BDT）模式下，下一帧的接收意味着成功接收了先前的数据，并且不需要交换 ACK 数据包。

为了避免大量的冲突（可能会阻止功能网络），802.11ah 使用 RAW。由于使用 AID 将 STA 分为各种组，因此信道将被分为多个时隙。每个组将被分配一个特定的时隙，而没有其他时隙。虽然也有例外，但是对于一般情况，分组形成了独有的隔离。RAW 的另一个好处是，设备只要不在发送时隙内，都可以进入休眠状态，以节省功耗。

在拓扑方面，802.11ah 网络中有三种类型的站：

❑ **根访问点**：主体根。通常，它充当通往其他网络（WAN）的网关。

旧版 802.11MAC 帧

	16 位	16 位	48 位	48 位	48 位	16 位	48 位	0～2312 位	32 位	
	FC	D/I	地址	地址	地址	SC	地址	报体	CRC	帧控制 连接 ID 序列控制

802.11ah MAC 帧下行链路:

	16 位	16 位	48 位	16 位	48 位	0～2312 位	32 位
	FC	A1 (AID)	A2 (BSSID)	SC	地址 (可选)	报体	CRC

802.11ah MAC 帧上行链路:

	16 位	48 位	16 位	16 位	48 位	0～2312 位	32 位
	FC	A1 (BSSID/RA)	A2 (AID)	SC	地址 (可选)	报体	CRC

图 6-17 标准 802.11 MAC 帧和 802.11ah 压缩帧的比较

- ☐ **STA**:典型的 802.11 站或终端客户端。
- ☐ **中继节点**:一种特殊的节点,将 AP 接口与位于较低 BSS 上的 STA 接口和与其他中继节点或较高 BSS 上的根 AP 的 STA 接口组合在一起。

图 6-18 是 IEEE 802.11ah 拓扑。该架构与其他 802.11 协议的主要区别在于使用单跳中继节点创建可识别的 BSS。中继的层次结构形成了更大的网络。每个中继都充当 AP 和 STA。

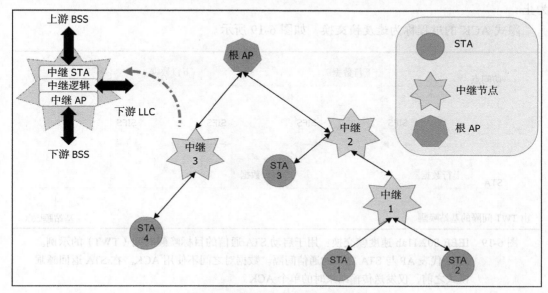

图 6-18 IEEE 802.11ah 网络拓扑

除基本节点类型外,STA 还可以处于三种省电状态:

- **流量指示图（TIM）**：监听 AP 进行数据传输。节点将从其访问点定期接收有关为其缓冲的数据的信息。发送的消息称为 TIM 信息元素。
- **非 TIM 站点**：在关联（association）期间直接与 AP 协商，以在**定期限制访问窗口（PRAW）**上获取传输时间。
- **计划外的站点**：不监听任何信标，使用轮询访问频道。

对于基于纽扣电池或能量采集的物联网传感器和边缘设备，电源至关重要。802.11 协议因高功率要求而臭名昭著。为了补救此无线协议的电源，802.11ah 使用了最大空闲周期值，这是常规 802.11 规范的一部分。在一般的 802.11 网络中，基于 16 位分辨率的时间，最大空闲时间大约为 16 小时。在 802.11ah 中，16 位计时器的前两位是比例因子，可允许休眠时间超过五年。

通过更改信标可以减轻额外的功耗。如前所述，信标中继有关缓冲帧可用性的信息。信标将携带 TIM 位图，这会扩大其大小，因为 8191 个 STA 会导致位图大幅增长。802.11ah 使用一种称为 TIM 分段的概念，其中某些信标会携带整个位图的一部分。每个 STA 计算它们各自的带有位图信息的信标何时到达，并允许设备执行以下操作：进入省电模式，直到需要唤醒并接收信标信息为止。

另一个节能功能称为**目标唤醒时间**（Target Wake Time，TWT），该功能旨在用于很少发送或接收数据的 STA。这在物联网部署中非常普遍，例如温度传感器数据。STA 及其关联的 AP 将协商，以达成商定的 TWT，并且 STA 将进入睡眠状态，直到该定时器发出信号为止。

隐式 ACK 的过程称为速度帧交换，如图 6-19 所示。

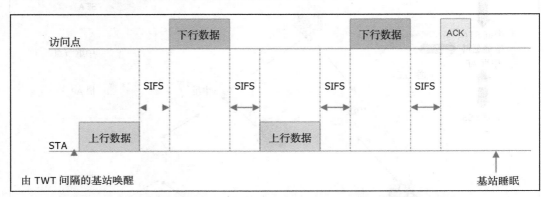

图 6-19　IEEE 802.11ah 速度帧交换：用于启动 STA 通信的目标唤醒时间（TWT）的示例。SIFS 代表 AP 与 STA 之间的通信间隔。数据对之间不使用 ACK。在 STA 返回睡眠模式之前，仅发送传输结束时的单个 ACK

6.3.12　6LoWPAN 拓扑

6LoWPAN 网络是驻留在较大网络外围的网状网络。拓扑是灵活的，可以是临时的和不连续的网络，而无须绑定到互联网或其他系统，也可以将它们连接起来使用边缘路由器连接到骨干网或因特网。6LoWPAN 网络可以与多个边缘路由器相连，这称为**多宿主**。此外，可以形成自组织网络，而无须边缘路由器。

这些拓扑结构如图 6-20 所示。

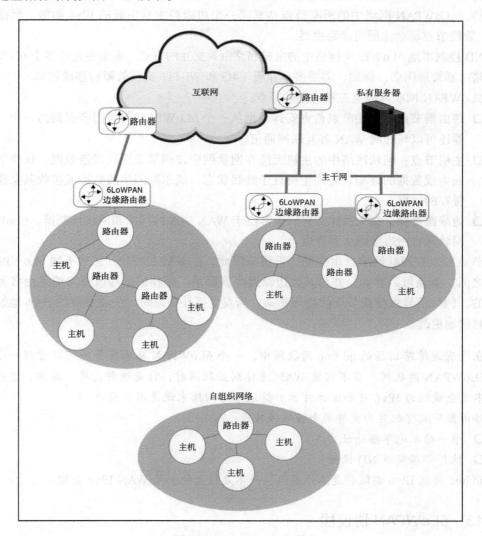

图 6-20　6LoWPAN 拓扑

6LoWPAN 架构需要边缘路由器（也称为边界路由器），因为它具有以下四个功能：

❑ 处理与 6LoWPAN 设备的通信，并将数据中继到互联网。

❑ IPv6 报头压缩通过减少 40 字节的 IPv6 报头和 8 字节的 UDP 头实现，这有效地提高了传感网效率。一个典型的 40 字节 IPv6 报头可以根据实际情况压缩为 2 ～ 20 字节。

- 初始化 6LoWPAN 网络。
- 在 6LoWPAN 网络设备之间交换数据。

边缘路由器在较大的传统网络边界上形成 6LoWPAN 网状网络。如有必要，它们还可以进行 IPV6 和 IPV4 之间的交换。数据报的处理方式与 IP 网络类似，这比私有协议更具有优势。6LoWPAN 网络中的所有节点共享同一个边缘路由器生成的 IPv6 前缀。**网络发现**（ND）阶段节点将会注册边缘路由器。

ND 控制本地 6LoWPAN 网格中的主机和路由器交互的方式。多宿主允许多个 6LoWPAN 边缘路由器管理网络，例如，需要多个介质（4G 和 Wi-Fi）实现故障转移或容错。

6LoWPAN 网状网内有三种类型的节点：

- **路由器节点**：这些节点负责安排数据从一个 6LoWPAN 网状网节点到另一个。路由器还可以与外网 WAN 和互联网通信。
- **主机节点**：网状网络中的主机无法在网状网中按照某条路径发送数据，仅作为消耗或生成数据的终端。允许主机处于睡眠状态，偶尔唤醒生成数据或接收其父路由器缓存的数据。
- **边缘路由器**：如上所述，它们通常位于 WAN 边缘的网关和网状控制器。6LoWPAN 网状网将由边缘路由器管理。

节点可以在网状网中自由移动、重组。因此，在多宿主场景，甚至不同 6LoWPAN 网状网之间，节点可以移动，并与其他边缘路由器联系。拓扑的这些改变可能是由各种原因引起的，例如信号强度或节点的物理移动。当发生拓扑更改时，关联节点的 IPv6 地址也将随其自然地更改。

在没有边缘路由器的 ad hoc 网状网中，一个 6LoWPAN 路由器节点可以管理一个 6LoWPAN 网状网。当不需要 WAN 连接到互联网时，就是这种情况。通常，这并不完全被视为 IPv6 可寻址性对于小型 ad hoc 网络来说是不必要的。

路由器节点将配置为支持两个强制性功能：

- 唯一的本地单播地址生成
- 执行邻居发现 ND 注册

ad hoc 网状 IPv6 前缀将是本地前缀，而不是较大的全局 WAN IPv6 前缀。

6.3.13 6LoWPAN 协议栈

为了在诸如 802.15.4 之类的通信介质上启用 6LoWPAN，需要一组推荐的功能来支持 IP 协议。这些功能包括成帧、单播传输和寻址。如图 6-21 所示，物理层负责通过空中接收和转换数据位。对于此示例，我们所说的链路层是 IEEE 802.15.4。数据链路层位于物理层之上，负责检测和纠正物理链路上的错误。本章前面介绍了有关 802.15.4 物理和数据链路层的详细信息。这里是 6LoWPAN 栈与 OSI 模型之间的比较。

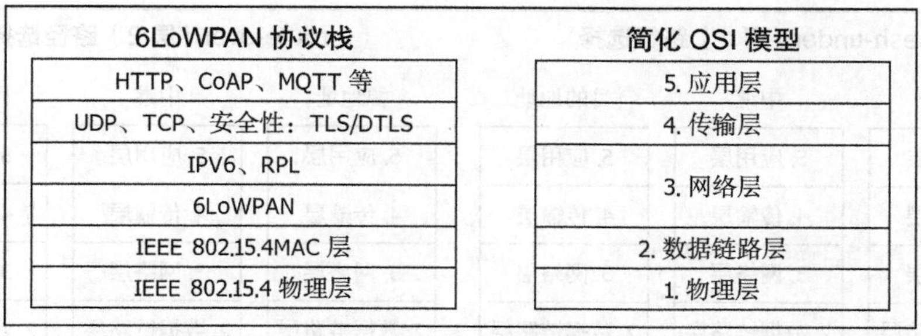

6LoWPAN 协议栈	简化 OSI 模型
HTTP、CoAP、MQTT 等	5. 应用层
UDP、TCP、安全性：TLS/DTLS	4. 传输层
IPV6、RPL	3. 网络层
6LoWPAN	
IEEE 802.15.4MAC 层	2. 数据链路层
IEEE 802.15.4 物理层	1. 物理层

图 6-21　与简化的 OSI 模型相比的 6LoWPAN 协议栈。6LoWPAN 驻留在其他协议（如 802.15.4 或蓝牙）之上，以提供物理和 MAC 地址

通过在传感器级别启用 IP 流量，设备与网关之间的关系是使用应用层的一些形式将数据从非 IP 协议转换为 IP 协议。蓝牙、Zigbee 和 Z-Wave 都有某种形式的从基本协议到可以通过 IP 进行通信的某种转换（如果目的是路由数据的话）。边缘路由器在网络层转发数据报。因此，路由器不需要维护应用程序状态。

如果一个应用程序协议改变了，6LoWPAN 网关不会在乎。

如果一个应用协议更改为非 IP 协议，则网关也将需要更改其应用逻辑。6LoWPAN 在第三层（网络层）和第二层（数据链路层）的顶部提供了一个适配层。该适配层由 IETF 定义。

6.3.14　网状网寻址和路由

网状网路由在物理层和数据链路层中运行，以允许数据包使用多跳通过动态网格。之前我们曾讨论过 mesh-under 和 route-over 路径选择，但是在本节中我们将更深入地介绍这种形式的路径选择。

6LoWPAN 网状网络使用两种方案进行路由：

❑ **mesh-under 网络**：在 mesh-under 拓扑中，路由是透明的，并假定一个 IP 子网代表整个网格。消息在单个域中广播，并发送到网状网中的所有设备。如前所述，这会产生大量流量。mesh-under 路径选择在网状网中一跳接一跳的，但仅将数据包转发到栈的第二层（数据链路层）。802.15.4 处理第二层中每个跳点的所有路径选择。

❑ **route-over 网络**：在路由拓扑中，网络将承担将数据包转发到栈的第三层（网络层）的开销。route-over 方案在 IP 级别管理路由。每个跳点代表一个 IP 路由器。

图 6-22 描述了 mesh-under 和 route-over 路径选择的区别。

route-over 网络意味着每个路由器节点具有同等的功能，并且可以像普通 IP 路由器一样执行更大的功能集，例如重复地址检测。RFC6550 正式定义了路由协议 RPL（ripple）。route-over 架构的优点是与传统 TCP / IP 通信的相似性。RPL 提供多点对点通信（网状网设备中与互联网上的中央服务器进行通信）和点对多点通信（中央服务器到网状网设备的通信）。

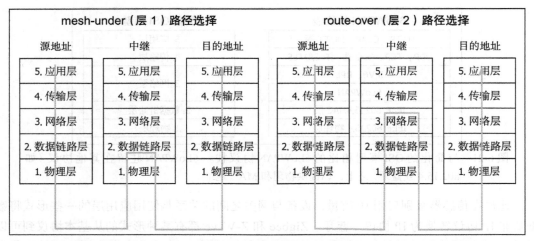

图 6-22　mesh-under 和 route-over 网络之间的差异。中间跳点揭示了在移动到网状网中的下一个节点之前，数据包传递到的每个栈的距离

RPL 协议具有两种管理路由表的模式：

❑ **存储模式**：在 6LoWPAN 网状网中配置为路由器的所有设备都维护路由表和邻区表。

❑ **非存储模式**：仅单个设备（例如边缘路由器）维护路由表和邻区表。为了在 6LoWPAN 网状网中将数据从一台主机传输到另一台主机，数据将被发送到路由器，在路由器中计算其路由，然后将其传输到接收机。

顾名思义，路由表包含网状路由路径，而邻区表则维护每个节点的直接连接的邻区。这意味着将始终引用边缘路由器在网状网中传递数据包。这允许路由器节点自由地不管理大型路由表，但是由于必须引用边缘路由器，因此它将增加移动数据包的时延。存储模式系统将具有更高的处理和内存要求，以管理存储在每个节点上的路由表，但是将具有建立路由的更有效路径。

注意图 6-23 中的跳数、源地址和目标地址字段。这些字段在地址解析和路由阶段使用。跳数设置为初始高值，然后在每次数据包从网状网中的一个节点传播到另一个节点时都递减。目的是当跳数限制达到零时，数据包被从网状网中丢弃。这提供了一种方法，如果主机节点将自身从网状网中删除并且不再可访问，则可以防止网络失控。源地址和目标地址是 802.15.4 地址，并且在 802.15.4 允许的范围内，可以采用短格式或扩展格式。报头的构造如图 6-23 所示。

6LoWPAN 网络寻址报头				
	8 位	16 位	16 位	
802.15.4 报头	6LoWPAN 网状网寻址报头和跳数	源地址	目的地址	FCS

图 6-23　6LoWPAN 网状网寻址报头

6.3.15　报头压缩和分段

尽管拥有几乎不受限制的 IP 地址的优势是一个重要的里程碑，但是将 IPv6 放在 802.15.4 链路上带来了一些挑战，必须克服这些挑战才能使 6LoWPAN 可用。首先是 IPv6 的**最大传输单元**（Maximum Transmission Unit，MTU）大小为 1 280 字节，而 802.15.4 的最大限制为 127 字节。第二个问题是，IPv6 通常会大大增加已膨胀的协议的身材（girth）。例如，在 IPv6 中，报头有 40 个字节长。

请注意，IEEE 802.15.4g 对于帧长度没有 127 个字节的限制。

与 IPv4 相似，IPv6 中的 MTU 路径发现允许主机动态发现并调整沿着给定数据路径的每个链接的 MTU 大小的差异。然而在 IPv6 中，当给定数据路径上某条链路的路径 MTU 不足以容纳数据包的大小时，数据包的碎片将由数据包源处理。由 IPv6 主机处理数据包碎片，可以节省 IPv6 设备的处理资源，帮助 IPv6 网络更高效地运行。但是，IPv6 要求互联网上的每个链接的 MTU 必须大于或等于 1 280 个八位字节。（这实际上就是所谓的 IPv6 最小链路 MTU。）在不能一次传送 1 280 个八位字节数据包的任何链路上，必须在 IPv6 之下的一层提供特定于链路的分段和重组。

报头压缩是出于效率原因压缩和删除 IPv6 标准头中冗余的一种手段。通常，报头压缩是基于状态的，这意味着在具有静态链接和稳定连接的网络中，它的工作原理相当不错。在诸如 6LoWPAN 的网状网络中，这将不起作用。数据包在节点之间跳动，并且每次遍历都需要压缩 / 解压缩。此外，路由是动态的，可以更改，并且传输可能不会持续很长时间。因此，6LoWPAN 采用了无状态和共享上下文压缩。

压缩类型可能受到是否满足某些规范的影响，例如使用 RFC4944 而不是 RFC6922 以及数据包的源和目标位于何处等，如图 6-24 所示。

6LoWPAN 报头压缩的三种情况分别基于本地网状网内路由、网状网外路由到已知地址和网状网外路由到未知地址。与具有 40 字节报头的标准 IPv6 相比，6 LoWPAN 可以压缩到 2 ～ 20 字节之间。

情况一（图 6-24 中）是本地网状网中节点之间的最佳情况通信。使用此压缩的头格式，没有数据向外发送到 WAN。第二种情况意味着数据被发送到 WAN 并到一个已知的地址，最后一种情况是相似的，但是一个未知的地址。即使在第三种情况（最坏的情况）中，压缩仍然使流量减少 50%。6LoWPAN 还允许 UDP 压缩，这不在本书的研究范围。

分片是第二个问题，因为 MTU 大小在 1 280 字节的 802.15.4（127 字节）和 IPv6 之间不兼容。分片系统会将每个 IPv6 帧分成较小的段。在接收方，片段将被重新组装。分片将根据网状网配置过程中选择的路由类型而有所不同（我们稍后将讨论 mesh-under 和 route-over 路径选择）。分片和约束的类型为：

IPv6 报头

4 位	8 位	20 位	16 位	8 位	8 位	64 位前缀，64 位 HD	64 位前缀，64 位 HD
版本	数据流类	流标号	流标号	下一报头	跳数限制	源地址	目标地址

1. 6LoWPAN 网格内

FF80::00FF:1234:4321:0001 ⟶ FF80::00FF:1234:4321:0002

8 位	8 位
调度	Comp.报头

2. 通过与 6LoWPAN 设备通信获取外部网格地址

1003∷9876:ABCD:0000:0001 ⟶ 1003::1234:4321:AAAA:BBBB

8 位	8 位	8 位	8 位	64 位 HD
调度	Comp.报头	CID	跳数限制	目标地址

3. 在不知道前缀的状态下 6LoWPAN 设备与外部设备通信

1003∷9876:ABCD:0000:0001 ⟶ 1003::1234:4321:AAAA:BBBB

8 位	8 位	8 位	8 位	64 位 HD	64 位 HD
调度	Comp.报头	CID	跳数限制	源地址	目标地址

图 6-24　6LoWPAN 中的报头压缩

- **mesh-under 的路径选择分片**：分片将仅在最终目的地重新组装。重新组装时需要考虑所有分片。如果有任何遗漏，则整个数据包都需要重新传输。附带说明：mesh-under 系统要求立即传送所有片段。这将产生大量流量。
- **route-over 路径选择分片**：分片将在网状网中的每一跳处重新组合。路由上的每个节点都携带足够的资源和信息来重建所有片段。

分片头包括一个数据报大小字段，该字段指定未分片数据的总大小（图 6-25）。数据报标签字段标识属于有效载荷的片段集，而数据报偏移量指示片段在有效载荷序列中的位置。请注意，数据报偏移量不用于第一个片段的发送，因为新片段序列的偏移量应从零开始。

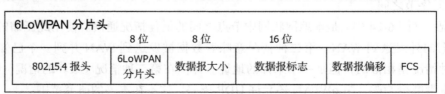

图 6-25　6LoWPAN 分片头

分片是一项资源密集型任务，需要处理能力和供电能力，这可能会使基于电池的传感器节点负担沉重。建议限制数据大小（在应用程序级别），并使用报头压缩来减少大型网状网中的功耗和资源限制。

6.3.16　邻居发现

邻居发现（ND）由 RFC4861 定义为单跳路由协议。这是网状网中相邻节点之间的正式合同，它允许节点相互通信。ND 是发现新邻居的过程，因为网状网可以增大、缩小和变换，从而导致新的和不断变化的邻居关系。ND 中有两个基本过程和四个基本消息类型：

❑ **查找邻居**：这包括**邻居注册**（NR）和**邻居确认**（NC）阶段。

❑ **查找路由器**：这包括**路由器请求**（RS）和**路由器广告**（RA）阶段。

在 ND 期间，可能会发生冲突。例如，如果主机节点与路由器解除关联，并与同一网状网中的其他路由器建立链接。 ND 作为规范的一部分，需要查找重复的地址和不可达的邻居。DHCPv6 可以与 ND 结合使用。

具有 802.15.4 功能的设备通过物理层和数据链路层自举后，6LoWPAN 可以执行邻居发现并扩展网状网。该过程将如下进行（如图 6-26 所示）：

1. 为低功耗无线网络找到合适的链路和子网。

2. 最小化节点启动的控制流量。

3. 主机发送 RS 消息，以请求网状网络前缀。

4. 路由器以前缀响应。

5. 主机为自己分配一个本地链接单播地址（FE80 :: IID）。

6. 主机在 NR 消息中将该链接本地单播地址发送到网状网。

7. 通过等待一段时间的 NC，执行**重复地址检测**（DAD）。如果超时到期，则假定地址未使用。

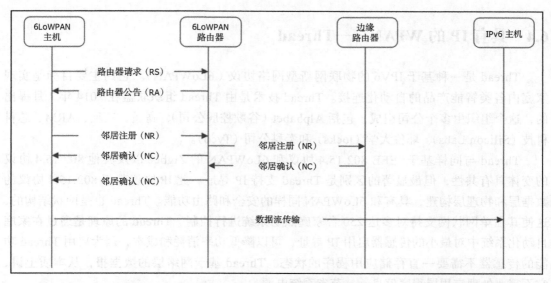

图 6-26　一个简化的来自 6LoWPAN 网状网节点的邻居发现序列，从一个网状路由器到边缘路由器，再到广域网

配置主机后，它可以开始通过互联网使用唯一的 IPv6 地址进行通信。

如果使用 mesh-under 路径选择，则可以使用在第 5 步中检索到的链路本地地址与 6LoWPAN 网状网中的任何其他节点通信。在路由方案中，本地链接地址只能用于与只有单跳距离远的节点进行通信。任何大于一跳的地址都需要一个完整的可路由地址。

6.3.17　6LoWPAN 安全性

由于在 WPAN 系统中，很容易监听和窃听通信，因此 6LoWPAN 可提供多个级别的安全性。在协议的 802.15.4 级别 2 上，6LoWPAN 依赖于数据的 AES-128 加密。此外，802.15.4 还提供具有 CBC-MAC 模式（CCM）的计数器，以提供加密和完整性检查。提供 802.15.4 网络块的大多数芯片组还包括用于提高性能的硬件加密引擎。

在协议的第三层（网络层），6LoWPAN 可以选择使用 IPsec 标准安全性（RFC4301）。这包括：

- ❑ **身份验证处理程序（AH）**：如 RFC4302 中所述，用于完整性保护和身份验证
- ❑ **封装安全有效载荷（ESP）**：在 RFC4303 中，添加加密，以保护数据包中的机密性

ESP 是迄今为止最常见的三层安全数据包格式。此外，ESP 模式定义了将在第二层硬件中使用的 AES / CCM 重新用于第三层加密（RFC4309）。这使得第三层安全性适用于受约束的 6LoWPAN 节点。

除了链路层安全性之外，6LoWPAN 还利用 TCP 流量的**传输层安全性**（TLS）和 UDP 流量的**数据报传输层安全性**（DTLS）。

6.4　具有 IP 的 WPAN——Thread

Thread 是一种基于 IPV6 的物联网新型网络协议（6LoWPAN）。它的主要目标是实现家庭内各类智能产品的自动化连接。Thread 技术是由 Thread 组织联盟在 2014 年 7 月提出的，这个组织由多个公司组成，包括 Alphabet（谷歌控股公司）、高通、三星、ARM、芯科科技（Silicon Labs）、耶鲁大学（locks）和泰科公司（Tyco）。

Thread 与同样基于 IEEE 802.15.4 协议和 6LoWPAN 的 Zigbee 以及其他 802.15.4 协议的变体具有共性，但最显著的区别是 Thread 支持 IP 寻址。此 IP 协议基于 802.15.4 协议的数据层和物理层构建，具有和 6LoWPAN 同样的安全和路由功能。Thread 也是网状结构的，这使其在单网状网支持对多达 250 台家庭照明系统进行控制。Thread 的原理是通过在家庭自动化系统中对最小的传感器启用 IP 寻址，可以降低功率消耗和成本，因为启用 Thread 功能的传感器不需要一直存储应用程序的状态。Thread 基于网络层的数据报，从本质上讲，它不需要处理应用层程序信息——节省系统电源。

最后，通过使用**高级加密标准**（AES）加密方式可提供与 IPV6 兼容的安全选项。这使

得一张 Thread 网状网上最多可以存在 250 个节点，所有节点都具有完全加密的传输和身份验证功能。软件升级允许现有支持 802.15.4 协议的设备与 Thread 兼容。

6.4.1　Thread 架构及拓扑

Thread 基于 IEEE 802.15.4-2006 协议标准，使用对应规范来定义**媒体访问控制**（Medium Access Control，MAC）层和物理（PHY）层。它在 GHz 频段以 250Kbit/s 的速度工作。

从拓扑的角度来看，Thread 通过边界路由器（通常是使用家庭中的 Wi-Fi 信号）与其他设备建立通信。其他的通信基于 802.15.4 协议并形成一个自愈网状网。这种拓扑的示例如图 6-27 所示。

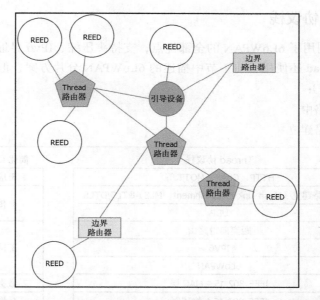

图 6-27　包含边界路由器、Thread 路由器、引导设备和可适配组网的物联网设备的 Thread
网络拓扑示例。设备相互间的连接是可变的和自愈的

以下是 Thread 架构中各种设备的角色介绍：

❑ **边界路由器**：边界路由器实际上是一个网关。在归属地网络中，它将成为一个从 Wi-Fi 到 Thread 的通信节点，且形成从边界路由器下运行的 Thread 网到互联网的入口点。Thread 规范允许存在多个边界路由器。

❑ **引导设备**：引导设备管理注册表分配各路由器的 ID。引导还包括控制具备**可变路由功能的终端**（Router-Eligible End Device，REED）升级成为路由器请求的功能。引导设备也可以充当路由器，并拥有多个子设备。路由器的地址分配依靠**约束应用协议**（Constrained Application Protocol，CoAP）。引导设备所管理的状态信息也可以存储在其他 Thread 路由器中。这允许当引导设备失去连接时进行自我修复和故障切换。

□ **REED**：所有作为主机设备的 REED 都可以升级成为路由器或引导设备。除非被提升为路由器或引导设备，否则 REED 不在网状网中负责进行路由转发。REED 也不具有中继消息或将新设备连接到网格的功能。REED 本质上是网状网中的终端节点或叶节点。

□ **终端设备**：某些终端不能升级成为路由器。这些类型的 REED 还有另外两种可以订阅的设备：**最末端设备**（Full End Device，FED）和**最小端设备**（Minimal End Device，MED）。

□ **休眠终端设备**：已进入休眠状态的主机设备仅与其关联的 Thread 路由器通信，不能中继消息。

6.4.2 Thread 协议栈

Thread 充分利用了 6LoWPAN 的全部优点，支持头压缩、IPv6 寻址功能并获得安全性方面的加强。Thread 还使用了前一节中描述的 6LoWPAN 分片方案，但添加了两个额外的堆栈组件（图 6-28）：

□ 距离向量路由
□ 网状网链路建立

Thread 协议栈	简化 OSI 模型	
HTTP、CoAP、MQTT 等	5. 应用层	
网状链路建立（Mesh Link Establishment，MLE）&TLS/DTLS	4. 传输层	
UDP		
距离向量路由	3. 网络层	
IPV6		
6LoWPAN		
IEEE 802..15.4 MAC 层	2. 数据链路层	
IEEE 802..15.4 物理层	1. 物理层	

图 6-28 Thread 协议栈

6.4.3 Thread 路由

如上一节所提到的，Thread 在 6LoWPAN 路由基础上使用 route-over 路由。一个 Thread 网络中最多允许 32 个激活路由器。路由遍历基于下一跳路由。主路由表由堆栈进行维护。所有路由器都存有网络路由的最新日期副本。

网状网链路建立（Mesh Link Establishment，MLE）是一种路径更新算法，它会计算出从一个路由器到其他路由器路径的所有遍历。此外，MLE 还提供了一种识别和配置网状网中相邻节点的保护算法。由于网状网络可以动态地扩展、收缩和改变形状，MLE 提供了重构拓扑的机制。MLE 使用压缩格式对所有路由器进行低成本路径交换。MLE 消息通过**低功**

耗和有损网络（MPL）的组播协议以广播的方式泛洪（flood）网络。

典型支持 802.15.4 协议的网络使用按需机制搜索路由。这可能是昂贵的（由于路由搜寻会使得流量泛滥而导致占满网络的带宽），Thread 会尝试避免使用这种方案。一个 Thread 网络路由器会周期性地将带有链路成本信息的 MLE 报与邻近设备进行交换，本质上强制所有路由器都储存一个当前路径列表。如果一个路由停止工作（主机脱离 Thread 网络），那么路由器将尝试寻找下一个到达目的地的最佳路径。

Thread 也支持测量链路质量。记住 802.15.4 是一个 WPAN 协议，信号强度可能会动态变化。链路质量是通过使用邻近设备传入消息的链路来衡量的，这个值的范围从 0（未知成本）到 3（良好质量）。表 6-4 总结了质量与成本的关系。质量和成本是被持续监控的，如前所述，定期向网络广播以进行自我修复：

表　6-4

链路质量	链路成本
0	未知
1	6
2	2
3	1

6.4.4　Thread 寻址

为了确定到子节点的路由，使用 16 位短地址。低阶位决定子地址，高阶位决定父地址。在节点是路由器的情况下，低阶位被设置为零。此时，传输源知道到达子节点的成本以及开始路由的下一跳信息。

距离向量路由用于在 Thread 网络中查找到路由器的路径。16 位地址的高 6 位作为前缀表示目标路由器。如果目的地的低 10 位被设置为 0，那么最终目的地就是该路由器。或者，目的地路由器将基于低 10 位来分组转发（图 6-29）。

如果一个路由扩展到 Thread 网络之外，那么边界路由器将向引导设备发送特定前缀地址信息，例如原始前缀数据、6LoWPAN 上下文、边界路由器和 DHCPv6 服务器。这些信息通过 MLE 包在 Thread 网络中进行通信。

在线程网络中，所有寻址都是基于 UDP 的。如果需要重试，则线程网络将依赖于：

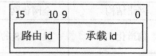

图 6-29　符合 802.15.4-2006 规范的 2 字节 Thread 短地址

- ❏ **MAC 层重发**：使用 MAC 层确认是否跳转成功的每个设备都未从下一跳接收到返回的 ACK 消息
- ❏ **应用层重发**：应用层提供自有的重发机制

6.4.5　邻居发现

邻居发现在 Thread 网络中决定加入哪个 802.15.4 网络。过程如下：

1. 入网设备先与路由器进行联调。

2. 入网设备扫描所有信道，并在每个信道上发出信标请求。等待信道信标响应。

3. 如果某一个信标包含带有网络服务集标识符（SSID）和允许加入消息的有效载荷，则设备将加入 Thread 网络。

4. 一旦发现入网设备，MLE 消息将被广播，以便相邻路由器确认该设备身份。路由器将进行联调。有两种联调模式：

- **配置**：使用带外数据方式调试设备。允许设备在被引入网络后立即连接到 Thread 网络。
- **建立**：使用安装在智能手机或平板电脑上的或基于 Web 页面的调试软件创建与设备之间的会话调试。

5. 入网设备与父级路由器进行交互，通过 MLE 交换加入网络。

设备将以 REED 或终端设备的形式存在，并由父级设备分配一个 16 位的短地址。

6.5 小结

本章涵盖了物联网通信的必要部分。使用基于 IP 标准的通信大大简化了设计工作，并支持快速和简便地扩展。扩展性对于已达到数千或数百万节点的物联网部署至关重要。使用基于 IP 的传输允许通用工具简化工作。6LoWPAN 和 Thread 演示了可应用于传统非 IP 协议（如 802.15.4）的标准。这两种协议都允许 IPv6 寻址和无线网状网应用到大规模物联网中。802.11 是一个重要且非常成功的协议，它构成了 WLAN 的基础，但也可以接入使用 802.11ah 的物联网设备和传感器或使用 802.11p 的传输系统。表 6-5 对比了非 IP 传统协议和 IP 协议。一般来说，区别在于功率、速率和传输距离。

架构师需要平衡这些参数，以部署正确的解决方案。

表 6-5

	802.15.4	802.11ah
IP 基础	非基于 IP（需要 6LoWPAN 或 Thread）	基于 IP
传输距离	100 米	目标 1 000 米
网络结构	全网状网	具有单节点跳点的分层结构
信道化	仅 DSSS 的 ISM 2.4 GHz	1 GHz 以下的 ISM，具有各种调制编码方案。信道带宽：1 MHz、2 MHz、4 MHz、8 MHz、16 MHz
信道干扰管理	CSMA/CA	允许无线终端关联基于分组时隙的原始机制
速率	250 Kbit/s	150 Kbit/s 到 347 Mbit/s
时延	良好	优秀（2 倍优于 802.15.4）
能效	优秀（17 mJ/Packet）	良好（63 mJ/packet）
节电	帧中的睡眠 – 觉醒机制	多个数据结构控制和微调不同级别的电源
网络规模	可能到 65 000	8192 无线终端

下一章将讨论远程协议，或广域网。这包括传统的蜂窝（4G LTE）和物联网蜂窝模型，如 Cat1。本章还将讨论 LPWAN 协议，如 Sigfox 和 LoRa。广域网是下一个将数据传输到互联网上的必要组件。

第 7 章　远程通信系统和协议

到目前为止，我们已经讨论了**无线个人区域网**（Wireless Personal Area Network，WPAN）和**无线局域网**（Wireless Local Area Network，WLAN），它们将传感器连接到本地网络，但不一定连接到互联网或其他系统。正如我们所知，物联网生态圈包括偏远地区的传感器、驱动器、摄像头、智能嵌入式设备、车辆和机器人。从长远来看，我们需要解决**广域网**（WAN）问题。

本章涵盖各种广域网设备和拓扑结构，包括蜂窝网（4G LTE 和 5G 标准），以及包括**远程**（LoRa）**无线电**和 Sigfox 在内的其他专有系统。尽管本章会从数据角度介绍蜂窝通信系统和远程通信系统，但重点不会放在移动设备的模拟和语音部分。远程通信通常指的是一种服务，这意味着它要向提供蜂窝基站和基础设施改进的运营商订购。这点与前面的WPAN 和 WLAN 架构不同，因为它们通常包含在客户或开发人员生产或转售的设备中。**订阅**或**服务等级协议**（SLA）对需要架构师理解的系统架构和约束有另一种影响。

7.1　蜂窝连接

最普遍的通信形式是蜂窝无线电，特别是蜂窝数据。虽然移动通信设备在蜂窝技术之前已经存在多年，但它们的覆盖范围有限，频域共享，本质上是双向无线电。贝尔实验室在 20 世纪 40 年代（移动电话服务）和 50 年代（改进的移动电话服务）进行了一些移动电话技术尝试，但都未能取得满意的结果。当时也没有统一的移动电话标准。直到 1947 年Douglas H.Ring 和 Rae Young 提出了蜂窝概念，然后由 Richard H.Frenkiel、Joel S.Engel 和Philip T.Porte 在贝尔实验室进行试验，直到 20 世纪 60 年代才实现了范围更广、性能更强劲的移动部署。同样在贝尔实验室，Amos E. Joel Jr. 设想并实现了蜂窝之间的切换实验，该实验允许在移动蜂窝设备时进行切换。所有这些技术结合在一起，形成了第一个移动电话系统，第一部移动电话，并且第一个手机电话是由摩托罗拉的马丁·库珀在 1979 年 4 月3 日拨打的。图 7-1 是一个理想的蜂窝模型，用图形表示为最佳放置的六边形区域。

随着技术和概念验证设计成功，1979 年移动电话系统由 NTT 公司在日本首次进行商业部署，并且得到了公众对移动电话系统的接受。紧接着 1981 年丹麦、芬兰、挪威和瑞典也陆续进行部署。美洲直到 1983 年才建立蜂窝移动系统。这些技术最早称为 1G 或第一代蜂窝技术。下面将详细介绍移动通信入门基础及特点，而作为蜂窝通信和蜂窝数据现代标准的 4G LTE 将在下一节具体描述。

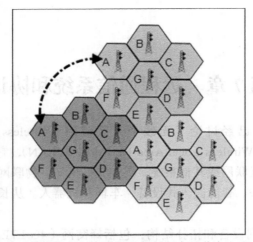

图 7-1　蜂窝理论：六边形模式保证频率与最近邻居频率的分离。两个相似的频率不会出现在同一个无线区群内，如频率 A 在两个不同的区群的情况所示。这样就允许了频率复用

随后的章节将描述其他物联网和蜂窝网络标准，如窄带物联网（NB-IoT）和 5G。

7.1.1　管理模式和标准

国际电信联盟（ITU）是一个成立于 1865 年的专门机构，它于 1932 年被命名之后成为联合国的专门机构。该组织在全球无线通信标准、导航、移动、互联网、数据、语音和下一代网络中发挥着重要作用。它包括 193 个成员国和 700 个公营和私营机构。它下设许多部门工作组，与蜂窝标准相关的部门是**无线电通信部门**（ITU-R）。ITU-R 制定历代无线电和蜂窝通信的国际标准和目标。其中包括数据可靠性和最低数据速率要求。

在过去的 10 年中，ITU-R 已经制定了两个管理蜂窝通信的基本规范。第一个是**国际移动通信 -2000**（IMT-2000），它指定了 3G 终端市场的要求。最近，ITU-R 又提出了**高级国际移动通信**（IMT-Advanced）的要求规范。IMT-Advanced 系统基于全 IP 移动宽带无线系统。IMT-Advanced 在全球范围内定义了什么是 4G。ITU 在 2010 年 10 月批准了 3GPP 路线图中的**长期演进**（LTE）技术以支持 4G 蜂窝通信目标。ITU-R 将持续推进 5G 的发展。

TU-Advanced 4G 蜂窝通信系统的要求如下：

❑ 必须是一个全 IP、数据包交换网络，可与现有无线网络互操作：

❑ 客户端移动时标称数据速率为 100 Mbit/s，客户端固定时为 1GBit/s

❑ 可动态共享和使用网络资源，以支持每个单元的多个用户

❑ 5 ～ 20 MHz 的可扩展信道带宽

❑ 无缝连接和跨多个网络的全球漫游

问题是，国际电信联盟的目标经常没有实现，而且存在命名和品牌混淆，见表 7-1。

表 7-1

功能	1G	2/2.5G	3G	4G	5G
首次商用	1979	1999	2002	2010	2020
ITU-R 规范	不适用	不适用	IMT-2000	IMT-Advanced	IMT-2020
ITU-R 频率规范	不适用	不适用	400 MHz ～ 3 GHz	450 MHz ～ 3.6 GHz	600 MHz ～ 6 GHz 24 ～ 86 GHz (mmWave)
ITU-R 带宽规范	不适用	不适用	静止：2 Mbit/s 移动：384 Kbit/s	静止：1 Gbit/s 移动：100 Mbit/s	最低下行：20 Gbit/s 最低上行：10 Gbit/s
典型带宽	2 Kbit/s	14.4 ～ 64 Kbit/s	500 ～ 700 Kbit/s	100 ～ 300 Mbit/s（峰值）	1 Gbit/s
用途 / 功能	仅限移动电话	数字语音、短信、来电显示、单向数据	优质音频、视频和数据增强漫游	统一 IP 和无缝 LAN/WAN/WLAN	物联网，超密度，低时延
标准和制式	AMPS	2G: TDMA, CDMA, GSM2.5G: GPRS, EDGE, 1×RTT	FDMA, TDMA, WCDMA, CDMA-2000, TD-SCDMA	CDMA	CDMA
切换	水平	水平	水平	水平和垂直	水平和垂直
交换网	PSTN	PSTN	分组交换机	Internet	Internet
交换	电路	接入网、空中网电路	除空中接口外，基于分组	基于分组	基于分组
技术	模拟蜂窝	数字蜂窝	宽带 CDMA，WiMAX，基于 IP	LTE Advanced Pro-based	LTE Advanced Pro-based，mmWave

第三代合作伙伴计划（3GPP）是移动通信领域中的另一个标准机构。它由来自全球各地的七个电信组织（也称为组织合作伙伴）组成，负责管理和监管移动通信技术。该机构于1998 年与北电网络和美国 AT ＆ T 公司合作成立，并在 2000 年发布了第一个标准，来自日本、美国、中国、欧洲、印度和韩国的组织合作伙伴和市场代表为 3GPP 做出了贡献。该小组的总体目标是在创建蜂窝通信的 3G 规范时，认可**全球移动通信系统**（GSM）的标准和规范。3GPP 工作由三个**技术规范组**（TSG）和六个**工作组**（WG）执行，这些小组每年在不同地区举行几次会议。3GPP 的主要目标是（尽可能）实现系统后向和前向兼容性。

💡 对于 ITU、3GPP 和 LTE 定义之间的差异，业界存在一定程度的混淆。将这种关系概念化的最简单的方法是，ITU 将在全球范围内为 4G 或 5G 的设备定义目标和标准，3GPP 通过一系列 LTE 改进技术来实现目标。国际电信联盟（ITU）仍然认可这种 LTE 技术的进步满足其被定义为 4G 或 5G 设备的要求。

图 7-2 显示了自 2008 年以来发布的 3GPP 技术。方框显示了 LTE 技术的演进。

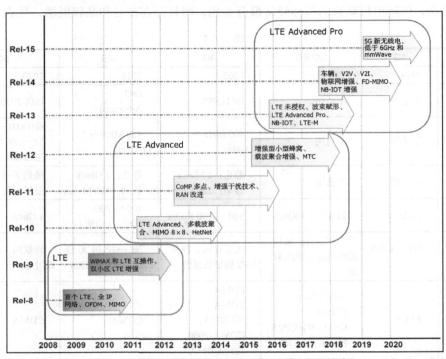

图 7-2　3GPP 从 2008 年到 2020 年发布的技术

✒ LTE 及其在蜂窝术语中的角色也经常被混淆。**LTE 代表长期演进**，是实现 ITU-R 速度和要求（最初相当激进）的途径。移动电话供应商使用传统的后端技术（如 3G），依据现有的蜂窝邻居发布新的智能手机。如果在速度和功能上比传统的 3G 网络有了实质性的改进，运营商则会宣传 4G LTE 连接。在 2000 年中后期，许多运营商基本上已经足够接近但并不符合 ITU-R 4G 规范。运营商使用传统技术，并在很多情况下将自己的品牌重新命名为 4G。LTE-Advanced 是又一个更接近 ITU-R 目标的演进技术。

总之，术语可能产生误导，令人困惑，架构师需要阅读品牌标签以外的内容，以理解技术。

7.1.2　蜂窝接入技术

了解蜂窝系统如何与多个语音和数据用户一起工作非常重要。有几个标准值得回顾，类似于 WPAN 和 WLAN 系统的概念。在 3GPP 支持 LTE 之前，蜂窝技术有多种标准，尤其是 GSM 和 CDMA 设备。需要注意的是，从基础设施到设备，这些技术彼此不兼容：

❑ **频分多址（FDMA）**：在模拟系统中很常见，但如今在数字领域却很少使用。这是一种将频谱划分为若干频带，然后分配给用户的技术。在任意指定时间内为一个收发器分配一个信道。因此，在所建立的初始呼叫结束或者直到切换到另一个信道之前，该信道对其他通话都是关闭的。全双工 FDMA 传输需要两个信道，一个用于发送，一个用于接收。

- **码分多址（CDMA）**：基于扩频技术。CDMA 通过允许所有用户同时占用所有信道来提高频谱容量。传输在整个无线信道上进行，每个语音或数据呼叫都被分配了一个唯一的代码，以区别于在同一频谱上进行的其他呼叫。CDMA 允许软切换，这意味着终端可以同时与多个基站进行通信。第三代移动通信的主要无线接口最初是由高通公司设计的 CDMA2000，目标是 3G。由于其专有特性，它没有得到全球的采用，在全球市场的使用量不到 18%。在美国，Verizon 和 Sprint 都是比较强的 CDMA 运营商。

- **时分多址（TDMA）**：通过将每个频率分为不同时隙来增加频谱容量。TDMA 允许每个用户在呼叫的短时间内访问整个无线频率信道。其他用户在不同的时隙共享同一频率信道。基站在信道上不断地从一个用户切换到另一个用户。TDMA 是第二代移动蜂窝网络的主导技术。GSM 组织采用 TDMA 作为多址模式。它分为四个不同的频段：欧洲和亚洲的 900 MHz/1800 MHz，北美和南美的 850 MHz/1900 MHz。

GSM 和 CDMA 互不兼容，某些设备和调制解调器可能只支持 GSM/LTE 或 CDMA/LTE。但是，如果 GSM/LTE 和 CDMA/LTE 同时支持 LTE 频段，它们可以兼容。在老的设备中，语音信息是在 2G 或 3G 频段上传送的，该频段对于 CDMA 和 GSM（TDMA）来说是不同的。数据也是不兼容的，因为 LTE 数据要在 4G 频段上传送。

7.1.3　3GPP 用户设备类别

在版本 8 中，有五种类型的用户设备类别，每种类型都有不同的数据速率和 MIMO 架构，并且允许 3GPP 区分 LTE 演进。自版本 8 以来，又添加了更多的设备类别。这些类别包含了 3GPP 组织规定的上行和下行链路功能。通常情况下，你将获得一个标有其能够支持的类别的蜂窝无线电或芯片组。当用户设备可以支持某个特定类别时，蜂窝系统（eNodeB，稍后讨论）也必须支持该类别。

小区设备与基础设施之间的关联过程的一部分是能力信息的交换，如表 7-2 所示。

表　7-2

3GPP 版本	类别	最大 L1 下行数据速率（Mbit/s）	最大 L1 上行数据速率（Mbit/s）	下行链路最大 MIMO 数
8	5	299.6	75.4	4
8	4	150.8	51	2
8	3	102	51	2
8	2	51	25.5	2
8	1	10.3	5.2	1

（续）

3GPP 版本	类别	最大 L1 下行数据速率（Mbit/s）	最大 L1 上行数据速率（Mbit/s）	下行链路最大 MIMO 数
10	8	2 998.60	1 497.80	8
10	7	301.5	102	2 或 4
10	6	301.5	51	2 或 4
11	9	452.2	51	2 或 4
11	12	603	102	2 或 4
11	11	603	51	2 或 4
11	10	452.2	102	2 或 4
12	16	979	NA	2 或 4
12	15	750	226	2 或 4
12	14	3 917	9 585	8
12	13	391.7	150.8	2 或 4
12	0	1	1	1
13	NB1	0.68	1	1
13	M1	1	1	1
13	19	1 566	NA	2、4 或 8
13	18	1 174	NA	2、4 或 8
13	17	25 065	NA	8

注意版本 13 中的 Cat M1 和 Cat NB1。在这里，3GPP 组织将数据速率显著降低到 1Mbit/s 或更低。这些类别专用于需要低数据速率且仅在短时间内通信的物联网设备。

7.1.4　4G LTE 频谱分配和频段

现有的 LTE 频段有 55 个，部分原因是频谱分片和市场策略。LTE 频段的激增也是政府对频段进行分配和拍卖的体现（manifestation）。LTE 可以分为如下两种互不兼容的类别：

❑ **时分双工（TDD）**：TDD 使用单一频率空间传输上行和下行链路数据。传输方向通过时隙控制。

❑ **频分双工（FDD）**：在 FDD 配置中，基站（eNodeB）和**用户设备**（UE）将为上、下行链路数据打开一对频率空间。如 LTE 频段 -13，其上行链路范围为 777 ～ 787 MHz，下行链路范围为 746 ～ 756 MHz。数据可以同时发送到上行链路和下行链路。

TDD/FDD 组合模块将两种技术结合到一个调制解调器中，允许多载波使用。

FDD 将为上行和下行数据分配一对专用频率（图 7-3）。而 TDD 对上行链路和下行链路使用相同的载波频率，每个频率都基于固定的帧结构。在 4G LTE 中，每帧总时间为 10ms，包含 10 个子帧，每一个子帧还包括两个时隙。

对于 FDD，每个帧包含 20 个时隙，每个时隙为 0.5ms。在 TDD 中，子帧实际上是两个半帧，每个半帧为 0.5ms。因此，一个 10ms 的帧包含 10 个子帧和 20 个时隙。TDD 还使用了**特殊子帧**（SS），该帧将子帧划分为上行链路部分和下行链路部分。

SS 帧用于**传送导频时隙**（PTS），分为上行导频时隙 UpPTS 和下行导频时隙 DwPTS。

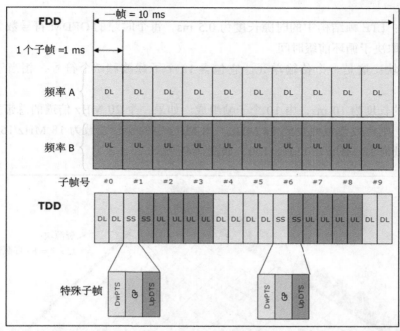

图 7-3　4G LTE 中的 FDD 与 TDD：FDD 使用一对同步的频率传输上行链路和下行链路数据。TDD 将使用单一频率的不同时隙传输上行链路和下行链路数据

TDD 可以用七种不同的上行和下行配置来传送数据，如表 7-3 所示。

表　7-3

配置	周期	0	1	2	3	4	5	6	7	8	9
0	5ms	DL	SS	UL	UL	UL	DL	SS	UL	UL	UL
1	5ms	DL	SS	UL	UL	DL	DL	SS	UL	UL	DL
2	5ms	DL	SS	UL	DL	DL	DL	SS	UL	DL	DL
3	10ms	DL	SS	UL	UL	UL	DL	DL	DL	DL	DL
4	10ms	DL	SS	UL	UL	DL	DL	DL	DL	DL	DL
5	10ms	DL	SS	UL	DL	DL	DL	DL	DL	DL	DL
6	5ms	DL	SS	UL	UL	UL	DL	SS	UL	UL	DL

📝 注意，DL 是指从 eNodeB 到用户设备的通信，而 UL 则是指相反方向。

要理解频谱使用情况，还需要了解一些其他特定用于 LTE 的术语：

□ **资源元素（RE）**：这是 LTE 中最小的传输单元。RE 由一个子载波组成，正好占用一个符号时间单位（OFDM 或 SC-FDM）。

□ **子载波间隔**：这是子载波之间的间隔。LTE 使用 15kHz 间隔，没有保护间隔。

□ **循环前缀**：由于没有保护间隔，循环前缀时间用于防止子载波之间的多径符号间干扰。

□ **时隙**：LTE 帧结构中的时隙长度为 0.5 ms，每个时隙的 OFDM 符号数为 6 或 7 个，具体取决于循环前缀时间。

□ **资源块**：这是一个传输单元。它包含 12 个子载波和 7 个符号，相当于 84 个资源元素。

LTE 帧的长度为 10 ms，由 10 个子帧组成。如果一个 20 MHz 信道的总带宽的 10% 用于循环前缀，则有效带宽减少到 18 MHz。18 MHz 中的子载波数为 18 MHz/15 kHz=1200。资源块的数量为 18 MHz/180 kHz=100，如图 7-4 所示。

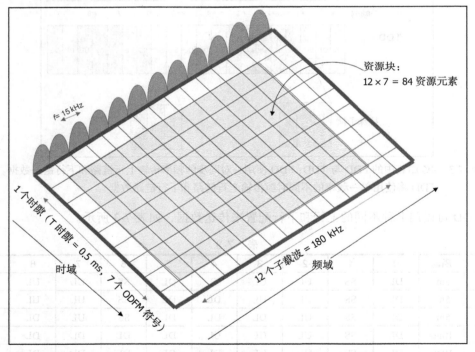

图 7-4　LTE 帧的一个时隙。10 毫秒 LTE 帧包含 20 个时隙。每个时隙包含 12 个 15 kHz 间隔的子载波和 7 个 OFDM 符号，这组合在一起为 12×7 = 84 个资源元素

为 4G LTE 分配的频段是特定于地区法规的（北美、亚太地区等）。每个频段都有一套由 3GPP 和 ITU 制定和批准的标准。频段分为 FDD 和 TDD 两种模式，并具有业界常用的通用名称首字母缩略词，如**高级无线服务**（Advanced Wireless Service，AWS）。图 7-5 和

图 7-6 仅是将北美地区的 FDD 和 TDD 频段分开。

频段	双工	f(MHz)	常用名	北美	频段宽度（MHz）	双工宽度（MHz）	频段间隔（MHz）
1	FDD	2100	IMT		60	190	130
2	FDD	1900	PCS blocks A-F	是	60	80	20
3	FDD	1800	DCS		75	95	20
4	FDD	1700	AWS blocks A-F (AWS-1)	是	45	400	355
5	FDD	850	CLR	USA (AT&T, U.S. Cellular)	25	45	20
6	FDD				10	35	25
7	FDD	2600	IMT-E	Canada (Bell, Rogers, Telus)	70	120	50
8	FDD	900	E-GSM		35	45	10
9	FDD				35	95	60
10	FDD	1700	Extended AWS blocks A-I		60	400	340
11	FDD	1500	Lower PDC	Canada (Bell), Guam (iConnect, ...	20	48	28
12	FDD	700	Lower SMH blocks A/B/C	USA (Verizon), Canada (Bell, EastLink, ...	18	30	12
13	FDD	700	Upper SMH block C	USA (FirstNet)	10	-31	41
14	FDD	700	Upper SMH block D		10	-30	40
15	FDD	2000			20	700	680
16	FDD	700			15	575	560
17	FDD	700	Lower SMH blocks B/C	Canada (Rogers), USA (AT&T)	12	30	18
18	FDD	850	Japan lower 800		15	45	30
19	FDD	850	Japan upper 800		15	45	30
20	FDD	800	EU Digital Dividend		30	-41	71
21	FDD	1500	Upper PDC		15	48	33
22	FDD	3500		USA (Ligado Networks)	90	100	10
23	FDD	2000			20	180	160
24	FDD	1600	L-Band (US)		34	-101.5	135.5
25	FDD	1900	Extended PCS blocks A-G	USA (Sprint)	65	80	15
26	FDD	850	Extended CLR	USA (Sprint)	30 / 40		10
27	FDD	800	SMR		17	45	28
28	FDD	700	APT		45	55	10
29	FDD[A 1]	700	Lower SMH blocks D/E	USA (AT&T)	11	n/a	
30	FDD	2300	WCS blocks A/B	USA (AT&T)	10	45	35
31	FDD	450			5	10	5
32	FDD[A 1]	1500	L-Band (EU)		44	n/a	
65	FDD	2100	Extended IMT		90	190	
66	FDD	1700	Extended AWS blocks A-J	Canada (Freedom Mobile)	90/70	400	
67	FDD[A 1]	700	EU 700		20	n/a	
68	FDD	700	ME 700		30	55	
69	FDD[A 1]	2600	IMT-E (Duplex spacing)		50	n/a	
70	FDD	2000	AWS-4	USA (DISH)	25/15	300	
71	FDD	600	US Digital Dividend	USA (T-Mobile)			

图 7-5　4G LTE 频分双工频段分配和北美运营商所有权

💡 在欧洲，频段的使用遵循不同的模式。在欧盟成员国已同意的频谱目录中，不同国家 / 地区使用的典型频段为：800 MHz、1452 ～ 1492 MHz、1800 MHz、2300 MHz、2600 MHz。

LTE 也被开发用于未经许可的频谱。最初，高通公司提议在 5 GHz 频段内采用 IEEE 802.11a 技术，目的是让它成为 Wi-Fi 热点的替代品。5150 ～ 5350 MHz 的频段通常要求无线电设备以 200mW 的最大功率工作，并且只能在室内使用。到目前为止，只有 T-Mobile 支持在美国地区的无授权频谱中使用 LTE。AT&T 和 Verizon 正在进行 LAA 模式的公开测试。有两类未经许可频率用于蜂窝通信：

频段	双工	f(MHz)	常用名	北美	分配 (MHz)	频段宽度 (MHz)
33	TDD	2100	IMT		1900~1920	20
34	TDD	2100	IMT		2010~2025	15
35	TDD	1900	PCS (Uplink)		1850~1910	60
36	TDD	1900	PCS (Downlink)		1930~1990	60
37	TDD	1900	PCS (Duplex spacing)		1910~1930	20
38	TDD	2600	IMT-E (Duplex Spacing)		2570~2620	50
39	TDD	1900	DCS-IMT gap		1880~1920	40
40	TDD	2300			2300~2400	100
41	TDD	2500	BRS / EBS	USA (Sprint)	2496~2690	194
42	TDD	3500			3400~3600	200
43	TDD	3700			3600~3800	200
44	TDD	700	APT		703~803	100
45	TDD	1500	L-Band (China)		1447~1467	20
46	TDD	5200	U-NII		5150~5925 未授权	775
47	TDD	5900	U-NII-4 (V2X)		5855~5925 未授权	70
48	TDD	3600	CBRS		3550~3700	150

图 7-6　4G LTE 时分双工频段分配和北美运营商所有权

- **LTE 无授权（LTE-U）**：如前所述，它将与 Wi-Fi 设备共存于 5 GHz 频段。LTE 的控制信道将保持不变，而语音和数据将迁移到 5 GHz 频带。LTE-U 的概念是，用户设备只能支持无授权频段中的单向下行链路或全双工链路。
- **授权频谱辅助接入（LAA）**：类似于 LTE-U，但由 3GPP 组织管理和设计。它使用**先听后说（LBT）**的竞争协议协助与 Wi-Fi 共存。

LTE 使用载波聚合来提高可用比特率。从 3GPP 的版本 8 和版本 9 开始，运营商已将载波聚合用于 FDD 和 TDD 部署。简单地说，如果上行和下行流量可用，那么载波聚合尝试同时使用多个波段。例如，用户的设备可以使用带宽为 1.4、3、5、10、15 或 20 MHz 的信道。最多可使用五个信道，组合最大容量为 100 MHz。此外，在 FDD 模式下，上行链路和下行链路信道可能不是对称的并且使用不同的容量，但是上行链路载波必须等于或低于下行链路载波。

信道载波可以使用一组连续的，或者非连续的载波排列，如图 7-7 所示。可以是同一个频段内非连续，也可以是不同频段间非连续。

三种载波聚合方式：

- **带内连续**：这是最简单的方法。所有频率聚集在同一频段上，没有间隔。收发器将聚合信道视为一个大信道。
- **带内非连续**：此方法将两个或多个载波置于同一频段，但频率之间可能存在间隔。
- **带间非连续**：这是最常见的载波聚合形式。频率分布在不同的频段上，以不同的方式组合在一起。

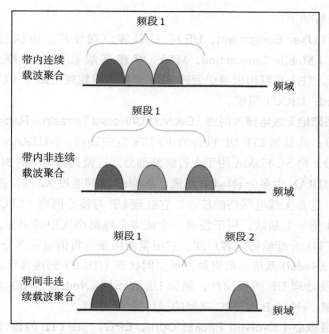

图 7-7 4G LTE 载波聚合。载波聚合尝试使用多个频段实现更高的数据速率，而且能够更好地使用网络容量。载波聚合的三种不同方式为：带内连续载波聚合、带内非连续载波聚合和带间非连续载波聚合

7.1.5 4G LTE 拓扑和架构

3GPP LTE 架构称为**系统架构演进**（System Architecture Evolution，SAE），其总体目标是提供基于全 IP 流量的简化架构。它还支持**无线电通信网络**（Radio Access Network，RAN）上的高速通信和低时延。在 3GPP 路线图的版本 8 中引入了 LTE。由于网络完全由 IP 数据包交换组件组成，因此，语音数据也将作为数字化的 IP 数据包被发送出去。这是与传统 3G 网络的另一个根本区别。

> 3G 的拓扑结构使用电路交换来处理语音和短信业务，分组交换用于数据。电路交换与分组交换有根本的区别。电路交换是由原来的电话交换网所产生的。在通信时间段内，源节点和目标节点之间使用专用通道和路径。在包交换网络中，消息将被分成更小的片段（在 IP 数据的情况下称为包），并从数据源节点到目的节点寻求最有效的路由。数据包的报头提供目的地信息。

典型的 4G LTE 网络有三个组成部分：客户端、无线电网络和核心网络。客户端指的是用户的无线电设备。无线电网络代表客户端和核心网络之间的前端通信，包括无线电设备，如信号塔。核心网络代表运营商的管理和控制接口，可以管理一个或多个无线电网络。

该架构可以分解如下：

❑ **用户设备**（User Equipment，UE）：这是客户端硬件，由执行所有通信功能的**移动终端**（Mobile Termination，MT）、管理终端数据流的**终端设备**（Terminal Equipment，TE）和可用做身份管理 SIM 卡的**通用集成电路卡**（Universal Integrated Circuit Card，UICC）组成。

❑ **演进的通用陆地无线电接入网络**（Evolved Universal Terrestrial Radio Access Network，E-UTRAN）：这是到 LTE UE 设备的 4G LTE 空中接口。E-UTRAN 将 OFDMA 用于下行链路部分，将 SC-FDMA 用于上行链路部分。这使其与传统的 3G W-CDMA 技术不兼容。E-UTRAN 由多个 eNodeB 组成，eNodeB 之间通过 X2 接口彼此互联。

❑ **eNodeB**：这是无线电网络的核心，它处理 UE 与核心网络（EPC）之间的通信。每个 eNodeB 是一个基站，用于控制一个或多个蜂窝小区中的 eUE，并将 1ms 的资源块（称为 TTI）分配给特定客户端。它根据使用条件将信道资源分配给其小区附近的不同 UE。eNodeB 系统还负责触发从空闲状态（IDLE）到连接状态（CONNECTED）的转换以及处理 UE 的移动性，例如 UE 在不同 eNodeB 之间的切换，并负责传输和拥塞控制。eNodeB 和 EPC 之间的接口是 S1 接口。

❑ **演进型分组核心**（Evolved Packet Core，EPC）：在 LTE 的设计中，3GPP 定义了一个扁平架构，将用户数据（称为用户面）和控制数据（称为控制面）分开，这样可以更有效地扩展。EPC 有以下五个基本组成部分：

● **移动性管理实体**（Mobility Management Entity，MME）：负责控制面流量、身份验证和安全性、定位和跟踪以及移动性问题处理程序。MME 还需要识别 IDLE 模式下的移动性。使用**跟踪区域**（Tracking Area，TA）代码进行管理。MME 还控制**非接入层**（Non-Access Stratum，NAS）信令和承载控制（稍后描述）。

● **归属用户服务器**（Home Subscriber Server，HSS）：与 MME 关联的中央数据库，其中包含有关网络运营商的用户信息。包括密钥、用户数据、最大计划数据速率、订阅信息等。HSS 保留自 3G UMTS 和 GSM 网络。

● **服务网关**（Servicing GateWay，SGW）：负责处理用户面和用户数据。本质上讲，它在 eNodeB 和 PGW 之间充当路由器转发数据包。SGW 外的接口称为 S5/S8 接口。如果两个设备在同一网络上，则使用 S5；如果两个设备在不同的网络上，则使用 S8。

● **公共数据网络网关**（Public Data Network Gateway，PGW）：将移动网络连接到互联网或其他 PDN 网络等外部资源，并为连接的移动设备分配 IP 地址。PGW 管理如视频流、网页浏览等各种互联网服务的**服务质量**（Quality of Service，QoS）。它使用 SGi 接口访问各种外部服务。

● **策略控制与计费规则功能**（Policy Control and Charging Rules Function，PCRF）：另一个存储策略和决策规则的数据库，同时控制基于流量的计费控制功能。

❑ **公共数据网络（Public Data Network，PDN）**：大多情况下为互联网的外部接口，也可以作为其他服务，如数据中心、私有服务等的外部接口。

在 4G LTE 服务中，用户将拥有一个称为**公共陆地移动网络**（Public Land Mobile Network，PLMN）的经营者或运营商。如果用户在该运营商的 PLMN 中，则称他们在归属地 PLMN 中。如果用户移动到本地之外的另一个 PLMN（例如，在国际旅行期间），则新网络称为**拜访 -PLMN**。客户端 EU 设备连接到拜访 -PLMN 就需要新网络上 E-UTRAN、MME、SGW 和 PGW 的资源。PGW 准许通过漫游地路由（local-breakout）(网关）接入 Internet 网络。此时开始进行漫游计费，漫游费用由拜访 -PLMN 提供，并计入客户账单。图 7-8 说明了该架构。左侧是 3GPP 系统 4G LTE 架构演进的顶层视图，它显示客户端 UE、无线电节点 E-UTRAN 和核心网络 EPC，它们都驻留在归属地 PLMN 中。右侧是移动客户端迁移到拜访 -PLMN，并在拜访 -PLMN 中的 E-UTRAN 和 EPC 之间分配功能以及回传到归属地网络的模型。

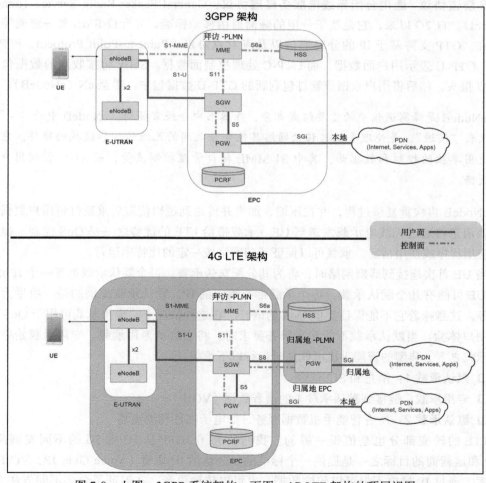

图 7-8　上图：3GPP 系统架构。下图：4G LTE 架构的顶层视图

如果客户端和运营商在同一网络上，则使用 S5 互连；如果客户端跨越不同的网络，则使用 S8 接口。

在 MME 中提及的**非接入层**（Non-access stratum，NAS）信令，是一种在 UE 和核心节点（例如交换中心）之间传递消息的机制，实例包含的消息有：认证消息、更新或附加消息。NAS 位于 SAE 协议栈的顶部。

GPRS 隧道协议（GPRS Tunneling Protocol，GTP）是 LTE 中基于 IP/UDP 的协议。GTP 协议在整个 LTE 通信基础架构中用于控制数据、用户数据和计费数据。在图 7-8 中，大多数 S* 信道的连接组件都使用 GTP 数据包。

LTE 架构和协议栈使用我们熟知的承载概念。承载是一种虚拟概念，用于提供管道，以将数据从一个节点传送到另一节点。PGW 和 UE 之间的管道称为 EPS 承载。当数据从互联网进入 PGW 时，它将把数据打包在 GTP-U 数据包中并将其发送到 SGW。**GTP 代表 GPRS 隧道协议**（**通用分组无线电服务隧道协议**，General Packet Radio Service Tunneling Protocol）。自 2G 以来，它是基于分组的蜂窝通信移动标准，并允许 SMS 和一键通等服务的存在。GTP 支持基于 IP 的分组通信以及点对点协议（Point-to-Point Protocol，PPP）和 X.25。GTP-U 表示用户面数据，而 GTP-C 处理控制面数据。SGW 将接收到的数据包剥离 GTP-U 报头，然后将用户数据重新打包到新的 GTP-U 数据包中，送至 eN（eNodeB）。

> eNodeB 是蜂窝通信中的重要组成部分，在本书中会经常提到。eNodeB 中的 "e" 代表 "演进"，是处理手机与移动网络其他部分之间的无线通信和链接的硬件。它使用单独的控制和数据面，其中 S1-MME 接口管理控制流量，而 S1-U 管理用户数据。

eNodeB 再次重复该过程，并在压缩、加密并传送到逻辑信道后重新打包用户数据。然后，该消息将通过无线电承载发送至 UE。承载带给 LTE 的优势之一是 QoS 控制。根据客户、应用程序或使用情况，承载可以保证基础网络按一定的比特率运行。

当 UE 首次连接到蜂窝网络时，将为其分配默认承载。每个默认承载都有一个 IP 地址，一个 UE 可能有几个默认承载，每个承载都有唯一的 IP。默认承载提供的是一项尽力而为的服务，这意味着它不能保证类似 QoS 的语音。在这种情况下，专用承载可用于 QoS 和良好的用户体验。当默认承载不能满足服务要求时，将会启动专用承载。专用承载始终位于默认承载之上。典型的智能手机可能随时运行以下承载：

- ❑ **默认承载 1**：消息和 SIP 信令
- ❑ **专用承载**：链接到默认承载 1 的语音数据（VOIP）
- ❑ **默认承载 2**：所有智能手机数据服务，如电子邮件和浏览器

LTE 的转变部分也是值得一提的。我们研究了 3GPP 从 1G 到 5G 的不同发展阶段，3GPP 和运营商的目标之一是提供一个标准的、公认的 **IP 语音**（Voice Over IP，VOIP）解决方案。通过 IP 接口不但可以传输数据，也可以传输语音。在辩证了众多不同方法之后，

3GPP 选定 **VoLTE**（Voice over Long-Term Evolution）作为架构。VoLTE 使用**会话初始化协议**（Session Initiation Protocol，SIP）的扩展变体处理语音和文本消息，使用**自适应多速率编码**（Adaptive Multi-Rate，AMR）方案提供宽带高质量的语音和视频通信。接下来，我们将研究支持物联网部署但不支持 VoLTE 的新 3GPP LTE 类别。

> 必须注意的是，移动宽带的两个标准是 LTE 和**无线移动互联网接入**（WiMAX）。
> LTE-WiMAX 是一种基于 IP 的宽带 OFDMA 通信协议。
> WiMAX 基于 IEEE 802.16 标准，由 WiMAX 论坛管理。WiMAX 频段范围为 2.3 ~ 3.5 GHz，但也可以使用如同 LTE 一样的 2.1 ~ 2.5 GHz 频段。WiMAX 在 LTE 开始推广之前就已经商业化了，运营商 Sprint 和 Clearwire 使用其进行高速数据传输。
> 然而，WiMAX 的用途较固定，LTE 通常更加灵活，并且被广泛采用。LTE 也在缓慢发展中，试图保持与旧的基础设施和技术的向后兼容性，而使用 WiMAX 则意味着新的部署。虽然 WiMAX 在易于安装和设施方面确实优于 LTE，但最终 LTE 赢得了带宽竞争，带宽定义了移动革命。

7.1.6　4G LTE E-UTRAN 协议栈

　　4G LTE 协议栈具有与 OSI 模型的其他衍生产品相似的特性。然而，4G 控制面还有其他特性，如图 7-9 所示。一个不同之处在于，**无线资源控制**（Radio Resource Control，RRC）和整个协议栈各层都有广泛的连接，这被称为**控制面**。这个控制面有两种状态：空闲和连接。当空闲时，UE 在与小区连接后将在小区中保持等待，并且监测寻呼信道以检测是否有新的来电或系统信息。在连接模式下，UE 将建立下行链路信道和相邻小区的信息，E-UTRAN 将使用该信息查找此时最适合的小区

> 控制面和用户面的行为和其在时延方面的表现也略有不同。用户面的时延通常为 4.9 ms，而控制面的时延为 50 ms。

　　协议栈由以下功能层组成：
- **物理层 1**：本层为无线电接口，也称为空中接口。职责包括链路适配（AMC）、功率管理、信号调制（OFDM）、数字信号处理、小区信号搜索、小区同步、切换控制以及 RRC 层的小区测量。
- **介质访问控制层**（Medium Access Control，MAC）：与其他 OSI 派生堆栈类似，它执行逻辑通道和传输层之间的映射。MAC 层将各种分组复用到物理层的传输块（Transport Block，TB）上。其他职责包括调度报告、纠错、信道优先级和管理多个 UE。

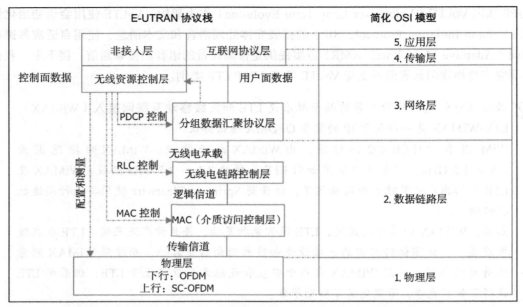

图 7-9　4G LTE 的 E-UTRAN 协议栈，以及与简化 OSI 模型的比较

- **无线链路控制层（Radio Link Control，RLC）**：RLC 传输上层 PDU，通过 ARQ 进行纠错，并处理数据包的连接 / 分段。此外，它提供逻辑信道接口，检测重复的数据包，并对接收到的数据进行重组。
- **分组数据汇聚协议层（Packet Data Convergence Control Protocol，PDCP）**：该层负责对分组数据进行压缩和解压缩。PDCP 还管理用户面数据和控制面数据的路由，并反馈至 RRC。该层还负责完成重复 SDU 的管理功能（例如在切换过程中）。还包括加密和解密、完整性保护、基于定时器的数据丢弃和信道重建等其他功能。
- **无线资源控制层（Radio Resource Control，RRC）**：RRC 层向包括非接入层和接入层在内的所有层广播系统信息，它管理安全密钥、配置和无线电承载控制。
- **非接入层（Non-Access Stratum，NAS）**：控制面的最高层，是 UE 和 MME 之间的主要接口，主要作用是会话管理，因此，UE 的移动性是在本层建立的。
- **接入层（Access Stratum，AS）**：这是 NAS 下的一层，其目的是在 UE 和无线网络之间传输非无线电信号。

7.1.7　4G LTE 地理区域、数据流和切换过程

在考虑小区切换过程之前，首先需要定义本地的周边区域和网络标识。LTE 网络中有三种类型的地理区域：

- **MME 池区域**：这是指一个 UE 可以在不改变服务 MME 的情况下可移动的区域。
- **SGW 服务区域**：这是指一个或多个 SGW 可持续为 UE 提供服务的区域。

- **跟踪区域（TA）**：这是由不重叠的小 MME 和 SGW 区域组成的子区域，用于跟踪处于待机模式的 UE 的位置。这对切换来说至关重要。

为了保证正常的网络服务，4G LTE 网络中的每个网络都必须是唯一可识别的。为了帮助识别网络，3GPP 使用的网络 ID 包括：

- **移动国家 / 地区代码（Mobile Country Code，MCC）**：网络所在国家 / 地区的三位数标识（例如，加拿大为 302）。
- **移动网络代码（Mobile Network Code，MNC）**：表示运营商的两位或三位数字的值（例如，Rogers Wireless 是 720）。

每个运营商还需要对其使用和维护的每个 MME 进行唯一标识。在同一网络内，本地需要 MME，当设备移动和漫游时，全球范围内也需要 MME 来寻找归属网络。每个 MME 有三个身份：

- **MME 标识符**：是网络中用于定位特定 MME 的唯一 ID。它由以下两个字段组成：
  - **MME 代码（MME Code，MMEC）**：这标识了属于上述同一池区域的所有 MME。
  - **MME 组标识（MME Group Identity，MMEI）**：它定义了 MME 组或群。
- **全球唯一 MME 标识符（GUMMEI）**：这是 PLNM-ID 和前面描述的 MMEI 的组合。这个组合形成了一个标识符，它可以标识全球任何网络的任何位置。

跟踪区域标识（Tracking Area Identity，TAI）允许从全球范围内任何位置跟踪 UE 设备。这是 PLMN-ID 和**跟踪区域编码**（TAC）的组合。TAC 是小区覆盖区域的特定物理子区域。

小区 ID 由 E-UTRAM 小区标识（E-UTRAM Cell Identity，ECI）、**E-UTRAN 小区全局标识**（E-UTRAN Cell Global Identifier，ECGI）和物理小区标识（整数值 0 ～ 503）结合组成，ECI 用于标识网络中的小区，ECGI 用于标识世界上任何地方的小区，物理小区标识用于将其与另一个相邻 EU 区分开。

切换过程是指将呼叫或数据会话从蜂窝网络中的一个信道转移到另一个信道。如果用户正在移动，则会明显地发生切换。如果基站已达到其容量而迫使一些设备重新定位到同一网络中的其他基站时，也可以触发切换。以上称为 **LTE 系统内切换**。在漫游时，也可以在运营商之间进行切换，称为 **LTE 系统间切换**。也可以切换至其他网络（RAT 间切换），例如在蜂窝信号和 Wi-Fi 信号之间移动。

如果切换存在于同一网络中（LTE 系统内切换），则两个 eNodeB 将通过 X2 接口进行通信，并且核心网络 EPC 将不参与该过程。如果 X2 不可用，则需要由 EPC 通过 S1 接口管理切换。在每种情况下，源 eNodeB 都会发起业务请求。如果客户端正在进行 LTE 系统间切换，则切换会因为涉及两个 MME（源，S-MME；目标，T-MME）而变得更加复杂。

该过程允许无缝切换，如图 7-10 的一系列步骤所示。首先，源 eNodeB 将基于容量或客户端移动来决定发起（instantiate）一个切换请求。eNodeB 通过向 UE 广播

MEASUREMENT CONTROL REQ 消息来创建切换请求。

这些是当达到特定阈值时发出的网络测量报告。X2 传输承载通过创建的**直接隧道设置**（Direct Tunnel Setup，DTS），在源 eNodeB 和目标 eNodeB 之间进行通信。如果 eNodeB 确定适合发起交换，它就会找到目标 eNodeB，然后通过 X2 接口发出 RESOURCE STATUS REQUEST 消息，以确定目标基站是否可以接受切换。交换是通过 HANDOVER REQUEST 消息启动的。

目标 eNodeB 为新连接准备资源。源 eNodeB 将分离客户端 UE。从源 eNodeB 到目标 eNodeB 的直接数据包转发可确保传输中的数据包不会丢失。接下来，通过使用目标 eNodeB 和 MME 之间的 PATH SWITCH REQUEST 消息来完成切换，并通知 UE 已经更改了小区。此时，由于没有流向 EU 客户端的残余数据包，所以 S1 承载将和 X2 传输承载都将被释放（图 7-10）。

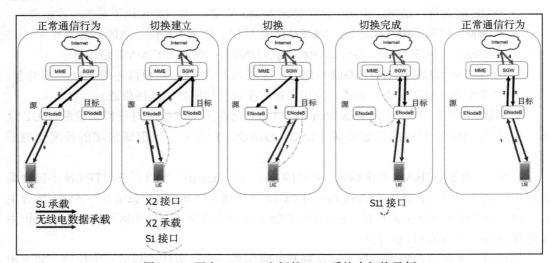

图 7-10　两个 eNodeB 之间的 LTE 系统内切换示例

💡 许多采用 4G LTE 技术的物联网网关设备允许在单个设备网关或路由器上运行多个运营商（例如 Verizon 和 ATT）。这样的网关设备可以保证运营商之间无缝切换（handover）和转换（switch），而不会丢失数据。这是基于移动和运输的物联网系统（例如物流、应急车辆和资产跟踪）的重要特征。切换允许移动系统在运营商之间进行迁移，以实现更好的覆盖和更高的速率。

7.1.8　4G LTE 数据包结构

LTE 分组数据帧结构与其他 OSI 模型类似。图 7-11 说明了从 PHY 到 IP 层的数据包分解。IP 数据包被封装在 4G LTE 层中。

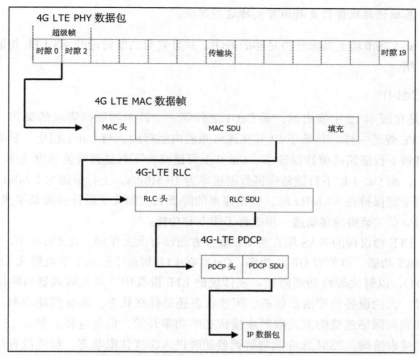

图 7-11　4G LTE 分组数据结构：IP 数据包在 PDCP SDU 中进行了重组，并流经 RLC、MAC 和 PHY 层。PHY 从 MAC 层创建传输块的时隙和子帧

7.1.9　Cat-0、Cat-1、Cat-M1 和 NB-IoT

IoT 设备和互联网的连接与典型的基于消费者的移动设备（如智能手机）不同。智能手机主要是通过下行链路从互联网提取信息。通常，这些数据属于实时大流量传输，例如视频数据和音乐数据。在物联网部署中，数据量可能很少，并且发生时间很短，大部分数据由设备生成并在上行链路上传输。LTE 在构建蜂窝基础设施和针对移动用户的商业模式方面取得了进展。为了不使消费者的数量减少，需要在满足边缘的 IoT 数据生产商的需求方面做出新的改变。以下各节介绍了**低功耗广域网**（Low-Power Wide-Area Network，LPWAN），尤其是 LTE 中的这些适用于物联网部署、功能各不相同的各类 LPWAN。

"Cat"代表"类别"的缩写。在版本 13 之前，适用于典型物联网设备的最低数据速率是 Cat-1。由于移动通信的演进要求更高的速度和服务，Cat-1 在 3G 和 4G 时间表中被忽略了。版本 12 和版本 13 解决了物联网设备对低成本、低功耗、稀疏传输和范围扩展的要求。

💡 所有这些协议在设计上的一个共同点是，它们都与现有的蜂窝硬件基础设施兼容。然而，为了实现新的功能，必须更新基础设施的协议软件。否则，Cat-0、Cat-M1 和 Cat-NB UE 甚至不能与网络进行连接。物联网架构师需要确保他们打算部署到的蜂窝基础设施软件已更新为可支持这些标准。

由于 Cat-1 在市场上尚未获得足够的关注，并且它与之前讨论的 4G LTE 相似，因此在这里不做介绍。

LTE Cat-0

Cat-0 是在版本 12 中推出的，是 Cat-1 之外第一个针对物联网需求的架构。该设计与许多其他 LTE 规范一样，是基于 IP 并在许可频段内运行的。与 Cat-1 相比，显著差异存在于上行链路和下行链路峰值数据速率、Cat-0 上行链路和下行链路峰值数据速率（每个速率为 1 Mbit/s），而 Cat-1 的下行链路峰值数据速率为 10 Mbit/s，上行链路为 5 Mbit/s。

当信道带宽保持在 20 MHz 时，数据速率的降低大大简化了设计并降低了成本。此外，从全双工到半双工架构的移动进一步改善了成本和功耗。

通常，LTE 协议栈的 NAS 层在为 UE 服务方面没有太大作用。在 Cat-0 中，3GPP 架构师更改了 NAS 功能，以节省 UE 的功率。Cat-0 在 LTE 规范中引入了节电模式（Power Save Mode，PSM），以解决硬性功耗限制。在传统的 LTE 设备中，调制解调器始终保持与蜂窝网络的连接，无论设备处于活动状态、闲置状态还是休眠状态，都会消耗功率。设备可以通过断开和脱离网络连接的方式限制连接状态的功率开销，但是这样会带来 15 ～ 30 秒的重新连接和搜索阶段。PSM 允许调制解调器随时进入深度休眠状态。虽然没有活跃的数据通信，但很快就会醒来。它通过定期执行**跟踪区域更新**（TAU）并在可编程的时间段内通过寻呼来保持可到达的状态。基本上来说，物联网设备可以 24 小时处于闲置状态，每天唤醒一次，以在保持连接状态下广播所有传感器数据。可以通过对 NAS 级的更改管理这些独立的计时器的设置，并且通过设置两个计时器相对容易地实现以上功能：

- ❑ **T3324**：UE 处于空闲模式的时间。如果 IoT 设备应用程序确定没有待处理的消息，则可以减少计时器的值。
- ❑ **T3412**：一旦 T3324 计时器到期，设备将进入 PSM T3412 一段时间。设备将处于最低能量状态。它不能参与寻呼或网络信令交换。但是，该设备会保持 UE 的所有状态（承载，身份）。最长允许时间为 12.1 天。

💡 使用 PSM 或其他先进的电源管理模式时，最好测试是否符合运营商基础设施的要求。有些蜂窝系统需要每隔 2 ～ 4 个小时向 UE 发送一次 ping。如果和运营商网络失去连接的时间超过 2 ～ 4 个小时，则可能会认为 UE 无法访问，并与之分离。

Cat-0 的覆盖率和普及率都很低，而且增长有限。Cat-0 的大多数新功能已包含在 Cat-1 和其他协议中。

LTE Cat-1

LTE Cat-1 也使用了与 Cat-4 相同的芯片组和运营商基础网络，因此它可以在美国各地的 Verizon 和 AT&T 基础设施上使用。Cat-1 在 M2M 行业具有显著的市场吸引力。该规范是版本 8 的一部分，后来进行了更新，以支持节电模式和 Cat-0 的单一 LTE 天线。

Cat-1 被认为是中速 LTE 标准，这代表了 Cat-1 的下行链路为 10 Mbit/s，上行链路为 5 Mbit/s。以这样的速率，它仍然能够传输语音和视频流以及 M2M 和 IoT 数据负载。通过采用 Cat-0 PSM 和天线设计，Cat-1 能够以比传统 4G LTE 更低的功率运行。它也会大大降低设计无线电设备和电子产品的成本。

-🔅- Cat-1 是目前覆盖范围最广、功耗最低的物联网和 M2M 设备的最佳选择。虽然速率比常规的 4G LTE（10 Mbit/s 与 300 Mbit/s 下行链路）慢得多，但无线电设备可以根据需要设计回落至 2G 和 3G 网络。Cat-1 采用了合并时间切片技术，降低了设计复杂性。但同时也大大降低了速率。

Cat-1 可以被认为是下面将要介绍的更新的窄带协议的补充。

LTE Cat-M1（eMTC）

Cat-M1 也称为增强型机器类型通信（有时也称为 Cat-M），被设计为物联网和 M2M 的用例，它们具有低成本、低功耗和范围增强的特点。Cat-M1 在 3GPP 版本 13 计划表中发布，是 Cat-0 架构的优化版本。与 Cat-0 相比，最大的不同是信道带宽从 20 MHz 降低到 1.4 MHz。从硬件的角度来看，减小信道带宽可以放宽时间限制、功耗和电路要求。与 Cat-0 相比，因为电路不需要管理 20 MHz 频谱带宽，成本也降低了 33%。另一个重大变化是，发射功率从 23 dB 降低到 20 dB。通过去除外部功率放大器并支持单芯片设计，减少 50% 的发射功率，从而进一步降低了成本。尽管降低了发射功率，但覆盖强度提升了 +20 dB。

Cat-M1 遵循其他基于 IP 的最新 3GPP 协议。虽然不是 MIMO 架构，但在上行链路和下行链路上的吞吐量分别能达到 375 Kbit/s 或 1 Mbit/s。该架构可以为车载或 V2V 通信提供移动解决方案。带宽足够大，也允许使用 VoLTE 进行语音通信。Cat-M1 网络上允许使用传统的 SC-FDMA 算法实现多种设备之间的通信。Cat-M1 还使用了更复杂的功能，如跳频和 turbo 编码。

功率在物联网边缘设备中至关重要。Cat-M1 最显著的功率降低的特性是传输功率的变化。如上所述，3GPP 组织将传输功率从 23 dB 降低到 20 dB。功率的降低并不一定意味着覆盖范围的减小。蜂窝信号塔会重播数据包 6～8 次。这是为了确保在特别有问题的区域的信号接收。Cat-M1 无线网一旦收到无误数据包，便可以关闭接收。

另一个省电功能是**扩展的不连续接收**（extended Discontinuous Reception，eDRX）模式，它允许在寻呼周期之间有 10.24 秒的睡眠时间。这大大降低了功耗，并使 UE 能够睡眠长达一个 10.24 秒的**可编程超帧**（Hyper-Frame，HF）数量的时间。设备可以进入这种延长的睡眠模式长达 40 分钟，这可以使无线设备的空闲电流低至 15 μA。

包括 PSM（Cat-0 和版本 13 中所介绍的）在内的其他功率抑制能力和功能如下：

- ❏ 放宽相邻小区的测量和报告周期。如果 IoT 设备静止不动或缓慢移动（建筑物中的传感器，饲养场中的牛），则可以调整呼叫基础架构以限制控制消息。
- ❏ 用户面和控制面 CIoT EPS 优化。这种优化是 E-UTRAN 协议栈中 RRC 的一部分功能。在正常的 LTE 系统中，每次 UE 从 IDLE 模式唤醒时，都必须创建一个新的 RRC 上下文。当设备仅需要发送有限数量的数据时，就会消耗大量功率。使用 EPS 优化，RRC 的上下文将会被保存下来。
- ❏ TCP 或 UDP 数据包的头压缩。
- ❏ 减少长时间休眠后的同步时间。

💡 下一节将要介绍 Cat-NB。市场已经形成了一种观念，即 Cat-NB 的功耗和成本将大幅低于所有其他协议，如 Cat-M1。这只有部分是正确的，物联网架构师必须了解用例，并仔细选择哪种协议是正确的。例如，如果我们保持 Cat-NB 和 Cat-M1 之间的传输功率不变，我们能看到 Cat-M1 有 8 dB 的覆盖范围增益。再举一个功率的例子，虽然 Cat-M1 和 Cat-NB 具有类似的、积极的功率管理功能，但 Cat-M1 可以使用较少的功率进行大流量数据的传输。

Cat-M1 可以比 Cat-NB 更快地传输数据，并且更快进入深度睡眠状态。这和蓝牙 5 用来降低功耗的概念是一样的，只需要更快地发送数据，然后进入睡眠状态即可。另外，截至本文撰写之时，Cat-M1 已上市，而 Cat-NB 尚未进入美国市场。

LTE Cat-NB

Cat-NB 也称为 NB-IoT、NB1 或窄带 IoT，是由 3GPP 在版本 13 中管理的另一个 LPWAN 协议。与 Cat-M1 一样，Cat-NB 在许可的频段内运行，目标是节省电力（10 年电池寿命）、扩展覆盖范围（+20 dB）并降低成本（每个模组 5 美元）。Cat-NB 基于**演进的分组系统**（EPS）和优化的**蜂窝物联网**（CIoT）。由于信道带宽甚至比 Cat-M1 的 1.4 MHz 窄得多，因此通过采用模数转换器和数模转换器的简单设计能够进一步降低成本和功耗。

Cat-NB 和 Cat-M1 之间的显著差异包括：

- ❏ **非常窄的信道带宽**：与 Cat-M1（将信道带宽减小到 1.4 MHz）一样，Cat-NB 出于相同的原因（降低成本和功耗）将信道带宽进一步减小到 180 kHz。
- ❏ **无 VoLTE**：由于信道带宽太小，因此没有承载语音或视频流量的能力。
- ❏ **无移动性**：Cat-NB 不支持切换，必须与单个小区保持关联或保持静止。对于大多数固定和绑定的物联网传感器仪器来说，这是可以接受的。这里的切换包括切换到其他小区和其他网络。

不管这些显著的差异，Cat-NB 基于 OFDMA(下行链路) 和 SC-FDMA(上行链路) 复用，并使用相同的子载波间隔和符号持续时间。

E-UTRAN 协议栈也与典型的 RLC、RRC 和 MAC 层相同，它仍然是基于 IP 的，但被认为是 LTE 的新空口。

　　由于信道带宽很小（180 kHz），因此它为 Cat-NB 提供了如下机会：将 Cat-NB 信号隐藏在更大的 LTE 信道中，替换 GSM 信道，甚至存在于常规 LTE 信号的保护信道中。这使得 Cat-NB 在 LTE、WCDMA 和 GSM 中部署具有灵活性。GSM 选项最简单，上市最快。现有 GSM 业务的某些部分可以放在 WCDMA 或 LTE 网络上。这样可以释放 GSM 运营商的物联网流量。带内可提供大量频谱，因为 LTE 带宽远大于 180 kHz 频段。理论上，每个小区最多可以部署 200 000 个设备。在此配置中，基站将把 LTE 数据与 Cat-NB 流量复用。因为 Cat-NB 架构是一个独立的网络，并且与现有的 LTE 基础设施无缝对接。最后，使用 Cat-NB 作为 LTE 保护频段是一个独特且新颖的概念。由于该架构也使用了与 LTE 相同的 15 kHz 子载波和设计，因此它可以使用现有基础架构来完成。

　　图 7-12 说明了允许信号驻留的位置。

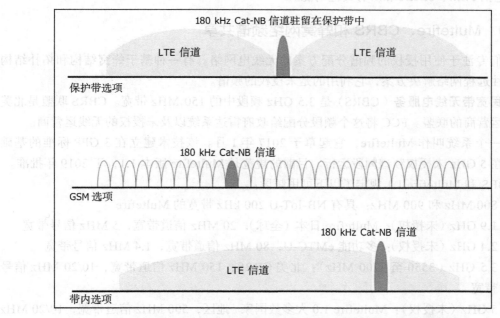

图 7-12　Cat-NB 部署选项，可作为保护带、GSM 信号内或 LTE 带内部署

　　由于**最大耦合损耗**（Maximum Coupling Loss，MCL）为 164 dB，因此可以在地下室、隧道、农村地区和开放环境中进行深度覆盖。与标准 LTE 相比，覆盖增益为 20 dB，覆盖范围是原来的 7 倍。正如我们在 Shannon-Hartley 定理中看到的，可获得的数据速率是 SNR 和信道带宽的函数。对于上行链路通信，Cat-NB 将在 180 kHz 资源块中为每个 UE 分配一个或多个 15 kHz 的子载波。Cat-NB 可以选择将子载波宽度减小到 3.75 kHz，从而允许更多设备共享空间。但是，必须仔细检查 3.75 kHz 子载波的边缘与下一个 15 kHz 子载波之间的潜在干扰。

💡 我们已经了解到，数据速率是覆盖的函数。爱立信已经进行了测试，说明了不同覆盖范围和信号强度的影响关系。数据速率同时影响功耗（几乎线性）和时延。更高的数据速率意味着更高的功率但更低的时延。

在小区边界：覆盖增益 = +0 dB，上行链路时间 = 39 ms，总传输时间 = 1604 ms。

在中等覆盖范围内：覆盖增益 = +10 dB，上行链路时间 = 553 ms，总传输时间 = 3 085 ms。

最差的情况：覆盖增益 = +20 dB，上行链路时间 = 1 923 ms，总传输时间 = 7 623 ms。

数据来源：*a sustainable technology for connecting billions of devices,Ericsson Technology Review,* Volume 93, Stockholm, Sweden, #3 2016.

电源管理与 Cat-M1 非常相似。版本 12 和版本 13 中的所有电源管理技术也适用于 Cat-NB。（包括 PSM、eDRX 和所有其他功能。）

7.1.10 Multefire、CBRS 和蜂窝网络频谱共享

我们专注于使用授权的频谱分配方案的无线电网络。有一种基于蜂窝结构和拓扑结构的替代性远程网络解决方案，它利用的是未授权的频谱。

公民宽带无线电服务（CBRS）是 3.5 GHz 频段中的 150 MHz 带宽。CBRS 联盟是北美行业和运营商的联盟。FCC 将这个频段分配给政府雷达系统以及未授权的无线运营商。

另一个系统叫作 Multefire，它起草于 2017 年 1 月。该技术建立在 3 GPP 标准的基础上，但在 5 GHz 未授权频谱频段运行。目前的规范是 Multefire 版本 1.1，于 2019 年批准。

CBRS 和 Multefire 1.1 规定了以下可用频段：

❑ 800 MHz 和 900 MHz：具有 NB-IoT-U 200 kHz 带宽的 Multefire

❑ 1.9 GHz（未授权）：Multefire 日本（全球），20 MHz 信道带宽，5 MHz 信号带宽

❑ 2.4 GHz（未授权）：多功能 eMTC-U，80 MHz 信道带宽，1.4 MHz 信号带宽

❑ 3.5 GHz（3550 至 3700 MHz）：北美 CBRS，150 MHz 信道带宽，10/20 MHz 信号带宽

❑ 5 GHz（未授权）：Multefire 1.0 大多数国家 / 地区，500 MHz 信道带宽，10/20 MHz 信号带宽

800/900 MHz 范围旨在用于超低功耗应用，而 2.4 GHz 范围则为低带宽 IoT 应用提供了最大的可用空间。

Multefire 基于定义 LTE 通信的 LAA 标准，基于 3GPP 版本 13 和版本 14。因此，使用这些未授权的频段被认为能够加快 5G 技术应用速度。我们将在本章后面介绍 5G。

Multefire 和 4G LTE 之间的具体技术差异包括消除了对锚点的要求。 LTE 和 LAA 在授权频谱中需要一个锚点信道。Multefire 仅在未授权的频段中运行，不需要 LTE 锚点。这使任何 Multefire 设备本质上都可以与运营商无关。任何 Multefire 设备实际上都可以连接到

5 GHz 频段内的任何服务提供商。这使得私人运营商或终端用户都可以部署私有基础设施，而无须与无线运营商签订服务协议。

为了符合在此未授权频谱内运行的国际法规，Multefire 使用了**先听后说**（LBT）协议（图 7-13）。由于在发送之前必须清除信道，这体现了传统 LTE 通信与 Multefire 之间的重大区别。这种频率协商形式在 802.11 等协议中很常见，巧合的是，它们也共享相同的工作频段。

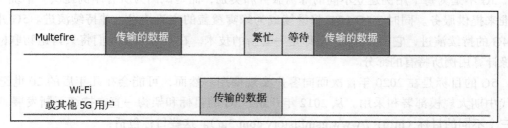

图 7-13　在 2.4 GHz 和 5 GHz 的共享频谱中，Multefire 使用 LBT 协议，便于共存

为了在这个有争议的频段中保持额外的公平性，Multefire 在有条件时还使用了一种信道聚合方法（参见本章前面的载波聚合），如图 7-14 所示。

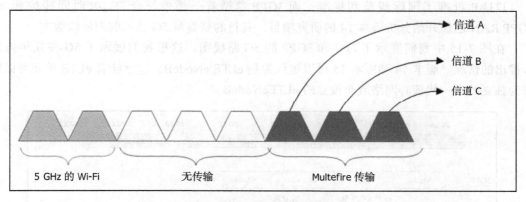

图 7-14　Multefire 信道聚合

📝 5G 频段以 20 MHz 的信道进行切分。Multefire 的未来版本可能会增加到 100 MHz。

从物联网架构师的角度来看，Multefire 可以比蜂窝网或 Wi-Fi 更有效地服务于许多用例。例如，一个港口可能需要跟踪诸如集装箱和货物之类的资产，以及为到港和离岗的船舶提供通信。如果港口面积为 10 平方公里，全面覆盖将需要部署 120 个小型 Multefire 单元。Wi-Fi 系统需要 500 多个接入点。在这种情况下，仅部署 Multefire 的成本就相当于 Wi-Fi 成本的 1/4。小区覆盖范围将基于服务协议和订阅。根据订阅成本与 Multefire 部署的前期成本和摊销年限的比较，合并像 Multefire 这样的 CBRS 系统的成本可能要低得多。

7.1.11　5G

正在起草并旨在取代 4G LTE 的 5G（或新无线电的 5G-NR）是下一代基于 IP 的通信标准。也就是说，它采用了 4G LTE 的某些技术，但存在实质性差异和新功能。关于 5G 的材料如此之多，以至于现在的 Cat-1 和 Cat-M1 的材料都相形见绌。5G 有望为物联网、商业、移动和车辆使用情况提供实质性能力。5G 还可以改善带宽、时延、密度和用户使用成本。

5G 不是为每个用例建立不同的蜂窝服务和类别，而是试图为所有用例提供一个统一的标准来提供服务。同时，4G LTE 将继续成为蜂窝覆盖的主流技术，并持续演进。5G 并不是 4G 的持续演进，它源于 4G，但却是一套新的技术。在本节中，我们将只讨论物联网和边缘计算用例所特有的部分。

5G 的目标是在 2020 年首次面向客户实现商用。然而，可能会在几年后的 20 世纪 20 年代中期大规模部署和采用。从 2012 年开始，5G 的目标和架构一直在持续不断发展。5G 有三个不同的目标（http：//www.gsmhistory.com/5g/）。这些目标包括：

- ❑ 融合光纤和蜂窝基础设施
- ❑ 使用小电池的超快手机
- ❑ 降低移动设备的成本壁垒

ITU-R 批准了国际规范和标准，而 3GPP 遵循着一系列符合 ITU-R 时间线的标准。3GPP RAN 已经开始分析版本 14 的研究项目，其目的是编写 5G 技术的两阶段版本。

在图 7-15 中我们展示了 ITU 和 3GPP 的 5G 路线图。这里我们展示了 5G 在几年内逐步推出的情况。版本 14 和版本 15 可以被认为是 eLTE eNodeB，这意味着 eLTE 单元可以部署为独立的下一代核心网络或非独立的 eLTEeNodeB。

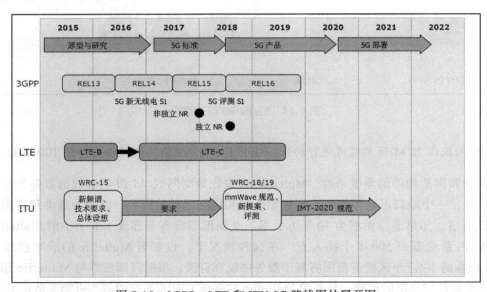

图 7-15　3GPP、LTE 和 ITU 5G 路线图的展开图

✒ 3GPP 使用一个被称为非独立组网（non-standalone，NSA）的概念来促进 5G 的发展。NSA 重新使用 LTE 核心基础设施。相反，**独立组网**（standalone，SA）将完全依赖于 5G 下一代核心基础设施。

国际电信联盟的**世界无线电大会**（WRC）已经在 WRC-15 会议上指定了 5G 初期试验频率的分配。图 7-16 展示了不同市场及其分配和使用情况。

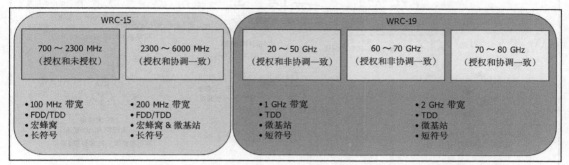

图 7-16　ITU WRC 目标。关注对于频率使用和带宽的决定。同时还要注意 5G 的授权和未授权频谱的组合

5G 有三种应用类型。这些应用具有一些相似但不相同的功能。它们都使用设计相同的网络基础结构同时支持这些客户和应用。这些通过虚拟化和网络切片完成，将在本章后面介绍。

❑ **增强移动宽带（eMBB）：**
   ● 1 ～ 10 GBit/s 的 UE/ 终端的连接速率（非理论）
   ● 全球 100% 的覆盖率（或感知）
   ● 4G LTE 上设备连接数量的 10 ～ 100 倍
   ● 500 km / h 的连接速度

❑ **超可靠和低时延通信（URLLC）：**
   ● <1 ms 端到端往返时延
   ● 99.999% 可用性（或感知）

❑ **海量机器类型通信（mMTC）：**
   ● 每单位面积的 1 000 倍带宽，意味着 1 km² 内大约有 100 万个节点（图 7-17）
   ● 终端物联网节点的电池寿命长达 10 年
   ● 减少 90% 的网络能耗

考虑到 5G 主要有两种部署类型。首先是传统的移动无线网，它使用 2 GHz 以下的频谱，旨在用于覆盖范围、移动性和功耗用途。它在很大程度上依赖于宏蜂窝和当前 LTE 的兼容性。它还必须能够穿透雨、雾和其他障碍物的信号。峰值带宽很难达到 100 MHz。

第二种部署是固定无线。它使用 6 GHz 以上范围的频率。它在很大程度上依赖于新的小型蜂窝基础结构，旨在用于低移动性或固定地理区域的情况，覆盖范围和穿透能力也会受到限制。但是，带宽可以达到 400 MHz。

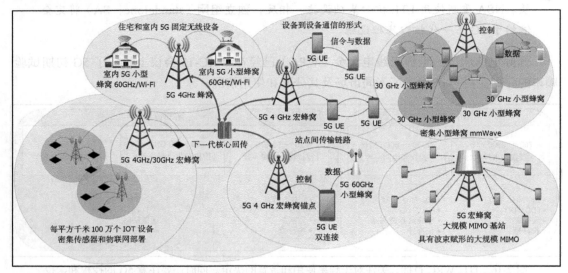

图 7-17　5G 拓扑。从左到右：通过小型蜂窝和宏蜂窝部署实现了 100 万个节点密度。室内和家庭使用 60 GHz，并用 4 GHz 的宏蜂窝回传。具有独立的控制面和数据面的双连接示例，其中用户数据使用两条无线链路，而 4 GHz 宏蜂窝用于控制面。设备到设备的连接：波束赋形的大规模 MIMO 来源于单个 mmWave 天线。以 mmWave 混合使用小天线的方式使覆盖密度增加，以全面覆盖用户数据

5G 频率分布

目前的 4G LTE 系统主要使用 3 GHz 以下的频率。5G 将彻底改变频谱的使用。虽然 3 GHz 以下的频率空间因为拥挤而被分割成许多带宽，但 5G 可能使用多种频率。主要考虑在未授权的 24 ~ 100 GHz 频段范围内使用 mmWave。这些频率直接通过在极宽的信道中增加带宽 B 来处理香农定律。由于 mmWave 空间没有饱和，也没有被各种管理机构分割，因此在 30 ~ 60 GHz 频率中，信道带宽可达到 100 MHz。这将提供支持多 Gbit/s 速度的技术。

mmWave 技术的主要问题是自由空间路径损耗、衰减和穿透。如果我们还记得自由空间路径损耗计算公式 $L_{fs} = 32.4 + 20\log_{10} f + 20\log_{10} R$（其中 f 是频率，R 是范围），那么我们可以看到损耗如何受 2.4、30 和 60 GHz 信号的影响，如下所示：

- ❏ 2.4 GHz，100 m 范围：80.1 dB
- ❏ 30 GHz，100 m 范围：102.0 dB
- ❏ 60 GHz，100 m 范围：108.0 dB
- ❏ 2.4 GHz，1 km 范围：100.1 dB
- ❏ 30 GHz，1 km 范围：122.0 dB
- ❏ 60 GHz，1 km 范围：128.0 dB

5G-NR 可以更好地提高频谱的效率。5G-NR 使用 OFDM 数字技术，但子载波间距可

能由于使用不同的频段而不同（图 7-18）。1 GHz 以下的频段可以使用 15 kHz 的子载波间距，带宽较小，但能提供更好的室外宏覆盖，而 28 GHz 的 mmWave 频率可以使用更大的 120 kHz 间距，携带更多带宽。

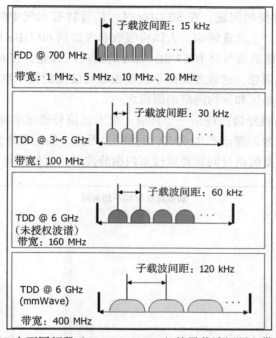

图 7-18　5G 在不同频段（700 ～ 28 GHz）的子载波间距和带宽上的差异

　　20 dB 是有意义的，与 2.4 GHz 天线相比，因为使用 mmWave，天线可以容纳更多的天线元件。只有当天线增益与频率无关时，自由路径损耗才有意义。如果我们将天线面积保持恒定，则采用 Massive-MIMO（M-MIMO）技术才有可能减轻路径损耗的影响。M-MIMO 将 256 ～ 1 024 根天线组成宏蜂窝塔，宏蜂窝的波束赋形也将被使用。当与 mmWave 结合使用时，M-MIMO 面临来自附近蜂窝塔信号干扰问题的挑战，因此将需要重新设计如 TDD 这样的多路复用协议。

　　MIMO 允许区域内拥有更高密度的 UE 设备，但也允许设备通过同时在更多频率上接收和发送来增加带宽，如图 7-19 所示。

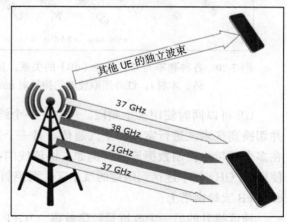

图 7-19　5G 多频波束赋形和 MIMO 允许同时使用多个频率和频段，并指向单个 UE

5G 的另一个挑战是需要非常大的天线阵列来支持 M-MIMO，在密集的塔式结构中有数百个天线。正在考虑的是天线紧密排列的 3D 结构，以支持塔的波束赋形。风和风暴对这些塔的影响等因素仍需要解决。

衰减是一个非常重要的问题。在 60 GHz 时，信号将被大气中的氧气吸收，甚至植被和人体本身也会对信号产生严重影响。人体将吸收非常多的 60 GHz 射频能量，从而形成阴影。以 60 GHz 频率传播的信号将有 15 dB / km 的损耗。因此，在 60 GHz 频率下使用 5G 进行远程通信将不那么理想，这就需要微小区覆盖或者较低的频率空间。这是 5G 架构需要多个频段、微小区、宏小区和异构网络的原因之一。

毫米波频谱中的材料穿透损耗是一个挑战。毫米波信号通过水泥墙的损耗是 15dB，建筑物的玻璃窗也会对毫米波频谱产生 40dB 的损耗。因此，使用宏蜂窝进行室内覆盖几乎是不可能的。这和其他类型的信号问题将通过室内微蜂窝的广泛使用得到缓解（图 7-20）。

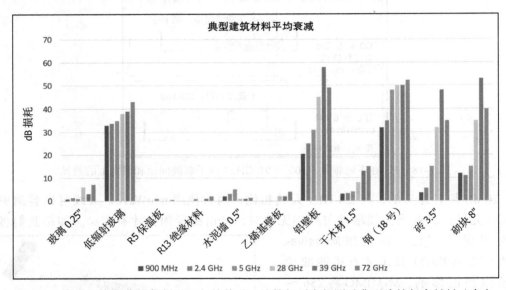

图 7-20　各种频率与穿透损耗（dB）的关系：从外部到内部测试典型建筑复合材料（玻璃、砖、木材）。红外还原玻璃的损耗对 mmWave 频率尤其困难

UE 可以同时使用多个频段。例如，一个终端设备可以使用较低的频率进行远程通信，并切换到毫米波进行室内和个人通信。另一个正在考虑的方案是**双连接**，它根据数据类型在多个频带内控制数据流量。例如，协议栈的控制面和用户面已被分开。用户面数据可以使用 30 GHz 频率连接到附近的微小区，而控制面数据可被典型的 4 GHz 速率连接到远距离 eNodeB 宏蜂窝塔上。

速度提升的另一个改进是频谱效率。3GPP 专注于如下设计规则：

❑ 15 kHz 子载波间隔，以提高复用效率

❑ 灵活且可扩展的符号数字学，从 2^M 符号到 1 符号，以减少延迟

如前所述，频谱效率的单位是（bit/s）/Hz。使用 D2D 和 M-MIMO 以及空中接口的改变和新无线电可以提高频谱效率。4G LTE 使用 OFDM，非常适合大型数据传输。但是，对于物联网和 mMTC，数据包要小得多，OFDM 的开销也会影响部署非常密集的物联网的时延。因此，综合考虑设计如下新的波形：

❑ **非正交多址接入**（Non-Orthogonal Multiple Access，NOMA）：允许多个用户共享一个无线资源

❑ **滤波器组多载波**（Filter Bank MultiCarrier，FBMC）：控制子载波信号的形状，以通过 DSP 消除旁瓣

❑ **稀疏码多址接入**（Sparse Code Multiple Access，SCMA）：允许将数据映射到不同代码集的不同代码上

降低时延也是 ITU 和 3 GPP 的目标之一。降低时延对于 5G 使用场景（如交互式娱乐和虚拟现实耳机）至关重要，对于工业自动化也同样重要。然而，它在降低功率方面起着很大的作用（ITU 的另一个目标）。4G LTE 在 1 ms 子帧上的时延可高达 15 ms，5G 准备将时延控制在 1 ms 以下。这也将通过使用微蜂窝来调度数据而不是拥挤的宏蜂窝来实现。该架构还计划进行**设备到设备**（D2D）通信，基本上将小区基础设施从 UE 之间的数据通信路径中移除。

4G 系统将继续存在，因为 5G 的推出将需要数年时间。这需要建立一个共存的时期。版本 15 将为整个架构添加进一步的定义，如信道和频率选择。从物联网架构师的角度来看，5G 是一项值得关注和规划的技术。物联网设备可能预示着广域网（WAN）需要在现场运行十几年甚至更长时间。要想很好地了解 5G 的关键点、约束条件和详细设计，读者可以参考 *A Tutorial Overview of Standards, Trials, Challenges, Deployment, and Practice, by M. Shafi et al., in IEEE Journal on Selected Areas in Communications, vol. 35, no. 6, pp. 1201-1221, June 2017*。

5G RAN 架构

5G 架构和协议栈是从 4G 标准演变而来的。本节将研究在不同的 5G 设计中的高层架构组件、分解和权衡。

无线单元（Radio Unit，RU）和**拉远单元**（Distribution Unit，DU）之间的接口一直是传统的 CPRI 光纤接口。基于不同架构的新型接口正在研究中，我们将在本章后面进行介绍。CPRI 是一种供应商专有的串行接口，带宽为 2.5Gbit/s。

增强型 CPRI 或 e-CPRI 是基于开放标准 5G 的替代接口，无须供应商锁定。e-CPRI 还允许使用后面描述的功能分离架构，并使用 IP 或以太网标准分解网络（对比用 CPRI 接口直接传输 IQ 数据）。

5G 架构旨在实现灵活性和区域基础设施。例如，亚洲地区已有广泛的光纤资源，北美

和欧洲则没有。RAN 架构已被设计为具有灵活性，因此可以在没有光纤基础结构的情况下进行部署。这需要不同的连接选项。如前所述，5G 将依赖于传统的 4G LTE 基础架构，而该基础架构并非为 5G 的容量或速度而设计。与独立系统相比，非独立版本在架构上的差异更大。为了灵活性，该架构是可替代的。例如，DU 和 RU 之间的传统接口是 CPRI 接口。CPRI 接口需要一个专用链接到每个天线。由于 5G 基于 MIMO 技术，因此加剧了带宽问题。以使用三个向量的 2×2 MIMO 天线为例。这需要 2 * 2 * 3 = 12 个 CPRI 信道或仅一根天线的波长。在 5G 基站中，MIMO 天线的实际数量将更多。CPRI 根本无法适应容量和需求。因此，我们在小区网络的第 1 层、第 2 层和 / 或第 3 层之间引入"功能分割"的概念。我们可以灵活地确定哪些功能驻留在架构和各自的系统中的位置。图 7-21 说明了 RU 和 BBU 之间的功能分离的一些选择。

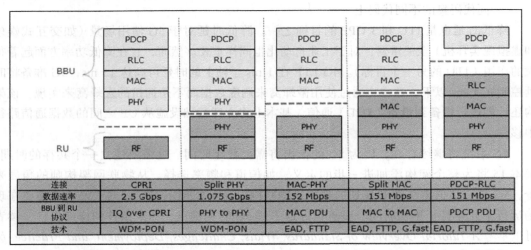

图 7-21 在基带单元和无线电单元之间使用 5G RAN 的"功能分割"的灵活配置。注意数据速率的差异。将更多功能转移到 RU 会给每个无线电设备带来更高的处理负担，并降低整体速度，而将更多功能转移到 BBU 会给 CPRI 接口带来很大压力，但速度最快

　　导致这种功能分割的另一个因素是 CPRI 的附加时延。蜂窝发射塔和 DU 之间的距离可以延伸到 10 公里。这种在 RU 的额外计算之上增加的时延可能对某些 5G 应用如 AR/VR 和流媒体视频是不利的。这导致了架构的并置。要么在 BBU/DU 上增加计算来降低时延，使用带宽要求较高的 CPRI，要么将更多的运算转移到 RU，这样可以降低时延，但减少带宽。

　　基带单元（Baseband Unit，BBU）有时也称为**中央单元**或 **CU**，是负责数据传输、移动性控制、无线电接入网络共享、定位和会话管理的逻辑节点。BBU 控制其下的所有 DU 操作通过前传接口进行服务管理。

　　DU 有时称为**远程无线电头端**（Remote Radio Head，RRH），也是一个逻辑节点，提供 gNB 功能的一个子集。功能可以分割，因此驻留在其中的功能可以是动态的。其运行由

BBU 控制。

从图中可以看出，5G 架构的中间层允许进行所谓的**多址边缘计算**（Multi-access Edge Computing，MEC）。这个主题将在第 8 章中介绍，但本质上它允许不以通信和运营商为中心的应用程序通过虚拟化接口共存于通用边缘硬件。它使云计算更接近边缘用户和最终用户，或者更接近需要更高带宽或更低时延的数据源，这不是通过多个网络跳转到传统云服务所能提供的。

5G 核心网架构

5G 核心网（或 **5GC**）基于不同网络功能的服务架构（图 7-22）。这些功能要么专门存在于 5GC 中，要么通过控制面与 RAN 有接口和连接。这与传统的 4G LTE 不同，传统的 4G LTE 的所有核心功能都有一个共同的参考点。参考点仍然存在于用户面中，但提供的服务为类似认证功能和会话管理功能等。

架构如下所示：

- **身份验证凭证存储库**（Authentication Credential Repository，ARPF / UDM）：负责存储长期安全凭证，并位于运营商的归属地网络中。
- **身份验证服务器功能**（AUthentication Server Function，AUSF）：与 ARPF 交互并终止来自 SEAF 的请求。它位于运营商的归属地网络中。
- **安全锚功能**（Security Anchor Function，SEAF）：从 AUSF 接收中间密钥。这是核心网的安全系统。必须同时配置 SEF 和 AMF，并且每个 PLMN 必须有一个单独的锚点。
- **策略控制功能**（Policy Control Function，PCF）：类似于现有的 4G LTE 策略和计费规则功能（PCRF）。
- **会话管理功能**（Session Management Function，SMF）：标识空闲和活动会话。它为 UE 设备分配 IP 地址、管理 IP 地址、调整策略和离线 / 在线计费接口终止。
- **用户面功能**（User Plane Function，UPF）：配置网络以减少总体时延。它设置了 RAT 内和 RAT 间移动性的锚点。UPF 还承载用于互连的外部 IP 地址。此外，它还管理数据包路由、数据包转发和用户面 QoS。
- **应用功能**（Application Function，AF）：运营商信任的附加服务。可以提供这些服务以直接访问网络功能。
- **数据网**（Data Network，DN）：一般是指对外的互联网接入，也包括直接的运营商服务和第三方服务。

这些核心服务被设计成云对齐（cloud-aligned）和云不可知（cloud-agnostic），这意味着这些服务可以通过多个供应商存在。然而，5G 和 4G LTE 之间的根本区别是在 5G 中增加了**用户面功能**（UPF）。这些旨在将分组网关控制与数据的用户面解耦。这又是借鉴了 SDN 架构。

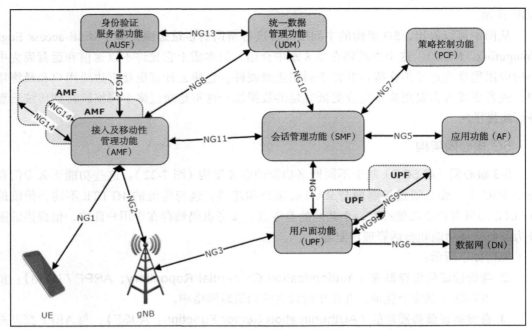

图 7-22　3GPP 5GC 架构概念图

5G 安全和注册

除了使用 NFV 和虚拟化的新安全功能外，5G 还通过统一认证来提高安全性（图 7-23）。这被称为**统一身份认证框架**。这种技术使认证与接入点分离。此外，它允许可扩展的认证算法、可调整的安全策略以及使用**用户永久标识符**（SUbscriber Permanent Identifier，SUPI）。

SUPI 通过创建**用户隐藏标识符**（SUbscriber Concealed Identifier，SUCI）开始这一过程。如果存在，可在 UE SIM 卡中进行隐藏，如果不存在，可在 UE 设备中进行隐藏。

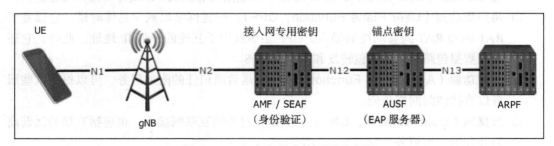

图 7-23　5G 安全行为体顶层示意图

当 UE 要在网络上注册时，它首先发送注册请求。该消息包括标识设备所需的所有**信息元素**（IE）和其他详细信息。**AMF/SEAF**（身份验证服务器功能和安全锚功能）将准备一个**身份验证启动请求**（5G-AIR），并将其发送给 AUSF。AUSF 驻留在归属地网络中，而

SEAF 驻留在服务网络中。

在 AUSF 收到并验证 5G-AIR 消息后，它将生成 `Auth-Info-Req` 消息，并将数据封送至 UDM / ARPF（身份验证凭据存储库）。在此生成身份验证向量，并将 SUPI 响应传递回 AMF 层。

图 7-24 概括说明了这一交互过程。

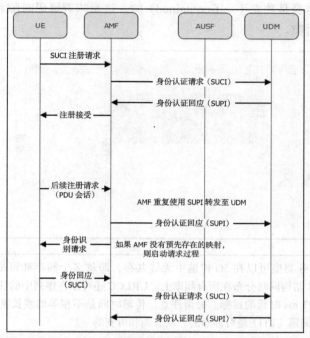

图 7-24　5G 身份验证和安全交换的典型流程。将 SUCI 帧发送到 UDM 之后，可以通过 SUPI 身份验证响应接受或拒绝其响应。如果映射已经存在，则所有新注册都可以重复使用相同的 SUPI

超可靠低时延通信（URLCC）

5G 的三个应用之一是高可靠性和低时延通信。这些服务将为远程手术、无人机或公共安全系统等高价值和至关重要的情景量身定制。这些系统具有严格的实时依赖性，并且必须在指定时间内响应信号。设想一辆需要实时响应刹车指令的自动驾驶汽车。为了满足这一要求，设计人员修改了物理调度程序和信道编码器。基本上，所有的 URLCC 流量可以优先于所有其他形式的流量。上行通信可以通过更好的信道编码方案减少延迟。这些方案涉及同时解码多个上行链路传输的能力。重传是影响延迟的另一个众所周知的因素。低延迟 HARQ 是一种在 5G 中解决重传性能影响的方法，我们将在本章后面介绍 HARQ。最后，在信道编码中使用缩短的块以及增加块的多样性和混合性来提高信号的可靠性。

图 7-25 显示了基于灵活时隙的 5G-NR 流量。eMBB、mMTC 和 URLCC 流量将在相同

的频域和时域中共存。但是，只有 URLCC 流量能够将 URLCC 符号注入与其他流量源相同的信道中，以优先于所有其他流量类。参见 J. Hyoungju et. al., *Ultra Reliable and Low Latency Communications in 5G Downlink: Physical Layer Aspects*, *IEEE Wireless Communications* Vol 25, No 3. 2018.

这种技术允许在不同的类型、持续时间和 QoS 需求并存的情况下实现可伸缩的时隙持续时间。时隙结构本身是独立（self-contained）的。这意味着解码时隙和避免静态时序关系的能力扩展到所有时隙。

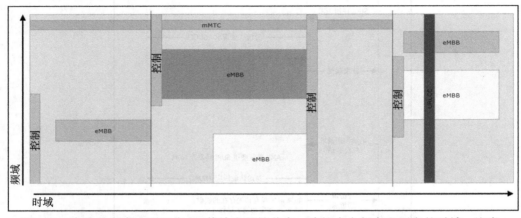

图 7-25　多种业务类型可以在 5G 传输中无缝共存，跨越多个频率和可变的时域。注意，URLCC 结构同时分布在所有频率上。URLCC 还可以在序列中的任何时间插入，以达到其 1 ms 时延的目标。另请注意，传输时间是不相等的或长度是不固定的。传输时间间隔（TTI）是可伸缩的、动态的和可变的

细粒度时分双工（TDD）和低时延 HARQ

HARQ 代表混合自动重发请求。这是来自 LTE 系统的另一项特定于 5G 的改变，以支持 URLCC 的低时延要求。LTE-Advanced 确实有 HARQ 的概念，并且允许有大约 10 ms 的**往返时间（RTT）**。如 3 GPP 所述，URLCC 的目标是 1 ms。为了实现时延的 10 倍率改进，5G 允许载波信号的时隙重组。这称为**细粒度 TDD**。

5G 允许将任务关键数据与其他服务有效地复用。上一节对此进行了讨论。HARQ 设计允许在整个数据序列和数据流中随时插入 URLCC 流量。

传输时间也是可扩展和灵活的。**传输时间间隔（Transmission Time Interval，TTI）**不再固定。TTI 可以被调整得更短，以实现低时延和高可靠性的通信，或者它可以被加长，以获得更高的频谱效率。多种业务类型和不同的 TTI 长度可以在同一个数据流中共存。长 TTI 和短 TTI 可以多路复用，以允许在符号边界上开始传输，如图 7-26 所示。

URLCC 包也可以被突然调度。3GPP 建议两种解决方案来调度此数据包：

❑ **即时调度**：这允许现有传输中断，然后启动 URLCC 数据包。

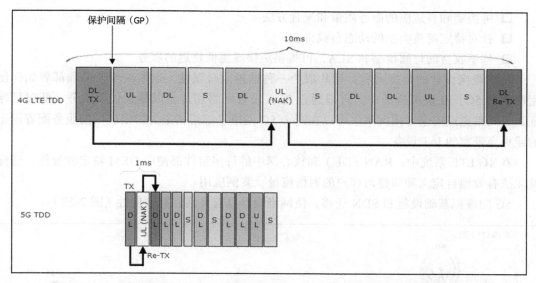

图 7-26　说明 TDD 重传中的不同。在 4G LTE 中，重传可能导致高达 10 ms 的延迟损失。
　　　　 5G URLLC TDD 可以通过确认在同一子帧中收到的数据来减少往返时间（RTT）和
　　　　 总体时延。由于 TTI 是可变的，因此这可以实现。在这里，我们以图示说明第一个
　　　　 数据包的 NAK 几乎可以在接收后立刻进行传输

❑ **基于预留的调度**：此处，URLCC 资源在数据调度之前被预留。基站可以广播新的调
　　度策略和频率数字。例如，基站可以选择 14 个 OFDM 符号用于 eMBB 业务，但是
　　保证其中 4 个符号将用于 URLCC 业务。如果不存在 URLCC 业务，则将浪费带宽。

网络切片

5G 架构的一部分涉及将当前蜂窝架构中常见的控制和数据面技术栈解耦。网络切片技术涉及**软件定义网络**（Software-Defined Networking，SDN）和**网络功能虚拟化**（Network Function Virtualization，NFV）的使用。这些是企业、数据中心和超大规模现实中常见的网络虚拟化设计类型，网络虚拟化技术使服务提供商的硬件更加灵活，为客户提供不同的销售或划分服务的方法，并且具有在共享的物理基础设施上移动和发送数据，但将服务呈现为可信任的专用网络的能力。在第 9 章中，我们将深入探讨 SDN 架构。

简而言之，SDN 将管理网络路由的控制面与处理信息转发的数据面分离。NFV 将网络应用程序虚拟化，如深度数据包检测和安全服务。我们不需要将这些功能绑定到单一特定供应商的硬件设备中，而是可以分解这些功能，甚至可以在云中运行服务。这些技术允许基于订阅、安全性和需求进行非常快速和自适应的网络更改。

对于 5G，网络切片可实现：

❑ 在现有的专用和共享基础架构上创建虚拟子网

❑ 端到端定制网络

❑ 可控制和自适应的服务质量和配置方法

❑ 针对特定流量类型的动态负载调整

❑ 基于收费的订阅模型和 SLA，可提供更快或更低延迟的服务

从物联网设计的角度来看，切片成为一种选择或必要性，这取决于产品和部署如何使用和消费 5G。在虚拟应用中，可以通过 SLA 设置网络切片，以提供优质服务、低时延保证、更高带宽或安全专用网络。可以在同一 5G 网络基础架构上为特定应用的服务配置固定的或更高带宽的 IoT 设备。

在 4G LTE 系统中，RAN（DU）和核心网中的许多组件都使用 OEM 特定的硬件。这样就无法有效地自定义和调整与客户的通信流量及案例应用。

5G 向虚拟基础设施和 SDN 迁移，使网络设计具有灵活性和适应性（图 7-27）。

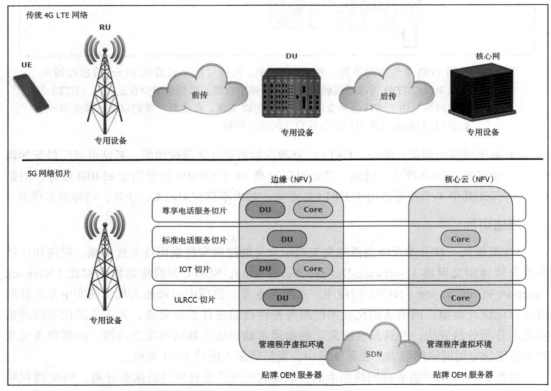

图 7-27　5G 网络切片。图上面部分的 4G LTE 系统显示了使用专有的 OEM 专用设备和软件从 UE 到核心网的线性流程。在 4G LTE 中，取决于 UE 应用的配置不可选择，而 5G 允许设置服务级网络切片。在这里，边缘系统可以根据客户需求和 SLA 划分和提供服务。服务可以通过软件定义的基础架构从云动态迁移到边缘系统

5G 能量注意事项

使用 5G（或任何无线协议）时需要考虑的一个问题是，它不仅会消耗客户端设备上的

能量，还会消耗服务器基础架构（例如 eNodeB）上的能量。从理论上讲，由于 5G 可以提供比以前的蜂窝架构和密度大 1000 倍的数据，这些都需要消耗能量。

首先，架构师必须考虑到，5G 是建立在大规模的小型蜂窝系统上，而不是大型塔上。小型蜂窝系统将以比传统蜂窝系统更低的功率工作，但是它们的庞大数量将有助于提高能量密度。

第二个问题是在 5G 中使用 MIMO。如前所述，5G-NR 基于分阶段推出，并利用了现有的 4G LTE 基础架构。其中一部分包括**正交频分复用**（OFDM）的使用。OFDM 将同时在不同频率上划分传输的数据。这就是该技术"正交"的根本原因。但是，这种扩展到多个频率的能力有一个称为**峰均功率比**（peak-to-average power ratio，PAPR）的负面影响。众所周知，OFDM 的 PAPR 很高（A. Zaidi, et. al. *Waveforms and Numerology to 5G Services and Requirements, Ericsson Research,* 2016）。为了使 OFDM 正常工作，OFDM 信号的接收器必须能够吸收多个频率的组合能量，而发射机必须能够产生和传播这种能量。PAPR 是给定 OFDM 符号的样本最大功率与该符号的平均功率（以 dB 为单位）之间的关系。

3GPP 的版本 15 标准化了在 4G LTE 上使用的 OFDM 编码方法。

功率的示例可以通过一个例子来说明。如果一个发射机产生的信号是 31 dBm，就相当于 1.259 W 的功率。如果 PAPR 是 12 dB，那么饱和点就是 31 dBm + 12 dBm = 43 dBm。这相当于 19.95 W。

> 对物联网设备来说，这意味着电池寿命可能会显著下降，功率使用量增加。一个无线电收发机从不以 100% 的效率将直流电转换为射频能量。收发机近 30% 的功率因发热和功率放大器的低效而损失。PAPR 的影响意味着功率放大器将需要降低其工作功率，以补偿 MIMO 的峰值功率突发。

有一些技术可以减轻 PAPR 的影响：

- **削波**：这实际上是去除超出允许区域的部分信号。此技术会导致失真。同样，它会增加误码率并降低频谱效率，但最容易实现。
- **SLM**：此技术使用通过将传输的数据与相位序列相乘而生成的不同符号序列。传输具有最小 PAPR 的信号。它可能实现起来过于复杂。该过程没有失真，但是会导致数据速率降低。
- **PTS**：此方法会生成发送给接收机的额外编码信息，以协助确定最佳的可能相位因子。它可能实现起来过于复杂。该过程没有失真，但是会导致数据速率降低。
- **非正交多址接入**：通过功率域复用或码域复用，在同一时间 / 频率资源上为多个 UE 提供服务。这与 OFDM 相反，OFDM 完全是一种频域复用方案。这种方法的主要问题是它破坏了与 4G LTE 的兼容性，并将产生相当大的基站和小区改造成本。它还面临着复杂性和同时服务的用户数量减少的挑战。

架构师在考虑和 / 或为物联网用例部署 5G 时，应考虑与其他标准相比其对功率、性能和密度的影响。

7.2 LoRa 和 LoRaWAN

LPWAN 还包括一些专有的、不是由 3GPP 赞助的技术。可以说，一些 IEEE 802.11 协议也应该归入 LPWAN，但接下来的两节将重点介绍 LoRa 和 Sigfox。LoRa 是长距离和低功耗物联网协议的物理层，而 LoRaWAN 代表的是 MAC 层。

这些专有的 LPWAN 技术和运营商的优势是使用未授权的频谱，简单地说，就是数据计划成本。

LoRa/LoRaWAN 可以由任何人构建、定制和管理。如果你选择不使用运营商，则没有运营商或服务级别协议。LoRa 和 LoRaWAN 提供了只有在 CBRS 和 Multefire 中才能看到的灵活性。在使用任何通信构建架构时，了解货币化对扩展的影响是很重要的。通常情况下，与传统的 3G 或 LTE 连接相比，Sigfox 和 LoRaWAN 等技术在大批量部署（>10 万台）时，其数据速率会低到 1/10 ~ 1/5。随着 Cat-M1、Cat-NB 和 Cat-5 的竞争更多，这种情况可能会发生变化，但现在做判断还为时过早。

这种架构最初是由法国的 Cycleo 开发的，但在 2012 年被 Semtech 公司（一家法国混合信号电子制造商）以 500 万美元现金收购。LoRa 联盟成立于 2015 年 3 月。该联盟是 LoRaWAN 规范和技术的标准机构。他们还有一个合规性和认证流程，以确保互操作性和符合标准。该联盟由 IBM、思科和其他 160 多个成员支持。

LoRaWAN 已经通过 KPN、Proximus、Orange、Bouygues、Senet、Tata 和 Swisscom 的网络部署在欧洲获得了吸引力。到目前为止，其他地区的覆盖率很低。

造成价格差异的原因之一，除了属于未授权频谱外，还在于单个 LoRaWAN 网关有可能覆盖大量区域。比利时的土地面积为 30 500 平方千米，由 7 个 LoRaWAN 网关完全覆盖。典型的范围在市区为 2 ~ 5 千米，郊区为 15 千米。这种基础设施成本的降低与采用更小蜂窝的 4G LTE 网络大不相同。

由于 LoRa 是堆栈的底层，因此它在与 LoRaWAN 竞争的架构中被采用。例如，Symphony Link 是 Link 实验室基于 LoRa PHY 的 LPWAN 解决方案，使用 8 信道、低于 GHz 级别的基站用于工业和市政物联网部署。另一个使用 LoRa 的竞争对手是生产 DASH7 系统的 Haystack。DASH7 是 LoRa PHY 上的一个完整网络堆栈（不仅仅是 MAC 层）。

下一节将专门讨论 LoRaWAN。

7.2.1 LoRa 物理层

LoRa 代表 LoRaWAN 网络的物理层。它管理调制、功耗、接收器和传输无线电以及信号调节。

该架构基于 ISM 免许可空间的以下频段：

❑ 915 MHz：在美国，有功率限制，但没有占空比限制

　❑ 868 MHz：在欧洲，占空比为 1% 和 10%

　❑ 433 MHz：在亚洲

　线性调频扩频（Chirp Spread Spectrum，CSS）的衍生物是用于 LoRa 的调制技术。CSS 在固定的信道带宽内平衡了数据速率和灵敏度。CSS 在 20 世纪 40 年代首次用于军事远程通信，使用调制线性调频脉冲编码数据，并发现对干扰、多普勒效应和多径有特别的干扰抵御能力。线性调频信号是随时间增减的正弦波。由于它们使用整个信道进行通信，因此在干扰方面相对来说比较稳健。我们可以把线性调频信号看作增加或减少频率（听起来像鲸鱼的叫声）。LoRa 使用的比特率是线性调频率和符号率的函数。比特率用 R_b 表示，扩展因子用 S 表示，带宽用 B 表示。

　因此，比特率（bit/s）的范围可以从 0.3 kbit/s 到 5 kbit/s 不等，其计算方法是：

$$R_b = S \times \frac{1}{\left\lceil \dfrac{2^S}{B} \right\rceil}$$

　正如军方发现的那样，这种形式的调制允许在长距离上使用低功率。使用增加或减少的频率速率对数据进行编码，可以在同一频率上以不同的数据速率发送多个传输。CSS 允许使用 FEC 在噪声地板以下 19.4 dB 的地方接收信号。该频带还被细分为多个子频带。LoRa 使用 125 kHz 信道，并奉献了 6 个 125 kHz 信道和伪随机信道跳频。一个帧将通过特定的扩频因子传播。扩频因子越高，传输速度越慢，但传输范围越长。在 LoRa 中的帧是正交的，这意味着只要每一帧以不同的扩展因子发送，就可以同时发送多个帧。总共有 6 种不同的扩频因子（SF = 7 到 SF = 12）。

　典型的 LoRa 数据包包含一个前导码、报头和 51 ~ 222 字节的有效载荷。

　LoRa 网络有一个强大的功能，称为**自适应数据速率**（Adaptive Data Rate，ADR）。从本质上讲，这可以根据节点和基础设施的密度动态地扩展容量。

　ADR 由云端的网络管理控制。由于信号可信度的原因，靠近基站的节点可以设置为较高的数据速率。与远处的节点相比，距离近的节点可以快速传输数据、释放带宽并进入休眠状态，而远处的节点传输速率较慢。

　表 7-4 介绍了上行链路和下行链路的特性：

表　7-4

特性	上行链路	下行链路
调制	CSS	CSS
链路预算	156 dB	164 dB
比特率（自适应）	0.3 ~ 5 Kbit/s	0.3 ~ 5 Kbit/s
每个有效载荷的信息大小	0 ~ 250byte	0 ~ 250byte
信息持续时间	40 ms ~ 1.2 s	20 ~ 160 ms
每条信息所消耗的能量	在全灵敏度时 E_{tx} = 1.2s * 32 mA = 11 µAh 在最小灵敏度时 E_{tx} = 40 ms * 32 mA = 0.36 µAh	E_{tx} = 160 ms * 11 mA = 0.5 µAh

7.2.2 LoRaWAN MAC 层

LoRaWAN 代表驻留在 LoRa PHY 顶部的 MAC。LoRaWAN MAC 是一个开放协议，而 PHY 是封闭的。有三种 MAC 协议是数据链路层的一部分。这三种协议平衡了延迟和能量使用。 Class-A 是最佳的节能方法，同时具有最高的延迟。Class-B 在 Class-A 和 Class-C 之间。Class-C 的时延最小，但能耗最高。

A 类设备是基于电池的传感器和终端。所有连接到一个 LoRaWAN 网络的终端首先被关联为 A 类，并可在操作期间更改类。A 类通过在传输期间设置各种接收延迟优化功率。终端开始向网关发送数据包。传输后，设备将进入休眠状态，直到接收延迟计时器到期。当定时器到期时，终端将被唤醒，打开一个接收时隙并等待传输一段时间，然后重新进入休眠状态。当另一个计时器到期时，设备将再次唤醒。这意味着所有的下行通信发生在设备发送数据包上行后的短时间内。然而，这个时间段可能是非常长的一段时间。

B 类设备平衡了功率和时延。这种类型的设备依赖于网关定期发送的信标。该信标同步网络中的所有终端，并广播到网络。当设备接收到信标时，它会创建一个 ping 时隙，这是一个短的接收窗口。在这些 ping 时隙期间，可以发送和接收消息。在其他时间，设备处于休眠状态。从本质上说，这是一个由网关发起会话，并基于一个时隙的通信方法。

C 类终端使用的功率最大，但时延最短。这些设备打开两个 A 类接收窗口以及一个连续供电的接收窗口。C 类装置通常是通电的，可能是执行器或插入式设备。下行传输没有时延。C 类设备不能实现 B 类。

LoRa/LoRaWAN 协议栈的可视化如图 7-28 所示。

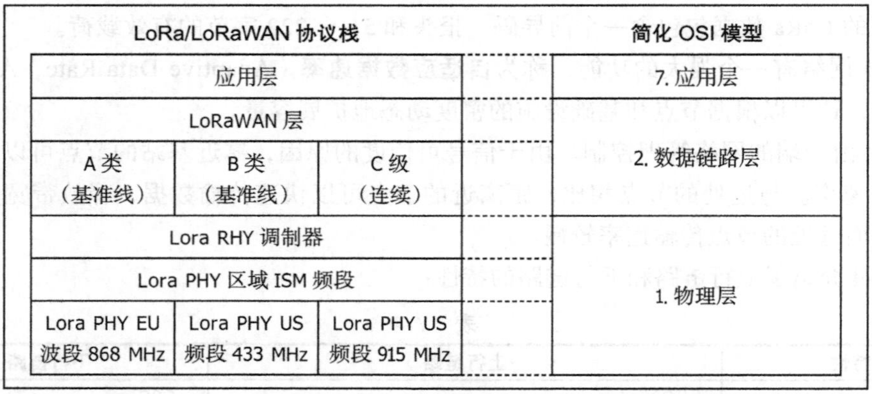

LoRa/LoRaWAN 协议栈				简化 OSI 模型
应用层				7. 应用层
LoRaWAN 层				2. 数据链路层
A 类（基准线）	B 类（基准线）	C 级（连续）		
Lora RHY 调制器				1. 物理层
Lora PHY 区域 ISM 频段				
Lora PHY EU 波段 868 MHz	Lora PHY US 频段 433 MHz	Lora PHY US 频段 915 MHz		

图 7-28　LoRa 和 LoRaWAN 协议栈与标准 OSI 模型的比较。注：LoRa/LoRaWAN 只代表堆栈模型的第 1 层和第 2 层

LoRaWAN 使用 AES128 模型安全加密数据。与其他网络相比，它在安全性上的一个区别是，LoRaWAn 将身份验证和加密分开。身份验证使用一个密钥（NwkSKey），而用户数据使用一个单独的密钥（AppSKey）。要加入一个 LoRa 网络，设备将发送一个 JOIN 请求。

网关将响应设备地址和身份验证令牌。应用程序和网络会话密钥将在连接过程中派生。这个过程称为**空中激活**（OTAA）。另外，基于 LoRa 的设备可以使用**个性化激活**（ABP）。在这种情况下，LoRaWAN 业务运营商（carrier）/ 网络运营商（operator）会预先分配 32 位网络和会话密钥。客户将购买一个连接计划，并从终端制造商那里获得一组密钥，密钥将被刻录到设备中。

LoRaWAN 是一个异步的、基于 ALOHA 的协议。纯 ALOHA 协议最初于 1968 年在夏威夷大学被设计，它是在 CSMA 等技术出现之前的一种多址通信形式。在 ALOHA 中，客户端可以在不知道其他客户端是否在同时传输消息的情况下传输消息。没有保留或多路复用技术。基本原理是集线器（或 LoRaWAN 中的网关）立即重新传输它收到的数据包。如果终端注意到它的一个数据包未被确认，它将等待，然后重新传输数据包。在 LoRaWAN 中，只有当传输使用相同的信道和扩频因子时才会发生碰撞。

7.2.3 LoRaWAN 拓扑结构

LoRaWAN 是基于星形网络拓扑结构的。LoRa 通信也是基于广播而不是建立点对点的关系。对于这个问题，可以说它支持星形的拓扑结构。LoRaWAN 不是单一的集散模式，而是可以使用多个网关。这样可以提高组网能力和范围。这也意味着，云提供商可能会收到来自多个网关的重复消息。云提供商有责任管理和处理重复广播。

> LoRaWAN 区别于本书中列出的大多数传输的一个关键组件是用户数据将通过 LoRaWAN 协议从终端节点传输到网关。此时，LoRaWAN 网关将通过任何回传（如 4G LTE、以太网或 Wi-Fi）将数据包转发到云端的专用 LoRaWAN 网络服务。这是独一无二的，因为大多数其他 WAN 架构在客户数据离开其网络到互联网上的目的地时，会释放对客户数据的任何控制。

网络服务具有执行网络堆栈的上层所需的规则和逻辑。这种架构的一个副作用是，与 LTE 通信一样，从一个网关到另一个网关的切换是不必要的。如果一个节点是移动的，并且从一个天线移动到另一个天线，那么网络服务将从不同的路径捕获多个相同的数据包。当终端节点与多个网关相关联时，这些基于云的网络服务允许 LoRaWAN 系统选择最佳路由和信息源。网络服务的职责包括：

- ❑ 重复数据包识别和终止安全服务
- ❑ 下行链路路由
- ❑ 确认消息

此外，像 LoRaWAN 这样的 LPWAN 系统的基站数将减少到原来的 1/10 ~ 1/5，以实现与 4G 网络类似的覆盖范围。所有的基站都在收听同一个频率组，因此，它们在逻辑上是一个非常大的基站。

当然，这更加印证了 LPWAN 系统可以比传统蜂窝网络成本点更低的说法（图 7-29）。

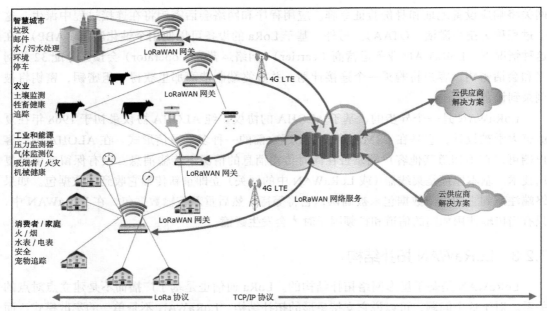

图 7-29 LoRaWAN 网络拓扑结构：LoRaWAN 建立在星形拓扑结构上，网关作为枢纽，以及通过传统 IP 网络到云端 LoRaWAN 管理的通信代理。多个节点可以关联多个 LoRaWAN 网关

7.2.4 LoRaWAN 总结

LoRaWAN 是一款**远程广域网**节能装置。它是最适合使用电池的对象的技术之一。它的传输距离和渗透率使得它非常适合智能城市的使用（路灯、停车位探测器等），这是物联网的一个关键应用。然而，它确实具有较低的数据率和有限的有效载荷，并且占空比调节可能无法满足需要实时通信的应用。

LoRaWAN 在架构和协议上确实存在差距，需要物联网架构师仔细考虑：

- LTE 网络中常见的一些功能根本没有被设计到 LoRaWAN 架构中。LoRaWAN 不是 OSI 模型中完整的网络栈。它缺乏网络层、会话层和传输层的常见功能：漫游、分包、重试机制、QoS 和断开。如果需要的话，开发者和集成商可以添加这些服务。
- LoRaWAN 依赖于一个基于云的网络接口。在价值链的某个阶段，需要云订阅。
- 芯片供应商是 Semtech，它是这项技术的唯一来源，不过已经宣布与 ST 微电子建立合作关系。这与 Z-Wave 价值链相似。
- LoRaWAN 基于 ALOHA 协议。ALOHA 使验证和确认复杂化，导致误码率超过 50%。
- 下行链路能力仍然有限。在某些用例中这已经足够了，但是它降低了灵活性。
- LoRaWAN 具有高延迟和无实时能力。
- OTA 固件更新非常慢。

- 在 LoRaWAN 中，移动性和移动节点的管理具有挑战性。一条 40 ～ 60 字节的消息可能需要 1 ～ 1.5 秒的时间来传输。这对于高速行驶的车辆来说可能是个问题。
- 一个 LoRa 基站还需要是**线性时不变**（LTI）的，这意味着无线电波形不应改变飞行时差（time of flight）。
- 地理定位精度约 100 米。使用 RSSI 信号强度测量或飞行时差测量，可以获得一定的精度。最佳方案是三个基站对一个节点进行三角测量。增多基站可以提高精度。

7.3　Sigfox

Sigfox 是 2009 年在法国图卢兹开发的窄带 LPWAN（类似 NB-IoT）协议。创始公司也是这个名字。这是另一种 LPWAN 技术，使用未授权的 ISM 波段的专有协议。Sigfox 有显著缩小其效用的一些特性：

- 每台设备每天在上行链路上最多发送 140 条信息（占空比为 1%，6 条信息 / 小时）。
- 每条信息的有效载荷大小为 12 字节（上行）和 8 字节（下行）。上行链路吞吐量高达 100 bit/s，下行链路吞吐量高达 600 bit/s。

最初，Sigfox 是单向的，并打算作为一个纯粹的传感器网络。这意味着只支持来自传感器上行的通信。后来，下行信道也可使用。

Sigfox 是一项专利封闭技术。虽然它们的硬件是开放的，但网络不是，并且需要订购。Sigfox 的硬件合作伙伴包括 Atmel、TI、Silicon Labs 等。

Sigfox 构建并运营其网络基础设施，类似于 LTE 运营商的安排。这与 LoRaWAN 的模式截然不同。LoRaWAN 要求在其网络上使用专有的硬件 PHY，而 Sigfox 使用多家硬件供应商，但使用单一管理的网络基础设施。Sigfox 通过连接到客户网络订阅的设备数量、每个设备的流量概况以及合同期限来计算速率。

💡 虽然 Sigfox 在吞吐量和利用率方面有严格的限制，但它的目的是用于发送小型和不频繁的数据突发的系统。像报警系统、简单的功率计和环境传感器等物联网设备都会成为候选者。各种传感器的数据通常可以在约束条件下适应，例如温度 / 湿度数据用 2 个字节表示，精度为 0.004 度。你必须注意传感器提供的精度程度和可以传输的数据量。使用的一个技巧是状态数据；一个状态或事件可以简单地成为没有任何有效载荷的消息。在这种情况下，它消耗的字节数为 0。虽然这并不能消除广播中的限制，但它可以用来优化功率。

7.3.1　Sigfox 物理层

如前所述，Sigfox 是**超窄带**（UNB）。顾名思义，传输使用一个非常狭窄的信道进行通信。不是将能量分散在一个宽阔的信道上，而是将能量的一个窄片限制在这些频段上：

❏ 868 MHz：欧洲（ETSI 300-200 法规）
❏ 902 MHz：北美（联邦通信委员会第 15 部分条例）

日本等一些地区有严格的频谱密度限制，使得目前的超窄带难以部署。

上行频带宽度为 100 Hz，使用**正交序列扩频**（Orthogonal Sequence Spread Spectrum, OSSS），下行频带宽度为 600 Hz，使用**高斯频移键控**（Gaussian Frequency-Shift Keying, GFSK）。Sigfox 将在随机信道上以随机的时间延迟（500 ～ 525 毫秒）发送一个短数据包。这种类型的编码称为**随机频分多址**（random frequency and time-division multiple access, RFTDMA）。如上所述，Sigfox 有严格的使用参数，特别是数据大小限制。表 7-5 重点介绍了上行链路和下行链路信道的这些参数。

表 7-5

	上行链路	下行链路
有效载荷限制（字节）	12	8
吞吐量（bit/s）	100	600
每天最大信息量	140	4
调制方案	差分相干二进制相移键控	高斯频移键控
灵敏度（dBm）	< 14	< 27

双向通信是 Sigfox 相对于其他协议的一个重要特性。然而，Sigfox 中的双向通信确实需要一些解释。没有被动接收模式，这意味着基站在任何时候不能简单地向终端设备发送消息。只有在传输窗口完成后，才会打开接收窗口进行通信。接收窗口只有在终端节点发送第一条消息 20 秒后才会打开。该窗口将保持打开状态 25 秒，允许接收来自基站的短消息（4 字节）。

在 Sigfox 中使用 333 个信道，每个信道的宽度为 100 Hz。接收机的灵敏度为 −120 dBm / −142 dBm。使用 333 个信道中的 3 个信道的伪随机方法支持跳频。最后，指定北美地区的传输功率为 +14 dBm 和 +22 dBm，如图 7-30 所示。

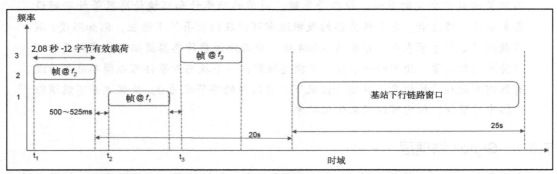

图 7-30　Sigfox 传输时间线。在三个唯一的随机频率上传输三份有效载荷的副本，并有不同的时间延迟。只有最后的上行链路结束，下行链路传输窗口才会打开

7.3.2 Sigfox MAC 层

Sigfox 网络中的每个设备都有一个唯一的 Sigfox ID。这个 ID 用于消息的路由和签名。ID 用于认证 Sigfox 设备。Sigfox 通信的另一个特点是它使用请求（fire）和确认（forget）。接收者不会对消息进行确认。相反，一个消息被节点在三个不同的时间以三个不同的频率发送三次。

这有助于确保信息传递的完整性。"即发即弃"（fire-and-forget）模型没有办法确保消息真正被接收，所以发送者要尽可能确保消息被准确地传输，如图 7-31 所示。

Sigfox MAC 帧上行链路

32 位	16 位	32 位	0 ~ 96 位	可变位数	16 位
前导码	帧同步	终端设备 ID	有效载荷	认证	校验和

Sigfox MAC 帧下行链路

32 位	13 位	2 位	8 位	16 位	可变位数	0 ~ 64 位
前导码	帧同步	标志寄存器	校验和	认证方式	错误代码	有效载荷

图 7-31 上行链路和下行链路的 Sigfox MAC 帧数据包结构

帧包含预先定义的前导码，用于传输中的同步。帧同步字段指定传输帧的类型。**帧校验序列**（FCS）用于错误检测。

没有数据包包含目的地址或其他节点。所有数据将由各个网关发送到 Sigfox 云服务。

数据限制可以从 MAC 层数据包格式来理解和建模：

$$\frac{\sim 200 \text{ 比特上行数据包}}{100 \text{ bit/s}} = 2 \text{ s}$$

考虑到每个数据包被传输三次，并且我们知道欧洲法规（ETSI）将传输限制在 1% 的占空比，我们可以使用 12 字节的最大有效载荷大小计算每小时的消息数量：

3600 秒 @1% 占空比 ＝ 36 秒信息传输时间 / 小时 × 信息 /（3 次重复 × 2 秒）＝ 6 条信息 / 小时

尽管 12 字节是有效载荷的极限，但该消息可能需要 1 秒以上的时间传输。Sigfox 的早期版本是单向的，但现在在该协议支持双向通信。

7.3.3 Sigfox 协议栈

协议栈与遵循 OSI 模型的其他栈类似。有三层，具体如下：

☐ PHY 层：如前所述，合成和调制无线电信号的方式，在上行使用 DBIT/SK，在下行使用 GFSK。

☐ MAC 层：增加设备识别 / 认证（HMAC）和纠错码（CRC）的字段。Sigfox MAC 不提供任何信令。这意味着设备与网络不同步。

- 帧层：从应用程序数据生成无线电帧。同时，它系统地将序列号附加到帧上，如图 7-32 所示。

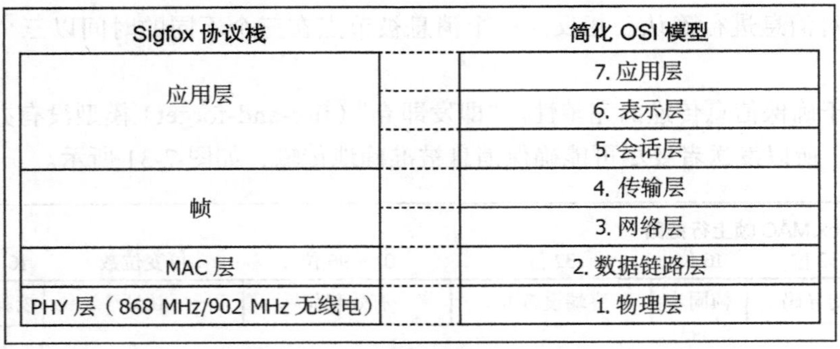

Sigfox 协议栈	简化 OSI 模型
应用层	7. 应用层
应用层	6. 表示层
应用层	5. 会话层
帧	4. 传输层
帧	3. 网络层
MAC 层	2. 数据链路层
PHY 层（868 MHz/902 MHz 无线电）	1. 物理层

图 7-32　Sigfox 协议栈与简化的 OSI 模型的对比

关于安全性，Sigfox 协议栈中的任何地方都没有对消息进行加密。客户可自行为有效载荷数据提供加密方案。在 Sigfox 网络上不会交换密钥，但每条消息都会用设备独有的密钥进行签名，以便识别。

7.3.4　Sigfox 拓扑结构

一个 Sigfox 网络的密度可以达到每个基站 100 万个节点。这个密度是网络结构所发送消息数量的函数。所有连接到基站的节点将形成一个星形网络。

所有数据都是通过 Sigfox 后端网络管理的。来自 Sigfox 基站的所有消息必须通过 IP 连接到达后端服务器。Sigfox 后端云服务是数据包的唯一目的地。

后端在对客户端进行认证并确认无重复后，会存储并发送消息给客户端。如果需要将数据传输到终端节点，则后端服务器将选择与终端具有最佳连接的网关，并在下行链路上转发消息。后端已经通过包 ID 识别了设备，预先配置将迫使数据被发送到最终目的地。在 Sigfox 架构中，不能直接访问设备。

后端和基站都不会直接连接到终端设备。

后端还包括管理、授权和为客户提供服务。Sigfox 云将数据传送到客户选择的目的地。云服务通过拉动模式提供 API，将 Sigfox 云功能整合到第三方平台中。设备可以通过另一个云服务注册。Sigfox 还提供对其他云服务的回调（callback）。这是检索数据的首选方法（图 7-33）。

为了协助确保"即发即弃"通信模型的数据完整性，多个网关都可能接收来自某个节点的传输，所有后续消息都将转发到 Sigfox 后端，重复的消息将被删除。这给接收数据增加了一定程度的冗余。

附加 Sigfox 终端节点是为了简化安装。没有配对或信号化。

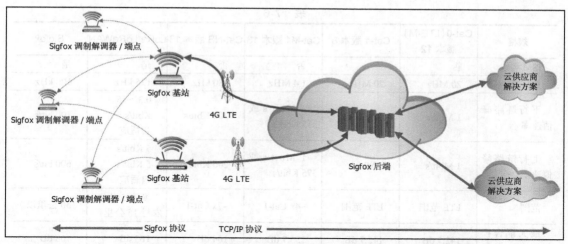

图 7-33　Sigfox 拓扑：Sigfox 使用其专有的非 IP 协议，将数据作为 IP 数据聚合到 Sigfox 网络后端

7.4　小结

虽然各类长距离通信技术之间有一些共性，但它们也是针对不同的用例和细分市场。物联网架构师应该明智地选择要采用哪种远程系统。LPWAN 与物联网系统的其他组件一样，一旦部署就很难改变。

选择正确的 LPWAN 时要考虑的因素包括：

- ❏ 物联网部署需要使用什么数据速率？
- ❏ 解决方案可以在相同的 LPWAN 下跨地区扩展吗？是已经有适当的覆盖还是需要建设？
- ❏ 什么样的传输范围合适？
- ❏ 这个物联网解决方案有延迟要求吗？解决方案能否在非常高的（数秒）延迟下工作？
- ❏ 物联网终端是否采用电池供电？服务成本是多少？终端的成本限制是什么？

表 7-6 详细说明了本章强调的 LPWAN 协议之间的异同，可供参考。

在介绍了从传感器采集数据到通过 PAN 和 WAN 架构进行数据通信之后，现在是讨论物联网数据的编组和处理的时候了。下一章将研究边缘计算及其在数据计算和从云或其他服务中汇集数据方面的作用。我们将检查用于打包数据、保护数据并将其路由送到正确位置的协议。该位置可能是边缘 / 雾节点或云。我们还将详细介绍将数据从边缘流向云端所需的基于 IP 的通信协议类型，如 MQTT 和 CoAP。后面的章节将介绍物联网产生的数据的获取、存储和分析。

表 7-6

规格	Cat-0（LTE-M）版本 12	Cat-1 版本 8	Cat-M1 版本 13	Cat-NB 版本 13	LoRa/LoRaWAN	Sigfox
ISM 频段	否	否	否	否	是	是
总带宽	20 MHz	20 MHz	1.4 MHz	180 kHz	125 kHz	100 kHz
下行链路峰值速率	1 Mbit/s	10 Mbit/s	1 Mbit/s 或 375 Kbit/s	200 Kbit/s	0.3 ～ 5 Kbit/s 自适应	100 bit/s
上行链路峰值速率	1 Mbit/s	5 Mbit/s	1 Mbit/s 或 375 Kbit/s	200 Kbit/s	5 Kbit/s ～ 5 Kbit/s 自适应	600 bit/s
范围	LTE 范围	LTE 范围	~4x Cat-1	~7x Cat-1	城市 5 公里，农村 15 公里	50 公里以下
最大耦合损耗（MCL）	142.7 dB	142.7 dB	155.7 dB	164 dB	165 dB	168 dB
休眠功率	低—	高电平～2毫安闲置	极低 ～ 15 微安 空闲	极低 ～ 15 微安 空闲	极低 1.5 微安	极低 1.5 微安
双工配置	半/全	全	半/全	半	半	半
天线（多输入多输出）	1	多输入多输出	1	1	1	1
延迟	50 ～ 100 毫秒	50 ～ 100 毫秒	10 ～ 15 毫秒	1.6 ～ 10 秒	1500 毫秒～2 秒	60 秒以内
发射功率（UE）	23 dB	23 dB	20 dB	23 dB	14 dB	14 dB
设计复杂性	50% Cat-1	复杂	25% Cat-1	10% Cat-1	低	低
成本（相对定价）	15 美元	30 美元	10 美元	5 美元	15 美元	3 美元
移动性	移动	移动	移动	受限	移动	受限

第 8 章　边缘计算

鉴于最终要部署的设备数量，以及这些设备将会产生的数据量，物联网受到很多行业和经济界的关注。边缘设备和传感器的运作以及与互联网进行通信的方法有以下两种：

- 由边缘级传感器和设备提供一条直通云端的通道。这意味着边缘级节点和传感器将会配置足够多的资源、硬件、软件和服务级别的协议，可以通过广域网直接传输数据。
- 边缘级传感器在网关和路由器周边形成聚合和集群，可以提供数据缓存、协议转换、边缘/雾处理能力，它们将管理传感器和广域网之间的安全和认证。

本章将会详细介绍边缘计算，边缘计算涉及很多我们已经学过的通信方面的知识，但我们还需要关注 IT 管理和与云对接的问题。本章将探讨边缘计算的不同功能，例如处理器和硬件的考虑、操作系统设计、管理技术、容器化、存储和缓存以及用例等。边缘计算机的设计复杂多样，要基于不同的解决方案和客户需求，不能只关注单一用例。一个用例是 5G 系统，其中会对"多址接入"边缘计算进行探讨。对网关、集线器和路由器的边缘计算的另一个用例会在单独的一个章节中进行介绍。

还有一个用例是关于高级传感器的处理，例如靠近数据源的视频采集设备和机器学习设备。本章将尽可能地进行概括，以帮助架构师对底层技术做出明确决策。

此外，本章还将深入探讨边缘电子学、计算机架构、内存系统和中间件的各个方面。虽然这些主题很宽泛，但架构师必须精通硬件设计的各个方面和选择是如何影响成本、可靠性和价值的。

8.1　边缘的用途和定义

尽管计算平台运行在企业 IT 管理环境和数据中心以外不是什么新鲜事，但是如今的边缘系统可以看作常规 IT 管理组件的延伸，就像仍在企业数据中心安全管控范围内一样。边缘系统本质上是远程计算系统，它借用了嵌入式系统、云计算、计算机安全和电信等既有工程领域内的元素（图 8-1）。

远程管理计算的最早的一种形式在云系统和通用计算之前就已经存在。在二十世纪三四十年代，随着水电工程和电网的形成，美国各地的能源发电规模迅速扩大。为了管理广袤分布的电力开关站，建立了一个利用辅助线进行远程控制的系统，可以把辅助线看作大功率线路之外的边带控制信号，它连接到应急电路上，用于控制能量流、远程处理容量问题和交流故障检测。远程操作人员可以从中央运营中心控制国家电网，不必为每个电站和变电站配备人员，后来，这些设备发展成了**可编程逻辑控制器**（Programmable Logic Controller，PLC）。

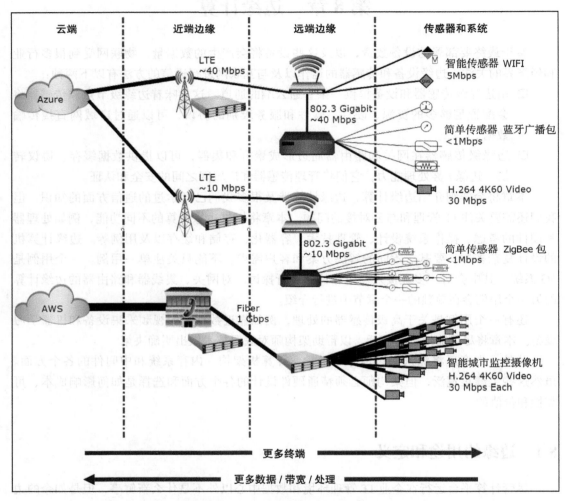

图 8-1　近端边缘和远端边缘计算之间的接近度和资源差别

本章提到的近端边缘和远端边缘组件定义如下：

❏ **近端边缘组件**：作为远端边缘和云端之间基础设施的一部分，近端边缘系统可与广域网运营商的基础设施共存，例如在基站和蜂窝交换站处的硬件共存。该层可以承载计算复杂的服务，例如**软件定义的广域网**（Software-Defined Wide-Area Network，SDWAN）（在本章后面介绍）。

❏ **远端边缘组件**：由能够与云端或近端边缘设备进行通信、管理、数据交换的处理设备组成。该层距离整个云端最远，但它仍与云端和父级近端边缘组件保持联系，这一层最接近终端用户或传感器系统，具有强实时性、安全关键设计和低延迟等要求，可作为承载大型个人区域网的网关。

需要明确的是，仅将传感器连接到远程部署的计算机设备上还不算是边缘计算，这就像一个人使用未联网的计算机玩视频游戏一样，他不是一个在线的游戏玩家。然而，一旦传感器向云端服务传送数据，或者人们玩一个交互式虚拟现实游戏，那么他们就是在使用边缘计算设备，这些设备必须和集中式云服务协同工作。

通常，离云端越远，计算系统的资源就越紧张。但是，将会有更多的终端（比如蓝牙传感器和 SCADA 系统）以非 IP 系统的形式远离云端，这种扩展称为扇出（fan-out）。

除了广义的边缘计算定义外，还有一些与边缘计算设计方法相关的术语：

- ❑ **雾计算**：雾计算是指一种云服务架构，范围包括从中央数据中心的云系统到近端边缘和远端边缘的设备。雾计算表示地理位置上不同的一组云和边缘计算机的一个抽象集合，可以看成是单一实体。关于雾计算的内容，后续章节会有更多的介绍。
- ❑ **多址边缘计算（MEC）**：MEC 以前被称为移动边缘计算，它使低延迟、高带宽和实时的应用能够部署在大型网络的边缘。MEC 由**欧洲电信标准协会**（ETSI）定义，包括允许开发人员在电信运营商的**无线电接入网络**（RAN）中运行应用程序。RAN 在第 7 章中已被定义。通常情况下，RAN 与蜂窝基站处的无线电网络控制器设置在一起，MEC 可以降低视频流或云游戏的延迟。
- ❑ **微云**：微云是一个小型云数据中心。你可以把它想象成"盒子里的云"。换句话说，它是一种支持客户端 - 服务器类型应用的资源密集型用例的设备。这类似于 MEC 的概念，用以缩短响应时间并降低延迟，但不一定与电信或运营商基础设施相关联。

8.2　边缘用例

边缘系统的配置如图 8-1 所示，它靠近数据产生或人员所在的位置。当前，企业中大约有 20% 的数据是在企业边界外收集的。Gartner 预测，到 2023 年，高达 75% 的公司和企业数据将由企业 IT 和数据中心物理边界以外的系统收集和管理。

边缘计算主要服务四种使用模式：

- ❑ **降低延迟**：边缘系统可以部署在距离终端用户和服务更近的地方，这自然可以避免各种网络跳转和传输延时。某些对延迟敏感的应用，例如云游戏和视频流，会有严格的实时延迟和性能要求。这也包括需要实时决策的设备或执行安全关键规则引擎的设备。
- ❑ **带宽保护**：某些环境对进 / 出边缘系统的带宽有限制，在某些情况下，云或数据中心的数据成本可能会在规模或空间存储上增长到令人望而却步的程度。很多运营商会根据使用情况制定数据上限或收费计划，边缘计算可以通过使用过滤、缓存、数据压缩技术有效地最大限度提高可用带宽，从而更好地解决这个问题。

❑ **弹性计算**：某些情况下的通信并不可靠，一个例子是运输或物流应用，它可以实时跟踪车队和货物以及关键的货物温度数据，行驶中的车辆在穿越隧道、乡村地区和地下通道时，有时可能会失去载波连接，在这种情况下，简单地"丢失"数据是不可接受的。因此，这些类型的系统必须考虑使用边缘本地的缓存来存储数据，直到通信恢复。这些系统还可以具有故障转移或路由切换技术，以便在主载波丢失的情况下切换到其他载波上。

❑ **安全和隐私**：在某些情况下，在传入云端或其他边缘设备之前，必须保护甚至删除某些数据，涉及对健康数据和图像或个人隐私进行监控的情况尤其如此。在许多情况下，数据安全是由政府法规定义的。一个示例如下：如果需要在公共广播中使用视频，用于视频监控的边缘系统可能需要对包含儿童图片的图像进行预处理，这可能会涉及边缘侧大量的计算资源。

根据上面这些模式，表 8-1 列出了行业中一些常见的用例。

表 8-1

类别	描述	边缘用途
设备自动化	基于边缘的"事物"、传感器、系统和环境的交互、控制和监测。这些都需要基于云端的交互，但有实时性的需求	工业控制系统、自动驾驶汽车
浸入式环境	AR 和 VR 类型的交互、远程手术、语音命令系统（Alexa）	边缘系统用于降低延迟和增加带宽，以满足对适时和同步敏感的应用
患者监护	医疗保健、家庭护理和患者监护解决方案系统必须健壮、万无一失和安全	边缘系统可与上游医疗服务提供系统进行安全和弹性通信，一起为患者提供服务
个人区域网聚合	基于非 IP 系统的环境、需要协议栈之间的桥接和转换的网状网环境	边缘系统可当作集线器、网桥和网关，是可管理的，并可作为企业网络中的安全组件
弹性通信管理	需要与云端或数据中心系统保持一致通信的运输、物流、车队和货运公司	边缘系统可以通过缓存、故障转移技术和载波切换的方法，在通信故障的时候进行监控和保持弹性
沉浸式娱乐和客户端交付网络	云游戏、视频流和移动娱乐	边缘系统可部署在战略性位置，帮助平衡延迟，以及大型视频和游戏流应用的容量，这些应用通常托管在大型异构数据中心
物联网的处理	管理多个传感器和输入设备。数据需要过滤、清理异常、打包和压缩。数据也可通过规则引擎、推理引擎或信号处理硬件传输，并在本地进行操作	边缘系统能够提供在本地实时高效地处理大量数据的能力，而无须将数据传输到云端
设备管理	需要进行系统管理、固件升级和打补丁包的物联网和边缘设备	边缘系统可对其管理的设备进行"清单"维护，包括合格和经过认证的补丁与升级，可以在不需要人工干预的情况下进行固件升级和鉴定

8.3 边缘硬件架构

边缘系统可以使用服务器级的刀片设备，和企业数据中心使用的设备相同，也可以是远程的远端边缘计算设备，这更类似于加固的嵌入式计算机。在本节中，我们将探讨远端边缘设备硬件的一些事项，这些设备必须部署在数据中心基础设施之外。

根据环境和条件的不同，硬件设计有许多选择。可以使用各种 OEM 厂商提供的现成计算模块，也可以选择从一组离散的组件或子系统模块中构建硬件。不管使用哪种方法，终端硬件都必须部署在边缘系统上，以满足工作负载和用例的使用要求。

无论使用哪种架构，所有的现代计算设备都由计算单元、总线和内存组成，这就是所谓的冯·诺依曼架构。无论我们使用的是一台双插槽 Intel Xeon 刀片式多址边缘计算机（配置为 512 GB 的 DRAM，功率为 1000 瓦），还是一台负责聚合来自多个蓝牙传感器的流量并将数据过滤到**低功耗广域网**（LPWAN）服务的远端边缘计算机，它们都有相似的架构。

我们会从硬件开始探讨和理解这些差异，本书将研究图 8-2 所示的思想模型边缘计算机中的每一部分。图 8-2 代表一个典型的**片上系统**（SOC），它具有两个内核、一个嵌入式**数字信号处理器**（DSP）和几个输入 / 输出模块。可以把它很容易地扩展到更大的拓扑结构，例如服务器级的硬件。

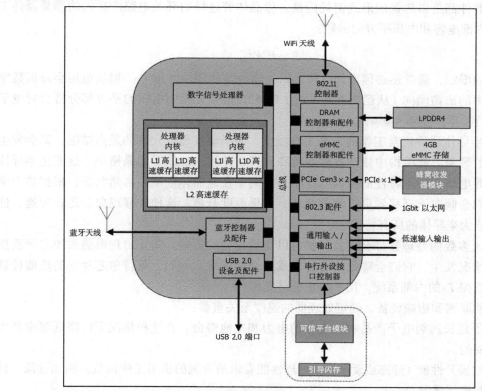

图 8-2　典型片上系统互连结构示例图。请注意，处理器、总线和内存的总体构造基于冯·诺依曼架构原则

8.3.1　处理器

处理器是计算机的核心部件。现代处理器通常使用的架构包括 x86 变体（如 Intel 和 AMD、ARM 等），以及（较少使用）MIPS、RISCV、SuperH、Sparc 和 PowerPC。本小节将研究各种处理器的一些共同特征及其在边缘中的使用，对某些边缘应用来说，配置一个强大的多线程多核处理器并进行无序执行会更有意义，而对于其他用例和边缘客户来说，一个更紧密的嵌入式单核系统可能就足够了。

处理速度和功率

时钟速度是衡量处理器性能的最基本单位。每个处理器都有一个周期时间，其所有组件都与这个周期时间保持同步。现在典型处理器的速度达到 1 GHz、2 GHz 或 3 GHz，设计速度取决于工艺几何过程和创建硅结构所用的方法。我们不再像 20 世纪 90 年代中期那样，每两年把处理器的速度提高一倍，由于面临着缩小硅结构相关的挑战，提高处理器的速度变得越来越困难。现在用于制造片上系统和专业集成电路的光刻工艺，使用的是最先进的极紫外光刻和湿浸系统以及先进类型的晶体管（如 FINFET）来制造 14 纳米和 7 纳米晶体管。把设备的时钟频率调得更快是根本行不通的，迫使设备运行加快的限制因素是热量，所有电子器件都是以热量的形式消耗能量。像晶体管这样的开关电路产生的功率是器件工作频率、内部电容和电压平方的函数：

$$P = fCV_{dd}^2$$

随着频率的增加，通常还必须增加电压，以提高电路的阈值电压 V_T。增加电压会降低数字转换过程中的出错倾向（从逻辑 0 到 1 或 1 到 0），但是方程中电压的平方部分将会对电子器件的运行功率产生不利影响。

T_J 是半导体器件正常工作的最高工作温度，如果温度超过允许的最高结温，则会发生离子迁移的现象。硅结构中掺杂有硼等特殊离子，并注入硅原子的晶格中，这就是半导体结构具有导电或不导电特性的原因。这些掺杂离子在硅晶体中不是自然状态，根据热力学定律，它们会倾向于迁移到更自然的状态，如果温度升高，这种迁移现象会迅速加速，使芯片失去成为半导体的所有特性。

现代大多数的处理器都会设置保护，以免受超频的影响，防止出现散热失控和严重损坏电路的情况发生。它们会降低核心速度或安全地关机。例如，英特尔芯片中的热监控器就是一个监控 T_J 的内部系统，用于防止电路损坏。

对于物联网和边缘设备，确定处理器的速度至关重要：

1.为了延长远端电子产品和设备中的电力和电池寿命，在这种情况下，降低频率和电压是很重要的。

2.通过提升性能（静态或动态）来处理性能要求最苛刻的重要工作负载，例如成像、计算机视觉和机器学习。

寄存器

现在，所有的现代 CPU 都会配置某种寄存器集合。寄存器是最快的存储方式，本质上是位于靠近处理器管道的 SRAM，可在一个时钟周期内进行访问。ARM 架构有 16 个寄存器，其中 3 个是专用寄存器：R13 存储堆栈指针，R14 是调用返回的链接寄存器，R15 是程序计数器。x86 架构则不同，x86 有 16 个通用寄存器，核心的 9 个常用寄存器称为：

- AX/EAX/RAX：累加器寄存器
- BX/EBX/RBX：基址寄存器
- CX/ECX/RCX：计数器
- DX/EDX/RDX：扩展精度累加器
- SI/ESI/RSI：源索引
- DI/EDI/RDI：目的地索引
- SP/ESP/RSP：堆栈指针
- BP/EBP/RBP：堆栈基址指针
- IP/EIP/RIP：指令指针

寄存器是多用途的，服务于 16 位 /32 位 /64 位操作，所以寄存器在命名中使用了术语。ARM 架构是一种加载 – 存储类型，其中所有数据必须先从主内存加载到寄存器中，才能进行操作。x86 同样可以对寄存器和内存进行操作。

指令集架构

指令集架构（ISA）是机器指令级的内部汇编语言，用来执行基本的操作。x86 指令编码与 ARM 不兼容。指令集架构规定了计算机上存在哪些指令，能做什么以及如何访问内存。例如，ARM 架构完全通过将本地寄存器集中的数据寻址到执行单元来执行操作。

x86 架构可以对内部寄存器集进行操作，也可直接对 DRAM 内存进行寻址。下面是一条 x86 复杂指令集计算机（CISC）指令，用于简单对比内存地址的值与本地寄存器中存储的地址：

```
cmp 0x400A101C, %ECX : compare the value within memory address 0x400A101C
to the register ECX
```

下面是 RISC-V 精简指令集计算机（RISC）上的相同指令，在这里需要三个操作码来执行一条 CISC 指令的工作。CMP 指令可能需要多个时钟周期才能在 CISC 架构上执行，而 RISC 可能只需要一个时钟周期：

```
lui x6, 0x010C4   : load unsigned integer into register 6 from memory
located at 0x010C4
lw x1, 0x6900(x6) : load word into register x1 from offset of 0x6900 from
value in x6
slt x5, x2, x1    : set x5 if x2 is less than x1
```

通常，这也说明了**复杂指令集计算机**和**精简指令集计算机**之间的差异。复杂指令集计算机架构将具有更多的指令和功能，但以需要配置更多的硬件和芯片为代价，来支持各种寻址模式和功能，精简指令集计算机设置的硬件架构更简单和高效，付出的代价就是更多地依赖编译器和软件执行复杂的操作，如表 8-2 所示。

表 8-2

精简指令集计算机	复杂指令集计算机
强调软件设计的功能性	强调硬件设计的功能性
寄存器到寄存器的操作	内存到内存、寄存器到内存、内存到内存的操作
仅在内存 / 寄存器之间加载和存储操作码	内存到寄存器的加载和存储类似于精简指令集计算机，但内存引用也内置于通用操作码中。例如，x86 的 ADD 指令可以直接引用内存：add BYTE PTR[var], 10 会将 10 加到内存地址 var 的单字节中
代码多	代码少
固定长度的汇编指令	可变长度的汇编指令
每条指令的执行只需一个 CPU 时钟周期	每条指令的执行需要多个时钟周期

字节顺序

选择处理器的另一个关键因素是**字节顺序**，也就是以二进制形式表示一个数字时的字节顺序，它表示在计算机内存多字节字地址中，哪一端是**最高有效位**（MSB）和**最低有效位**（LSB）。通常，一个系统在运行时会支持一种形式的字节顺序，但是现在很多处理器的内核可以在启动时设置字节顺序，这也要求预编译的软件和二进制文件必须与正确的格式兼容。

在构建一个涉及多个组件、处理器和异构系统的物联网系统时，了解数据格式是很重要的。传感器收集的数据可能是小字节序（little endian），边缘计算机处理的这些数据可能是大字节序（big endian），最后云端计算层可能是小字节序（图 8-3）。

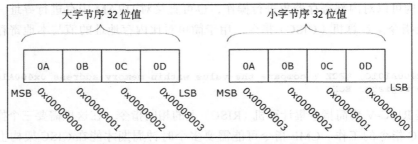

图 8-3　计算机内存中 32 位字的大字节序和小字节序之间的差异

历来在 CPU 迭代、操作系统、框架的遗留软件移植中，字节顺序的转换就是一个问题。把软件从一个处理器迁移到另外一个处理器，交换字节顺序（例如，从大字节序到小字节序）的简单方法是编写软件字节交换程序。由于软件代码已被移植到不同的处理器中，因此一些商业化的产品已经围绕此功能封装了十几种字节交换方法，这也导致了严重的性能开销和能耗。

在研究处理器的设计时，还要考虑内核数量和多线程。现在很多现代片上系统都带有多个 CPU 内核。内核可以设计成相关联的，也可以独立设置在片上系统上。在图 8-2 的片上系统框图中所示的处理器就具有两个相同的 CPU 内核。

这些内核具有独立的一级缓存，但共享一个二级缓存。此外，当访问片上系统上的其他硬件模块或片上系统以外的 DRAM 内存时，两个内核就复合成单一的 CPU。每个内核都是各自独立访问一级缓存，但作为一个共享实体，会协同访问二级缓存。从软件和操作系统的角度来看，这两个内核就是单个逻辑 CPU。操作系统会通过线程关联的方法给特定的内核分配线程，但通常操作系统会在任一可用的内核上调度进程和线程。

框图中的数字信号处理器与处理器没有一致性。尽管数字信号处理器是一种可编程的设备，在本例中它也没有监听或获取处理器高速缓存或内存空间的功能。因此，从软件的角度来看，如果必须在两个处理器或可编程实体之间共享数据，并且这两个处理器或实体的缓存没有一致性，则需要构造基于软件的信号量、共享内存技术或**消息传递接口**（MPI）。

处理器并行

现代处理器会尽可能使用各种微架构技术和粗粒度方法来获得并行性。计算机架构的目标是保持尽可能多的硅片和处理器区域来有效执行任务，而不是空闲等待。

一种实现**指令级的并行**（ILP）的技术是使用管道，如图 8-4 所示。现代几乎所有的处理器都会设置管道阶段，程序中的每个指令都遵循。通常，管道阶段包括：

1. **指令获取**：处理器将读取当前指令计数器指针所指向的传入指令。
2. **指令解码**：对指令进行解码，并且立即访问使用寄存器文件中的值的指令部分。
3. **执行**：称为**算术逻辑单元**（ALU），是进行逻辑和数学运算的地方。
4. **内存访问**：此阶段将为内存操作提供服务，需要从 / 向内存地址进行读 / 写操作。
5. **回写**：最后一个阶段将数据写回寄存器文件。

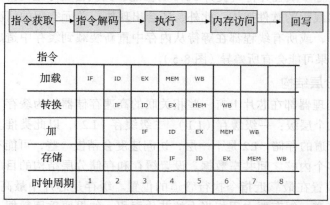

指令								
加载	IF	ID	EX	MEM	WB			
转换		IF	ID	EX	MEM	WB		
加			IF	ID	EX	MEM	WB	
存储				IF	ID	EX	MEM	WB
时钟周期	1	2	3	4	5	6	7	8

图 8-4　经典的精简指令集 5 级管道。显示的是带有传入指令流的管道，管道把执行的任务分为五个阶段，并在当前阶段空闲时处理下一条传入的指令。管道完成指令时，它就会"退出"

尽管此类设计存在一定的局限性，但增加管道中的级数可以简化每级电路，并使电路运行得更快，管道的每一级都需要一个硬件锁存器来存储数据，以供下一级使用。

增加管道阶段数会增加风险，即管道某个节点上的依赖性将会导致"气泡"现象，并且管道需要刷新，大型管道的收益是递减的。许多物联网项目中使用的内核，ARM A15 的内核有 15 个阶段，英特尔 Skylake 设计则有 14 ～ 19 个阶段。

在为边缘选择处理器时，另外一个需考虑的因素是多线程和超标量设计，这些是通过**线程级并行**（TLP）来提高性能和功耗效率的硬件技术。但是设置多个内核会增加硅片的面积，并且会增加成本，某些应用还可能不会用到线程级并行。多线程确实增加了内核的复杂性，但在 CPU 空闲时可以提高使用效率。内核会充分利用微处理器管道中的空闲周期，因为它要等待从 DRAM 或内存中获取数据。定义如下：

- ❑ **超标量**：超标量架构是 CPU 指令级并行的一种基本形式。通过使用多个独立的管道，一个超标量内核可以在一个周期内执行多条指令。
- ❑ **粗粒度多线程**：这是多线程的一种形式，线程会在大容量内存停顿时进行切换（例如，L2 未命中）。只有发生严重停顿的时候，才会启动另外一个备用线程，这种方式会受到大量管道重启的冲击。
- ❑ **细粒度多线程**：在每一个连续的时钟周期内，这种形式的多线程会以指令级在可用线程之间切换，线程可以在不同的管道上交叉进行。
- ❑ **多处理器**：线程级并行多处理技术把传统的超标量管道简单地分成两个或多个独立、隔离的执行单元，线程会归属于特定的管道，不会迁移。
- ❑ **对称多线程**：它是多线程并行的最高级形式。这种线程级并行方式允许线程在任何可用的管道上执行，本质上扩展了细粒度多线程。注意细粒度是如何仅将一个线程启动到一个或两个的管道上，对称多线程允许对管道进行拆分。

通常，使用对称多线程并行可提升 30% 的性能，其次会更好地提升功耗利用率。但首先必须要有一个多线程的软件架构，此外，还会出现执行单元空闲的情况，这可能是由线程还未准备好运行，或所有线程都在等待从内存中重新装载到缓存中造成的，根据内存访问模式的不同，结果可能会有所差异（图 8-5）。

缓存和存储分层结构

现在所有的处理器都在芯片上有一些相关联的高速存储器作为缓存。存储器的层次结构把缓存划分为几个层级：一级缓存（L1）、二级缓存（L2），以此类推。通常 L1 是最快、最接近指令执行管道的存储，L2 是下一层，访问速度会稍慢一些，可能有统一的缓存一致性设计，可以在多个内核之间共享数据。设置缓存和存储分层结构的目的，是把最近使用的有价值的数据放置在最靠近指令执行管道的位置。缓存是芯片中最高的成本动因之一，不同于指令执行管道，缓存要占用相当大的芯片面积。如果要重用数据，可能会需要大的缓存空间，对于临时数据或流数据（例如，视频流分析），较小的缓存空间就能满足，成本也更低。

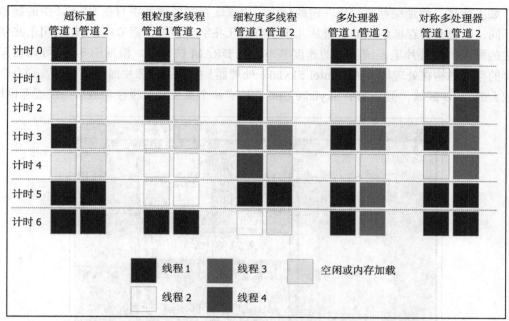

图 8-5　线程级并行技术，通过对称多线程的简单超标量管道展示

三种情况下，CPU 的缓存中可能没有引用地址的数据或指令：

❑ **冲突缺失**：当引用的内存别名地址指向同一高速缓存行时，会发生这种类型的缺失，设置多路关联缓存会有一定的帮助作用，如果缓存某行出现别名，则在加载新数据时，旧数据将被写回到内存中。

❑ **强制缺失**：第一次访问某个缓存行时，数据不会从主内存加载到缓存行中，需要强制把数据重填到缓存行中。

❑ **容量缺失**：当高速缓存行块被丢弃，或替换出空间用于更新缓存行时，会发生缓存缺失的情况，比如缓存的容量有限（例如 32 KB），但正在执行的程序大小可能为兆字节。

缓存缺失的代价可能会非常高，特别是在系统必须访问主 DRAM 内存，需要重新加载缓存行时。使用更大缓存的处理器确实可以提高性能，但对某些边缘计算用例来说，相应的成本也可能会超出合理的范围。表 8-3 展示了 Intel Skylake i7 处理器的典型存储分层的性能和延迟影响。

表　8-3

缓存分层	延迟时长
一级数据缓存（32 KB，每行 64 字节，8 路组相连）	1.1 纳秒（4 个周期）
一级指令缓存（32 KB，每行 64 字节，8 路组相连）	1.1 纳秒（4 个周期）
二级统一缓存（1024 KB，每行 64 字节，16 路组相连）	3.8 纳秒（14 个周期）
三级缓存（11 MB，每行 64 字节，11 路组相连）	20 纳秒（68 个周期）
DDR4-3400 内存	70 纳秒（79 个周期 +60 纳秒）

如上所述，增加缓存要付出一定的代价。内置缓存在处理器中与在 DRAM 中的制造过程不同，这也是缓存区的存储容量从几千字节到几兆字节不等，而 DRAM 却采用千兆字节封装的原因，另外片上系统缓存的速度基本上比 DRAM 快得多。根据图 8-6，可以估算出缓存的存储结构在处理器（例如 Intel Skylake 处理器）中占用的芯片面积，可以看到有个面积较大的 GPU 区域，但是四个 Skylake Cpu 内核有一个重要二级缓存和最后一级缓存区域。

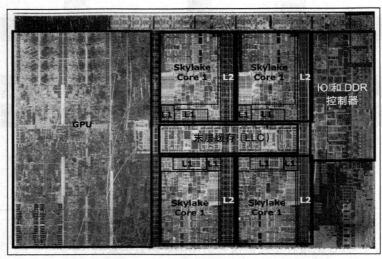

图 8-6 Intel Skylake 处理器的显微照片。GPU 和四个 CPU 占据比较大的面积，请注意每个
CPU 中不同级别缓存的区域以及所有四个 CPU 之间的共享逻辑控制电路

处理器的其他特性

要完整分析处理器的内核，需要对计算机架构有深入的了解。但重要的是要了解设计目标，避免不必要的硬件。以下 CPU 的功能，通过并行和改变代码流来解决不同形式的性能，可以使用软件来实现这些类型的增强功能。例如，浮点单元很常见，但是许多 ARMM 系列的内核都没有把浮点硬件单元作为标准配置（仅作为可选的附加功能），这并不会影响浮点代码的运行，仍然可以使用 float 和 double 类型，但所有操作都是以性能较低和功耗过大为代价进行模拟的。

乱序执行：现在先进的处理器在管道中内置了某种形式的推测执行或无序执行机制。顾名思义，乱序执行不会遵循程序的执行逻辑，相反，硬件会依据代码跟踪、分支预测、加载 / 存储延迟槽的情况，对下一步要执行的指令做出启发式和隐含的推测。

乱序执行依赖大量的硬件支持来进行管理，可以重新命名寄存器、重新启动管道、实时跟踪分支情况，这类硬件会增加芯片面积和成本。因此，架构师必须了解底层控制器负载情况，以及如何充分利用推测性的执行。

浮点单元（FPU）：浮点单元在大多数大型 CPU 设计中很常见，但并非全部都有。大多数浮点运算都采用 IEEE754 格式标准，该格式规定了四舍五入、尾数的生成等。前面提到，许多 ARM 的内核都由浮点单元作为可选的附加功能，浮点单元在 CPU 的整数寄存器集上至少增加了一个额外的管道和寄存器集，浮点单元寄存器的宽度可以是 64 位或更大。

浮点单元对于某些工作负载很重要，例如使用单精度或双精度值的机器学习、成像和视觉工作负载、数字信号处理以及统计数学。如果没有浮点单元，只能通过浮点模拟器运行出结果，这会是一个极端的性能瓶颈，硬件浮点单元的速度通常比浮点模拟快 10 ～ 100 倍。

单指令多数据单元（SIMD/AVX unit）：与浮点单元有关的是**单指令多数据**（SIMD）执行引擎，**AVX** 是**高级向量扩展**的缩写，是 Intel/AMD ISA 为这些类型的卸载而设计的指令集。这些属于辅助协处理器，专门用于处理媒体和批量数据工作负载，它们使用单条指令对宽度很广的数据单元向量执行操作。SIMD 寄存器单元的宽度可以是 256 位宽或更大，并且很多时候会与浮点单元共享相同的寄存器空间。在每个寄存器中，数据单元按大小相同的数量进行分割，例如，一个 256 位宽的寄存器可以分成 16 个 16 位向量。

有些编译器会支持这些向量的扩展，但是通常会依赖 C 或 C++ 代码中的内部函数、内置汇编或原始汇编来实现这些功能。内置函数更容易使用，可以在现有的 C 文件中直接编码使用，并使用它们调用堆栈，但通常性能要低于原始汇编。

SIMD 单元依靠一个特殊的指令集和管道执行这些操作，通常是在一个较大的寄存器内对向量数据类型进行操作。图 8-7 显示的是一个 ARM Neon 128 位寄存器集，通过扩展寻址，可以把它分解成许多更小的向量单元。

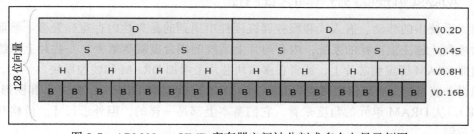

图 8-7　ARM Neon SIMD 寄存器空间被分割成多个向量示例图

为了说明 SIMD 指令的工作原理，以下将研究两条 ARM AArch64 Neon SIMD 指令：

```
UADDLP   V0.8H, V1.16B
FADD V0.4S, V0.4S, V0.4S
```

UADDLP 转换为：

❑ U：无符号整数
❑ ADD：加法操作
❑ L：长数据类型
❑ P：成对，对双源向量的成对操作

- ❑ V0.8H：目的地寄存器 v0 排列成八个半字
- ❑ V1.16B：源寄存器 v1 排列为 16 字节

FADD 转换为：

- ❑ FADD：浮点加法向量
- ❑ V0.4S：目的寄存器 v0 排列成四个单精度值
- ❑ V0.4S：第一个源寄存器 v0 排列成四个单精度值
- ❑ V0.4S：第二个源寄存器 v0 排列成四个单精度值

为说明其工作原理，以执行 UADDLP 命令为例，在寄存器 V1 中添加了一对 8 位向量，并把执行结果存储在寄存器 V0 中，在一周期内执行 8 个并行加法和一条指令，如图 8-8 所示。

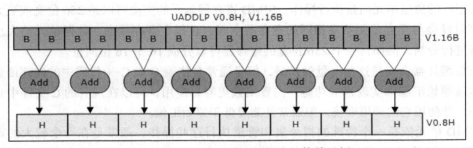

图 8-8　SIMD 中运行成对加法的简单示例

8.3.2　动态随机存取内存和易失性内存

边缘系统中的移动、嵌入式和服务器级硬件中用到的易失性内存花样繁多。然而，越靠近边缘侧，越注重功耗的系统，内存与片上系统的耦合度就越紧密，一些片上系统甚至会把内部 SRAM 绑定到芯片上，或者在多模块芯片上增加 DRAM 和线控模块。

通常一些系统会有**双倍数据速率** DRAM（DDR）、**低功耗 DDR**（LPDDR）和**图形 DDR**（GDDR），从 DRAM 单元的角度来看，它们基本上都是一样的，但外形尺寸、价格和功率有很大差别。

以表 8-4 为例，对比内存的类型及差异。

表　8-4

内存	DDR4	LPDDR4	GDDR5
每个引脚的最大数据速率	3.2 Gbit/s	4.267 Gbit/s	8 Gbit/s
接口宽度	64+8 位	双 16 位通道	多个 32 位通道
最大存储容量	128 GB	2 GB	1 GB
电压	1.2 V	1.1 V	1.6 V
安装方式	表面或者直插模块	表面或者模块	表面
成本	低	中	高

对于边缘系统的大多数工作负载，通用的计算采用表面封装或 DIMM 封装标准 DDR 内存。当增加 GPU 硬件辅助功能时，将使用 GDDR 内存。GPU 需要高带宽内存，通过连接到芯片上多个通道的多个 GDDR 模块来实现此功能。在边缘计算中，GPU 用于成像、视觉和机器学习场景。

另外一个需要关注的点是数据中心的健壮性。大多数服务器级基础架构都要依赖于纠错代码存储器（简称 ECC），ECC 内存会检测并纠正 DRAM 内存中最常见的故障。DRAM 内存易受宇宙射线、太阳耀斑或中子的随机影响，这些往往会影响 DRAM 单元内的电荷携带电容，发生"轻微翻转"现象。随着系统所在海拔高度的增加，地球大气层的屏障功能减少，这种影响变得更加明显，在配置了 ECC 内存的系统中，计算机可能会正常运行、挂起、崩溃或报告错误结果。

8.3.3　存储和非易失性内存

存储是许多边缘系统的核心组件。本章已经讨论了在通信失败的情况下，如何把存储用作缓存服务来保存数据，或者如何保存从边缘计算机到终端的数据流，以减少延迟。

边缘存储的管理对解决方案的健壮性至关重要。由于边缘系统无法实现固定的连接访问，因此系统的自我存储管理是很有必要的。

存储分类和接口

存储可以分为多种形式：

❑ **直接连接 SATA 硬盘**：这是传统的大容量存储组件，使用 SATA 标准接口进行互连。硬盘可以是机械硬盘或最新的固态硬盘。SATA 应用很广，Linux 和 Windows 的驱动程序普遍支持这种形式的存储，它们也是现在市场上成本最低的存储设备。虽然 SATA 已经发展了几代接口，性能在逐步提升，但基于 SATA 的硬盘与新的 NVMe 大容量存储相比，既没有大的吞吐量，也没有较低的延迟。第一代 SATA I 的速度为 1.5 Gb/s，SATA II 提高到 3 Gb/s，现在 SATA III 的速度为 6 Gb/s。

❑ **直连 NVMe 存储**：NVMe 代表**非易失性内存**。它是一种使用 PCI Express 接口和优化的协议与模块上的 NAND 闪存芯片进行通信的存储形式，模块可以采用小型插接 M.2 设备或标准的 2.5U.2 外形尺寸，也有其他形式。从硬件的角度来看，NVMe 占用更紧凑的空间，并且为所有内存组件提供了最快/最低的延迟解决方案。

❑ **eMMC 模块**：eMMC 是**嵌入式多媒体卡**的缩写，当前该规范的版本是 eMMC 5.0 版。这些存储模块应用的典型代表是消费类电子产品，它的变体形式为 SDIO 闪存卡，以体积小、移动灵活而流行，但性能或存储密度不如其他介质。例如，典型的 eMMC 设备的存储容量从 16 GB 到 64 GB，顺序读取的性能约为 250 MB/s，这远远低于 NVMe 的速度和存储密度，但其成本、功耗和部件的尺寸要小得多。

❑ **USB 闪存**：也可以采用 USB 的形式连接存储设备。它使用相同的 NAND 部件，但与主机的接口是 USB 总线。它的存储容量超过 1 TB，使用 USB 2.0 接口时支持大约 30 MB/s 的传输速度，使用 USB 3.2 超高速模式和专用 USBC 线缆可支持 20 Gb/s（2.6 Gb/s）的速度。

- **SPI 闪存**：以上列出的所有内存设备都是基于一般的内存芯片（大多数情况下是 NAND 内存）和一个控制器，该控制器管理 NAND 单元、备用、纠错和与主机的 API 接口，一个主机 CPU 不需要控制器就可访问 NAND 存储器。对于 SPI 闪存，可以把一般的 NAND 芯片布置在电路板上，由主机 CPU 通过低速 SPI 接口进行访问。

这就是典型的设备启动方式。在本章举例的边缘计算机中，一个 SPI 闪存会连接到**可信平台模块**（TPM），它作为信任根保存到初始化启动代码中。SPI 的速度会严重限制带宽，当速度为 10 Mb/s 时，接口的性能不如上述所列其他存储设备，主要适用于启动和关键的板载存储。

表 8-5 列出了这些类型的存储设备的优缺点。

表　8-5

存储类型	性能	有效容量	每比特的成本	用例
SATA	高：300 ～ 500 MB/s	128 GB ～ 32 TB	中（注意机械 SATA 硬盘通常比固态硬盘具有更高的密度和更低的成本）	标准存储、低成本存储。边缘计算可以将其用于通用软件、日志和操作系统存储
NVMe	很高：1 ～ 32 GB/s	512 GB ～ 32 TB	很高	特殊性能的应用（图像捕获），比典型 2.5 寸硬盘需要更少的空间
USB	高：30 MB/s ～ 2.6 GB/s	512 MB ～ 4 TB	中	空间受限的设备、外部连接的存储、安全密钥
eMMC	低：<250 MB/s	1 MB ～ 128 GB	低	引导代码、小型嵌入式边缘系统
SPI	很低：1 KB/s ～ 10 MB/s	1 KB ～ 128 MB	低	安全密钥、系统识别信息、序列号、不可变数据

通常，衡量存储性能的指标是 IOPS（每秒输入/输出），是对存储非连续性读/写请求的一种度量，由厂商进行测算和发布。

还可以使用以下公式把 IOPS 转换为每秒字节数：

$$每秒字节数 = IOPS × 传输大小（以字节为单位）$$

要理解这种测量单位，需要回顾一下磁碟型硬盘的技术，在使用磁头读取磁盘的时代，磁头在磁盘的不同位置间移动，存储性能方面会浪费大量的时间，这称作寻道时间。

下面，以磁碟型磁盘的两种方式读取相同的数据量，来说明这个问题。

1. **示例 1**：读取 10 个 1000 MB 的文件，预测总共需要 120 秒，传输速率为 83.33 MB/s。由于有 10 个请求，因此 IOPS 的数量为 10，即使是老式的磁碟型硬盘也能支持这个速度。

2. **示例 2**：读取 10 000 个 1 MB 文件，尽管读取的数据总量与示例 1 相同，但由于磁头寻道运动时间的关系，旋转磁盘将难以达到 10 000 IOPS，使用磁碟型硬盘几乎不可能支持此速度。

由于闪存设备没有运动的部件，也就没有寻道时间。但是，有一些新的因素会影响闪存的性能：

- ❑ 闪存磨损均衡和垃圾回收。这是下一节要讨论的慢速擦写问题和分片问题。
- ❑ NAND 控制器信道（并行访问多少个 NAND 部件）。
- ❑ 读取写入混合百分比。
- ❑ 使用或者误用操作系统生成的 Trim 指令。

在分析 NAND 闪存系统中的 IOPS 性能时，结果会因厂商而异。要确保 IOPS 与相同的传输大小（4 KB）进行比较，同样重要的是，对读 / 写时间的组合也要进行类似的处理。通常，70% 的数据是读操作，30% 是写操作，在下一节中会看到，这会影响系统的整体性能。最后，最好使用针对特定用例的特定基准测试套件评估性能，并在完全覆盖存储的情况下模拟多年使用情况。

最后，存储的耐用性通常与**驱动器的每天写入次数**（DWPD）有关。正如下一节要说明的，这对 NAND 闪存类的设备尤其重要，因为它的写循环次数是有限制的，测量数据列出了设备的全部存储容量每天可以完全重写的次数。

NAND 闪存设计和注意事项

在确定边缘系统存储时，使用固态闪存介质需要考虑一些因素：闪存介质的工作方式与老式旋转磁盘有很大不同。闪存是基于使用"浮栅"原理的单元存储。浮动栅极在写入过程中会积聚电子器件，晶体管中一般在源极和漏极之间有一个沟道连接，浮动栅位于沟道上方 1 um 处，浮动栅上方有一个控制栅，如图 8-9 所示。

本质上，保存在每个单元中的数据以捕获的电子的形式存在。在一个单元输出端读到"1"表示低电阻状态，对应的数值就是逻辑"1"，写入数据是一个更困难的过程，称为热电子注入。

1. 控制栅通过电介质提高浮动栅的电压。

2. 把浮动栅电压提升到编程电压的电平，并使其下方的沟道反相。

3. 浮动栅下面沟道中电子漂移的速度和能量增加了。

4. 这些电子在格栅内相互碰撞，产生的热量提高了硅片的温度。

5. 电子具有足够的能量来克服"格栅效应"，积聚在浮动栅中作为存储的信息位。

把捕获的这些电子移除的唯一方法是通过**擦除循环**（也称为隧道穿越效应），擦除的过程如下：

1. 源电极设置为"编程电压"，并且控制栅极接地，漏极悬空。

2. 迫使浮动栅极中捕获的电子向源极方向移动，浮动栅极没有电荷——实现擦除。

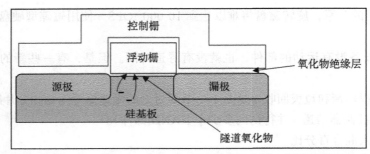

图 8-9　NAND 浮栅单元：浮动栅"夹在"氧化物绝缘层之间，电子从基板流向浮动栅，氧化物隧道起到屏障作用

NAND 设备出售的形式不同。**单层式存储**（SLC）、**多层式存储**（MLC）、**三层式存储**（TLC），以及即将投产的**四层式存储**（QLC），它们之间的区别在于单个单元可支持存储位的数量。例如 NAND 多层式存储的每个存储单元可以存储四个状态：00、01、10、11，这些状态对应多个电压电平。相比之下，单层式存储器件有两个状态（0 和 1），因此有两个电压电平。

任何多层式存储单元需要使用不同的阈值电压，从 NAND 中多次把相同的数据读取到寄存器中。三层式存储读取三次、四层式存储读取四次。在相同的 NAND 结构中，随着容量的增加，整体性能会下降，使用寿命会缩短，这是边缘系统设计中需要考虑的问题。

闪存单元的擦除受到一定的次数限制，虽然工艺有所改进，但单个存储的有效使用次数仍然是固定的。存储单元可以进行大约 3000 至 5000 次擦除，之后其电气特性会发生故障，从而无法可靠地保持电荷。随着时间的推移，电子会被困在隧道的氧化物层中，这样会降低沟道中的电场，并降低成功擦除次数（erase cycle）的能力。

为了缓解这种情况，NAND 闪存控制器使用了磨损均衡策略，所有的磨损均衡算法都会跟踪闪存设备上哪些数据块被使用过及使用频率，使用的方法有两种：动态和静态磨损均衡。

动态磨损均衡使用一种称为逻辑块地址（LBA）的结构。任何时候，当把新数据写入存储设备时，数据使用的原始区块将被标记为无效，写入的数据将映射到新的区块，这里的问题是，磨损均衡只在数据移动和被重写时发生。

在许多系统中，可能会存在病态的系统行为，一些文件不断被重写（例如日志），这种形式的磨损均衡比没有磨损均衡要好，但是 NAND 的某些区域可能会出现过早磨损（表 8-6）。

表　8-6

存储	单层存储（SLC）	多层存储（MLC）	三层存储（TLC）	四层存储（QLC）
每个单元的位容量	1 bit	2 bit	3 bit	4 bit
读取时间	25 us	50 us	~75 us	>100 us
写入时间	200 ~ 300 us	600 ~ 900 us	900 ~ 1350 us	>1500 us
擦除时间	1.2 ~ 2 ms	3 ms	5 ms	>6 ms
写入 / 擦除次数	100 000	3000	1000	~100
成本	很高	高	中	低
典型密度	1 ~ 32 Gbit	32 ~ 128 Gbit	128 ~ 256 Gbit	>256 Gbit

静态磨损平衡：静态磨损平衡更先进。顾名思义，NAND设备上的所有数据都会被移动，以此来平衡某些文件会被重度重写的影响，对于那些保持不变的数据，最终也会被移动到不同的物理页面上。对于供应商现在宣称的30万次以上**写入擦除**（PE）次数的耐久性，静态磨损平衡是实现此功能的必要条件。

被动态或静态算法标识要擦除的页面，不一定必须立即擦除。许多设备使用"垃圾回收"清除无效页面，在这个过程中，控制器将读取一个区块中的所有"可用页"，并把它们迁移到一个新擦除的区块中。从表8-6可以看到，擦除周期可能非常长，因此，垃圾回收将"时钟抖动"引入到驱动器的实时要求中。

超额配置和写入性能：使用任何类型的闪存时，要考虑的一个因素是在存储器上预留出额外的未用存储空间。制造商可能会在闪存中最低限度地预留一些备用空间，空间最小值通常是存储器二进制大小与十进制大小之间的差值。换句话说，对于32 GB的存储器，实际可用区域为32 000 000 000字节，而二进制形式的实际区域为32 073 741 824字节，这相当于有7.37%的额外容量用于故障区块和其他功能，虽然7%是可用的，但随着容量接近50%，存储器的写入性能会下降。如果没有预留更多空间，在随机写入数据时，很可能没有备用的区块，必须通过垃圾回收循环释放一个区块。

通过超额配置，随机写入的时候很可能会重新使用备用的区块，但是顺序写入不受影响。如果数据流本质上是连续的，那么它将倾向于从文件的开始到结束，以整块的形式进行写入和重写，如图8-10所示。

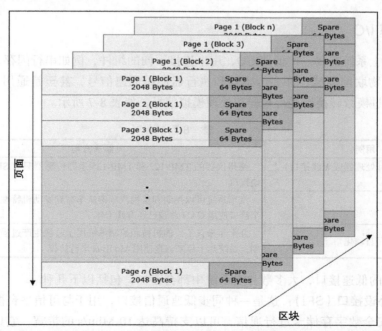

图8-10　NAND的页组和区块布局。该图说明了页组单元和备用单元的配置，数据会按页的
　　　　数量进行读取，并按区块的数量顺序写入

📖 大容量的存储设备会以数据块的形式访问存储内存，不像DRAM那样是随机访问。单元排列在页面中，页面由数据区域（称为单元阵列）和"备用区域"组成，备用区域是为重新映射失败单元而预留的块。一个单元阵列会被分隔成许多由较小页组成的块。新数据以页数写入NAND，按块的数量来擦除单元。多层式存储NAND的每个块使用128页，而单层式存储NAND的每个块使用64页，因此对于2 GB的NAND，会有2048个块，每个块包含64（2112字节）页，每个页是2112字节，因为它包含2048字节的单元阵列和64个字节的备用单元。

垃圾回收和磨损均衡对没有变化的数据块进行重写的现象称为写入放大，衡量放大率的单位是发生重写的次数。例如，如果把256 MB的文件一次性写入NAND设备，通过磨损均衡技术重写了96 MB的文件，则写入放大值为1.375，这个值越高，驱动器的综合磨损越严重。

💡 边缘设计的最后一个建议是使用trim命令。NAND设备制造商引入trim命令来告知部分SSD上的空间是可用的，可用做预留使用。设备不知道阵列中哪些数据有效，哪些数据无效，只有操作系统知道。操作系统可以发出一个trim命令，提醒设备存在不需要的数据页面，这些是可删除的文件。对在磨损均衡和垃圾回收中所捕获的所有页面，NAND设备可以忽略，以节省下一个写入循环的时间，这也减少了设备的写入放大和磨损，提高了处理性能。

8.3.4　低速I/O

大多数片上系统需要一些低速I/O，用来连接不同的组件，例如串行闪存、微控制器和板载设备。在物联网领域，许多传感器和执行器使用低速信号，甚至是通用I/O来进行数字控制，或通过模数转换器进行采样和处理模拟信号，如表8-7所示。

表　8-7

用例	解决方案
与传感器（没有处理器或无线接口）之间的接口	德州仪器的TMP-122和TMP-125系列传感器只有SPI接口，没有其他接口
汽车接口	汽车系统可以控制和监视汽车中从车窗到发动机特性的各种设备。这个接口使用CAN总线已经有几十年了
工业控制和工厂自动化	几十年来，工厂的机械和控制系统用于监视生产过程的运行状况和控制，系统几十年来一直使用ModBus串行协议

需要考虑的低速接口，大多数片上系统中都会存在，包括以下几种：

❑ **串行外设接口（SPI）**：这是一种同步低速通信接口，用于与可信平台模块、LCD屏幕和安全数字存储卡进行通信，可以支持高达10 Mbit/s的带宽，它以主从关系进行全双工通信，它有一个主站和多个从站，主站和每个从站之间使用独立的片选信号连接线。

串行外设接口的吞吐量比串行通信总线（I²C）或系统管理总线要高，但只能容许短距离的通信使用。该架构十分灵活，在不需要全双工的情况下，为获得更大的带宽，允许使用双线串行外设接口和四线串行外设接口。

- ❑ **I²C 接口**：它是一种同步的多主多从、基于分组式的串行通信系统。比较典型使用的案例是：与 PC 和服务器 DRAM 内存插槽中的 DIMM 模块进行通信，以及管理 HDMI 和 VGA 监视器的显示信息。串行外设接口可能使用四条通信线，而 I²C 接口仅使用两条。I²C 在标准模式下支持 100 Kbit/s，在快速模式下支持 400 Kbit/s，在高速模式下支持 3.4 Mbit/s，在超快模式下支持 5 Mbit/s。如上所述，这是一种使用了开始和结束符号的基于数据包的格式。

- ❑ **通用异步收发器（UART）**：它是最简单和最早的计算机通信方式之一，一直在广泛使用。不同于 I²C 协议，它是一种异步串行双线通信和信令系统。通用异步收发器只支持一个主站和一个从站，使用移位寄存器把数据位推入传输线中。由于它只是一个传输线接口，所以能够以多种方式使用，如全双工、半双工甚至单工模式。每个传输的 8 位数据中，都会包含开始和停止位来框定数据。通用异步收发器将成为数据采集与 SCADA 物联网系统通信的基础（如 RS485 或 RS232），RS232 标准规定了实现该功能的特定电压水平，并且需要额外的线路驱动装置来协助控制电压。相反，广泛使用传统的 ModBus 协议通常用在 RS485 接口上，它有自己的电信号，该信号与 RS232 标准不兼容。

- ❑ **通用输入 / 输出（GPIO）**：这类接口广泛用于计算领域，本质上是片上系统或集成电路上的数字信号引脚，没有特定的功能，可以通过编程进行控制。通用输入 / 输出的引脚可以用作输出驱动或用来捕获输入信号，可以是双向的，也可以是单向的。也可作为芯片上的中断用来发送事件信号，甚至可以用软件定义的总线或位撞接口的方式分组使用。通用输入 / 输出可用在控制设备、连通传感器或与电阻器件捆绑一起，启动时，以 ID 或安全的方式读取。

- ❑ **控制器接入网络（CAN）**：这是一种车载标准同步总线架构，用于在没有主机的情况下，微控制器之间的相互通信。它是一个专有的专利标准，博世公司拥有该项专利，该技术也由博世公司授权使用。

它使用基于数据包的分层协议，在多个主站和多个从站之间进行通信。控制器接入网络的通信可以使用至少四个信号或一个标准的 DB9 连接器。在低速容错模式下使用时，控制器接入网络的速度范围为 40 ~ 125 Kbit/s，在高速模式下为 40 Kbit/s ~ 1 Mbit/s。

8.3.5 高速 I/O

可以把任何传输速度约 100 Mbit/s 左右，或使用差分对等高级输入输出的设备都归类为高速输入 / 输出类，这些都需要特殊的设计规则、物理层协议和线路。简单的以太网收发器、USB 接口和 PCI Express 总线等形式可看作是高速互连，虽然很常见，但这些接口值得特别关注。

PCI Express（PCIe）是芯片到芯片和外设互连的最常见形式，PCIe 使用一对差分收发器，使用 PCIe 型号的功能不同，使用范围也有限。

从系统架构的角度来看，PCIe 是高速 I/O 和一些外部设备互连的首选（如 NVMe 存储设备、外部 GPU 和高速调制解调器）。PCI 使用**序列化 / 反序列化**（SerDes）信令，此信令基本上是互补信号，互为 180 度异相位，这样可以实现极高速的通信，对噪声和信号偏移的影响较小。它需要有特定的操作系统功能来执行 PCI 总线枚举功能，用来发现总线的拓扑和互连。USB 是更强大的即插即用设备互连的首选，USB 的吞吐量会低于 PCIe，在操作系统内核中也需要更多的软件开销，USB 为使用多种通用设备和外部安装组件（如 USB 闪存棒、无线发射机和外部调制解调器）提供了更多选择。以太网是最早的规范，主要用在基于网络的通信（表 8-8）。

表　8-8

总线	以太网	USB 3.0	PCIe Gen3	PCIe Gen4
总线宽度	1 对双绞线	9 引脚	1 ～ 32 通道	1 ～ 32 通道
速度范围	1 Mbit/s ～ 400 Gbit/s	5 Gbit/s	（984.6 MBit/s）/ 通道	1969 MBit/s
信号传递	双绞线或光纤	双绞线差分信号	差分序列	差分序列
拓扑结构	交换连接		单主 – 多从	单主 – 多从
电源管理	无	内置协议	内置协议	内置协议
路由距离	英尺或英里	英尺	英寸	英寸

8.3.6　硬件辅助和协同处理

边缘系统中很常见的硬件辅助通常以 GPU、DSP、模数转换器和其他众多功能的形式出现。服务器级的刀片系统会使用分立组件，而更紧密的嵌入式系统会把超级集成的硬件整合到单个片上系统或多模块芯片中。

为什么在硬件中加入算法的功能呢？与软件中的编写算法相比，固定功能的芯片或硬件辅助有两个主要优点：

1. 硬件算法会比软件处理快几个数量级。数据在硬件辅助模块之间以管道方式处理，从 I/O 直接进行流转。

2. 功耗通常会更低。固定功能的芯片和协处理器对硬件、软件设计团队和新设备驱动有额外的要求，但成效也是显而易见的。

本章前面介绍的片上系统示例中包含一个数字信号处理器。用于辅助处理和数据流的芯片有多种形式：

❑ 图像信号处理模块和管道（第 3 章中进行过探讨）。

❑ 用于成像的图形处理单元、**图形处理单元**（GPU）编程的通用计算、机器学习加速和 SIMD 加速。

- ❏ 用于音频输入、输出和实时信号分析的数字信号处理器。
- ❏ 压缩和解压缩。
- ❏ 加密加速器(**高级加密标准,AES**)。
- ❏ 用于矩阵乘法和卷积神经网络加速的硬件辅助推理引擎。

使用这类硬件辅助模块也是有成本的,首先是增加了芯片面积和硬件的许可成本,其次是软件和架构对数据流的影响。架构师在构建边缘计算系统时应仔细权衡这些选项。

8.3.7 引导和安全模块

本书介绍过物联网的安全事项,在堆栈的各个层面也曾探讨过,更多内容将在第 13 章进行深入的讨论。在边缘部署软件时,从计算机启动开始就保证软件的完整性是很重要的。现在,人们使用**可信平台模块**(TPM)来完成此项任务。TPM 是一个硬件模块,专门用于验证软件、存储加密密钥和保护密码。

硬件 TPM 模块具有:

- ❏ 信任根报告
- ❏ 信任根存储接口
- ❏ 存储键(存储密钥)
- ❏ 产生随机数用于生成密钥
- ❏ 加密功能:加密 / 解密、签名、密钥认证、SHA-1、散列生成

如本书前面示例框图所示,TPM 可以是独立的硬件模块,它通过低速串行外设接口与主片上系统通信。在启动过程中,TPM 的作用是访问闪存存储,并验证第一个启动阶段的完整性。当系统复位以后,TPM 将验证引导代码的签名,如果签名经过验证,引导就会正常进行。此外,在操作系统和其他加载组件完全受信启动过程中,TPM 可验证启动过程的每个阶段。

8.3.8 边缘计算硬件示例

现在,本书已经探讨过边缘计算中的处理器、存储、内存和相关硬件组件的特性,本节将研究在实际的边缘处理部署环境中部署不同设备,对比它们的功能和特性。

三种不同的模块会服务于不同的用例(表 8-9)。恩智浦(NXP)设备用于远端计算,例如语音助手(如 Alexa)或移动电话、移动车辆远程通信处理计算机,它有一套丰富的低速 I/O 和最佳的散热特性,在三者中功率最低。研华(Advantech)边缘计算机是耐用小型计算机的代表,它适合用在恶劣环境中,兼容 x86 软件,能在边缘运行完整的 Windows 堆栈。最后,用于边缘计算的超微(Supermicro)设备只是高度只有 1 U 的数据中心刀片服务器,使用了一个低端的英特尔至强芯片组,它的计算能力在三种设备中却是最强的,但完全缺乏在恶劣环境中使用的能力。

表 8-9

组件	恩智浦 LPC54018 物联网模块	研华 EIS-D210 服务器	超微 1019C-HTN2
CPU	ARM M4	Intel Celeron	Intel Xeon E-2200（第9代）
架构，位宽	ARM-7，32 位	x86，64 位	x86，64 位
内核	1	2	4
多线程	否	否	是，2
速度	180 MHz	1.1 GHz	3.4 GHz
浮点运算	是	是	是
硬件虚拟化	否	否	是
HWA，GPU	DAC 和 ADC 子系统	Intel HD Graphics @200 MHz	UHD Graphics @ 350 MHz
热设计功耗，芯片晶体管结温	1.2 W，150°C	8 W，105°C	95 W，73°C
缓存	无——参见 SRAM 芯片	16 KB L1，2 MB L2	64 KB L1 / 核 256 KB L2 / 核 8 MB L3 共享
内存	360 KB——参见 SRAM 芯片	4 GB DDR3	64 GB DDR4-ECC
存储	4 MB，参见 SPI 闪存。microSD 卡	64 GB SATA III SSD	4 TB M.2 NVMe SATA 可选
无线通信	802.11 b/g/n	802.11 2.4 和 5 GHz 蓝牙 4.1	无
低速输入 / 输出接口	10 Flexcomm 串行端口、SPI、I^{2C}、I^{2S}、GPIO、CAN、SDIO	2 RS232 UART	UART、I^{2C}
高速输入 / 输出接口	USB	802.3 Gbit Ethernet、4 USB 3.0、VGA、PCI Express Gen2	2 SATA2、2 802.3 Gbit Ethernet、3 USB 3.1、2 DisplayPort、1 VGA、PCI Express Gen3
安全	加密图像	可信平台模块（TPM）	可信平台模块（TPM）
工作温度	−40°C ～ 105°C	−20°C ～ 60°C	10°C ～ 40°C

表 8-9 中深色的单元格标示的是边缘计算机的优势项。

8.3.9 防护等级

在环境条件无法控制的室外或任何区域内，必须部署硬件设备时，架构师要确定如何保护电子设备免受污染、潮湿以及减轻散热的问题。通常情况下，电子设备会被放置在某些外壳内，电子行业会采用国际惯例来评定电子外壳的硬度。

该标准称为**防护等级**（Ingress Protection），简称 IP。IP 测试包括测试产品抵御水、灰尘和异物渗透的能力。一般来说，需要进行 IP 测试的产品包括计算机、实验室设备、多数医疗设备、灯具和必须保持无尘或防潮的产品，密封和可能放置在危险场所的物品也需要

IP 等级。与 IP 测试相关的标准有很多，特别是 MIL-STD-810（军用）、RTCA/DO-160（航空无线电技术委员会）和 IEC60529（国际电工委员会），这些标准的定义符合 EN60529 国际标准的规定。

表 8-10 详细说明了 IP 等级的两位数编码。

表 8-10

异物防护等级		湿度防护等级	
第一位数字标记	描述	第二位数字标记	描述
0 或 X	未分级	0 或 X	未分级
1	可防止大型物体侵入，如手或直径大于 50 mm 的物体。故意进入不受保护	1	可防止水滴掉落和冷凝（每分钟降雨量 1 mm）
2	可防止长度不超过 80 mm，直径不超过 12 mm 的物体，如手指	2	当外壳与垂直面倾斜 15° 时（每分钟降雨量 3 mm），可防止垂直滴水
3	可防止工具或直径大于或等于 2.5 mm 的物体侵入	3	可防止湿气喷射到垂直方向 60° 的范围
4	可防止大于 1 mm 的固体物体（电线、钉子、昆虫）	4	可防止水从任何方向飞溅至少 10 分钟
5	局部防尘保护 – "防尘"	5	可防止 30 kPa 压力下的低压射流（6.3 mm）从 3 m 处的任何角度直接喷水
6	对灰尘和其他微粒的全面保护，包括针对连续气流测试的真空密封 – "防尘"	6	可防止 100 kPa 的定向高压喷水
		7	在 15 cm 至 1 m 的深度下，完全浸入长达 30 分钟的完全保护
		8	在高压和深度达 3 m 的情况下长时间浸没的防护
		9 k	可防止高压（80 ～ 100 bar）、高温喷射（80°C）、冲洗和蒸汽清洗。常见于汽车和运输系统 ISO 20653:2013

例如，制造商将边缘系统的外壳评定为 IP65，表示它是"防尘的"，并且可以防止水从低压喷射器（如花园水管）喷入。防护等级为 IP68 的设备表示它是"防尘的"，可以长时间完全浸泡在水中。

8.4 操作系统

值得注意的是，边缘计算的操作系统有很多选择。对架构师来说，必须足够重视如何选择操作系统，因为这可能是在某环境中部署几代软件解决方案的基础。操作系统是存在于硬件设备和应用程序之间的软件抽象和保护层，另外，操作系统还为软件提供了一个应用程序二进制接口（ABI），操作系统可提供实时响应和保障服务，形成软件的进程级和线程级保护，并为软件应用程序之间提供共享内存和 IO 接口、管理系统内存和资源。

8.4.1 操作系统选择要点

在许多情况下，硬件 OEM 厂商会为其设计的硬件提供或推荐操作系统和**板卡支持包**（BSP）。其他情况下，操作系统的选择就不会这么简单（clean-cut），对专门构建和定制的硬件来说更是如此。

以下是架构师在选择操作系统时应该考虑和权衡的问题：

- ❏ 操作系统分发的成本。是 Linux 这样的公共许可，还是 Windows 这样的商业许可？
- ❏ 是否有支持合同？
- ❏ 是否有实时需求？操作系统是否支持实时或扩展？
- ❏ 操作系统支持哪种处理器架构（ARM，x86）？
- ❏ 操作系统是否能支持所需要的所有处理器的特性：虚拟内存、多级缓存、SIMD 扩展、浮点仿真？
- ❏ 如何获得软件包或扩展？ Linux：APT、yum、RPM、PACMAN。
- ❏ 为这个操作系统发行版本创建了多少软件包或扩展？
- ❏ 如何引导设备 – 闪存、网络（PXEboot）？
- ❏ 操作系统和内核中内置了哪种形式的安全服务？
- ❏ 对于深度嵌入式和远端系统，操作系统可以在内存和存储大小上精简多少？
- ❏ 启动时间会是问题吗？
- ❏ 需要什么样的文件系统？
- ❏ 如果外围硬件附带软件和驱动程序支持，有哪些操作系统可以支持？
- ❏ 操作系统是否支持所需的通信、网络和协议栈形式？
- ❏ 是否需要用户图形界面（GUI）？

上述不是一个详尽的列表清单，但必须明确，在选择操作系统时要考虑很多因素。操作系统是系统其他部分所依赖的基础层，更改操作系统通常需要对软件和驱动程序进行重大重构。稍后，本书将探讨一种基于容器的软件部署方法，该方法在某种程度上有助于把操作系统抽象出来，但在某些基础级别上，还是需要有操作系统（或内核）的。

8.4.2 典型引导过程

图 8-11 显示了一个典型的 Unix 引导过程。这是一个 Linux 的变体引导，开机后从复位向量引导到图形用户界面，该图说明了引导流程中最有意义的环节。通过使用 TPM，优先引导可能会更早启动，这将在第 13 章中进行讨论。在打开电子设备电源时，TPM 保障了信任根，并确保从各种介质中加载的下一段代码镜像是合格、可信的。

除了 TPM 的特殊情况外，系统通常会在硬件中要求**开机自检**（POST），以确保组件可靠地启动。传统上，系统会使用开机自检 BIOS 进行引导，但是现在，现代系统使用**可扩展**

固件接口（EFI）系统来替代旧的开机自检 BIOS 代码。EFI 是使用现代工具和封装构建的真正 32 位接口，而 BIOS 是 16 位接口和单片架构。

通常，在 EFI 或 GRUB 加载完操作系统镜像，并进入内核初始化之后，Linux 变体操作系统将启动。用一个临时 RAM 磁盘来帮助调度引导进程，一个重要的步骤是执行各种运行级别，运行级别是软件语义的操作级别，用来表示操作系统在其中运行的特定模式。按照惯例，有七个运行级别，编号为 0 到 7。

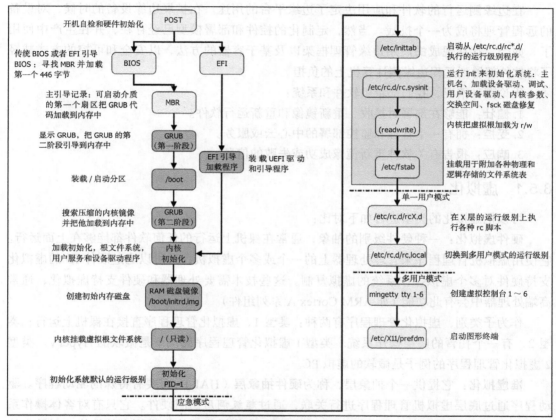

图 8-11　Linux 中从冷复位到用户级提示的典型引导过程。请注意，传统的 BIOS 和 GRUB
进行优先引导与 EFI 引导相比，有两种不同方式

8.4.3　操作系统调优

像 Linux 这样的操作系统，允许把不同框架、工具、实用程序和程序包的集合灵活地添加到系统的固件镜像中。然而，在构建可靠、健壮的边缘系统时就必须加以注意。构建边缘设备基本镜像的理念是：按照执行给定任务，提供所需最少的软件包和库集。这种方法不同于传统的基于云的虚拟机安装，后者是预包装的 Linux 镜像，包含上千兆的软件包和软件。

在边缘侧，要关注设备的安全性、设备对环境的健壮性以及设备的维护难度。最常见的情况是，边缘计算机的资源会受到限制，非关键的软件包消耗了存储和内存资源，而这些资源是用于实际用例的。

8.5 边缘平台

在边缘侧运行的软件和应用决定了边缘平台的用途。在扩展边缘设备的时候，对设备的远程管理将成为一个挑战。当然，定制化的控件和部署模型已经存在，并在生产中使用了。如今，存在现成的商用边缘管理框架以及基于容器的方法，以安全和可控的方式减轻了将软件部署到远程边缘侧计算机上的负担。

无论哪种情况，我们都希望软件和系统：

1. **健壮**：能够在部署时接收、重新镜像和重新运行软件。
2. **受控**：拥有一个管理和监控部署的中心云或服务。
3. **响应**：报告有关软件重新镜像成功或失败的信息。

8.5.1 虚拟化

可以把虚拟化的类型进行如下对比：

硬件虚拟化：一种硬件级别的抽象，通常在裸机上运行的任何软件都能够在上面运行。它使用虚拟机管理程序来管理处理器上的一个或多个虚拟机，并可以通过硬件 IO 的虚拟化支持硬件对多个虚拟操作系统的虚拟复制。这些技术需要处理器和硬件支持虚拟化，通常高端处理器中会有此功能（如 ARM Cortex A 系列组件）。

作为子类别，虚拟化管理程序有两种：类型 1，虚拟化管理程序直接在裸机上运行；类型 2，有一个托管的底层操作系统。类型 1 虚拟化管理程序的例子是微软的 HyperV。类型 2 虚拟化管理程序的例子是微软的虚拟 PC。

准虚拟化：它提供一个抽象层，称为**硬件抽象层**（HAL），需要有特殊的驱动程序。驱动程序通过底层虚拟机管理程序进行关联，通过超级调用访问硬件。它只有对客体操作系统进行修改，才能实现这种形式的虚拟化，可为客体操作系统提供更高的性能，以及直接和虚拟机管理程序进行通信的能力。

容器：对应用层级的抽象化管理，没有管理程序或客体操作系统。相反，容器只需要宿主操作系统来提供基本服务。

容器彼此之间是分离的，提供类似于虚拟机（VM）级别的防护，容器管理还可以适应不断变化的机器资源。例如，可以在运行的时候，为容器动态地分配更多的内存。

对于某些边缘计算应用，基于容器的抽象特别有吸引力。容器确实需要考虑系统级资源，例如计算性能、存储容量、甚至处理器的功能。它们提供了一种非常轻便且可移植的方法，把应用构建和部署到边缘计算机上。由于容器方法不使用客体操作系统，因此，它自然比传统的虚拟化更精简、更节省资源，这对于资源受限的边缘设备至关重要。此外，可以把一个符合要求，且正常工作的镜像进行容器化，还可对该镜像进行更改和测试。容器有很强的可移植性，可以部署在任何环境和几乎任何宿主机操作系统上，正因为如此，本书将重点介绍在边缘侧部署容器的方法（图 8-12）。

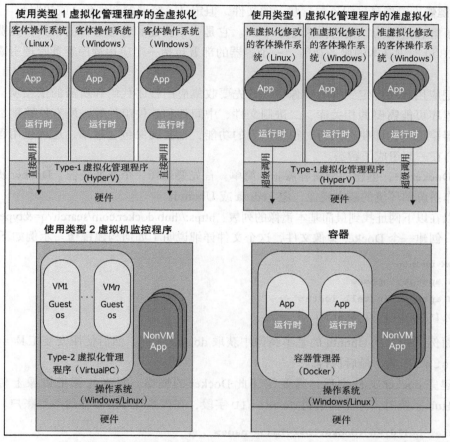

图 8-12 四种类型的虚拟抽象：全虚拟化、准虚拟化、类型 2 虚拟化管理程序和容器

在图 8-12 中，虽然类型 2 虚拟化管理程序可能看起来与容器设计类似，但它与容器并不相同，类型 2 虚拟化管理程序仍然有很高的开销和性能影响。本质上，在一个完整的物理主机操作系统上至少运行一个客体操作系统，考虑到虚拟化管理程序和运行时服务，它所需的内存和处理量比轻量级容器要大得多。

8.5.2 容器

容器是一种把底层硬件和服务虚拟化的方法，类似虚拟机（VM）。传统虚拟机需要一个位于硬件之上，能提供抽象层级的管理程序，而容器则不需要管理程序，相反，容器的服务位于操作系统层之上。

容器架构

创建一个容器，并把应用程序作为进程，在其中运行的行为称为**容器化**。理解容器的基本要素需要两个基本定义：

❑ **容器**：这是一个容器镜像的单一实例化，一个主机上可以存在多个实例。

❑ **镜像**：镜像是一组不包含状态的文件，但定义了容器的软件包（或快照）。

为了解容器架构，我们将探讨 Docker。它是一个构建和管理容器的工具，免费版本的 DockerEE 可提供基本的服务功能。一个容器的部署包括一个应用程序容器管理引擎和一个存储库。

要把应用程序绑定到容器镜像中，首先要收集应用程序代码和所需的依赖项，依赖项是应用程序可能需要的相关库、二进制文件、中间件和软件组件等，所有依赖项都必须包含在容器镜像中，即使在执行时很少用到的功能，也要确保包含进来，这种应用程序和依赖项聚合在一起组成了**容器**。

在 Docker 中，创建一个新容器非常简单。首先要选择一个基准镜像，Docker 提供许多各种操作系统和环境的基本镜像，像 Fedora 或 Ubuntu。

可以在以下网址找到最简基本镜像的列表：https://hub.docker.com/search?q=&type=image。接下来，创建一个 Docker 镜像文件，这个文件详细说明了如何构建镜像。示例如下：

```
FROM ubuntu
RUN apt-get update
RUN apt-get install iostat -y
CMD ["/usr/bin/iostat"]
```

上面例子中，从 Ubuntu 的基本镜像中获取 docker 文件，然后使用安装工具 apt-get 安装 iostat 工具，最后执行。

构建完 docker 文件之后，需要构建此 Docker 的镜像。只有打算把镜像上传到全局 Docker Hub 系统时，才需要用到 dockerID 字段，在该系统中需要注册一个账户。

```
docker build -t <dockerID>/<image-name> .
```

然后，在主机上执行以下命令，就可以在任何地方部署和实例化生成的镜像：

```
docker run [options] [dockerID/image-name][command]
```

边缘计算机设备，以及任何使用 Docker 并彼此互连的系统，都可以类似的方式获取这个新镜像，并运行它，这极大地减轻了部署和开发的工作量。此外，它允许使用诸如**持续集成和持续交付**（CI／CD）之类的技术，使边缘设备的开发模型如同大型 **SaaS**（软件即服务）解决方案的流程一样。

边缘平台——Microsoft Azure IoT Edge

虽然可以重新设计一整套管理平台，实现与其他 IT 工具、安全服务和管理需求一起协同使用，但有几个管理平台可以提供把边缘计算部署为一个集群所需的许多服务。

Microsoft Azure IoT Edge 提供容器部署引擎和管理服务功能，可以在 Windows 或 Linux 边缘计算机或设备上运行。它提供免费的开源运行时、一个容器平台（Docker）、一个兼容的边缘设备容器管理和部署流程、一个到 Azure IoT Hub 的云端接口（API）以及预配置服务。此外，还提供了许多常规的边缘任务，如离线操作或间歇性连接的能力、缓存和本地存储数据、按需同步到云端、用于端到端威胁保护和态势管理的安全服务，以及在将结果发送到云端存档或分析之前对数据进行过滤 / 转换。

Azure IoT Edge 的一般要求包括：

1. 可运行 x64、AMD64、ARM32v7 或 ARM64 的边缘计算机。

2. 边缘操作系统：Linux 或 Windows。

1）经过测试的 Linux 变体：Ubuntu Server 16.04、Ubuntu Server 18.04。其他不完全符合要求的：CentOS、Debian 8、Debian 9、Debian 10、Raspian Buster、RHEL 7.5、Wind River 8、Yocto Linux。

2）经过测试的 Windows 变体：Windows 10 IoT Core、Windows 10 IoT Enterprise、Windows Server 2019、Windows Server IoT 2019。

3. 容器运行时：与 OCI 兼容的容器运行时，例如基于 Moby 的引擎，Docker CE/EE 容器镜像与 Moby 兼容。

4. 工作负载和用例的资源：用于离线数据缓存的存储、内存和模块工作负载处理。

5. 上行 TCP/IP 广域网接口，通过 MQTT 或 AMPQ 协议回连到 Azure IoT Hub。

如果满足这些基本要求，运行时和容器管理器应该可以工作，如图 8-13 所示。

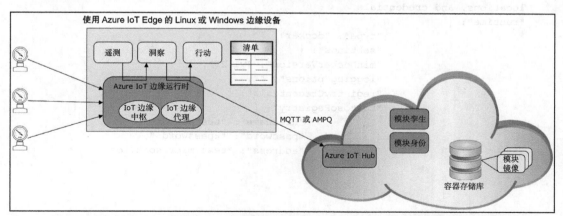

图 8-13　Microsoft Azure IoT Edge。显示的是承载边缘物联网边缘运行时的边缘设备。通过运行时与 Azure IoT Hub 协同，把多个模块作为容器部署进行管理。清单控制哪些模块可以使用，以及模块之间的常规路由

在图 8-13 中可以看到，Azure 物联网边缘平台与云端运行的 Azure IoT Hub 协同工作的整体架构。图中显示有三个传感器连接到边缘计算机，边缘计算机承载 Azure 物联网边

缘平台运行时服务，边缘服务运行时是轻量级的，是系统的核心。边缘运行时管理模块 / 工作负载安装、安全性、监视运行状况和所有的通信。Hub 分两种角色：IoT 边缘代理（IoT Edge Agent）和 IoT 边缘中枢（IoT Edge Hub）。边缘代理为管理模块服务，而边缘中枢管理通信，并作为更大的 Microsoft Azure IoT Hub 的代理，这需要更详细的解释。

运行在 Azure 云端的 IoT Hub 是一组超级功能集合的执行者，它是 Azure 中用于连接物联网设备的主接口。IoT Edge Hub 不是 IoT Hub 的完整版本，但它允许程序员通过 Azure IoT 设备的 SDK 设计软件与边缘接口，就如同他们设计软件连接 IoT Hub 的接口一样。IoT Edge Hub 还负责维护一份**清单**，该清单标识了允许在边缘设备上运行的合格和经过认证的模块，它还规定了运行在边缘上的不同模块之间的路由规则。

物联网边缘代理管理设备上运行的每个模块的容器镜像、访问私有容器注册表的凭证以及模块创建和管理的规则。

控制边缘运行时的清单可能类似于下面的示例。注意，每条路由都需要一个源和一个接收器。condition 是一个可选字段，允许过滤消息。IoT Edge Hub 将确保"至少一次"传递消息，sink 字段中的任何目的地都将至少传递一次消息。如果出现通信问题或故障，它将在本地存储和缓存所有消息，还可以对消息存储的时间进行微调。

第一部分详细介绍了模块内容和登录凭证：

```
{
    "modulesContent": {
        "$edgeAgent": {
            "properties.desired": {
                // This section lists Edge agent properties,
locations, and credentials
"runtime": {
                    "type": "docker",
                    "settings": {
                    "minDockerVersion": "v1.25",
                    "loggingOptions": "",
                    "registryCredentials": {
                    "ContosoRegistry": {
                        "username": "testaccount",
                        "password": "<password>",
                        "address": "test.microsoft.io"
                    }
                    }
                }
            }
        },
```

清单还必须包括 $edgeHub 和 $edgeAgent 部分，edgeHub 部分定义路由和 IoT Edge Hub 属性，edgeAgent 部分列出了模块和凭证的 URL。

```
        "systemModules": {
            "edgeAgent": {
```

```
            "type": "docker",
            "settings": {
              "image": "mcr.microsoft.com/azureiotedge-agent:1.0",
              "createOptions": ""
            }
          },
          "$edgeHub": { //required
            "properties.desired": {
                        // IoT Edge Hub properties and routing rules
      "type": "docker",
                        "status": "running",
                        "restartPolicy": "always",
                        "settings": {
                        "image": "mcr.microsoft.com/azureiotedge-
      hub:1.0",
                        "createOptions": ""
                      }
            "routes": {
                  "route1": "FROM <source> WHERE <condition> INTO
      <sink>",
                        "route2": "FROM <source> WHERE <condition> INTO
      <sink>"
                },
            }
          },
```

modules 部分定义边缘设备中运行的每个模块的所有属性:

```
          "modules": {
            "Sensor": {
              "version": "1.0",
              "type": "docker",
              "status": "running",
              "restartPolicy": "always",
              "settings": {
                "image": "mcr.microsoft.com/sensor:1.0",
                "createOptions": "{}"
              }
            },
```

Azure IoT Edge 的最强大设计思想之一是,某些专门设计在 Azure 云上运行的服务和功能如果满足运行时最低要求,则可以在边缘设备上本地运行。此类功能包括:

❑ 在 Azure IoT Edge 模块中部署和使用 Azure 功能。

❑ 把 Azure 的流分析系统作为 IoT Edge 模块使用。

❑ 在 IoT Edge 模块中使用 Azure 的机器学习子系统。

❑ 把 Azure 的自定义视觉服务作为 IoT Edge 模块使用,执行图像分类功能。

❑ 作为 IoT Edge 容器运行 SQL 数据库。

这种迁移云数据中心类服务可以实现快速开发且易于执行。

8.6 边缘计算用例

边缘计算会提供更靠近数据源的处理能力。到目前为止，本书已经探讨了几种传统的用例，但是最近出现了边缘计算的新用途。环境计算提出了融合到环境中的自然计算的概念，而合成传感则提供了将边缘级传感器聚合到一个更广泛的环境感知系统中的能力。

在本书中，我们还研究了在远端使用的不同类型的传感器。诸如 MEMS 传感器、热传感器和 PIR 运动传感器之类的设备，用来测量环境的特定特征，例如压力、温度或运动。这些传感器本身不具有理解环境中更复杂行为的功能，例如，炉灶还开着，或者咖啡是否已经泡好了。虽然可以在每个设备上通过直接添加传感器完成这些任务，但是合成传感器试图把所有传感器压缩到一个单一有限的硬件设备中，用于分析一个房间或办公室的整体环境。

8.6.1 环境计算

环境计算（有时称为普适计算）也是人类与机器进行交互的一种模式。通常情况下，人类与计算机的人机交互通过监视器、键盘和鼠标，或者通过智能手机上的触摸屏进行。无论怎样，人们与计算设备之间存在一种关联，这是通过人们必须与之进行交互的一个可分离的独立单元进行的。

在环境计算中，没有计算机可以交互——**计算机本身就是环境**。交互的是所处的环境，事物本身被使用、操纵、消耗或穿戴。这些事物本身就是计算结构的一部分，设备和人工智能协同工作，在需要时提供帮助和服务功能，在不需要时，设备会隐退。所有的意图和目的在前端都看不到任何典型计算机在发挥积极作用。

这是通过整合我们迄今所学的传感器、物联网和边缘计算来实现的。本质上就是收集和分析环境中的数据，并对其进行处理和执行。从边缘计算机的角度来看，目标是在不产生干扰的情况下做到这一点。更确切地说，边缘计算机具有重要的作用，但不应很明显地认为它是这个作用的中心。环境计算的原则是：

1. **隐形**：系统不应引起人们的注意。计算应该无处不在、无时不在，并且应该与设备无关，技术在需要时可见，在不需要时不可见。

2. **嵌入**：以传感器和计算的形式把智能嵌入物体自身内部。

3. **无摩擦**：环境计算旨在使复杂的交互与计算机无缝对接。它将人，而不是 PC、鼠标和键盘置于计算的中心。计算就是你所处的环境，也是对环境的认知。

4. **互连**：由不同事物和对象组成的环境应协同工作和相互通信，在标准和协议相互竞争的情况下，这一点变得很有挑战性。

边缘计算是环境计算的核心。早期的雏形是像 Amazon Alexa 这样的东西，它试图在环境中部署语音助手和云连接设备。在大多数情况下，人们可能甚至不知道环境中有边缘计算机的存在，直到你通过光环消息"Alexa"向它发出信号，它可以与某些环境传感器和物联网设备连接，并以无摩擦和隐形的方式进行交互。

　　边缘计算架构师面临的挑战是采用本章前面描述的技术，构建一个能与人类交互，但人类却看不到的设备。边缘系统具有强大的计算能力——相当于数据中心刀片服务器，但无论它们的功能多么显而易见，使其物理结构透明化都是工程上的挑战。这意味着人们必须从硬件、通信系统和基础设施入手，针对外形、空间、声音和视觉进行设计：没有闪烁的灯光、没有高速风扇、没有碍眼的布线。

　　使用边缘计算设备进行环境计算，一个很好的例子是合成传感，这将在下一节中介绍。

8.6.2　合成传感

　　合成传感由 Gierad Laput、Yang Zhang 和 Chris Harrison 在 *Synthetic Sensors: Towards General Purpose Sensing* (Proceedings of the 2017 CHI Conference on Human Factors in Computing Systems. pp 3986-3999. ACM, 2017) 中提出。在这里，一个设备放置在一个环境中，依据内置在边缘计算机中的不同传感器，它被用来训练学习正在发生的事情，这些传感器可能包括加速度计、温度传感器、声压传感器等。该设备经过训练，可以了解这些传感器如何受环境影响。例如，其中的放置在房间内的一个合成传感器计算机，会学习火炉上的哪个燃烧器被点着了、洗碗机是否正在运行、水龙头是否打开。

　　在图 8-14 中，我们展示了把数据汇聚到一台边缘计算机上的五个传感器，通过一个训练有素的推理引擎对实时信号进行处理和整理，用以检测事件。这组传感器缺少一个真正的摄像头，合成传感可能永远不会使用视频或摄像数据，而是把所有其他环境特征数据收集为一组与时间相关的信号。使用视频代表要用到"一大块"非结构化的数据，它需要另外一种不同形式的机器学习（将在本书后面讨论）。

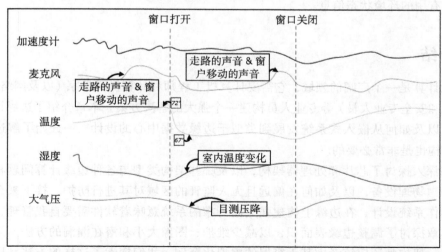

图 8-14　使用五个环境传感器进行合成检测，通过边缘推理机实时处理与时间相关的信号。根据这些信号的特征进行事件训练，例如温度和湿度事件如何指示房间内的窗户打开或关闭

当边缘设备获取传感器数据时，首先尝试消除信号中的噪声和偏差。接下来，它将尝试对所收集数据的时基和时间戳进行归一化处理。换句话说，某些传感器可能以较高的频率采样，而另一些传感器则以较低的频率采样，软件会把众多样本正确地调整到一个共同的衍生时基。在对信号进行校正后，边缘设备会在尽可能接近实时的数据上执行一个训练有素的推理模型，最终产品将是环境所处状态的分类。

从硬件的角度来看，边缘计算机可以使用类似粒子光子开发板的东西，其中内置了 ST Micro STM32F205 微控制器。目的是将尽可能多的与时间相关的传感器输入，融合在一个模块中。在这种情况下，可能感兴趣的传感器包括：

- ❑ 用于红外水平传感的 Grideye AMG833。
- ❑ AMS TCS34725 颜色和亮度传感器。
- ❑ Xtrinsic MAG3110 三轴磁力仪。
- ❑ Bosch BM280 温度、气压计和湿度传感器。
- ❑ TDK Invensense MPU6500 六轴陀螺仪和加速度计传感器。
- ❑ 2.4 GHz Wi-Fi 检测 RSSI 场强变化。
- ❑ 松下 AMN2111 PIR 运动传感器。
- ❑ 模拟 ADMP401 MEMS 麦克风传感器。
- ❑ 100 mH 电感 EMI 传感器。

所有设备、处理器和内存，以及 USB 和 Wi-Fi 网络接口都安装在 45.4 mm × 48.6 mm 的模块上，这遵循了环境计算的模式，创建一个以用户为中心的行为认知的空间感应设备，不需要把过多的传感器和设备连接到每个对象上，该设备可以隐藏起来，可以向房主或企业主提供有用的环境状态信息。

8.7　小结

边缘计算是一个广阔的领域，它需要计算机工程师和计算机科学家（以及网络管理员、业务经理和安全专业人员）等专业人员构建一个强大的解决方案。本章介绍了边缘计算用例和定义，以及如何从嵌入式系统发展到类似于边缘数据中心的设计，一开始了解边缘设备的硬件架构也是非常必要的。

本书深入探讨了芯片和处理器架构，以及哪些架构类型与各种边缘计算问题相关。此外还要考虑物理设备，以及如何在偏远且无人监管的区域对其进行防护。接下来介绍的是软件和操作系统设计，在边缘上构建强大而可靠的系统意味着软件需要自我管理、精简和可靠。本章探讨了调整边缘表面积，以减少维护、图像大小和潜在漏洞的方法。为了管理边缘系统，架构师还应该考虑基于容器的虚拟化范例，我们探索了这样的方法，以及如何在边缘机器上大规模地运行。

在下一章中，我们将继续学习边缘计算，并探讨它在网络和通信中的具体作用。

第 9 章　边缘路由和网络

边缘路由器、网桥和网关在物联网发展中发挥着不可或缺的作用。边缘计算的主要功能是桥接网络、跨网路由和提供高级网络管理,以实现从企业管理的数据中心到远程边缘设备的无缝企业级管理的能力。这需要强大的、自主的和故障保护的网络。

我们已经在前面讨论了不同的 PAN 和 WAN 协议。远端路由器或网关的重要功能是执行非 IP 网络和其他基于 IP 的网络(包括蜂窝网和 5G)之间的桥接。

在本章中,我们先简单回顾路由的一些基本知识。边缘是我们汇总来自传感器和 PAN 通信以及通过互联网到云的出站连接数据的地方。物联网设备需要与互联网进行某种类型的通信,通常,这些设备本身不具有直接连接到互联网的资源(例如,缺少 TCP/IP 联网硬件和软件),因此,需要边缘计算和路由来协助数据迁移。

了解并正确设计数据进出边缘节点的路由非常重要。之后,我们将讨论正在物联网部署中占据主导地位的 VLAN 和软件定义网络。这些技术允许边缘管理路由器实现智能分流。

9.1　边缘的 TCP/IP 网络功能

路由指的是数据在多个客户端和网络之间传输。对于本次讨论,我们将研究基于 TCP/IP 的路由及其在边缘上的适用性。

9.1.1　路由功能

路由器的基本功能是连接网络分段。路由是 OSI 标准模型的第三层功能,因为它利用 IP 地址层来引导数据包的移动。从本质上讲,所有路由器都依赖路由表来引导数据的流动。路由表用于查找数据包目的 IP 地址的最佳匹配。

有几种成熟的算法可用于高效路由选择。一种类型的路由是**动态路由**,其算法对网络和拓扑的变化做出反应,有关网络状态的信息通过路由协议定时或在触发更新时共享。动态路由的例子有距离向量路由与链路状态路由。另外,对于需要在路由器之间配置特定路径的小型网络,**静态路由**也非常重要和有用。静态路由是非自适应的,因此不需要扫描拓扑或更新指标。这些都是在路由器上预设的:

❑ **最短路径路由**:构建了一个代表网络上路由器的图。节点之间的弧线表示一个已知的链接或连接。该算法只是找出从任何源到任何目的地的最短路径。

❑ **洪泛路由**:从每台路由器向链路上的每个终端重复广播每个数据包。这会生成大量重复的数据包，并且需要数据包报头中的设置跳数来确保数据包有有限的生存时间。另一种替代方案是选择性泛洪，它只在目的地的大致方向上对网络进行泛洪。泛洪网络是蓝牙网状网络的基础。

- **基于流量的路由选择**：这种算法在确定路径之前会检查网络中的当前流量。对于任何给定的连接，如果容量和平均流量已知，那么它就计算该链路上的平均数据包延迟，这种算法可以找到最小的平均值。
- **距离向量路由**：路由表包含到每个目的地的最佳已知距离，这些表由相邻路由器更新。表中包含子网中每个路由器的条目，每个条目包含首选路由 / 路径，以及到目的地的估计距离。该距离可以是跳数、延迟或队列长度的指标。
- **链路状态路由**：路由器最初通过一个特殊的 HELLO 数据包发现所有的邻居，并通过发送一个 ECHO 包测量每个邻居的延迟。然后，该拓扑和定时信息被共享给子网中的所有路由器。一个完整的拓扑结构就建立起来了，并在所有路由器之间共享。
- **分层路由**：路由器被划分为多个区域，并具有层次化的拓扑结构。每台路由器都了解自己的区域，但不了解整个子网。分层路由也是在受限设备中控制路由表大小和资源的有效手段。
- **广播路由**：每个数据包都携带一个目的地址列表。广播路由器调查地址并确定传输数据包的输出线路。路由器将为每条输出线路生成一个新的数据包，新生成数据包中只包含所需的目的地。
- **多播路由**：网络被划分为定义明确的组。应用程序可将数据包发送到整个组，而不是发送到单个目的地或广播。

路由中一个重要的度量是收敛时间。当网络中的所有路由器共享相同的拓扑信息和状态时，收敛就会发生。

典型的边缘路由器将支持**边界网关协议（BGP）**、**开放最短路径优先（OSPF）**、**路由信息协议（RIP）**和 **RIPng** 等路由协议。在现场使用边缘路由器的架构师需要了解使用某种路由协议而不是其他路由协议的拥塞和成本，特别是当路由器之间的互联是有数据上限的广域网连接时：

- **BGP**：BGP-4 是互联网域路由协议的标准，在 RFC 1771 中有所描述，大多数 ISP 都使用它。BGP 是一种距离向量动态路由算法，在路由更新消息中通告整个路径。如果路由表很大，则需要很大的带宽。BGP 以每 60 秒发送一个 19 字节的保活报文来维持连接。对于网状拓扑，BGP 可能是较差的路由协议，因为 BGP 需要维持与邻居的连接。BGP 还难以应对大型拓扑中路由表的增长。BGP 也很独特，因为它是仅有的几个基于 TCP 数据包的路由协议之一。
- **OSPF**：该协议在 RFC 2328 中有所描述，可提供网络扩展和收敛优势，互联网骨干网和企业网大量使用 OSPF。OSPF 是一种支持 IPv4 和 IPV6（RFC 5340）的链路状态算法，工作在 IP 数据包上。它的优点是能在几秒钟内检测到动态链路变化，并做出响应。

❑ RIP：RIP 的第 2 版是一种基于跳数的距离向量路由算法，使用内部网关协议。它最初基于 Bellman-Ford 算法，现在支持可变大小的子网，克服了原始版本的限制。通过限制路径的最大跳数（15）来限制路由表中的循环。RIP 基于 UDP，仅支持 IPv4 流量。与 OSPF 等协议相比，RIP 的收敛时间较长，但对于小型边缘路由器拓扑结构，RIP 易于管理。尽管如此，对于只有几台路由器的 RIP 来说，收敛时间可能需要几分钟。

❑ RIPng：RIPng 代表 RIP 下一代协议（RFC 2080），它允许支持 IPv6 流量和用于身份验证的 IPSec。

一个典型的路由表如下所示：

```
[administrator@Edge-Computer: /]$ route
Table: wan
Destination           Gateway         Device UID          Flags      Metric
Type
default               96.19.152.1     wan                 onlink     0
unicast


Table: main
Destination           Gateway         Device UID          Flags      Metric
Type
96.19.152.0/21        *               wan                            0
unicast
172.86.160.0/20       *               iface:cloud-edge1              0
unicast
172.86.160.0/20       None            None                           256
blackhole
192.168.1.0/24        *               primarylan                     0
unicast
2001:470:813b::/48    *               *iface:cloud-edge1             256
unicast
fe80::/64             *               lan                            256
unicast
Table: local
Destination           Gateway         Device UID          Flags      Metric
Type
96.19.152.0           *               wan                            0
broadcast
96.19.153.13          *               wan                            0
local
96.19.159.255         *               wan                            0
broadcast
```

```
127.0.0.0          *          *iface:lo              0
broadcast
    .
    .
```

此示例有三个表：wan、main 和 local。路由器可以有一个路由表，也可以有多个路由表。上面的示例来自现场的一个真实边缘路由系统，该系统有一个已使用的蜂窝广域网上行链路，并且有一个本地子网，包含多个网络和虚拟局域网。每个表都包含该接口特有的特定路由路径：

❑ **目的地**：数据包目的地的完整或部分 IP 地址。如果该表包含 IP，则将参考其余条目来解析接口和路由。它通过使用部分地址实现这一点，可以用斜线（/）作为前缀，这就指定了要解析的地址的固定位位置。例如，/24 in 192.168.1.0/24 指定了 192.168.1 的高 24 位是固定的，而低 8 位可以解析 192.168.1.* 子网的任何地址。

❑ **网关**：这是用于匹配目的地查找的直接数据包的接口。在前面的案例中，网关指定为 96.19.152.1，目的地址为默认值。这意味着 96.19.152.1 的出站 WAN 将用于所有目的地址。这本质上是一种 IP 透传。

❑ **设备 UID**：这是指向数据的接口的字母数字标识符。例如，172.19.15 2.0/21 子网中的任何目的地都会将数据包路由到标记为 iface:cloud-edge1 的接口。通常，此字段将使用数字 IP 地址而不是符号引用来表示。

❑ **标志**：这些标志用于诊断并指示路由状态。具体使用的状态标志有：route-up、route-down 或者 use-gateway。

❑ **度量**：这是到目的地的距离，通常以跳数计算。

❑ **类型**：可使用的几种路由类型：
   ● unicast：路由是到达目的地的真实路径。
   ● unreachable：无法到达目的地。数据包被丢弃，并生成 ICMP 消息，指示主机不可达。本地发件人收到 EHOSTUNREACH 错误。
   ● blackhole：无法到达目的地。与 prohibit 类型不同，数据包将被悄悄地丢弃。本地发件人收到 EINVAL 错误。
   ● prohibit：无法到达目的地。数据包将被丢弃，并生成 ICMP 信息。本地发件人收到 EACCES 错误。
   ● local：目的地已分配给此主机，数据包被环回，并在本地传送。
   ● broadcast：数据包将以广播的形式通过接口被发送到所有目的地。
   ● throw：这是一种特殊的控制路由，用于强制数据包丢弃，并生成 ICMP 不可达消息。

我们还应注意，在前面的示例中，IPv6 地址与 IPv4 地址混合在一起。例如，主表中的 2001:470:813b::/48 是具有 /48 位子网的 IPv6 地址。

9.1.2 PAN 到 WAN 的桥接

物联网和桥接的一个关键点是将非 IP 通信转换为基于 IP 的广域网。例如，将捕获的蓝牙广播数据包转换为使用 5G 的 MQTT 流。这是一个复杂的过程，涉及多个硬件组件、无线电、设备驱动程序和通信堆栈，然而，它是这个过程的基础。

此时，我们假设边缘计算机上已经安装了适当的 PAN 和必要的 WAN 硬件。通常情况下，这个过程要么是事件驱动的，要么是轮询的。对于事件驱动的流量生成，PAN 数据的抵达将通知信号事件（蓝牙广播消息的到达）。如果事件符合条件，则可能有以下操作

- ❑ **忽略**：由于电源管理原因，或者由于数据包或广播消息未通过身份验证，已按照一套规则将数据包过滤。
- ❑ **缓存**：数据包可以本地存储在 RAM 中，也可以存储在非易失性内存中。相关的分组数据、时间戳以及可能的其他元数据都可以存储在不断增长的日志文件中，用于以后的传输或检索。在通信不可靠的情况下，缓存也是有效的，其中重试对于恢复能力是必要的。
- ❑ **传输**：数据包被包装在出站协议（如 MQTT 或 HTTP）中，并通过受信任的安全网络发送至经过身份验证的服务（如云摄取引擎或数据湖）。

虽然这只是一个简单的桥接，但控制系统内的逻辑使边缘成为一项强大的技术，它具有规则引擎、机器学习、高级电源管理技术和边缘分析。这些概念将在本书后面详细讨论。

图 9-1 是这种桥接的一个示例。这里使用的是一个典型的蜂窝式 NBIOT 模块（本例中是泰利特蜂窝模块）。这些模块通常通过 UART 或 USB 接口与主机连接（最高可达 480 Mbit/s 的通信）。泰利特蜂窝模块等模块可以使用内置的 Hayes 兼容 AT 指令集进行操作，并利用模块中内置的 TCP 协议栈，或者以原始格式通过**远程网络驱动接口规范**（RNDIS）使用 USB 的方式进行连接，也可以通过基于 USB 的以太网进行连接，这两种协议都是通过 USB 传输以太网帧的协议。

💡 *由于典型的 802.3 以太网以帧的形式传输数据，而 USB 则不是，因此，如果你试图将 USB 连接用作 TCP 网络组件，则必须使用协议。**以太网控制模型**（ECM）和**以太网仿真模型**（EEM）就是两个这样的协议。在这两种协议中，ECM 的实施和使用最为简单。*

随着从蓝牙设备捕获的数据包或广播在典型的 BLE 堆栈的数据向上传播到应用，桥接的非 IP 侧由边缘路由器控制。在这种情况下，绑定的应用是边缘控制应用，其执行所有必要的初始化和网络绑定，以桥接两个不同的网段。

该应用程序也是正确的实体，可以进行过滤、变性（基于诸如隐私规则之类的规则来过滤数据）、缓存和分析传入的数据流，最终上传到 WAN（图 9-1）。

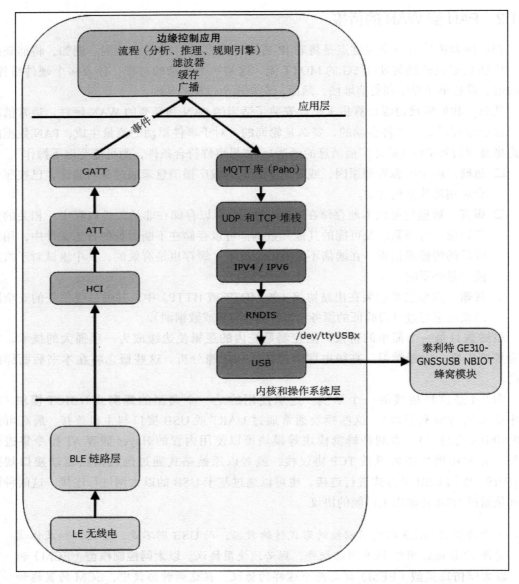

图 9-1 边缘路由上的 PAN 到 WAN 转换。这里使用了一个泰利特蜂窝 NB-IoT 模块，该模块通过高速 USB 接口与托管边缘计算机通信。RNDIS 用于在 USB 链路上强制传输以太网帧。边缘控制应用程序执行大部分的设置、绑定和网络接口。此外，它还控制规则引擎和逻辑，以确定哪些数据包应该从 PAN 传播到 WAN

💡 虽然所有的蜂窝无线电都需要一个 SIM 卡来识别设备与蜂窝运营商的关系，但对于边缘设计来说，有两种方法可以考虑。可以使用传统的 SIM 卡，并将其内置到 PCB 板上的卡载体中。另外，像泰利特 HE910 这样的设备也支持"内置 SIM"，这是一种固定的、不可拆卸的 SIM 卡设计，可以永久地安装在 PCB 板上。这是为了在恶劣的物联网部署中保持弹性，如越野车或潮湿的地方。

图 9-2 显示了如何使用 AT 命令与蜂窝无线电（如泰利特 HE910）进行通信会话。在这种情况下，边缘计算机或处理器可以有多个应用程序打算打开网络接口，并在互联网上传输或接收数据。每个应用程序将被分配一个 AT（提示）虚拟端口（AT0、AT1 等）。Hayes AT 命令集在 COMMAND 模式或 ONLINE 模式下运行。在 COMMAND 模式下，AT 前缀指令对调制解调器进行配置和控制，而在 ONLINE 模式下，应用程序或用户输入的数据可自由上传到网络。调制解调器上的每个 AT 端口都会分配一个 IP 地址，以匹配应用程序。

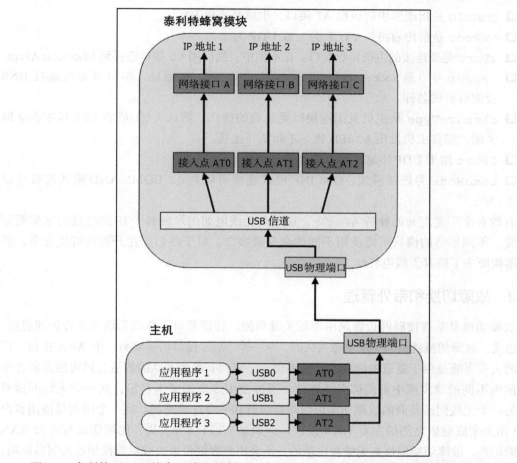

图 9-2　泰利特 HE910 蜂窝无线电的例子。在这里，有三个应用程序创建了虚拟 AT 端口，这些端口通过 USB 连接从边缘处理器到达泰利特无线电模块

下面是在泰利特模块上打开基于蜂窝网的接口的示例。

在 COMMAND 模式下，使用以下方法打开接口：

```
AT#SD=3,0,80,"host name"
CONNECT
[data is delivered]
+++
OK
```

AT 命令 SD 表示"接口拨号",将打开一个 TCP/UDP 连接,连接到已知主机,如 azure.microsoft.com。该命令被解析为:

```
AT#SD=<connId>,<txProt>, <rPort>, <IPaddr> [, <closureType> [,
<IPort>[,<connMode>]]]
```

❑ connId 是指图形中的虚拟 AT 接口,也就是连接 ID。
❑ txProt 是指传输协议(TCP 为 0 或 UDP 为 1)。
❑ rPort 是要连接的主机接收端口。在本例中,我们用 80 端口连接到 Microsoft Azure。
❑ IPaddr 可以是 xxx.xxx.xxx.xxx 格式的有效 IP 地址,也可以是应通过 DNS 查询解析的名称。
❑ closureType 是主机关闭连接时要采取的操作。默认(0)或者 255 是主机立即关闭,需要主机发出 AT#SH 命令才能断开连接。
❑ IPort 用于 UDP 本地连接,使用自选端口。
❑ connMode 为连接模式,ONLINE 模式连接可以为 0,COMMAND 模式连接可以为 1。

有数百个厂商定义的独特 AT 命令,这是对无线电如何形成基于 IP 的连接的非常简短的研究。不同型号的模块可能使用不同的命令或接口。对于他们正在开发的解决方案,需要由架构师来了解其无线电特性。

9.1.3　故障切换和带外管理

故障切换是某些物联网边缘路由器的关键功能,特别是对于移动车辆和患者护理应用。顾名思义,故障切换就是当一个主源丢失时,从一个 WAN 接口切换到另一个 WAN 接口。广域网的丢失可能是由于隧道中蜂窝连接的丢失。一家拥有冷库车队的物流公司可能需要在全国范围内不同的蜂窝网中都能够保证连接。通过使用多个 SIM 卡身份,从一个无线网运营商到另一个无线网运营商的故障切换可以帮助缓解和平滑过渡连接。另一个用例是使用客户 Wi-Fi 作为家庭健康监测的主要 WAN 接口,但如果 Wi-Fi 信号丢失,则可实现与蜂窝 WAN 的故障切换。故障切换应该是无缝和自动的,不会出现数据包丢失或对数据延迟的明显影响。

物联网设备还应该考虑**带外管理**(Out-Of-Band Management,OOBM)。OOBM 在需要专用和隔离信道来管理设备的情况下是有用的。有时,如果主系统离线、损坏或断电,人们仍然能够通过边带信道远程管理和检查设备,这被称为断电管理(Light-Out Management,LOM)。在物联网中,这对于需要保证正常运行时间和远程管理的情况是很有用的,例如石油和天然气监控或工业自动化。一个设计良好的 OOBM 系统应该不依赖被监控的系统的功能。典型的管理计划需要设备被启动并发挥作用，如 VNC 或 SSH 隧道。

在构建物联网架构时，你必须知道什么资产需要 OOBM。通常情况下，你希望对边缘到云网络中的关键点进行这种形式的管理。如果一个边缘路由器可能受到损害，或者涉及至关重要的管理（例如，受托业务或紧急服务），那么拥有 OOBM 来确定机器的健康状况，而不依赖于正常的网络，这是非常有用的。这样，即使传统的网络路径丢失，IT 管理人员仍然可以重置设备，阻止恶意软件攻击，并对设备重新编程。

OOBM 需要从系统中被辅助和隔离，如图 9-3 所示。

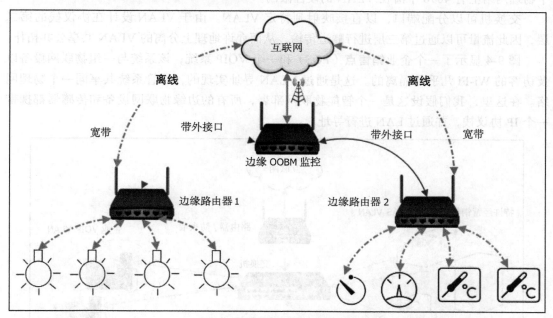

图 9-3　带外管理的配置示例

> 💡 在物联网部署中使用故障切换的一个用例是在超市零售领域。现代杂货店以及新的亚马逊（无收银员杂货店）会有收银机等销售点机器，以及物联网传感器、蓝牙信标和安全系统。它们还包括基于互联网的音乐服务和客户 Wi-Fi。在传统的互联网服务出现故障时，系统将转换到一个故障切换蜂窝服务。这种服务的带宽较少，而且服务协议成本较高，因此边缘系统将限制客户 Wi-Fi 和基于互联网的音乐等服务的质量，而优先保证收银员和金融业务的工作。

9.2　边缘级的网络安全

在构建物联网解决方案时，必须考虑从传感器到云的安全性。边缘在数据通信安全以及将不同数据路径隔离方面具有重要作用。本节将探讨应在边缘部署的一些网络标准。

9.2.1 VLAN

虚拟局域网（VLAN）的功能与任何其他物理局域网一样，但它使计算机和其他设备能够被分组，即使它们没有物理连接到同一个网络交换机上。分区发生在 OSI 模型的数据链路层（第二层）。VLAN 是对设备、应用或用户进行网络分割的一种形式，尽管它们共享同一个物理网络。一个 VLAN 还可以将主机分组，虽然它们不在同一个网络交换机上，这从根本上减轻了分区联网的负担，而不需要跑额外的电缆。IEEE 802.1Q 是构建 VLAN 的标准。从本质上讲，VLAN 在以太网帧中使用一个由 12 位组成的标识符或标签。因此，在一个物理网络上有 4096 个潜在 VLAN 的硬性限制。

交换机可以分配端口，以直接映射到特定 VLAN。由于 VLAN 设计在协议栈的第二层，因此流量可以通过第三层进行隧道传输，从而允许地理上分离的 VLAN 共享公共拓扑。

图 9-4 显示了一个企业**销售点**（POS）和一个 VOIP 系统，该系统与一组物联网设备以及访客的 Wi-Fi 几乎是隔离的。这是通过 VLAN 寻址实现的，尽管系统共享同一个物理网络。在这里，我们假设这是一个智能物联网部署，所有的边缘物联网设备和传感器都携带一个 IP 协议栈，并通过 LAN 进行寻址。

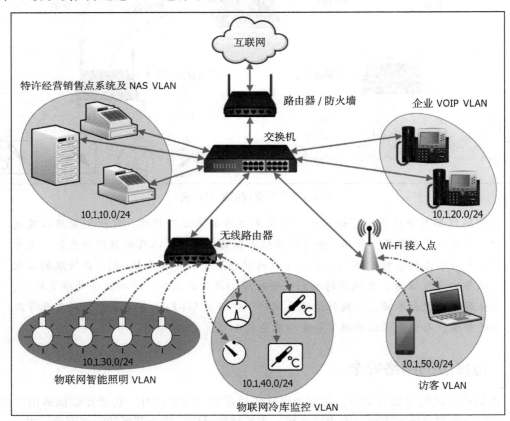

图 9-4 特许经营或零售场景下的 VLAN 架构示例

VLAN 设计在物联网领域很有用。将物联网设备与其他企业功能隔离是一个典型的场景。VLAN 只有在处理 IP 可寻址设备时才有用。

9.2.2 VPN

VPN 隧道用于在公共网络上建立与远程网络的安全连接。例如，VPN 隧道可用于个人在旅行时跨越互联网连接到安全的公司网络，或将两个办公室网络作为一个网络使用。两个网络通过指定 VPN 加密协议，建立起与（通常）不安全的互联网的安全连接。

对于物联网部署来说，要将远程传感器和边缘设备的数据转移到企业或私人局域网中，VPN 是必要的。通常情况下，企业网会使用防火墙，而 VPN 是将数据直接移动到私有内部服务器的唯一手段。在这些情况下，VPN 可能是桥接网络的路由器的必要组件。在本章的后面，对软件定义网络的讨论将提出一种保护网络安全的替代方法。

有以下几种 VPN：

- **互联网协议安全**（Internet Protocol Security，IPsec）虚拟专用网络：传统形式的虚拟专用网络技术，位于 OSI 协议栈的网络层，通过两个终端之间的隧道保护数据。
- **OpenVPN**：一个开放源码的 VPN，用于在路由或桥接配置中进行安全的点对点和站点对站点的连接。它结合了一个定制的安全协议，利用 SSL/TLS（OpenSSL）进行密钥交换、加密控制和数据面。它可以通过 UDP 和 TCP 传输运行。SSL 在大多数浏览器应用中很常见，因此，SSL VPN 系统可以在应用基础上而不是整个网络提供安全隧道。
- **WireGuard**：另一种开源的 VPN。WireGuard 通常比 OpenVPN 或 IPSec 更容易配置和设置。整个 VPN 代码库只有 4000 行。它的功能和可配置性比 OpenVPN 少（50 万行代码），但可以充分满足大部分重要功能。
- **通用路由封装**（Generic Routing Encapsulation，GRE）：通过类似于 VPN 隧道的隧道建立终端之间的点对点连接，但对其有效载荷进行封装。它将这个内部数据包封装在一个外部数据包中。这使得数据有效载荷可以不受干扰地穿过其他 IP 路由器和隧道。此外，GRE 隧道可以传输 IPV6 和组播传输。
- **第二层隧道协议**（Layer 2 Tunneling Protocol，L2TP）：通过 UDP 数据报在两个私有网络之间建立连接，通常用于 VPN 或作为 ISP 交付服务的一部分。该协议中没有内置安全或加密功能，它通常依靠 IPsec 实现。

在比较 VPN 功能时，重要的是看服务是否有自己的 DNS、IPV6 支持、SSL 和 SSH 支持、数据加密和握手加密方式（例如 AES256）、SSL 服务评级等功能，比如日志（用户带宽的日志、用户连接数）。SSL 服务评级由 Qualsys SSL Lab 测试工具（www.qualsys.com）报告。

VPN 必须信任底层网络协议，或者提供自己的安全性。VPN 隧道通常使用 IPsec 验证和加密跨隧道交换的数据包。要在一端设置 VPN 隧道路由器，另一端必须有一个同样支持 IPsec 的设备（通常是路由器）。**互联网密钥交换**（Internet Key Exchange，IKE）是 IPsec 中的安全协议。IKE 有两个阶段。第一阶段负责建立一个安全的通信通道，在第二阶段，建立的通道被 IKE 对等体使用。路由器在每个阶段都有几种不同的安全协议选择，但对于大多数用户来说，默认的选择就足够了。每一次 IKE 交换都使用一种加密算法、一种散列函数和一个 DH 组进行安全交换。

- ❑ **加密**：用于对 IPsec 收发的信息进行加密。典型的加密标准和算法包括 AES 128、AES 256、DES 和 3DES。
- ❑ **散列值**：用于比较、认证和验证 VPN 的数据，确保数据以预定的形式到达，并得出 IPsec 使用的密钥。企业级路由器中典型的散列函数包括 MD5、SHA1、SHA2 256、SHA2 384 和 SHA2 512。需要注意的是，一些加密/散列组合（如 3DES 与 SHA2 384/512）的计算成本很高，会影响广域网性能。AES 提供了良好的加密功能，性能比 3DES 好得多。
- ❑ **Diffie-Hellman(DH) 组**：IKE 的一个属性，用于确定与密钥生成相关的质数的长度。生成的密钥强度部分由 DH 组的强度决定。例如，第五组的比第二组的强度大。
  - ● **第一组**：768 位密钥
  - ● **第二组**：1024 位密钥
  - ● **第五组**：1536 位密钥

在 IKE 第一阶段，如果你使用的是激进交换模式，那么你只能选择一个 DH 组。

算法按优先级顺序排列。你可以通过点击并向上或向下拖动算法来重新排列该优先级列表。任何选定的算法都可以用于 IKE，但列表顶部的算法可能会被更频繁地使用。

💡 关于移动和电源受限的物联网部署的注意事项：传统的 VPN 无法承受进出持久的网络连接（如蜂窝漫游、运营商切换或偶尔供电的设备）。如果网络隧道中断，就会导致超时、断开和失败。一些移动 VPN 软件，如 IETF 的**主机身份协议**（Host Identity Protocol，HIP），试图通过将漫游时使用的不同 IP 地址与 VPN 逻辑连接脱钩解决这个问题。另一种选择是**软件定义网络**（Software-Defined Networking，SDN），本章后面会介绍。

9.2.3 流量整形和 QoS

流量整形和**服务质量**（QoS）功能在处理拥塞或可变网络负载时需要保证服务水平的部署中很有用。例如，在 IoT 用例中，当混合实时视频流和公共 Wi-Fi 时，视频馈送可能需要优先级和质量保证水平，尤其是在公共安全或监视的情况下。从广域网到边缘路由器的传入数据将按照先到先得的方式服务：

❑ **QoS 功能**：这些功能允许管理员为路由器或特定端口托管的给定 IP 地址分配优先级。QoS 功能仅控制上行链路信道。在上行链路信道的容量比下行链路少得多的情况下，它们特别有用。通常，消费者宽带将具有类似 5 Mbit/s 的上行链路和 100 Mbit/s 的下行链路的特性，而 QoS 确实提供了一种对受约束的上行链路进行负载平衡的方法。QoS 不会分配硬限制，也不会像流量整形那样对链路进行分段。

❑ **流量整形功能**：流量整形是预分配带宽的一种静态形式。例如，可以将 15 Mbit/s 的链路划分为较小的 5 Mbit/s 的段，这些段将被预先分配。通常，这是一种浪费，因为如果需要的话，这些带宽不一定会返回到集合体。

❑ **动态整形和数据包优先级**：现代路由器支持动态整形属性。这允许管理员将带宽分段规则动态地分配给入口和出口流量。它还可以管理实时应用程序的延迟敏感数据包（如视频或用户界面）。

动态整形和数据包优先级允许根据数据或应用程序的类型（而不仅仅是 IP 地址或端口）创建规则。

📝 **差异化服务**（Differentiated Service，DiffServ）是一种对网络流量进行分类和管理的方法。DiffServ 在 IP 报头中使用 6 位**差分服务码点**（Differentiated Service Code Point，DSCP）进行数据包分类。DiffServ 的概念是，边缘路由器可以在网络边缘执行复杂的功能（如数据包分类和策略），然后标记数据包接收特定类型的每跳行为。进入 DiffServ 路由器的流量需要进行分类和调节。此外，DiffServ 路由器可以自由地改变先前由不同路由器标记的分组的分类。DiffServ 是一种用于流量管理的粗粒度工具，因为链路中的路由器链并不都需要支持它。另外，路由器将通过 QoS 功能管理不同的数据包类别。或者，**IntServ**（代表**集成服务**）协助 QoS，要求链中的所有路由器都支持它。这是细粒度 QoS 的一种形式。

网络质量的另一个方面是**平均意见分**（Mean Opinion Score，MOS）。MOS 是指从用户角度衡量系统质量的各个数值的算术平均值。这通常用于**互联网语音协议**（Voice Over Internet Protocol，VOIP）应用，但当然也可以用于视觉系统、成像、流数据和用户界面的可用性。它基于 1 ~ 5 的主观评分（1 为质量最差，5 为质量最好），并应在反馈循环中使用，以增加容量或减少数据大小来匹配容量。

将 PAN 桥接到基于 IP 的 WAN 的边缘路由器有几个选项可供选择，以响应链路质量的变化和网络服务的降级，例如，在车队卡车运输的物联网部署中，载波信号可能会降级。在这种情况下，路由器可以使用 TCP **性能增强代理**（Performance-Enhancing Proxy，PEP）克服和补偿质量变化（RFC 3135）。PEP 可以用在传输层或应用层的协议栈中，因物理介质而异。PEP 的形式包括：

❑ **代理 PEP**：在这里，代理作为中间人来模拟一个终端。

❑ **分布式 PEP**：一个 PEP 可以运行在链路的一端，也可以同时运行在两端（分布式模型）。

一个 PEP 包括以下功能：

- ❑ **分割 TCP**：PEP 将端到端连接分成多个片段，以克服影响 TCP 窗口的大延迟时间。这些功能通常用于卫星通信中。
- ❑ **ACK 过滤**：在数据速率不对称的链路中（如 Cat-1：下行 10 Mbit/s，上行 5 Mbit/s），ACK 过滤器通过累积或减少 TCP ACK 来提高性能。
- ❑ **侦听**：这是一种集成代理的形式，用于隐藏无线链路上的干扰和冲突。它会拦截网络中的重复 ACK，然后丢弃并用丢失的数据包替换它们。这可以防止发送方随意减小 TCP 窗口大小。
- ❑ **D-Proxy**：PEP 通过在链路的两边各分配一个 TCP 代理来协助无线网络。代理通过寻找分组丢失的情况监视 TCP 数据包序列号。一旦检测到，代理打开临时缓冲区并吸收数据包，直到丢失的数据包恢复，并重新排序。

9.2.4 安全功能

边缘路由器或网关还有一个重要角色，即在 WAN、互联网和底层 PAN/IoT 设备之间提供安全保护，许多设备缺乏必要的资源、内存和计算能力来提供强大的安全性和配置。无论架构师是自己构建还是购买网关服务，都应该考虑以下功能，以确保 IoT 组件的安全。

防火墙保护是最基本的安全形式。电信防火墙有两种基本形式。第一种是**网络防火墙**，用于过滤和控制从一个网络到另一个网络的信息流。第二种是**基于主机的防火墙**，用于保护该计算机本地的应用程序和服务。在物联网边缘路由器的情况下，我们专注于网络防火墙。默认情况下，防火墙会阻止某些类型的网络流量流入受防火墙保护区域，但任何源自该区域内的流量都允许向外流动。防火墙将根据数据包、状态或应用程序查找和隔离信息，这取决于防火墙的复杂程度。通常，创建的区域位于网络接口，并制定规则来控制区域之间的流量。例如，边缘路由器有一个访客 Wi-Fi 区域和一个企业专用区域。

数据包防火墙可以根据数据包报头中包含的源或目的 IP、端口、MAC 地址、IP 协议和其他信息来隔离和控制某些流量。**有状态防火墙**在 OSI 栈的第四层中运行，它收集和汇总数据包，寻找模式和状态信息，如新连接与现有连接。应用过滤则更为复杂，它可以搜索某些类型的应用网络流，包括 FTP 流量或 HTTP 数据。

防火墙还可以利用**隔离区**（DeMilitarized Zone，DMZ），DMZ 只是一个逻辑区域。DMZ 主机实际上是没有防火墙的，也就是说，互联网上的任何计算机都可以尝试远程访问 DMZ IP 地址的网络服务。典型的用途包括运行公共网络服务器和共享文件。DMZ 主机通常由一个直接的 IP 地址指定。

端口转发是一个可以让防火墙后面的某些端口暴露出来的概念。一些物联网设备需要一个开放的端口来提供由云组件控制的服务。同样，构建一个规则，允许防火墙区域内的指定 IP 地址有一个暴露的端口。

💡 DMZ 和端口转发在一个受保护的网络中开放端口和接口。对此，应谨慎行事，以确保这是架构师的意图。在具有许多边缘路由器的大规模物联网部署中，打开端口的通用规则可能对一个位置有用，但对另一个位置却存在重大安全风险。此外，保持对 DMZ 和开放端口的审计应该是一个安全过程，因为网络拓扑和配置会随着时间改变。一个 DMZ 在任一时刻都可能导致以后网络安全的开放漏洞。

9.2.5 指标和分析

在许多情况下，物联网边缘设备在使用 4G LTE 等计量数据时，会受到服务水平协议或数据上限的限制。在其他情况下，边缘路由器或网关是其他 PAN 网络和物联网设备的主机。它应该作为 PAN 网络 / 网状网健康状况的中央权威（但不是本地）。指标和分析对于收集和解决连接性和成本挑战非常有用，特别是随着物联网规模的增长。典型的指标和收集应包括以下内容：

- ❑ **广域网正常运行时间分析**：历史趋势、服务水平
- ❑ **数据使用**：每个客户端和每个应用程序的入口、出口、汇总
- ❑ **带宽**：对入口和出口进行随机或计划的带宽分析
- ❑ **延时**：Ping 响应时间、平均延迟、峰值延迟
- ❑ **PAN 健康**：带宽、异常流量、网状网重组
- ❑ **信号完整性**：信号强度、站点调查
- ❑ **位置**：GPS 坐标、移动、位置变化
- ❑ **访问控制**：客户端连接、管理员登录、路由器配置更改、PAN 认证成功 / 失败
- ❑ **故障切换**：故障切换事件的数量、时间和持续时间

💡 指标使用的一个例子是市政车辆的移动 IoT。在这个案例中，一个中西部的大型城市要求他们的除雪车队连接到互联网，并报告 GPS 位置、盐的状态和犁的状态等信息。这对于创建城市街道的实时地图和在需要的地方有效地定位铲车是必要的。收集指标是为了了解信号完整性和广域网正常运行时间。在丘陵地区，一些区域处于蜂窝"阴影"中。这些信息被用来建立一个边缘解决方案，缓存数据，直到蜂窝信号重新建立。

这些类型的指标应按计划自动收集和监控。此外，当在边缘发现某些事件或异常行为时，高级路由器应该能够构建规则和警报。

9.3 软件定义网络

软件定义网络（Software-Defined Networking，SDN）是一种将定义网络控制面的软件和算法与管理转发面的底层硬件解耦的方法。

此外，**网络功能虚拟化**（Network Function Virtualization，NFV）被定义为提供在与厂商无关的硬件上运行的网络功能。NFV 描述了通常在堆栈的第四层到第七层中发现的网络功能的虚拟化。这两种模式为业界提供了以非常灵活的方式构建、扩展和部署及其复杂的网络架构的方法。最重要的是，这大大降低了企业在网络基础设施方面的成本，因为大多数服务可以在云端运行。

为什么这对边缘的设备很重要，它与物联网的结合点在哪里？我们在本书中用了大量的篇幅详细介绍数据从传感器到云端的移动，然而却理所当然地认为整体网络间的基础设施将扩展到网络上的 10 亿个额外节点。只要要求 IT 管理员在一个企业网络上多放一百万个终端，其中的节点是异构的（有些在偏远的地方，有些还在车辆中移动），就能理解对整个网络基础设施的影响。传统的网络建设无法扩展，我们不得不考虑以最小的影响和成本构建大型网络的替代手段。

> SDN 对于物联网部署非常重要，在处理因安全或性能原因必须隔离的设备时，应该考虑 SDN。例如，具有 SDN 功能的移动和移动边缘系统可以建立一个安全的云 SDN 主机。边缘系统可以在不同的运营商和通信系统之间移动，但始终保持一个静态 IP 地址到互联网。

9.3.1 SDN 架构

在文章" Software-Defined Networking: A Comprehensive Survey"（D. Kreutz、F. M. V. Ramos、P. E. Veríssimo、C. E. Rothenberg、S. Azodolmolky 和 S. Uhlig 著，2015 年 1 月发表于 *Proceedings of the IEEE* 中）定义 SDN 有四个特征：

- ❑ 控制面与数据面解耦：数据面硬件成为简单的数据包转发设备。
- ❑ 所有的转发决定都是基于流而不是基于目的地的：流是一组符合标准或过滤器的数据包。一个流中的所有数据包都用相同的转发和服务策略处理，为易于扩展和灵活性，流编程允许使用虚拟交换机、防火墙和中间件。
- ❑ 控制逻辑也称为 SDN 控制器：这种传统硬件的软件版本能够在商品硬件和基于云的实例上运行，其目的是指挥和控制简化的交换节点。从 SDN 控制器抽象到交换节点的范围是南向接口。
- ❑ 网络应用软件可以通过北向接口驻留在 SDN 控制器上：这个软件可以与数据面进行交互，并对数据面进行操作，服务包括深度包检测、防火墙和负载均衡器等。

SDN 的基础设施与传统网络类似，因为它利用类似的硬件：交换机、路由器和中间设备。然而，主要的区别在于，SDN 利用了快速的服务器级现成计算能力，而没有复杂和独特的嵌入式控制硬件。这些服务器平台通常在云端以软件而不是定制的 ASIC 执行网络服务。边缘路由器在没有自主控制的情况下基本上是哑设备。SDN 架构将控制面（逻辑和功能控制）和数据面（执行数据路径决策和转发流量）分开。数据面由路由器和交换机组成，它们与 SDN 控制器有关联。

数据面转发硬件上面的一切通常都可以驻留在云端或私有数据中心硬件上，如图 9-5 所示。

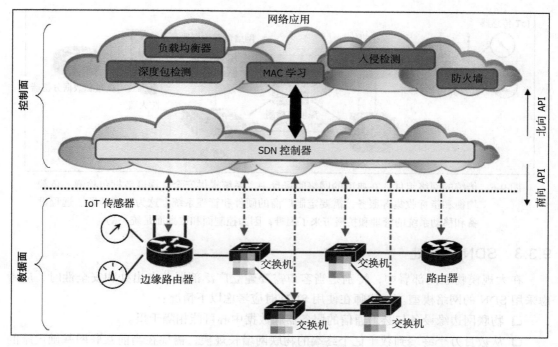

图 9-5　典型的 SDN 架构图

图中显示了简化的交换和转发节点，这些节点驻留在数据面上，并沿着逻辑 SDN 控制器确定的规定路径传递信息，这些 SDN 控制器可以驻留在云实例中。SDN 控制器通过与转发节点的南向接口管理控制面。网络应用可以驻留在 SDN 控制器之上，并通过威胁监控和入侵检测等服务操纵数据面。这些服务通常需要定制和独特的硬件解决方案，由客户部署和管理。

9.3.2　传统的网络连接

一个典型的互联网架构将使用一系列托管的硬件、软件组件，这些组件是单一用途的，包含嵌入式软件或解决方案。通常，这些组件使用非通用硬件和专用 ASIC 设计。典型的功能包括路由、管理型交换机、防火墙、深度数据包检查和入侵检测、负载均衡器和数据分析器。这种专用设备需要由客户管理，并需要经过培训的网络 IT 人员进行维护和管理。这些组件可能来自多个供应商，因此其所需的管理方法明显不同。

在这种配置中，数据面和控制面是统一的。当系统需要增加或删除另一个节点或设置新的数据路径时，许多专用系统需要更新新的 VLAN 设置、QoS 参数、访问控制列表、静态路由和防火墙。当处理几千个终端时，这是可以管理的。但是，当我们扩展到数百万个节点，这些节点是远程的、移动的、有连接有断开的，这样传统的技术经常会变得难以操控（图 9-6）。

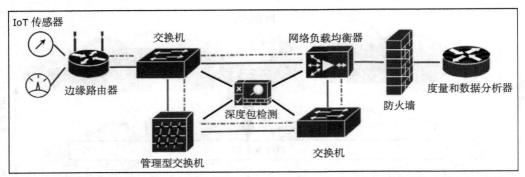

图 9-6　传统的网络组件。在典型的网络间场景中，系统提供安全、深度数据包检测、负载均衡和指标收集等服务，需要定制厂商的硬件和管理系统。这为大型装置、远程设备和移动系统的管理和扩展带来了困难，因为控制面和数据面是统一的

9.3.3　SDN 的好处

在大规模物联网部署中，特别是当客户需要建立广泛部署节点出处和安全性时，应考虑采用 SDN 的网络模型。架构师在使用 SDN 时应考虑以下情况：

❑ 物联网边缘设备与必须通信的服务器和数据中心可能相隔千里。

❑ 从数百万个终端到数十亿个终端的物联网增长规模，需要在当前互联网基础设施的中心辐射型之外采用适当的扩展技术。

SDN 的三个方面对物联网部署具有吸引力：

❑ **服务链**：这使客户或供应商能够按需销售服务。云网络服务，如防火墙、深度数据包检测、VPN、认证服务和策略代理等，可以在订阅的基础上进行链接和使用。有些客户可能需要一套完整的功能，有些客户可能不选择任何功能，或者可能会经常改变他们的配置。服务链使部署具有很大的灵活性。

❑ **动态负载管理**：SDN 享有云架构的灵活性，通过设计，它可以根据负载动态地扩展资源。这种类型的灵活性对于物联网来说至关重要，因为随着事物数量的成倍增长，架构师需要对容量和规模进行规划。只有云中的虚拟网络才能提供在需要时扩展容量的能力。一个例子是游乐园和其他场所的人员追踪。人数会根据季节、时间和天气的不同而变化，动态网络可以根据游客数量进行调整，而无须改变提供商的硬件。

❑ **带宽日历**：这允许运营商将数据带宽和使用量划分到指定的时间和日期。这与物联网有关，因为许多边缘传感器只定期或在一天的某个时间报告数据。构建复杂的带宽共享算法可以对容量进行时间划分。

第 13 章将探讨**软件定义边界**（Software-Defined Perimeter，SDP）作为网络功能虚拟化的另一个例子，以及如何使用它来创建微段和设备隔离，这对物联网安全至关重要。

9.4 小结

边缘路由器、网桥和网关在物联网发展中扮演不可或缺的角色。边缘路由器提供的功能可以实现企业级的安全、路由、弹性和服务质量。网桥/网关在将非 IP 网络转化为互联网和云连接所需的基于 IP 的协议方面发挥着重要作用。同样重要的是要认识到，物联网发展到数十亿节点的过程将借助低成本和电子产品形成。企业路由、隧道和 VPN 等功能需要大量的硬件和处理能力，使用路由器和网关实现该服务功能是有意义的。在本书的后面，我们还将探讨边缘路由器如何在边缘处理和雾计算中发挥重要作用。

下一章将深入探讨基于物联网的协议，如 MQTT 和 CoAP，并给出工作实例。这些协议是物联网的轻量级语言，通常不使用网关和边缘路由器作为转换器。

第 10 章 边缘 – 云协议

到目前为止，在本书中，我们已经从运行在网络边缘的设备生成了数据或事件。为了使这些数据在 WPAN、WLAN 和 WAN 中传输，我们讨论了各种电信媒体和技术。在构建和桥接这些从非基于 IP 的个人局域网到基于 IP 的广域网的网络连接方面存在着许多复杂和微妙的问题，还有一些协议转换需要理解。

标准协议是绑定和封装来自传感器的原始数据，并将其转换为云可以接受的有意义和格式化的形式的工具。其中物联网系统与 M2M 系统的主要区别是 M2M 可以通过广域网与没有封装协议的专用服务器或系统通信。例如，SCADA 工业自动化系统可以完全使用 BACNET 或 ModBus，用于从机械到各种控制计算机的通信。物联网基于终端和服务之间的通信，而互联网是常见的网络结构。

本章还将详细介绍物联网领域普遍存在的必要协议，如**消息队列遥测传输**（Message Queue Telemetry Transport，MQTT）和**约束应用协议**（Constrained Application Protocol，CoAP）。

10.1 协议

一个自然的问题是，为什么 HTTP 之外还有跨 WAN 传输数据的协议？HTTP 为互联网提供重要的服务和技术已经 20 多年，但其设计和架构却是以客户端 / 服务器模式进行通用计算。

物联网设备非常受限制，如远程和带宽。因此，需要更有效、安全和可伸缩的协议来管理各种网络拓扑中的大量设备，如网状网络。

也就是说，HTTP 在物联网和边缘系统中被使用并且是有用的。虽然 HTTP 在网络中并不高效，但 HTTP2 和 HTTP3 协议相对高效。此外，通过 TLS 的安全性在 HTTP 会话中是普遍和常见的。最后，HTTP 无处不在，通常用于各种通信和 RESTful API 中。

在将数据传输到互联网时，设计被降级到 TCP/IP 基础层。在数据通信中，TCP 和 UDP 协议是明显的、唯一的选择，TCP 的实现比 UDP（作为多播协议）要复杂得多。然而，UDP 不具有 TCP 的稳定性和可靠性，迫使一些设计通过在 UDP 上面的应用层中添加弹性来补偿。还值得注意的是，UDP 用于一些物联网通信协议，如在第 7 章中介绍过的 NB-IoT。

本章列出的许多协议都是**面向消息的中间件**（MOM）实现。MOM 的基本思想是两个设备之间使用分布式消息队列进行通信。MOM 将消息从一个用户空间应用程序传递给另一个用户空间应用程序。一些设备产生要添加到队列中的数据，而另一些设备则使用存储在队列中的数据。有些实现需要代理或中间人作为中心服务。在这种情况下，生产者和消费者与代理有发布和订阅类型的关系。AMQP、MQTT 和 STOMP 是 MOM 实现，其他包括 CORBA 和 Java 消息传递服务。使用队列的 MOM 实现可以在设计中提高弹性。数据可以持久化在队列中，即使服务器发生故障也不受影响。

MOM 实现的替代方案是 RESTful。在 RESTful 模型中，服务器拥有资源的状态，但状态不会在消息中从客户端传输到服务器。RESTful 设计使用 HTTP 方法，如 GET、PUT、POST 和 DELETE，将请求放置在资源的**通用资源标识符**（URI）上。在此架构中不需要代理或中间代理。由于它们是基于 HTTP 堆栈的，因此它们享有提供的大多数服务，例如 HTTPS 安全性。RESTful 设计是典型的客户端 – 服务器架构。客户端通过同步请求 – 响应模式启动对资源的访问。

 URI 用作基于 Web 的数据流量的标识符。最著名的 URI 是**通用资源定位器**（URL），例如 http://www.iotforarchitects.net:8080/iot/?id="temperature"。URI 可以分解成由网络堆栈的不同级别使用的组件部分：

协议：`http://`
授权机构：`www.iotforarchitects.net`
端口：`8080`
路径：`/iot`
查询：`?id="temperature"`

此外，即使服务器出现故障，客户端也要负责。图 10-1 比较了 MOM 服务与 RESTful 服务。左边是一个消息传递服务（基于 MQTT），使用中间代理服务器以及事件的发布者和订阅者。在这里，许多客户端既可以是发布者，也可以是订阅者，信息可以存储也可以不存储在队列中以获得弹性。右边是 RESTful 设计，其中架构构建在 HTTP 上，并使用 HTTP 范式从客户端到服务器进行通信。

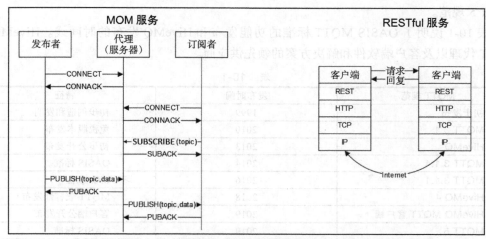

图 10-1　比较 MOM 与 RESTful 实现的一个示例

10.2 MQTT

IBM 服务器消息队列技术 WebSphere Message Queue 最初设计于 1993 年，用于解决独立和非并发分布式系统中的问题，并帮助它们安全地进行通信。WebSphere Message Queue 的一个派生版本是由 Andy Stanford-Clark 和 Arlen Niper 于 1999 年在 IBM 创作的，旨在解决通过卫星连接远程油气管道的特殊限制。该协议被称为 MQTT。这种基于 IP 的传输协议的目标是：

- 实现简单
- 提供一种服务质量的形式
- 非常轻量级和带宽高效
- 数据不可知
- 有持续的会话意识
- 解决安全问题

MQTT 满足了这些要求。考虑协议的最好方法由标准主体 MQTT.org（mqtt.org）定义，它给出了协议的一个非常明确的摘要：

> MQTT 代表 MQ 遥测传输。它是一种发布/订阅协议，即非常简单和轻量级的消息传递协议，专为受限设备和低带宽、高延迟或不可靠的网络设计。设计原则是尽量减少网络带宽和设备资源需求，同时也试图确保可靠性和一定程度的交付保证。这些原则也使协议成为新兴的"M2M"或"物联网"世界连接设备，以及带宽和电池功率非常昂贵的移动应用程序的理想选择。

MQTT 是 IBM 多年来使用的内部和专有协议，直到 2010 年的 3.1 版本作为免版税产品发布。2013 年，MQTT 被标准化并被纳入 OASIS 联盟。2014 年，OASIS 公开发布了 MQTT 3.1.1 版本。MQTT 也是 ISO 标准（ISO/IEC PRF 20922）。最近，OASIS 发布了 MQTT 5 规范。

表 10-1 说明了 OASIS MQTT 标准的功能发布和 HiveMQ 发布的时间线。HiveMQ 是 MQTT 代理以及客户端软件和解决方案的领先供应商。

表 10-1

MQTT 规范	发布时间	特征
初步发布	1999	初步创造和发明
MQTT 3.1	2010	免税版本发布
HiveMQ	2013	初步公开发布
MQTT 3.1.1	2014	OASIS 标准
MQTT 3.1.1	2016	ISO 标准
HiveMQ 4	2018	MQTT 兼容性发布
HiveMQ MQTT 客户端	2019	客户端公开发布
MQTT 5	2019	OASIS 标准
HiveMQ	2019	开源版本

MQTT 5 于 2019 年发布，解决了被大量使用的 MQTT 3.1.1 协议的两个问题：

❏ MQTT 3.1.1 在定制或向协议添加元数据方面存在问题，这在 HTTP 数据中很常见。

❏ MQTT 3.1.1 在跨不同的供应商平台、库和数据路径进行通信时，难以实现互操作性。

为了解决这些问题，MQTT 5 引入了**用户属性**。我们将在本节讨论这些新的属性和能力，并强调与 MQTT 5 的差异。

10.2.1　MQTT 发布 – 订阅

虽然多年来客户端 – 服务器架构一直是数据中心服务的支柱，但发布 – 订阅模型代表了一种对物联网使用有用的替代方案。**发布 – 订阅**（pub/sub）是一种将发送消息的客户端与接收消息的另一个客户端分离的方法。与传统的客户端 – 服务器模型不同，客户端不知道任何物理标识符，比如 IP 地址或端口。MQTT 是一个发布 – 订阅架构，但不是消息队列。

本质上，消息队列存储消息，而 MQTT 不存储消息。在 MQTT 中，如果没有人订阅（或监听）一个主题，那么它就会被简单地忽略和丢失。消息队列还维护客户端 – 服务器拓扑，其中一个消费者与一个生产者配对。

> 保留的消息在 MQTT 中可用，稍后将介绍。保留的消息是一个消息的单个实例，该消息被保存以供将来解析。

发送消息的客户端称为**发布者**，接收消息的客户端称为**订阅者**。中心是 MQTT 代理，负责连接客户端和过滤数据。此类过滤器提供：

❏ **主题过滤**：通过设计，客户端订阅主题和某些主题分支，并且收到的数据不会比它们想要的更多。每个发布的消息必须包含一个主题，代理负责将该消息转发给订阅的客户端或忽略它。

❏ **内容过滤**：代理有能力检查和过滤公布的数据。因此，任何未加密的数据都可以在存储或发布给其他客户端之前由代理管理。

❏ **类型过滤**：监听订阅数据流的客户端也可以应用自己的过滤器。可以解析传入的数据，数据流要么被进一步处理，要么被忽略。

MQTT 可能有许多生产者和消费者，如图 10-2 所示。

> 发布者 / 订阅者模型的一个警告是，发布者和订阅者在启动传输之前都必须知道主题分支和数据格式。

MQTT 成功地将发布者与消费者分离。由于代理是发布者和消费者之间的管理机构，因此不需要根据物理方面（如 IP 地址）直接识别发布者和消费者。这在物联网部署中非常有用，因为物理身份可能是未知的或普遍存在的。MQTT 和其他发布 / 订阅模型也是时不变

的。这意味着一个客户端发布的消息可以被订阅者随时读取和响应。用户可能处于低功率 /
带宽限制状态（例如，Sigfox 通信），并在几分钟或几小时后对消息做出响应。由于缺乏物
理和时间关系，发布 / 订阅模型的规模顺利地达到了极限容量。

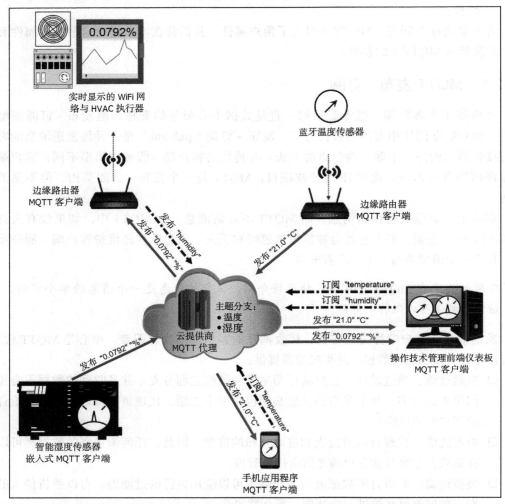

图 10-2　MQTT 发布 – 订阅模型和拓扑：客户端运行在边缘，发布和 / 或订阅由 MQTT 代理
　　　　管理的主题。在这里，有两个主题被考虑——湿度和温度。客户端可以订阅多个主
　　　　题。图中展示了包含足够资源来管理自己的 MQTT 客户端的智能传感器，以及代
　　　　表未启用 MQTT 的传感器或设备提供 MQTT 客户端服务的边缘路由器

　　云管理的 MQTT 代理通常可以每小时接收数百万条消息，并支持成千上万的发布者。
　　MQTT 与数据格式无关。任何类型的数据都可以驻留在有效负载中，这就是为什么
发布者和订阅者都必须理解数据格式并就其达成一致。可以在有效负载中传输文本消息、
图像数据、音频数据、加密数据、二进制数据、JSON 对象或几乎任何其他结构。然而，

JSON 文本和二进制数据是最常见的数据有效负载类型。

💡 MQTT 中允许的最大数据包大小为 256 MB，这允许一个非常大的有效负载。
但是，请注意，最大数据有效负载大小依赖于云和代理。例如，IBM Watson 允许
有效负载大小高达 128 KB，而 Google 支持 256 KB。或者，发布的消息可以包括
零长度有效载荷。有效载荷字段是可选的。建议与你的云提供商联系，以确保与
有效负载大小匹配，否则将导致错误并与云代理的连接断开。

　　MQTT 5 中发布 – 订阅模型的一个新能力是共享订阅。在以前的 MQTT 版本中，订阅
公共订阅的不同客户端将各自收到消息的副本。这在许多情况下都有效，但在某些情况下，
你可能需要设计一种解决方案，以实现客户端的订阅负载平衡。在 MQTT 5 中，这称为**共**
享订阅。在该方案中，如果一个订阅被多个客户端共享，则可以将其放置在自己的**订阅组**
中。每个客户端以循环的方式接收来自订阅组的消息，且不限制允许的订阅组数量或订阅
组中的客户端数量。

　　共享订阅对于发布 / 订阅模型具有不同的结构：
- $share：静态共享订阅标识符。
- GROUPID：指示要引用哪个订阅组的标识符。可以在同一订阅上使用多个订阅组。
- TOPIC：标准 MQTT 3.1.1 主题分支参考，包括通配符。

　　共享订阅的示例如图 10-3 所示。

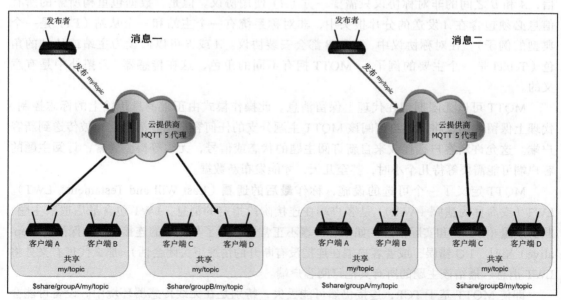

图 10-3　MQTT 5 共享订阅功能。在这里，发布者向 my/topic 分支发送数据，两个独立的共
　　　　享订阅组接收数据。数据以循环方式发送到订阅组中的两个客户端之一。这允许负
　　　　载平衡，并允许多个订阅组

🔆 在 MQTT 5 中使用订阅组对于需要负载平衡的场景是有用的，例如当 MQTT 客户端的数据量过大或后端云系统上的工作者功能需要扩展时。

MQTT 5 中的另一个变化是**主题别名**（Topic Aliases）。这允许架构师通过大量设备以较高频率不断发布小消息来解决大规模可扩展性问题。当然，共享订阅可以帮助后端数据中心，但发布数据的设备的可用功率可能有限。因此，管理传输的数据量至关重要。其中很大一部分数据可能是非常长的主题名称，例如 data/US/Idaho/Ada/Boise/36/Hill/3607/home/temperature/。

主题别名允许将冗长的主题名称替换为整数值。发送方可以使用 PUBLISH 方法分配主题别名。在连接建立阶段控制可用别名的数量。客户端将在 CONNECT 期间使用**主题别名最大值**设置最大限制，代理将在 CONNACK 响应中设置它。然后主题分支可以用新别名直接寻址。如果没有指定主题别名最大值，则默认不允许使用别名。

10.2.2 MQTT 架构细节

MQTT 中的用词并不贴切。协议中没有固有的消息队列。虽然排队消息可能存在，但它是不必要的，而且通常也没有完成。MQTT 是基于 TCP 的，因此包含了一些保证数据包可靠传输的保证。

MQTT 是一个非对称协议，HTTP 也是一个非对称协议。假设节点 A 需要和节点 B 通信，A 和 B 之间的非对称协议只需要一方（A）使用协议。但是，数据包重构所需的所有信息必须包含在 A 发送的分片报头中，非对称系统有一个主站和一个从站（FTP 是一个典型的例子）。在对称协议中，A 和 B 都会安装协议。A 或 B 可以假设为主站或从站的角色（Telnet 是一个主要的例子）。MQTT 拥有不同的角色，这在传感器 / 云拓扑中是有意义的。

MQTT 可以无限期地在代理上保留消息。此操作模式由正常消息传输上的标志控制。代理上保留的消息将发送给订阅该 MQTT 主题分支的任何客户端。消息立即被传送到新客户端。这允许新客户端接收来自新订阅主题的状态或信号，无须等待。通常，订阅主题的客户端可能需要等待几个小时，甚至几天，才能发布新数据。

MQTT 定义了一个可选的设施，称作**最后的遗嘱**（Last Will and Testament，LWT）。LWT（或简称为遗嘱（Will））是客户端在连接阶段指定的消息。LWT 包含最后遗嘱主题、**服务质量**（QoS）和实际消息。如果客户端不正常地断开了与代理的连接（例如保活（keep-alive）超时、I/O 错误，或者客户端在连接没有断开的情况下关闭会话），那么代理有义务将 LWT 消息广播给该主题的所有其他订阅客户端。

即使 MQTT 基于 TCP，连接仍然可能丢失，特别是在无线传感器环境中。设备可能会失去功率，失去信号强度，或者干脆在现场崩溃，会话将进入半开启状态。在这里，服务器将相信连接仍然可靠，并等待数据传输。为了补救这种半开启状态，MQTT 使用了一个保活的系统。

在使用这个系统时，MQTT 代理和客户端都可以保证连接仍然有效，即使已经有一段时间没有传输。客户端向代理发送一个 PINGREQ 数据包，代理反过来用 PINGRESP 确认消息。在客户端和代理端都预设了计时器。如果消息没有在预定的时间内从任何一个发送，则应该发送一个保活数据包。无论是 PINGREQ 还是消息都将重置保活计时器。

如果没有收到保活状态并且计时器过期，代理将关闭连接，并向所有客户端发送 LWT 数据包。客户端可能在稍后的某个时候尝试重新连接。在这种情况下，代理将关闭半开启的连接，然后打开到客户端的新连接。

✎ 最大保活时间为 18 小时 12 分钟 15 秒。保活内部被设置为 0 将禁用保活功能。计时器由客户端控制，可以动态改变，以反映睡眠模式或信号强度的变化。

虽然保活有助于中断连接，但重新建立客户端的所有订阅和 QoS 参数可能会导致数据连接上不必要的开销。为了减少这种额外的数据，MQTT 允许持久连接。持久连接将在代理端保存以下内容：

❏ 所有客户的订阅
❏ 所有未被客户端确认的 QoS 消息
❏ 客户端丢失的所有新 QoS 消息

此信息由 client_id 参数引用，以标识唯一客户端。客户端可以请求持久连接。但是，代理可以拒绝请求并强制重新启动清洁会话。连接后，代理将 cleanSession 标志用于允许或拒绝持久连接。客户端可以确定是否使用 CONNACK 消息存储了持久连接。

💡 对于 MQTT 3.1.1，应该将持久会话用于即使离线时也必须接收所有消息的客户端。它们不应该用于客户端只向主题发布（写入）数据的情况。
MQTT 5 引入了 cleanStart 字段代码，简化了会话处理。使用 MQTT 3.1.1 的旧替代方案需要 cleanSession 和持久会话概念。现在，默认情况下，所有 MQTT 5 会话都是持久的。这大大简化了建立连接。

MQTT 的服务质量有三个层次：

❏ **QoS-0（非保证传输）**：这是 QoS 的最低级别。这类似于一些无线协议中详细描述的"即发即弃"模型。它是一个尽最大努力的传输过程，没有接收者确认消息或发送者重新尝试传输。
❏ **QoS-1（保证传输）**：这种模式保证至少将消息传递给接收方一次。消息可能会被传递不止一次，接收方将用 PUBACK 响应回送确认。
❏ **QoS-2（应用程序保证服务）**：这是 QoS 的最高级别，它确保并通知发送方和接收方消息已正确发送。这种模式通过发送方和接收方之间的多步握手产生更多的流量。如果接收方将消息设置为 QoS-2，它将以 PUBREC 消息响应发送方。这确认了消息，发送方将用 PUBREL 消息进行响应。PUBREL 允许接收方安全地丢弃消息的任何重传。然后，PUBREL 被接收方用 PUBCOMP 确认。在发送 PUBCOMP 消息之前，接收方将缓存原始消息以确保安全。

值得注意的是，并非所有 MQTT 实现和库都支持所有 QoS 值。例如，QoS-2 被排除在许多系统实现之外。

MQTT 中的 QoS 由发送方定义和控制，每个发送方可以有不同的策略。

典型用例：

QoS-0：这应该在不需要消息队列时使用。它最好用于有线连接或系统受到严格的带宽限制的情况。

QoS-1：这应该是默认用法。QoS-1 比 QoS-2 快得多，大大降低了传输成本。

QoS-2：这用于关键任务的应用程序，以及重复消息的重传可能导致故障的情况。

MQTT 5 改变了 QoS-1 和 QoS-2 消息的行为。MQTT 3.1.1 允许在 TCP 连接可操作的情况下重试和重新传递消息，但在某些情况下，这不是最优的。例如，如果客户端已被 MQTT 消息饱和，那么添加重试会给该客户端带来更多压力。

在 MQTT 5 中，如果 TCP 连接工作，代理和客户端可能不会重传 MQTT 消息。相反，客户端和代理必须在 TCP 会话关闭时重新发送未确认的数据包。因此，如果你正在构建一个依赖重传的解决方案，你可能希望重新考虑使用 MQTT 5 来实现该解决方案。

10.2.3　MQTT 状态转换

MQTT 根据客户端和代理之间的连接管理状态。会话通过 CONNECT 消息开始，并通过 DISCONNECT 消息正确地终止。如果连接终止，将发送遗嘱（Will）消息。这是 MQTT 3.1.1 和 MQTT 5 之间的区别。在 MQTT3.1.1 中，如果网络丢失连接或被丢弃（不正确），则将发送 Will 消息，代理将删除会话状态。当连接和网络完整性可能不健壮时，这是不方便的。在客户端完成其工作并通过 DISCONNECT 消息正确地终止之前，最好保持会话状态完整。

此外，MQTT 3.1.1 没有过期计时器的概念。如果客户端在 MQTT 5 中的一定时间内没有连接，会话将被丢弃。这减少了客户端的工作负担。客户端不能正式发送 DISCONNECT 消息，或者只是离线，保证会话将在指定的时间由服务器清理。在 MQTT 3.1.1 中，客户端需要重新连接，以便在正确断开连接之前清理状态。过期计时器不仅适用于在线客户端的状态，而且适用于任何排队消息。会话过期时间可以通过 PUBLISH 消息以秒为单位控制（图 10-4）。

这个新的状态转换过程在 MQTT 5 中称为**简化状态管理**。

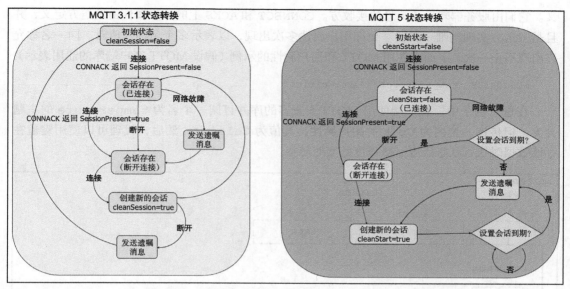

图 10-4　MQTT 3.1.1 和 MQTT 5 状态转换。注意在 MQTT 5 中使用会话过期计时器和 cleanStart 状态

10.2.4　MQTT 数据包结构

MQTT 数据包位于 OSI 模型网络栈的 TCP 层之上。该数据包包括一个 2 字节的固定报头（必须始终存在）、一个大小可变的报头（可选）和有效负载（可选），如图 10-5 所示。

MQTT 5 引入了**用户属性**的概念，以克服 MQTT 3.1.1 的可扩展性、定制性和互操作性方面的一些弱点。这些属性允许使用自定义键值对或将属性嵌入报头中。此功能模仿 HTTP 和 AMQP，后者允许使用报头来携带元数据。HTTP 中自定义元数据的一个例子是：

```
HTTP/1.1 200 OK
Date: Sat, 23 Jul 2011 07:28:50 GMT
Server: Apache/2
Content-Location: qa-http-and-lang.en.php
Vary: negotiate,accept-language,Accept-Encoding
TCN: choice
P3P: policyref="http://www.w3.org/2001/05/P3P/p3p.xml"
Connection: close
Transfer-Encoding: chunked
Content-Type: text/html; charset=utf-8
Content-Language: en
```

在这里，嵌入 HTML 报头中的元数据包含键 Content-Language:，该键包含代表英语的 en 值。

在 MQTT 5 中，元数据作为附加到每个数据包（甚至是控制数据包，如 PUBREL 和 PUBCOMP）的键值对的 UTF-8 字符串嵌入报头中。这些键值对的含义不是由规范定义的，但是可由供应商自定义。PUBLISH 上的用户属性与消息一起被转发，并由客户端应用程序定义。它们由服务器转发给消息的接收方。CONNECT 和 ACKS 上的用户属性由发送方定义，并且是发送方实现的唯一属性。允许用户属性多次出现，以表示多个名称 – 值对。同一名称允许出现不止一次。下面是使用 MQTT 和用户属性的示例（假设 MQTT 客户端库的通用表示）：

```
SUBSCRIBE "temperature" "Unit:Celsius"
```

在这个例子中，客户端使用 MQTT 5 兼容的库并订阅一个名为 temperature 的主题分支，但传递一个名为 Unit 的用户属性，其值为 Celsius。然后，代理可以使用键值在存储数据时执行从华氏度到摄氏度的实时转换。

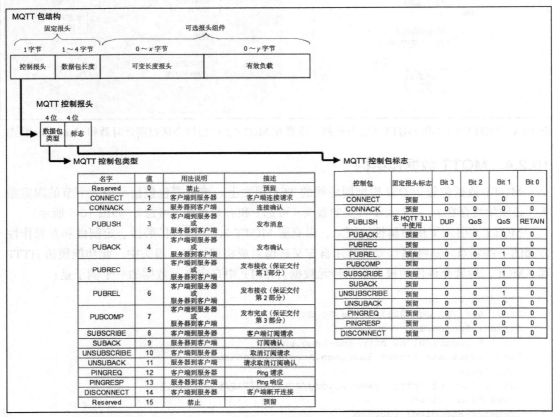

图 10-5　MQTT 3.1.1 和 MQTT 5 的 MQTT 通用数据包结构（注意 AUTH 数据包类型）

用户属性是 MQTT 协议的强大扩展。首先，该特性允许更好的互操作性，因为不同的平台、供应商甚至开发团队可以使用来自 JSON 对象、压缩数据、加密数据、原始文本，二进制或 XML 中的几乎任何数据格式，并保证它们的消息会送达。使用用户属性，每个供应商唯一的消息格式将包括 MQTT 5 头中的元数据，以表示数据是什么以及它用于什么。代理可以决定传递数据或对其执行某些操作。元数据也可以用来对数据、系统 ID 或任何特定于供应商的特性添加时间戳。

MQTT 5 的另一个附加元素是 AUTH 数据包类型。这种新的数据包类型可由 MQTT 代理和客户端在建立连接后使用，以实现复杂的挑战或响应认证序列。

Kerberos 和 OAuth 是这样一种身份验证方案的例子：可以在 MQTT 5 上启用，在这种情况下，使用旧版本的协议是不可能的（或非常复杂的）。

MQTT 5 还修改了返回代码（也称为原因代码），包括了来自所有响应消息的否定确认。CONNACK、PUBACK、PUBREC、PUBREL、PUBCOMP、UNSUBACK、DISCONNECT、SUBACK 和 AUTH 数据包都支持可选的返回代码。这些**否定确认返回代码**现在允许客户端更好地了解特定数据包、消息或事件失败的原因，并改进错误报告。这些是各种数据包的潜在否定确认返回代码。一些应该归档到设计良好的系统中的用例包括：

❑ 服务器发出带有返回代码的 DISCONNECT 消息，通知服务器正在关闭（返回代码 0x139）。客户端可以采取适当的行动。

❑ 服务器可以通过 CONNACK 响应客户端，提示客户端在尝试连接时使用了不正确的凭据、用户名或密码（返回代码 0x86）。

❑ 服务器可以通过返回代码 0x95 通知客户端违反了发送数据的最大消息长度。

发送返回代码没有任何危害，因为它们是可选的，并且可以被客户端忽略。然而，这些新的返回代码的使用应该由客户端和服务器在一个具有良好格式且可伸缩的系统中实现。

10.2.5　MQTT 数据类型

针对数据包的不同元素，MQTT 支持多种数据类型。MQTT 5 支持 7 种数据类型：

❑ 比特
❑ 双字节整数
❑ 四字节整数
❑ UTF-8 编码字符串
❑ 可变字节整数
❑ 二进制数据
❑ UTB-8 字符串对（仅在 MQTT 5 中）

表 10-2 展示了各种数据类型格式和相应的数据包。

表　10-2

名字	类型	数据包 / 遗嘱（Will）属性
有效负载格式指示器	字节	PUBLISH、Will 属性
消息过期间隔	四字节整数	PUBLISH、Will 属性
内容类型	UTF-8 编码字符串	PUBLISH、Will 属性
响应主题	UTF-8 编码字符串	PUBLISH、Will 属性
相关数据	二进制数据	PUBLISH、Will 属性

（续）

名字	类型	数据包 / 遗嘱（Will）属性
订阅标识符	可变字节整数	PUBLISH、SUBSCRIBE
会话过期间隔	四字节整数	CONNECT、CONNACK、DISCONNECT
指定的客户端标识符	UTF-8 编码字符串	CONNACK
服务器保活	双字节整数	CONNACK
认证方法	UTF-8 编码字符串	CONNECT、CONNACK、AUTH
认证数据	二进制数据	CONNECT、CONNACK、AUTH
请求问题信息	字节	CONNECT
Will 延迟间隔	四字节整数	Will 属性
请求响应信息	字节	CONNECT
响应信息	UTF-8 编码字符串	CONNACK
服务器索引	UTF-8 编码字符串	CONNACK、DISCONNECT
原因串	UTF-8 编码字符串	CONNACK、PUBACK、PUBREC、PUBREL、PUBCOMP、SUBACK、UNSUBACK、DISCONNECT、AUTH
接收最大值	双字节整数	CONNECT、CONNACK
主题别名最大值	双字节整数	CONNECT、CONNACK
主题别名	双字节整数	PUBLISH
最大 QoS	字节	CONNACK
保持可用	字节	CONNACK
用户属性	UTF-8 编码字符串	CONNECT、CONNACK、PUBLISH、Will 属性、PUBACK、PUBREC、PUBREL、PUBCOMP、SUBSCRIBE、SUBACK、UNSUBSCRIBE、UNSUBACK、DISCONNECT、AUTH
最大数据包大小	四字节整数	CONNECT、CONNACK
通配符订阅可用	字节	CONNACK
订阅标识符可用	字节	CONNACK
共享订阅可用	字节	CONNACK

10.2.6　MQTT 通信格式

使用 MQTT 的通信链接从客户端向代理发送 CONNECT 消息开始。只有客户端可以启动会话，没有任何客户端可以直接与另一个客户端通信。代理将始终响应带有 CONNACK 响应和状态代码的 CONNECT 消息。一旦被建立，连接将保持开放。以下是 MQTT 消息和格式：

CONNECT 格式（客户端到服务器）：一个典型的 CONNECT 消息将包含表 10-3 所示的内容。（只需要 clientID 即可启动会话。）

表 10-3

领域	需求	说明
clientID	必选	标识服务器的客户端。每个客户端都有一个唯一的客户端 ID。它的长度可以是 1 ~ 23 个 UTF-8 字节
cleanSession	可选 MQTT 3.1.1	0：服务器必须恢复与客户端的通信。客户端和服务器必须在断开连接后保存会话状态。 1：客户端和服务器必须丢弃上一个会话并启动一个新会话
cleanStart	MQTT 5 中必选	客户端可以使用 cleanStart 作为标志，允许代理丢弃以前的任何会话数据。然后客户端启动一个新会话。当 TCP 连接关闭时，cleanStart 标志不清除最后一次会话。相反，一个名为"会话过期间隔"的计时器将在会话实际被清理时设置超时
Username	可选 （如果使用密码，则 MQTT 3.1.1 中必选）	服务器用于身份验证的名称
password	可选	以两个字节为前缀的 0 ~ 65 536 字节二进制密码
lastWillTopic	可选	主题分支发布 Will 消息
lastWillQos	可选	在发布 Will 消息时指定 QoS 级别的两位
lastWillMessage	可选	定义 Will 消息有效负载
lastWillRetain	可选	指定在发布时是否保留 Will
keepAlive	可选	时间间隔以秒为单位。客户端负责在 keepAlive 计时器过期之前发送消息或 PINGREQ 数据包。服务器将在 1.5 倍的保活时间后与网络断开连接。值为零（0）将禁用 keepAlive 机制

值得注意的是，MQTT 3.1.1 要求在选择了密码时使用用户名。这给某些解决方案带来了不便。例如，如果你的解决方案需要为用户名使用 JSON 对象，则在 MQTT 3.1.1 中没有这样做的规定方法。在使用 OAuth 身份验证服务时这造成了问题。解决方法是使用静态用户名。在 MQTT 5 中，用户名和密码字段都是可选的，你可以独立地使用密码或用户名字段。

CONNECT 返回代码（服务器到客户端）： 代理将对 CONNECT 消息做出响应，并给出一个响应代码。架构师应该意识到，并非所有的连接都可能被代理批准。请注意，MQTT 5 增加了本章前面提到的附加返回代码。返回代码如表 10-4 所示。

表 10-4

返回代码	说明
0	成功连接
1	拒绝连接：不可接受的 MQTT 协议版本
2	拒绝连接：识别的客户端是正确的 UTF-8，但服务器不允许连接
3	拒绝连接：服务器不可用
4	拒绝连接：失效的用户名或密码
5	拒绝连接：客户端未被授权连接

PUBLISH 格式（客户端到服务器）：此时，客户端可以将数据发布到主题分支。每条信息包含一个主题（如表 10-5 所示）。

表　10-5

字段	需求	说明
packetID	必选	唯一标识可变报头中的数据包。客户端库负责。对于 QoS-0，始终设置为 0
topicName	必选	要发布到的主题分支（如 US/Wisconsin/Milwaukee/temperature）
qos	必选	QoS 级别：0、1 或 2
retainFlag	必选	服务器用于身份验证的名称
payload	可选	与数据格式无关的有效负载
dupFlag	必选	消息是重复的且已重新发送

SUBSCRIBE 格式（客户端到服务器）：订阅数据包的有效负载包括至少一对 UTF-8 编码的主题 ID 和 QoS 级别。在此有效负载中可能有多个主题 ID，以避免客户端接收多次广播，见表 10-6。

表　10-6

字段	需求	说明
packetID	必选	唯一标识可变报头中的数据包。客户端库负责
topic_1	必选	订阅的主题分支
qos_1	必选	发布到 topic_1 的消息的 QoS 级别
topic_2	可选	服务器用于身份验证的名称
qos2	可选	发布到 topic_2 的消息的 QoS 级别

通配符可以用于通过单个消息订阅多个主题，例如主题 "{country}/{states}/{cities}/{temperature,humidity}"。

- ❑ **+（单级通配符）**：替换主题字符串名称中的单个级别。例如，"美国 /+/ 密尔沃基"将取代州级，并将其替换为阿拉斯加至怀俄明州的所有 50 个州。
- ❑ **#（多级通配符）**：替换多个级别而不是单个级别。它总是主题名称中的最后一个字符。例如，"美国 / 威斯康星州 /#"将订阅威斯康星州的所有城市，即密尔沃基、麦迪逊、格伦代尔、怀特菲什贝、布鲁克菲尔德等。
- ❑ **$（特殊主题）**：这是 MQTT 代理的特殊统计模式。客户端不能发布到 $ 主题。目前没有正式的使用标准。一个模型使用 $SYS 的方式如下：$SYS/broker/clients/connected。

💡 MQTT 服务器应该支持主题名称中的通配符（但规范没有明确要求）。如果不支持通配符，服务器必须拒绝它们。设置 packetID 是 MQTT 客户端库的职责。

MQTT 规范中还有其他几种消息。关于 MQTT 编程 API 的更多细节可以在 OASIS MQTT 标准中找到：

❑ MQTT 3.1.1: `http://docs.oasis-open.org/mqtt/mqtt/v3.1.1/os/mqtt-v3.1.1-os.pdf`

❑ MQTT 5: `https://docs.oasis-open.org/mqtt/mqtt/v5.0/os/mqtt-v5.0-os.pdf`

10.2.7　MQTT 3.1.1 工作示例

在该工作示例中，**Google Cloud Platform**（GCP）将被用作 MQTT 3.1.1 的接收器和摄取器。大多数 MQTT 云服务都遵循类似的模型，因此这个框架可以作为参考。我们将使用开源工具启动 MQTT 客户端，使用一个简单的 Python 示例向主题分支发布 `hello world` 字符串。

在开始使用 GCP 前，需要采取一些初始步骤。在继续使用之前，需要确保谷歌账户和支付系统的安全。请参考这些关于开始使用 Google IoT Core 的说明：https://cloud.google.com/iot/doc/how-tos/geting-started。

在 GCP 中继续创建设备，启用 Google API，创建主题分支，并将成员添加到发布 / 订阅发布者。

谷歌需要 MQTT 之上的强加密（TLS），以使用 JSON Web Token（JWT）和证书代理对所有数据包进行加密。每个设备将创建一个公共 / 私有密钥对。谷歌确保每个设备都有唯一的 ID 和密钥。如果一个设备被破坏，它只会影响单个节点并控制攻击的表面区域。

MQTT 3.1.1 代理从导入几个库开始。`paho.mqtt.dient` Python 库是 Eclipse 赞助的项目，也是原始 IBM MQTT 项目的引用地。Paho 也是 Eclipse M2M 工业工作组的核心交付品。MQTT 消息代理还有其他变体，例如 Eclipse Mosquitto 项目和 Rabbit MQ：

```
#Simple MQTT Client publishing example for Google Cloud Platform
import datetime
import os
import time
import paho.mqtt.client as mqtt
import jwt

project_id = 'name_of_your_project'
cloud_region = 'us-central1'
registry_id = 'name_of_your_registry'
device_id = 'name_of_your_device'
algorithm = 'RS256'
mqtt_hostname = 'mqtt.googleapis.com'
mqtt_port = 8883
ca_certs_name = 'roots.pem'
private_key_file = '/Users/joeuser/mqtt/rsa_private.pem'
```

下一步是通过使用密钥与谷歌进行身份验证。在这里，我们使用 JWT 对象来包含证书：

```
#Google requires certificate-based authentication using JSON Web Tokens
(JWT) per device.
```

```
#This limits surface area of attacks

def create_jwt(project_id, private_key_file, algorithm):
    token = {
        # The time that the token was issued
        'iat': datetime.datetime.utcnow(),

        # The time the token expires.
        'exp': datetime.datetime.utcnow() +
        datetime.timedelta(minutes=60),

        # Audience field = project_id
        'aud': project_id
    }

    # Read the private key file.
    with open(private_key_file, 'r') as
        f: private_key = f.read()
    return jwt.encode(token, private_key, algorithm=algorithm)
```

我们使用MQTT库定义了几个回调函数，如错误、连接、断开连接和发布：

```
#Typical MQTT callbacks
def error_str(rc):
    return '{}: {}'.format(rc, mqtt.error_string(rc))

def on_connect(unused_client, unused_userdata, unused_flags,
    rc): print('on_connect', error_str(rc))

def on_disconnect(unused_client, unused_userdata,
    rc): print('on_disconnect', error_str(rc))

def on_publish(unused_client, unused_userdata,
    unused_mid): print('on_publish')
```

MQTT客户端的主要结构如下。首先，我们按照谷歌的规定注册客户端。Google IoT需要确定一个项目、一个区域、一个注册表ID和一个设备ID。我们还跳过用户名，通过create_jwt方法使用密码字段。这也是我们在MQTT中启用SSL加密的地方——很多MQTT云提供商都需要这个规定。在连接到谷歌的云MQTT服务器后，程序的主循环会将一个简单的hello world字符串发布到一个被订阅的主题分支上。值得注意的是，在PUBLISH消息中设置了QoS级别。

如果程序中需要参数但未显式设置，则客户端库必须使用默认值（例如，在PUBLISH消息期间，RETAIN和DUP标志用作默认值）：

```
def main():
    client = mqtt.Client(
```

```
        client_id=('projects/{}/locations/{}/registries/{}/devices/{}'
            .format(
                project_id,
                cloud_region,
                registry_id,
                device_id))) #Google requires this format

client.username_pw_set(
    username='unused', #Google ignores the user name.
    password=create_jwt( #Google needs the JWT for authorization
        project_id, private_key_file, algorithm))

# Enable SSL/TLS support. client.tls_set(ca_certs=ca_certs_name)
#callback unused in this example: client.on_connect = on_connect
client.on_publish = on_publish client.on_disconnect = on_disconnect

# Connect to the Google pub/sub client.connect(mqtt_hostname, mqtt_
port)

# Loop client.loop_start()

# Publish to the events or state topic based on the flag. sub_topic =
'events'
mqtt_topic = '/devices/{}/{}'.format(device_id, sub_topic)

# Publish num_messages messages to the MQTT bridge once per second.
for i in range(1,10):
    payload = 'Hello World!: {}'.format(i)
    print('Publishing message\'{}\''.format(payload))
    client.publish(mqtt_topic, payload, qos=1)
    time.sleep(1)

if __name == '__main__':
    main()
```

10.3　MQTT-SN

对于传感器网络，MQTT 的衍生物称为 MQTT-SN（有时称为 MQTT-S）。它保持了
MQTT 作为边缘设备轻量级协议的相同理念，但它是专门针对传感器环境中典型的无线
个人区域网络的细微差别而设计的。这些特性包括支持低带宽链路、链路故障、短消息
长度和资源受限的硬件。事实上，MQTT-SN 非常轻量级，可以在 BLE 和 Zigbee 上成功
运行。

MQTT-SN 不需要 TCP/IP 堆栈。它可以用于串行链路（首选方式），其中简单的链路
协议（用于区分线路上的不同设备）开销确实很小。或者，它可以在 UDP 上使用，UDP 比
TCP 开销更小。

10.3.1 MQTT-SN 架构和拓扑结构

MQTT-SN 拓扑中有四个基本组件（如图 10-6 所示）：

❑ **网关**：在 MQTT-SN 中，网关负责从 MQTT-SN 到 MQTT 的协议转换，反之亦然（尽管其他转换是可能的）。网关也可能聚合或透明（本章后面会讨论）。

❑ **转发器**：传感器和 MQTT-SN 网关之间的路由可能需要许多路径，并在沿途跨越几个路由器。源客户端和 MQTT-SN 网关之间的节点称为转发器，只需将 MQTT-SN 帧重新封装成新的和未更改的 MQTT-SN 帧，发送到目的地，直到它们到达正确的 MQTT-SN 网关进行协议转换。

❑ **客户端**：客户端的行为方式与 MQTT 相同，能够订阅和发布数据。

❑ **代理**：代理的行为方式与 MQTT 相同。

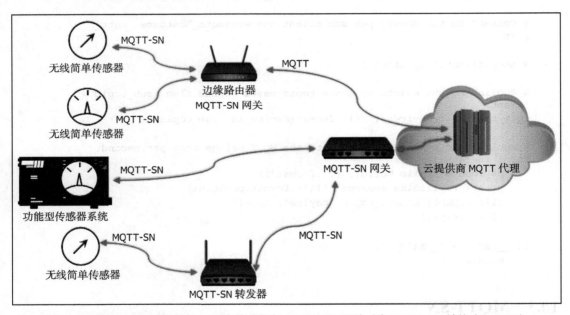

图 10-6　MQTT-SN 拓扑结构：无线传感器与 MQTT-SN 网关（将 MQTT-SN 转换为 MQTT）、其他协议形式或转发器进行通信，这些转发器只是将收到的 MQTT-SN 帧封装成 MQTT-SN 消息并转发到网关

10.3.2 透明网关和聚合网关

在 MQTT-SN 中，网关可以承担两个不同的角色。首先，透明网关将管理来自传感器设备的许多独立的 MQTT-SN 流，并将每个流转换为 MQTT 消息。聚合网关将多个 MQTT-SN 流合并成发送给云 MQTT 代理的数量减少的 MQTT 流。聚合网关在设计上更复杂，但将减少通信开销和服务器上打开的并发连接数。对于要实现功能的聚合网关拓扑，客户端需要发布或订阅相同的主题，如图 10-7 所示。

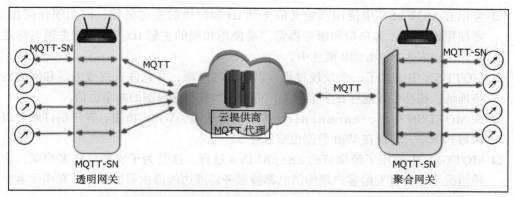

图 10-7 MQTT-SN 网关配置：透明网关只需对每个传入的 MQTT-SN 流执行协议转换，并
与 MQTT-SN 连接和 MQTT 到代理的连接具有一对一的关系。然而，聚合网关将多
个 MQTT-SN 流合并到服务器的单个 MQTT 连接中

10.3.3 网关广播和发现

由于 MQTT-SN 的拓扑结构比 MQTT 稍微复杂一些，所以使用发现过程来建立通过多
个网关和转发器节点的路由。

连接 MQTT-SN 拓扑的网关首先绑定到 MQTT 代理。之后，它们可以向连接的客户
端或其他网关发出 ADVERTISE 数据包。网络上可以存在多个网关，但客户端只能连接
到单个网关。客户端需要存储活动网关及其网络地址的列表。此列表由正在广播的各种
ADVERTISEMENT 和 GWINFO 消息构造。

由于 MQTT-SN 中的网关和拓扑的新类型，如下几种新消息可以协助发现和广播：

❏ ADVERTISE：从网关定期广播，以广播其存在。

❏ SEARCHGW：在搜索特定网关时由客户端广播。消息的一部分是 radius 参数，它说
明在网络拓扑中 SEARCHGW 消息应该遵循多少跳。例如，值 1 表示非常密集的网
络中的单个跳，其中每个客户端都可以用单跳来访问。

❏ GWINFO：这是网关在收到 SEARCHGW 消息时的响应。它包含网关 ID 和网关地址，
只有在从客户端发送 SEARCHGW 时才进行广播。

10.3.4 MQTT 和 MQTT-SN 的区别

MQTT-SN 和 MQTT 的主要区别如下：

❏ MQTT-SN 不如 MQTT 流行。

❏ MQTT-SN 中有三个 CONNECT 消息，而 MQTT 中只有一个。多出的两个用于显式
传输 Will 主题和 Will 消息。MQTT-SN 可以运行在简化的介质和 UDP 上。

❏ 在 MQTT-SN 中，MQTT 主题名称被短的双字节主题 ID 消息替换。这是为了辅助
缓解无线网络中的带宽限制问题。

❑ 可以在 MQTT-SN 中使用预定义的主题 ID 和简短的主题名称，而无须任何注册。要使用此功能，客户端和服务器都需要使用相同的主题 ID。简短的主题名称足够短，可以嵌入 PUBLISH 消息中。

❑ MQTT-SN 中引入了一个发现过程，以辅助客户端，并允许查找服务器和网关的网络地址。拓扑中可能存在多个网关，可用于加载与客户端的共享通信。

❑ 在 MQTT-SN 中，cleanSession 扩展到了遗嘱（Will）功能。客户端订阅可以被保留和保存，但现在 Will 数据也被保存了。

❑ MQTT-SN 中使用了经修订的 keepAlive 过程。这是为了支持休眠客户端，在这种情况下，所有发给客户端的消息都被服务器或边缘路由器缓冲，并在唤醒客户端时发送。

10.3.5 选择 MQTT 代理

在构建 MQTT 解决方案时，架构师可以选择许多商业和开源代理。表 10-7 展示了一些选择时需注意的要点和当前（撰写本书时）特征。

表 10-7

代理	开发人员组织	客户端 / 代理	MQTT 版本支持	开源 / 商用	显著特征
Adafruit IO	Adafruit	客户端	3.1.1	开源（MIT）	• 使用 Ruby on Rails、Node.js 和 Python 编写 • 支持多种操作系统 • 支持 Web Socket • 支持 QoS 1 和 QoS 2
Mosquitto	Eclipse	两者	3.1、3.1.1、5	开源（EPL）	• 使用 C 编写 • 支持 QoS 1、QoS 2、QoS 3 • 支持 Web Socket • 支持 BSD、Linux、MacOS、QNX 和 Windows
HiveMQ	dc-Square	两者	3.1（代理）、3.1.1、5	两者：开源（APL v2）商业版本可用	• 使用 Java 编写 • 支持 Web Socket • 支持 CentOS、Debian、Docker、Ubuntu、Red Hat、macOS 和 Windows
MQTT-C	Liam Bindle	客户端	3.1、3.1.1	开源（MIT）	• 使用 C 编写 • 线程安全 • 支持 Linux、MacOS 和 Windows • Bare Metal 可用
Paho MQTT	Eclipse	客户端	MQTT-SN、3.1、3.1.1、5	开源（EPL）	• 有 C、C++、Java、Java Script、Python 和 Go 的版本 • 支持多种操作系统
PubSub+	Solace	代理	3.1.1	商用	• 使用 C 和 C++ 编写 • 支持 Cent OS、Debian、KVM、Ubuntu、Red Hat、macOS X 和 Windows

（续）

代理	开发人员组织	客户端 / 代理	MQTT 版本支持	开源 / 商用	显著特征
Thing-stream	Thing-stream	两者	MQTT-SN、3.1.1、5	商用	LoRaWAN 集成
Wolf-MQTT	woldSSL	两者	MQTT-SN、3.1.1、5	开源（GPL v2）	• 支持 Windows、Linux、macOS、FreeRTOS、Harmony 和 Nucleus • Bare Metal 可用

10.4 约束应用协议

约束应用协议（Constrained Application Protocol，CoAP）是 IETF（RFC7228）的产物。**IETF 约束 RESTful 环境**（Constrained RESTful Environment，CoRE）工作组于 2014 年 6 月创建了该协议的初稿，但已为其创建工作了数年。它是专门用于约束设备的通信协议。核心协议现在基于 RFC7252。该协议是唯一的，因为它最初是为边缘节点之间的 M2M 通信量身定制的。它还支持通过使用代理映射到 HTTP。这种 HTTP 映射是通过互联网获取数据的内置工具。

CoAP 非常擅长提供一种类似的、简单的资源结构，这是任何有网络使用经验的人都熟悉的，但对资源和带宽的要求却很低。

Colitti 等人进行的一项研究证明了 CoAP 相对于标准 HTTP 的效率（Colitti, Walter & Steenhaut, Kris & De, Niccolò. 2017. *Integrating Wireless Sensor Networks with the Web*）。CoAP 提供了类似的功能，而开销和功率要求却大大降低。

此外，在类似的硬件上，CoAP 的一些实现比 HTTP 等效器性能要好到 64 倍（见表 10-8）。

表 10-8

	每笔交易的字节	功率	电池寿命
CoAP	154	0.744mW	151 天
HTTP	1451	0.333mW	84 天

10.4.1 CoAP 架构细节

CoAP 是基于针对物联网用轻量级的等价协议模仿和替代繁重的 HTTP 能力和用法的概念。它不能取代 HTTP，因为它确实缺乏特性，HTTP 需要更强大和面向服务的系统。CoAP 特性可概括如下：

- ❏ 类似 HTTP。
- ❏ 无连接协议。
- ❏ 在正常的 HTTP 传输过程中，安全性通过 DTLS 而不是 TLS 来保证。
- ❏ 异步消息交换。
- ❏ 轻量设计和资源要求以及较低的报头开销。

- 支持 URI 和内容类型。
- 正常的 HTTP 会话建立在 UDP 而不是 TCP/UDP 之上。
- 允许代理桥接到 HTTP 会话的无状态 HTTP 映射。

CoAP 有两个基本层：

- **请求 / 响应层**：负责发送和接收基于 RESTful 的查询。REST 查询以 CON 或 NON 消息为载体。在 REST 响应以相应的 ACK 消息为载体。
- **事务层**：使用四种基本消息类型之一处理终端之间的单个消息交换。事务层还支持多播和拥塞控制，如图 10-8 所示。

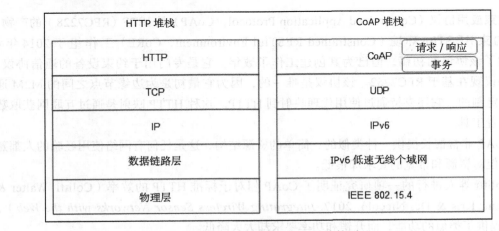

图 10-8　HTTP 堆栈与 CoAP 堆栈对比

CoAP 与 HTTP 共享其上下文、语法和用法。在 CoAP 中寻址的方式也类似于 HTTP。地址扩展到 URI 结构。与 HTTP URI 一样，用户必须事先知道地址才能访问资源。在顶层，CoAP 使用 GET、PUT、POST 和 DELETE 等请求，和 HTTP 中一样。类似地，响应代码也模仿 HTTP，例如：

- 2.01：创建
- 2.02：删除
- 2.04：更改
- 2.05：内容
- 4.04：未找到（资源）
- 4.05：方法未被允许

在 CoAP 中，典型 URI 的形式是：

```
coap://host[:port]/[path][?query]
```

一个 CoAP 系统有 7 个主要参与者：

- **终端**：CoAP 消息的来源和目的地。终端的具体定义取决于所使用的传输。

- ❑ **代理**：CoAP 终端，由 CoAP 客户端委托来代表它们执行请求。代理的一些作用是减少网络负载、访问休眠节点并提供一层安全保护。代理可以由客户端明确选择（正向代理），也可以作为原位服务器使用（反向代理）。

  或者，代理可以从一个 CoAP 请求映射到另一个 CoAP 请求，甚至可以转换到不同的协议（交叉代理）。一个常见的情况是边缘路由器从 CoAP 网络代理到基于云的互联网连接的 HTTP 服务。
- ❑ **客户端**：请求的发起者。响应的目的终端。
- ❑ **服务器**：请求的目的终端。响应的发起者。
- ❑ **中介**：同时充当服务器指向原点服务器的客户端的客户端。代理是中介。
- ❑ **源服务器**：给定资源驻留的服务器。
- ❑ **监视器**：可以使用修改后的 GET 消息注册自己的客户端。然后将监视器连接到一个资源，如果该资源的状态发生变化，服务器将向监视器发回一个通知。

✍ 观察者在 CoAP 中是唯一的，并且允许设备监视特定资源的更改。本质上，这类似于 MQTT 订阅模型，其中节点将订阅事件。

图 10-9 是 CoAP 架构的示例。作为一个轻量级 HTTP 系统，CoAP 客户端可以相互通信，或者与支持 CoAP 的云中的服务通信。或者，可以使用代理桥接到云中的 HTTP 服务。CoAP 终端可以相互建立关系，甚至在传感器级别。监视器允许使用类似订阅的属性，以类似于 MQTT 的方式促进这种更改。该图还说明了保存共享资源的源服务器。这两个代理允许 CoAP 执行 HTTP 转换或代表客户端转发请求。

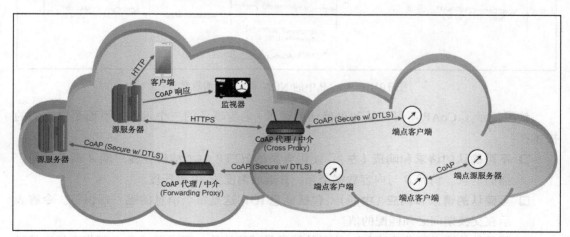

图 10-9   CoAP 架构

✍ CoAP 利用端口 5683。该端口必须由提供资源的服务器支持，因为该端口用于资源发现。启用 DTLS 时使用端口 5684。

10.4.2 CoAP 消息格式

基于 UDP 传输的协议意味着连接可能不可靠。为了补偿可靠性问题，CoAP 引入了两种不同的消息类型，它们要么需要确认，要么不需要确认。这种方法的另一个特点是消息可以是异步的。

在 CoAP 中总共只有 4 种消息：

- **可确认（CON）**：需要 ACK。如果发送 CON 消息，则必须在 `ACK_TIMEOUT` 和（`ACK_TIMEOUT * ACK_RANDOM_FACTOR`）之间的随机时间间隔内接收 ACK）。如果没有接收到 ACK，则发送方以指数增长的间隔一次又一次地发送 CON 消息，直到它接收到 ACK 或 RST 为止。这本质上是拥塞控制的 CoAP 形式。存在由 `MAX_RETRANSMIT` 设定的最大尝试次数。这是用于补偿 UDP 中缺乏弹性的弹性机制。
- **不可确认（NON）**：不需要 ACK。它本质上是一种"即发即弃"的消息或广播。
- **确认（ACK）**：确认 CON 消息。ACK 消息可以附带于其他数据上。
- **重置（RST）**：指示已收到 CON 消息，但上下文丢失。RST 消息可以附带于其他数据上。

CoAP 是一个 RESTful 设计，它使用 CoAP 消息上附带的请求/响应消息。这允许更高的效率和带宽保留，如图 10-10 所示。

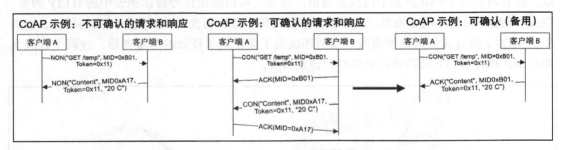

图 10-10　CoAP 中的 NON 和 CON 消息传递

该图显示了 CoAP 不可确认和可确认的请求/响应事务的三个示例，下面是对它们的描述：

- **不可确认的请求和响应（左）**：使用典型的 HTTP GET 结构在客户端 A 和 B 之间广播的消息。稍后 B 与内容数据交互，并返回温度为 20 摄氏度。
- **可确认的请求和响应（中间）**：包括消息 ID，这是每个消息的唯一标识符。令牌表示在交换期间必须匹配的值。
- **可确认的请求和响应（右）**：这里的消息是可确认的。客户端 A 和 B 都将在每次消息交换后等待 ACK。为了优化通信，客户端 B 可以选择用返回的数据来携带 ACK，如最右边所示。

在 Firefox 版本 55 的 Copper Firefox 扩展中可以看到 CoAP 事务的实际日志（图 10-11）。

Time	CoAP Message	MID	Token	Options	Payload
9:09:50 PM	CON-GET	12514 (0)	empty	Uri-Path: .well-known/core, Block2: 0/0/64	
9:09:50 PM	ACK-2.05 Content	12514	empty	Content-Format: 40, Block2: 0/1/64, Size2: 1918	</obs>;obs;rt="observe";title="Observable resource which changes
9:09:50 PM	CON-GET	12515 (0)	empty	Uri-Path: .well-known/core, Block2: 1/0/64	
9:09:50 PM	ACK-2.05 Content	12515	empty	Content-Format: 40, Block2: 1/1/64	every 5 seconds",</obs-pumping>;obs;rt="observe";title="Observa
9:09:50 PM	CON-GET	12516 (0)	empty	Uri-Path: .well-known/core, Block2: 2/0/64	
9:09:50 PM	ACK-2.05 Content	12516	empty	Content-Format: 40, Block2: 2/1/64	ble resource which changes every 5 seconds",</separate>;title="R
9:09:50 PM	CON-GET	12517 (0)	empty	Uri-Path: .well-known/core, Block2: 3/0/64	
9:09:50 PM	ACK-2.05 Content	12517	empty	Content-Format: 40, Block2: 3/1/64	esource which cannot be served immediately and which cannot be a
9:09:50 PM	CON-GET	12518 (0)	empty	Uri-Path: .well-known/core, Block2: 4/0/64	
9:09:50 PM	ACK-2.05 Content	12518	empty	Content-Format: 40, Block2: 4/1/64	cknowledged in a piggy-backed way",</large-create>;rt="block";ti

图 10-11　Copper CoAP 日志：在这里，我们看到几个 CON-GET 客户端启动的消息到
　　　　californium.eclipse:5683。URI 路径指向 CoAP:/californium.eclipse.org:5683/.well-
　　　　known/core。当令牌未使用和可选时，MID 将随着每个消息递增

重传过程如图 10-12 所示。

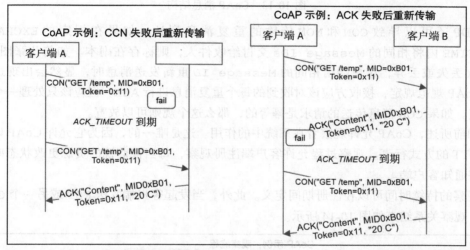

图 10-12　CoAP 重传机制：为了解释 UDP 中缺乏弹性，CoAP 在与可确认消息通信时使用
　　　　超时机制。如果超时过期，那么要么发送 CON 消息，要么接收 ACK，发送方将
　　　　重新发送消息。发送方负责管理超时并重传至最大重传次数。注意，失败的 ACK
　　　　重传会重用相同的消息 ID

　　虽然其他消息传递架构需要一个中央服务器在客户端之间传播消息，但 CoAP 允许在
任何 CoAP 客户端之间发送消息，包括传感器和服务器。CoAP 包含一个简单的缓存模型。
缓存是通过消息头中的响应代码控制的。选项号掩码将确定它是否是缓存键。Max_Age 选
项用于控制缓存元素的寿命，并确保数据的新鲜度。也就是说，Max_Age 设置响应在必须
刷新之前可以缓存的最大时间。Max_Age 默认为 60 秒，可最大达 136.1 年。代理在缓存中
起作用，例如，睡眠边缘传感器可以使用代理缓存数据和保存电源。

　　CoAP 消息头是唯一的设计，以最大的效率和带宽保存。报头的长度为四个字节，典型
的请求消息只需要 10 ~ 20 字节的头。这通常是 HTTP 头的 1/10。该结构由消息类型标识
符（T）组成，这些标识符必须与关联的唯一消息 ID 一起包含在每个头中。Code 字段用于
跨信道发出错误或成功状态的信号。报头之后，所有其他字段都是可选的，包括可变长度

标记、选项和有效负载（图 10-13）。

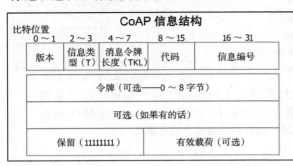

CoAP 信息结构

比特位置				
0～1	2～3	4～7	8～15	16～31
版本	信息类型（T）	消息令牌长度（TKL）	代码	信息编号
令牌（可选——0～8字节）				
可选（如果有的话）				
保留（11111111）		有效载荷（可选）		

- 版本：2 位整数，设置为1，以后的版本可能有所不同。
- 消息类型：2 位标识符——CON（0）、NON（1）、ACK（2）、RST（3）。
- 标记长度：可变长度的标记字段的长度。
- 代码：8 位成功、失败和错误的指示器。
- 消息 ID：16 位无符号整数，用于检测重复的消息。
- 令牌：0～8 个字节，用于将请求与响应关联起来。
- 选项：请求和响应的可选参数，如 URI 信息、最大年龄、内容和 Etags。
- 有效载荷：（可选）数据或信息，可以是零长度。

图 10-13　CoAP 消息结构

UDP 还可以导致 CON 和 NON 传输的重复消息到达。如果在规定的 EXCHANGE_LIFETIME 内将相同的 Message_IDs 交付给收件人，则称存在副本。如前几张图所示，当 ACK 丢失或丢弃，客户端用相同的 Message_ID 重新发送消息时，显然会出现这种情况。CoAP 规范规定，接收方应该对收到的每个重复消息进行 ACK，但应该只处理一个请求或响应。如果 CON 消息传送的请求是幂等的，那么这个规则可以放宽。

如前所述，CoAP 允许观察者在系统中的作用。这是唯一的，因为它允许 CoAP 以类似于 MQTT 的方式行事。观察过程允许客户端注册观察，每当被监视的资源更改状态时，服务器将通知客户端。

观察的持续时间可以在注册期间定义。此外，当发起客户端发送 RST 或另一个 GET 消息时，观察关系结束如图 10-14 所示。

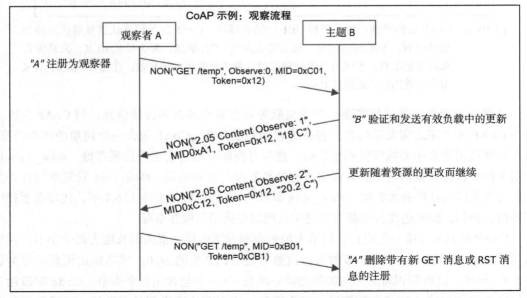

图 10-14　CoAP 观察者注册和更新过程

如前所述，CoAP 标准中没有固有的身份验证或加密，相反，用户必须依赖 DTLS 提供这种安全级别。如果使用 DTLS，则 URI 的示例是：

```
//insecure coap://example.net:1234/~temperature/value.xml
//secure coaps://example.net:1234/~temperature/value.xml
```

CoAP 也提供资源发现机制。只需向 /.well-nown/core 发送 GET 请求，就会披露设备上已知资源的列表。此外，请求中还可以使用查询字符串来应用特定的过滤器。

10.4.3   CoAP 使用示例

CoAP 是轻量级的，它在客户端和服务器上的实现都需要很少的资源。在这里，我们使用基于 Python 的 aiocoap 库。更多关于 aiocoap 的内容可以阅读 aiocoap: Python CoAP Library（Amsüss, Christian 和 Wasilak, Maciej 于 2013 年编写。https://github.com/chrysn/aiocoap/）。存在许多其他免费的 CoAP 客户端和服务器，其中几个是用低级 C 代码编写的，适用于极其受限的传感器环境。这里，为了简洁起见，我们使用 Python 环境。

客户端实现方式为：

```
#!/usr/bin/env python3

#necessary for asynchronous processing in Python from aiocoap
import asyncio

#using the aiocoap library
import *
```

下面是客户端的 main 循环。客户端使用 PUT 将温度广播到已知的 URI：

```
async def main():
  context = await Context.create_client_context()

  #wait 2 seconds after initialization
  await asyncio.sleep(2)

  payload = b"20.2 C"
  request = Message(code=PUT, payload=payload)

  #URI for localhost address
  request.opt.uri_host = '127.0.0.1'

  #URI for path to /temp/celcius
  request.opt.uri_path = ("temp", "celcius")

  response = await context.request(request).response
  print('Result: %s\n%r'%(response.code,response.payload))
```

```
if __name__ == "__main__":
    asyncio.get_event_loop().run_until_complete(main())
```

服务器实现方式为：

```
#!/usr/bin/env python3
#necessary for asynchronous processing in Python
import asyncio

#using aiocoap library import aiocoap
import aiocoap.resource as resource
```

下面的代码说明了 PUT 和 GET 方法的服务：

```
class GetPutResource(resource.Resource):

    def __init__(self):
        super().__init__()
        self.set_content(b"Default Data
        (padded) ")


    def set_content(self, content):
        #Apply padding
        self.content = content
        while len(self.content) &lt;= 1024:
            self.content = self.content + b"0123456789\n"

    #GET handler
    async def render_get(self, request):
    return aiocoap.Message(payload=self.content)

    #PUT handler
    async def render_put(self, request):
    print('PUT payload: %s' % request.payload)

    #replaces set_content with received payload
    self.set_content(request.payload)

    #set response code to 2.04
    return aiocoap.Message(code=aiocoap.CHANGED, payload=self.content)
```

main 循环为：

```
def main():
    #root element that contains all resources found on server
    root = resource.Site()

    #this is the typical .well-known/core and
    #resource list for well-known/core

    root.add_resource(('.well-known', 'core'),
    resource.WKCResource(root.get_resources_as_linkheader))

    #adds the resource /tmp/celcius
    root.add_resource(('temp', 'celcius'), GetPutResource()))
```

```
asyncio.Task(aiocoap.Context.create_server_context(root)
) asyncio.get_event_loop().run_forever()
if __name__ == "__main__":
    main()
```

10.5　其他协议

　　许多消息传递协议正在使用或建议用于物联网和 M2M 部署。到目前为止，最流行的是 MQTT 和 CoAP。下一节将探讨一些特定用例的替代方案。

10.5.1　STOMP

　　STOMP 代表简单（或流）面向文本消息的中间件协议。它是 Codehaus 设计的一种基于文本的协议，用于使用面向消息的中间件进行操作。以一种编程语言开发的代理可以接收来自另一种编程语言编写的客户端的消息。该协议与 HTTP 有相似之处，并通过 TCP 进行操作。STOMP 由帧头和帧体组成。目前的规格是 STOMP 1.2，日期为 2012 年 10 月 22 日，可在免费许可证下获得。

　　💡　STOMP 是针对人类可读性、容错解析和自描述数据进行优化的。当考虑比特 / 消息时，它在网络和通信协议上是无效的（这不是它的预期设计目标）。任何连接有限、通信服务收费高，或像基于电池的电源受限封装设备都不应该使用 STOMP。此外，像 STOMP 这样的 MOM 协议具有应用程序定义的消息结构。这使得发布者和订阅者的消息结构是锁定的。也就是说，如果你对发布者进行任何更改，也必须更改订阅者。这可能导致大规模部署的物联网设备发生重大动荡。

　　它不同于本章提出的许多协议，因为它不处理订阅主题或队列。它只是使用类似 HTTP 的语义，如带有目标字符串的 SEND。代理必须解析消息并映射到客户端的主题或队列。数据的使用者将订阅代理提供的目的地。

　　STOMP 有使用 Python（Stomp.py）、TCL（tStomp）和 Erlang（Stomp.erl）编写的客户端。一些服务器具有本机 STOMP 支持，例如 RabbitMQ（通过插件），一些服务器是用特定语言（Ruby、Perl 或 OCaml）设计的。

10.5.2　AMQP

　　AMQP 代表高级消息队列协议。它是一个经过强化和验证的 MOM 协议，摩根大通（JP Morgan Chase）等大规模数据来源每天处理 10 亿多条信息，海洋观测站倡议每天收集 8 兆兆字节以上的海洋学数据。它最初于 2003 年在摩根大通设计，并于 2006 年领导成立了一个由 23 家公司组成的工作组，负责协议的架构和治理。2011 年工作组被合并到目前托管的 OASIS 小组。此外，AMQP 版本 0.9 和 1.0 在各种部署中共存。

今天，它在银行和信贷交易行业被很好地建立，但也在物联网中占有一席之地。此外，AMQP 由 ISO 和 IEM 标准化为 ISO/IEC 1964:2014。一个正式的 AMQP 工作组可在 www.amqp.org 找到。

AMQP 协议位于 TCP 栈顶，使用端口 `5672` 进行通信。数据通过 AMQP 序列化，这意味着消息在单位帧中广播。帧在具有唯一 `channel_id` 的虚拟信道中传输。帧由标题、`channel_ids`、有效载荷信息和页脚组成。然而，通道只能与单个主机关联。消息被分配一个唯一的全局标识符。

AMQP 是一种流量控制、消息导向的通信系统。它是一个线级协议和一个低级接口。线协议是指网络物理层之上的 API。线级 API 允许不同的消息传递服务，例如 .NET（NMS）和 Java（JMS）相互通信。同样，AMQP 试图将出版商与订阅者脱钩。与 MQTT 不同，它具有负载均衡和正式排队的机制。基于 AMQP 的协议是 Rabbit MQ，它是用 Erlang 编写的 AMQP 消息代理。此外，还有几个 AMQP 客户端可用，例如用 Java、C#、JavaScript 和 Erlang 编写的 Rabbit MQ 客户端，以及用 Python、C、C#、Java 和 Ruby 编写的 Apache Qpid。

一个或多个具有自己名称空间、交换和消息队列的虚拟主机将驻留在中心服务器上。生产者和消费者订阅交换服务。

交换服务接收来自发布者的消息并将数据路由到关联队列。这种关系称为**绑定**，它可以直接指向一个队列，也可以扩展到多个队列（如在广播中）。或者，绑定可以使用路由键将一个交换与一个队列关联，这被正式称为**直接交换**。另一种交流方式是主题交流。这里使用一个模式来通配路由密钥（例如 `*.temp.#` 匹配 `idaho.temp.celsius` 和 `wisconsin.temp.fahrenheit`），如图 10-15 所示。

AMQP 部署的网络拓扑结构是中心辐射型的，具有中枢相互通信的能力。AMQP 由节点和链路组成。节点是一个命名源或消息的接收器。消息帧通过单向链接在节点之间移动。

如果消息通过节点传递，则全局标识符不变。如果节点执行任何转换，则分配新 ID。链接具有过滤消息的能力。有三个可以在 AMQP 中使用的不同消息传递模式：

❑ **异步定向消息**：消息是在不需要接收方确认的情况下发送的。

❑ **请求/回复或发布/订阅**：这类似于 MQTT，中心服务器充当 pub/sub 服务。

❑ **存储和转发**：用于中枢中继，其中消息被发送到中间集线器，然后发送到其目的地。

这里展示了用 Python 编写的基本定向交换，使用 Rabbit MQ 和 Pika Python 库。在这里，我们创建了一个名为 `Idaho` 的简单直接交换，并将其绑定到一个名为 `weather` 的队列中：

```
#!/usr/bin/env python
#AMQP basic Python example the pika Python library
from pika import BlockingConnection, BasicProperties,
ConnectionParameters
#initialize connections
connection = BlockingConnection(ConnectionParameters('localhost'))
channel = connection.channel()

#declare a direct exchange
```

```
channel.exchange_declare(exchange='Idaho', type='direct')

#declare the queue
channel.queue_declare(queue='weather')

#bindings
channel.queue_bind(exchange='Idaho', queue='weather', routing_
key='Idaho')

#produce the message
channel.basic_publish(exchange='Idaho', routing_key='Idaho',
body='new important task')

#consume the message
method_frame, header_frame, body = ch.basic_get('weather')

#acknowledge
channel.basic_ack(method_frame.delivery_tag)
```

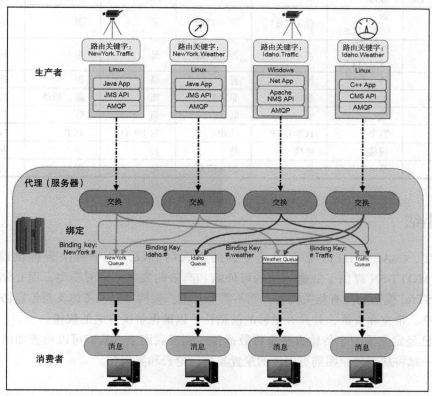

图 10-15　AMQP 架构拓扑：在典型的 AMQP 实施中，有生产者和消费者。生产者可以使用
　　　　　不同的语言和命名空间，因为 AMQP 的 API 和线协议是不分语言的。代理驻留在
　　　　　云中，并为每个生产者提供交换。根据绑定规则将消息路由到适当的队列。队列
　　　　　是消息缓冲区，产生消息给等待的消费者

10.6 协议总结与比较

现在对各种协议进行总结和比较。应当指出，其中一些类别有例外。例如，虽然MQTT不提供内置的安全配置，但它可以在应用程序级别分层。在所有情况下，都有例外，并且该表是根据正式规范构建的，如表 10-9 所示。

表　10-9

	MQTT	MQTT-SN	CoAP	AMQP	STOMP	HTTP/ RESTful
模型	MOM pub/sub	MOM pub/sub	RESTful	MOM	MOM	RESTful
发现协议	否	是 （通过网关）	是	否	否	是
资源需求	低	非常低	非常低	高	中等	非常高
报头大小（字节）	2	2	4	8	8	8
平均电力使用量	最低	低	中等	高	中等	高
认证	否 （SSL/TLS）	否（TLS）	否（DTLS）	是	否	是（TLS）
加密	否 （SSL/TLS）	否（TLS）	否（DTLS）	是	否	是（TLS）
访问控制	否	否	否	是	否	是
通信开销	低	非常低	非常低	高	高，烦琐	高
协议复杂度	低	低	低	高	低	非常高
TCP/UDP	TCP	TCP/UDP	UDP	TCP/UDP	TCP	TCP
广播	间接	间接	是	否	否	否
服务质量	是	是	CON 信息	是	否	否

10.7 小结

MQTT、CoAP 和 HTTP 是业界最主要的物联网协议，几乎每个云提供商都支持。MQTT 和 MQTT-SN 提供了数据通信的可伸缩和高效的发布 – 订阅模型，而 CoAP 提供了HTTP RESTful 模型的所有相关特性，而不需要开销。架构师必须考虑支持给定协议所需的开销、功率、带宽和资源，并具有足够的前瞻性，以确保解决方案的规模。

现在已经定义了一个传输方法来将数据传送到互联网上，我们可以检查如何处理这些数据。下一章将从创建原则到更先进的配置集中讨论云和雾架构。

第 11 章　云和雾拓扑

如果没有云，物联网及其市场将不存在。本质上，历史上有数十亿没有被连接的哑的终端设备，它们没有共享或聚合数据的能力，需要用户自行管理。数十亿个这样的小型嵌入式系统不会为客户增加边际价值。IoT 的价值在于它产生的数据，不是在单个终端上，而是在成千上万个节点中。云提供了由简单的传感器、摄像机、开关、信标和执行器组成的，以计算机通用语言相互参与的技术。云是数据传播的共同要素。

无处不在的云是在比喻通常按需提供的计算服务的基础设施。资源池（计算、网络、存储和关联的软件服务）可以根据平均负载或服务质量动态扩展或缩减。云通常是大型数据中心，通过付费模式向客户提供对外的服务。这些中心带给用户单一云资源的假象，而实际上，可能使用了许多地理上分散的资源。这给了用户一种位置独立性的感觉。资源是弹性的（意味着可扩展），服务是按需的，从而为提供商带来持续的收入。在云中运行的服务在结构和部署上与传统软件不同。基于云的应用程序可以更快地开发和部署，并且受硬件环境影响程度较低。因此，云具有快速部署的特性。

有报道称，云的第一次描述起源于 20 世纪 90 年代中期的康柏公司，当时技术未来主义者预测了一种将计算转移到网络而不是主机平台上的计算模型。从本质上说，这是云计算的基础，但直到其他某些技术出现，云计算才在业界变得可行。

传统上，通信业是建立在点对点电路系统上的。VPN 的创建允许对集群进行安全且受控的访问，并允许公私混合云的存在。

本章主要研究云架构和以下几个方面：
- 云拓扑的正式定义和术语
- OpenStack 云的架构概述
- 研究纯云架构的基本问题
- 雾计算概述
- OpenFog 参考架构
- 雾计算拓扑和用例

本章将讨论几个用例，以便你了解大数据语义对物联网传感器环境的影响。

11.1　云服务模型

云提供商通常支持各种各样的 XaaS（Everything as a Service）产品，也就是说，作为付费软件服务。服务包括网络即服务（Networking as a Service，NaaS）、软件即服务（Software as a Service，SaaS）、平台即服务（Platform as a Service，PaaS）和基础设施即服务（Infrastructure as a Service，IaaS）。每个模型都引入了越来越多的云供应商服务。这些服务都使云计算的价值增长。至少，这些服务可以抵消客户购买和维护此类数据中心设备并将其替换为运营费用所面临的资本费用。云计算的标准定义可以通过美国国家标准与技术研究院找到：Peter M. Mell and Timothy Grance. 2011. SP 800-145. *The NIST Definition of Cloud Computing*. Technical Report. NIST, Gaithersburg, MD, United States（https://nvlpubs.nist.gov/nistpubs/Legacy/SP/nistspecialpublication800-145.pdf）。

图 11-1 展示了云模型管理方面的差异，这些差异将在后续章节描述。

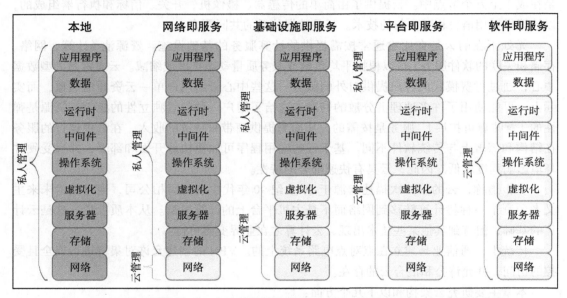

图 11-1　云基础设施模型。本地部署是指由所有者管理全部服务、基础设施和存储

NaaS 包括 SDP 和 SDN 等服务。IaaS 将硬件系统和存储推进到云上。PaaS 包括基础设施，但也管理操作系统和系统运行时或云中的容器。最后，SaaS 由云服务商打包提供所有基础设施和服务。

11.1.1　NaaS

软件定义网络（Software-Defined Networking，SDN）和**软件定义边界**（Software-Defined Perimeter，SDP）等服务是典型的 NaaS。这些产品是用于提供覆盖网络和企业安全的云管理和组织机制。云技术可以用来形成虚拟网络，而不是建立一个全球范围的由基础设施和资金支持的企业通信。这允许网络根据需求较好地扩大或减少资源，并且可以快速购买和部署新的网络特性。这些主题将在相关的 SDN 章节中深入讨论。

11.1.2　SaaS

SaaS 是云计算的基础。供应商通常通过移动设备、瘦客户端或其他云上的框架等客户端向末端用户提供自身的应用程序或服务。从用户的角度来看，SaaS 层就像是在他们的客户端上运行的。这种软件概念能够使公司业务在云上实现大幅增长。SaaS 服务包括谷歌 Apps、Salesforce 和 Microsoft Office 365 等著名的应用。

11.1.3　PaaS

PaaS 是指云提供的底层硬件和底层软件功能。在这种情况下，末端用户只是使用供应商的数据中心硬件、操作系统、中间件和各种框架来托管他们的私有应用程序或服务。

中间件可以由数据库系统组成。许多公司都是使用云提供商的商品硬件建立起来的，比如瑞典银行、Trek 自行车和东芝。

公共 PaaS 供应商平台有 IBM Bluemix、谷歌 App Engine 和微软 Azure。与 IaaS 相比，PaaS 部署的价值在于，你可以通过云基础设施获得可伸缩性和运营费用（OPerating EXpense，OPEX）方面的优势，同时还可以从供应商处获得经过验证的中间件和操作系统。这有些像 Docker 应用容器引擎这样的系统，在这里软件被部署为容器。如果你的整个应用程序保持在供应商提供的框架和基础设施的约束范围内，那么你可以更快地将其推向市场，因为大多数组件、操作系统和中间件都保证可用。

11.1.4　IaaS

IaaS 是云服务的最初概念。在这个模型中，供应商在云中构建可扩展的硬件服务，并提供一些软件框架来构建客户端虚拟机。这为部署提供了最大的灵活性，但是对客户来说需要更高的条件。

11.2　公有云、私有云和混合云

在云环境中通常使用三种云拓扑模型：私有云、公有云和混合云。无论采用哪种模型，云结构都应该提供动态扩展、快速开发和部署的能力，并且无论距离远近，都要有本地化的外观（图 11-2）。

私有云还意味着本地托管组件。现代企业系统倾向于使用混合架构来确保关键任务应用程序和本地数据的安全性，并使用公有云来实现连接、简化部署和快速开发。

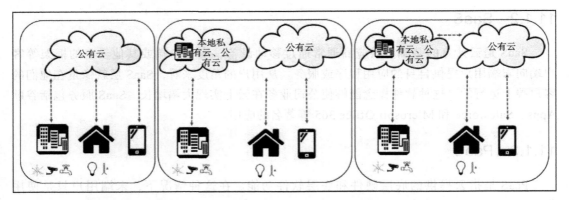

图 11-2　左：公有云。中：私有云与公有云。右：混合云

11.2.1　私有云

在**私有云**中，基础设施是为单个组织或公司提供的。在所有者自己的基础设施之外没有资源共享或资源池的概念。在单个组织或公司内，共享和池化是很常见的。私有云的存在有很多原因，包括安全性和保障性，也就是说，为了保证信息仅局限于由客户管理的系统。然而，要想被视为云，云服务的某些方面必须存在，例如虚拟化和负载均衡。私有云可以是本地的，也可以是第三方专门为其提供的专用机器。

11.2.2　公有云

公有云则相反。在这里，基础设施是为大量客户和应用程序灵活提供的。基础设施是一个资源池，任何人在任何时候都可以将其作为服务级别协议的一部分使用。这里的优势在于，云数据中心的巨大规模为许多客户提供了前所未有的可扩展性，而这些客户仅受限于他们希望购买多少服务。公有云的例子是微软的 Azure 或亚马逊的 AWS。

11.2.3　混合云

混合架构模型是私有云和公有云的结合。这种组合可以是同时使用的多个公有云，也可以是公有云和私有云基础设施的组合。如果敏感数据需要特殊的管理，机构往往推荐使用混合模型，同时前端界面可以利用云的范围和规模。另一个用例是通过保持公有云协议抵消可扩展性超过公司私有云基础设施的现象。在这个例子中，公有云将被用作负载均衡器，直到数据和使用量的膨胀回落到私有云的可接受范围。这个用例称为云爆发，指的是使用云作为应急资源供应。

许多公司都有公有云和私有云基础设施。当前端服务和 Web 门户可能是用于可扩展性的公有云中的服务，而客户数据位于保证安全的私有系统中时，这种情况尤其普遍。

11.3 OpenStack 云架构

OpenStack 是一个开源的 Apache 2.0 授权框架，用于构建云平台。它的类型基本属于 IaaS，自 2010 年以来一直在开发人员社区中使用。OpenStack 基金会管理该软件，并拥有 500 多家公司的支持，其中包括英特尔、IBM、红帽和爱立信。

OpenStack 最初是 NASA 和 Rackspace 在 2010 年的一个联合项目。该架构拥有其他云系统的所有主要组件（包括计算和负载均衡）、存储组件（包括备份和恢复）、网络组件、仪表板、安全和身份识别、数据和分析包、部署工具、监视器和仪表，以及应用程序服务。这些是架构师在选择云服务时需要的组件。

我们不会深入研究单一的商业云架构，而是深入研究 OpenStack，因为商业云服务（如 Microsoft Azure）中的组件都使用了 OpenStack 的许多构件或类似的组件。

从架构角度来说，OpenStack 是组件的交织层。图 11-3 显示了 OpenStack 云的基本形式。每个服务都有一个特定的功能和一个唯一的名称（例如 Nova）。该系统作为一个整体，提供可扩展的企业级云功能。

OpenStack 组件内的所有通信都是通过**高级消息队列协议**（Advanced Message Queueing Protocol，AMQP）的消息队列完成的，特别是 RabbitMQ 或 Qpid。消息可以是非阻塞的，也可以是阻塞的，具体取决于消息的发送方式。一条消息将作为 JSON 对象发送到 RabbitMQ，接收者将从同一服务中查找并获取消息。这是在主要的子系统之间进行通信的**松散耦合远程过程调用**（Remote Procedure Call，RPC）方法。在云环境中的好处是客户端和服务器完全分离，同时允许服务器动态扩展或缩减。消息不会被广播而是定向的，这可使流量最小化。你可能还记得，AMQP 是物联网领域中使用的通用消息传递协议。

11.3.1 Keystone：身份和服务管理

Keystone 是 OpenStack 云的身份管理器服务。身份管理器建立用户凭据和登录授权。它实质上是进入云的起点或入口点。该资源维护着一个包含用户及其访问权限的集中目录。这是确保用户环境相互排斥和安全的最高安全级别。Keystone 可以与企业级目录中的 LDAP 之类的服务交互。Keystone 还维护着令牌数据库，并向用户提供临时令牌，类似于 Amazon Web Services（AWS）建立凭据的方式。服务注册表用于以编程方式查询用户可以使用哪些产品或服务。

11.3.2 Glance：镜像服务

Glance 为 OpenStack 提供了虚拟机管理的核心。大多数云服务将提供一定程度的虚拟化，并具有类似于 Glance 的模拟资源。镜像服务 API 是一种 RESTful 服务，它允许客户开发 VM 模板，发现可用的 VM，将镜像克隆到其他服务器，注册 VM，甚至将正在运行的虚拟机移动到其他物理服务器而不会中断。Glance 调用 Swift（对象存储）以检索或存储不同的镜像。Glance 支持不同类型的虚拟镜像：

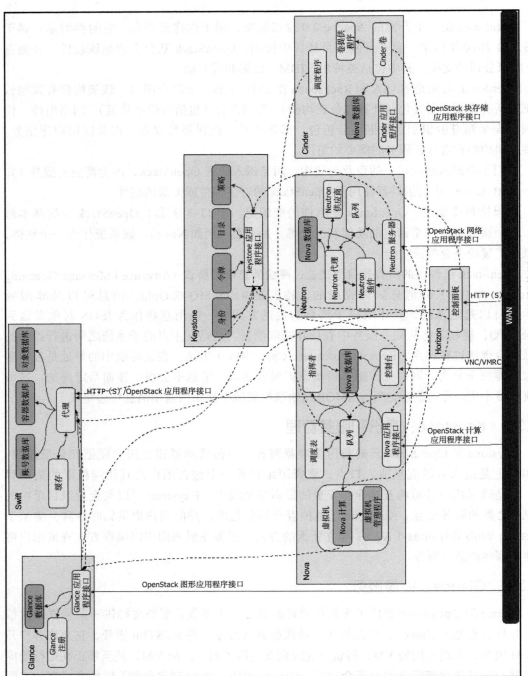

图 11-3 OpenStack 顶层架构图

- ❏ raw：非结构化镜像格式
- ❏ vhd：VMWare、Xen、Oracle VirtualBox
- ❏ vmdk：通用磁盘格式
- ❏ vdi：QEMU 仿真器镜像
- ❏ iso：光盘驱动器镜像（光盘）
- ❏ aki/ari/ami：亚马逊镜像

> 📝 虚拟机由整个硬盘驱动器卷镜像内容组成，包括访客操作系统、运行时间、应用程序和服务。

11.3.3 Nova 计算

Nova 是 OpenStack 计算资源管理服务的核心。它的目的是根据需求识别和分配计算资源。它还负责控制系统管理程序和虚拟机。如上所述，Nova 可以与多个 VM 一起工作，比如 VMware 或 Xen，或者它可以管理容器。按需扩展是任何云服务不可或缺的一部分。Nova 使用基于 RESTful API 的网络服务来简化控件。

要获取服务器列表，可以通过 API 将以下内容输入（get）Nova：

```
{your_compute_service_url}/servers
```

要创建一组服务器（范围从最少 10 个到最多 20 个），你可以使用 POST 输入以下内容：

```
{
  "server": {
    "name": "IoT-Server-Array",
    "imageRef": "8a9a114e-71e1-aa7e-4181-92cc41c72721", "flavorRef":
"1",
    "metadata": {
      "My Server Name": "IoT"
    },
    "return_reservation_id": "True", "min_count": "10",
    "max_count": "20"
  }
}
```

Nova 会回复一个 reservation_id：

```
{
  "reservation_id": "84.urcyplh"
}
```

因此，为了管理基础设施，编程模型相当简单。

Nova 数据库需要维护集群中所有对象的当前状态。例如，集群中的各种服务器可以包括以下几种状态：

- ❏ ACTIVE: 服务器正在运行
- ❏ BUILD: 服务器正在构建中，尚未完成
- ❏ DELETED: 服务器已删除
- ❏ MIGRATING: 服务器正在迁移到新主机

Nova 依靠调度程序来确定要执行的任务以及在何处执行。调度程序可以随机关联相关主机，也可以使用过滤器来选择与某些参数集最匹配的一组主机。过滤器最终输出将是主机服务器的有序列表，从最佳使用到最差使用（从列表中删除不兼容的主机）。

以下是用于分配服务器关联性的默认过滤器：

```
scheduler_available_filters = nova.scheduler.filters.all_filters
```

可以创建一个自定义过滤器（例如，一个名称为 IoTFilter.IoTFilter 的 Python 或 JSON 过滤器）并附加到调度程序，如下所示：

```
scheduler_available_filters = IoTFilter.IoTFilter
```

为了设置一个过滤器，通过 API 以编程方式找到拥有 16 个 VCPU 的服务器，构造一个 JSON 文件，如下所示：

```
{
  "server": {
    "name": "IoT_16",
    "imageRef": "8a9a114e-71e1-aa7e-4181-92cc41c72721", "flavorRef":
"1"
  },
  "os:scheduler_hints": {
    "query": "[&gt;=,$vcpus_used,16]"
  }
}
```

另外，OpenStack 还允许你通过命令行界面控制云：

```
$ openstack server create --image 8a9a114e-71e1-aa7e-4181-92cc41c72721 \
  --flavor 1 --hint query='["&gt;=","$vcpus_used",16]' IoT_16
```

OpenStack 有一组丰富的过滤器，允许对服务器和服务进行自定义分配。这允许对服务器供应和扩展进行非常明确的控制。这是云设计的一个经典且非常重要的方面。这些过滤器包括但不限于：

- ❏ 随机存取存储器（RAM）大小
- ❏ 磁盘容量和类型
- ❏ 每秒的输入输出量（IOPS）级别
- ❏ 中央处理器（CPU）分配
- ❏ 群组关联性
- ❏ 无类别域间路由（CIDR）相关性

11.3.4　Swift：对象存储

Swift 为 OpenStack 数据中心提供了一个冗余存储系统。Swift 允许通过添加新服务器来扩展集群。对象存储将包含诸如账户和容器之类的东西。用户的虚拟机可以在 Swift 中存储或缓存。Nova 计算节点可以直接调用 Swift 并在第一次运行时下载镜像。

11.3.5　Neutron：网络服务

Neutron 是 OpenStack 网络管理和 VLAN 服务。整个网络都是可配置的，并提供以下服务：

- ❑ 域名服务
- ❑ DHCP
- ❑ 网关功能
- ❑ VLAN 管理
- ❑ L2 连接
- ❑ SDN
- ❑ 覆盖和隧道协议
- ❑ VPN
- ❑ NAT（SNAT 和 DNAT）
- ❑ 入侵检测系统
- ❑ 负载均衡
- ❑ 防火墙

11.3.6　Cinder：块存储

Cinder 为 OpenStack 提供云所需的持久块存储服务。它充当数据库和动态增长的文件系统（包括数据湖）等用例的存储即服务，这些用例在流式物联网场景中特别重要。与 OpenStack 中的其他组件一样，存储系统本身是动态的，并可根据需要扩展。该架构建立在高可用性和开放标准之上。

Cinder 提供的功能包括以下几种：

- ❑ 创建、删除存储设备并将其绑定到 Nova 计算实例
- ❑ 多存储供应商的互操作性（HP 3PAR、EMC、IBM、Ceph、CloudByte、Scality）
- ❑ 支持多种接口（光纤通道、NFS、共享 SAS、IBM GPFS、iSCSI）
- ❑ 备份和检索磁盘映像
- ❑ 时间点的快照镜像
- ❑ VM 镜像的备用存储

11.3.7　Horizon

这里介绍的最后一部分是 Horizon。Horizon 是 OpenStack 的仪表板，是客户进入

OpenStack 的单一窗格视图。它提供了构成 OpenStack 的各种组件（Nova、Cinder、Neutron 等）形成的 Web 的视图。

Horizon 提供云系统的用户界面视图作为 API 之上的替代方法。Horizon 是可扩展的，因此第三方可以将他们的小部件或工具添加到仪表板。可以添加新的计费组件，然后为客户实例化 Horizon 仪表板要素。

大多数使用云部署的物联网都会包含一些具有类似功能的控制面板要素。

11.3.8 Heat：编排（选读）

Heat 可以启动多个复合云应用程序，并基于 OpenStack 实例上的模板管理云基础设施。Heat 与计量监控集成在一起，可以自动扩展系统，以满足负载需求。Heat 中的模板遵守 AWS CloudFormation 格式，并且能够以类似方式指定资源之间的关系（例如，该卷已连接到该服务器）。

Heat 模板的内容与以下相似：

```
heat_template_version: 2015-04-30 description:

example template

resources:
  my_instance:
    type: OS::Nova::Server
    properties:
      key_name: { get_param: key_name } image: {
      get_param: image } flavor: { get_param: flavor }
      admin_pass: { get_param: admin_pass } user_data:
        str_replace:
        template: |
          #!/bin/bash
          echo hello_world
```

11.3.9 Ceilometer：计量监控（选读）

OpenStack 提供了一项称为 Ceilometer 的可选服务，可用于计量数据收集和每个服务使用的资源。计量用于收集有关使用情况的信息，并将其转换为客户账单。Ceilometer 还提供评级和计费工具。评级将账单值转换为等值货币，计费用于启动支付流程。

Ceilometer 监视和计量不同的事件，例如启动服务、附加卷和停止实例。收集有关 CPU 使用率、内核数、内存使用率和数据移动的指标。所有这些都已收集并存储在 MongoDB 数据库中。

11.4 物联网云架构的限制

云服务提供商位于物联网边缘设备之外，负责广域网。物联网架构的一个特殊特征是

PAN 和 WPAN 设备可能不符合 IP 协议。**低功耗蓝牙**（BLE）和 Zigbee 等协议不是基于 IP 协议的，而 WAN（包括云）上的所有内容都是基于 IP 协议的。

因此，边缘网关的作用就是执行该级别的转换，如图 11-4 所示。

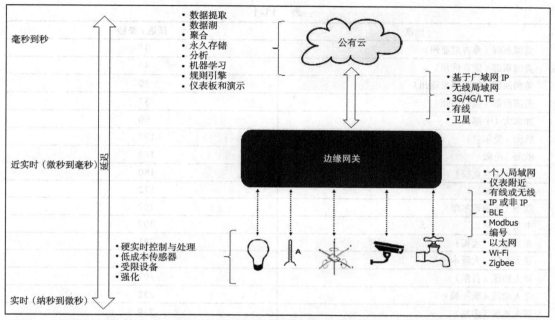

图 11-4　云中的延迟效应。硬实时响应迫使处理过程更靠近终端设备，在许多物联网应用中至关重要

延迟效应

另一个影响是事件的延迟和响应时间。当你接近传感器时，你就进入了硬实时要求的领域。这些系统通常是深嵌入式系统或微控制器，它们具有由真实事件设置的延迟。例如，摄像机对帧速率（通常为 30 fps 或 60 fps）很敏感，必须在数据流管道中执行许多顺序任务（去马赛克、显像、白平衡和伽马调整、色域映射、缩放和压缩）。通过视频成像管道（每通道 8 位的 60 fps 的 1080 p 视频）传输的数据量大约是 1.5 GB/s。每一帧必须实时通过该管道，因此，大多数视频图像信号处理器在芯片上执行这些转换。

如果向上移动栈，则网关将具有次佳的响应时间，通常在 10 毫秒以内。响应时间中的限制因素是 WPAN 延迟和网关上的负载。正如前面在 WPAN 一章中提到的，大多数 WPAN（如 BLE）是可变的，依赖于网关下 BLE 设备的数量、扫描间隔、广告间隔等。BLE 连接间隔可以低至几毫秒，但也可以根据客户调整广告间隔以尽可能少地使用电能。Wi-Fi 信号通常具有 1.5 毫秒的延迟。此级别的延迟需要连接到 PAN 的物理接口。你不会希望将原始 BLE 包传递到云，而无法实现接近实时的控制。

云组件在 WAN 上引入了另一种延迟。网关和云提供商之间的路由可以根据数据中心和网关的位置采用多条路径。云提供商通常会提供一组区域数据中心来规范流量。要了解云提供商对延迟的真正影响，你必须在几周或几个月时间内跨区域采样 ping 延迟，见表 11-1。

表 11-1

地区	延迟 / 毫秒
美国东部（弗吉尼亚州）	91
美国东部（俄亥俄州）	80
美国西部（加利福尼亚州）	50
美国西部（俄勒冈州）	37
加拿大（中部）	90
欧洲（爱尔兰）	177
欧洲（伦敦）	168
欧洲（法兰克福）	180
欧洲（巴黎）	172
欧洲（斯德哥尔摩）	192
中东（巴林）	309
亚太地区（孟买）	281
亚太地区（大阪本地）	170
亚太地区（首尔）	192
亚太地区（新加坡）	232
亚太地区（悉尼）	219
亚太地区（东京）	161
南美洲（圣保罗）	208
中国（北京）	205
中国（宁夏）	227
中国（香港）	216
AWS GovCloud（美国东部）	80
AWS GovCloud（美国）	37

使用亚马逊 AWS 数据中心上的一项名为 CloudPing 的服务以及 CloudPing.info 上的 US-West Client 对数据进行了分析（更多有关信息，请访问 http://www.cloudping.info）。

CLAudit 对云延迟和响应时间进行了详尽的分析（更多有关信息，请访问 http:// claudit. feld.cvut.cz/index.php#）。还有其他工具可以分析延迟，例如 Azurespeed.com、Fathom 和 SmokePing（更多有关信息，请访问 https://oss.oetiker.ch/smokeping/）。这些站点在全球许多地区每天研究、监视和存档 AWS 和 Microsoft Azure 之间的 TCP、HTTP 和 SQL 数据库延迟，这样可以更好地了解云解决方案可能带来的总体延迟影响。例如，图 11-5 说明了美国一家测试客户与领先的云解决方案提供商及其各个全球数据中心进行通信的往返时间（RTT）。注意 RTT 的可变性也很有用。虽然 5 毫秒的峰值在许多应用中可能是可以容忍的，但它可能导致在硬实时控制系统或制造自动化中的失败。

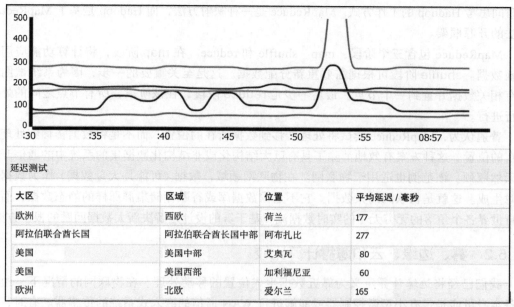

延迟测试			
大区	区域	位置	平均延迟 / 毫秒
欧洲	西欧	荷兰	177
阿拉伯联合酋长国	阿拉伯联合酋长国中部	阿布扎比	277
美国	美国中部	艾奥瓦	80
美国	美国西部	加利福尼亚	60
欧洲	北欧	爱尔兰	165

图 11-5　从美国山地时区的客户到全球各个数据中心的主要云提供商的 RTT 和延迟

　　通常，在不考虑处理输入数据的任何开销的情况下，云延迟约为数 10 毫秒甚至是数百毫秒。现在，当为物联网构建基于云的架构时，应该为不同级别的响应设置一个预期。近设备架构允许 10 毫秒以下的响应，并且具有可重复性和确定性的优势。云解决方案可以在响应时间中引入可变性，比近边缘设备引入数量级更大的响应时间。架构师需要根据这两种效果来考虑将解决方案的各个部分部署在何处。

　　还应根据其数据中心部署模型选择云提供商。如果物联网解决方案正在全球范围内部署或可能会扩展到涵盖多个区域，则云服务应将数据中心设置在地理上相似的区域，以帮助规范响应时间。图 11-5 显示了在单个客户端到达全球数据中心时延迟的巨大差异。这不是一个最佳的架构。

11.5　雾计算

　　雾计算是云计算在边缘的进化扩展。雾表示一个系统级的水平架构，它在网络结构中分配资源和服务。这些服务和资源包括存储组件、计算设备、网络功能等。节点可以位于云和"事物"（传感器）之间的任何位置。本节将详细介绍雾计算和边缘计算之间的区别，并提供雾计算的各种拓扑和架构参考。

11.5.1　用于雾计算的 Hadoop 原理

　　雾计算借鉴了 Hadoop 和 MapReduce 的成功，为了更好地理解雾计算的重要性，值得花时间思考 Hadoop 的工作方式。MapReduce 是一种映射方法，而 Hadoop 是基于 MapReduce 算法的开源框架。

MapReduce 包含三个阶段：map、shuffle 和 reduce。在 **map** 阶段，将计算功能应用于本地数据。**shuffle** 阶段可根据需要重新分配数据。这是至关重要的一步，因为系统试图将所有相关数据并置到一个节点。最后一步是 **reduce** 阶段，在该阶段，所有节点之间的处理并行进行。

普遍认为，MapReduce 尝试将处理转移到数据所在的位置，而不是将数据转移到处理器所在的位置。这种方案有效地消除了具有巨大结构化或非结构化数据集的系统中的通信开销和天然瓶颈。该范例也适用于物联网。在物联网领域，数据（可能是大量数据）作为数据流实时生成。这就是物联网的大数据。它不是像数据库或谷歌存储集群那样的静态数据，而是来自世界各个角落的无穷无尽的实时数据流。基于雾的设计是解决新大数据问题的根本方法。

11.5.2　雾、边缘、云和薄雾计算比较

我们已经将边缘计算定义为靠近数据生成位置的移动处理。在物联网的情况下，边缘设备本身可能是带有小型微控制器或能够进行 WAN 通信的嵌入式系统的传感器。有时，边缘设备将是架构中的网关，在网关上挂着特别受限制的终端。边缘处理通常也指机器对机器的环境，其中边缘（客户端）与其他位置的服务器之间存在紧密的关联。如上所述，边缘计算的存在是为了解决延迟和不必要的带宽消耗问题，在数据源附近添加可变性和安全性等服务。边缘设备可能以延迟和传输为代价与云服务建立关系，它不主动参与云基础架构。

雾计算与边缘计算的例子略有不同。首先，雾计算与其他雾节点和/或覆盖云服务共享框架 API 和通信标准。雾节点是云的扩展，而边缘设备可能涉及云也可能不涉及。雾计算的另一个关键点是雾可以分层存在。雾计算还可以实现负载均衡，并控制数据从东西向到南北向以协助资源均衡。根据上一节对云及其提供的服务的定义，你可以把这些雾节点仅看成是混合云中拥有更多的基础设施（尽管功能更弱）。

薄雾计算有时被称为"小云计算"。薄雾计算通常在低成本和低功耗的微控制器或嵌入式计算机上为网络的最末端边缘服务。它们在物理上尽可能靠近传感器，以收集数据并执行近源计算。它们通过标准协议连接到雾节点，薄雾计算通常是整个网络结构的一部分。薄雾计算设备的一个例子是智能恒温器，如图 11-6 所示。

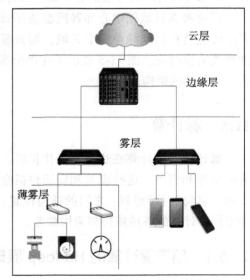

图 11-6　云、边缘、雾和薄雾组件之间的关系

11.5.3 OpenFog 参考架构

诸如云框架之类的雾架构框架对于理解各个层之间的互通和数据契约是必不可少的。在这里，我们探索 OpenFog 联盟参考架构：https://www.openfogconsortium.org/wp-content/uploads/OpenFog_Reference_ Architecture_2_09_17-FiNAL.pdf。OpenFog 联盟是一个非营利性行业组织，其章程是为雾计算定义互操作标准。尽管不是标准化组织，但它们通过合作和行业影响力影响其他组织的方向。OpenFog 参考架构是一种模型，可帮助架构师和行业领军者进行硬件设计生产、构建软件以及获取雾计算基础架构。OpenFog 体现了基于云的解决方案的优势，并希望在不牺牲延迟和带宽的情况下将计算、存储、网络和扩展级别扩展到边缘层。

OpenFog 参考架构由一个分层的方法组成，从底部的边缘传感器和执行器到顶部的应用服务。该架构与典型的云架构（如 OpenStack）具有相似之处，它进一步扩展了这一点，因为它更类似于 PaaS 而不是 IaaS。为此，OpenFog 提供了完整的栈，通常与硬件无关，或者至少将平台与系统的其余部分抽象了（图 11-7）。

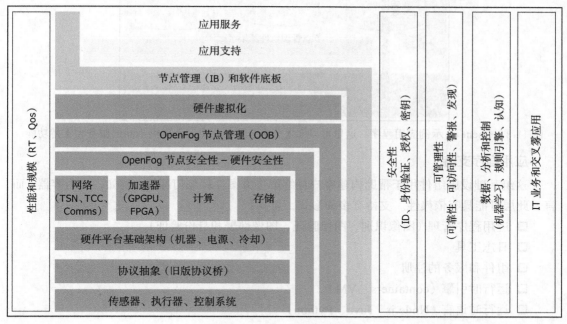

图 11-7　OpenFog 参考架构

应用服务程序

服务层的作用是提供任务所需的透明列表和定制服务。这包括提供到其他服务的连接器、托管数据分析包、在需要时提供用户界面以及提供核心服务。

应用层中的连接器将服务连接到支持层。协议抽象层为连接器直接与传感器对话提供了途径。每个服务都应被视为容器中的微服务。OpenFog 联盟主张将容器部署作为在边缘部署软件的正确方法。当我们将边缘设备视为云的扩展时，这是有意义的。容器部署的示例可能如图 11-8 所示。

每个圆柱体表示可以单独部署和管理的单个容器。然后，每个服务都会公开 API，以公开容器和层。

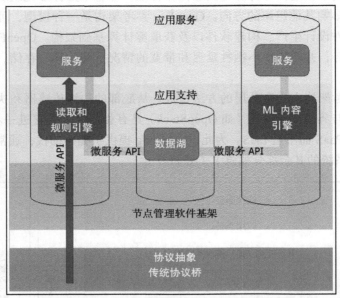

图 11-8　OpenFog 示例应用程序。这里可以部署多个容器，每个容器提供不同的服务和支持功能

应用程序支持

这组基础设施组件用于帮助构建客户最终解决方案。就如何部署（例如，作为容器）而言，此层可能具有依赖性。支持有多种形式，包括：

- ❑ 应用程序管理（图像识别、图像验证、图像部署和身份验证）
- ❑ 日志工具
- ❑ 组件和服务的注册
- ❑ 运行时引擎（containers、VM）
- ❑ 运行时语言（Node.js、Java、Python）
- ❑ 应用服务器（Tomcat）
- ❑ 消息总线（RabbitMQ）
- ❑ 数据库和档案（SQL、NoSQL、Cassandra）
- ❑ 分析框架（Spark）
- ❑ 安全服务
- ❑ Web 服务器（Apache）

❑ 分析工具（Spark、Drool）

OpenFog 建议将这些服务打包为容器，如前面的图所示。参考架构不是严格的指导原则，架构师需要选择可以在受限的边缘设备上使用的正确支持等级。例如，处理和资源可能只允许使用简单的规则引擎，而不允许使用类似流处理器之类的东西，更不用说递归神经网络了。

节点管理和软件背板

这是指带内（IB）管理，它控制雾节点如何与其域中的其他节点通信。还可以通过此界面为升级、状态和部署管理节点。背板可以包括节点的操作系统、自定义驱动程序和固件、通信协议和管理、文件系统控制、虚拟化软件以及微服务的容器化。

这个级别的软件栈几乎涉及 OpenFog 参考架构中的其他每一层。背板的典型特点包括：

❑ **服务发现**：允许临时的、雾对雾信任模型。

❑ **节点发现**：类似于云群集技术，允许添加雾节点和群集中的连接。

❑ **状态管理**：允许使用不同的计算模型进行多个节点的有状态和无状态计算。

❑ **发布/订阅管理**：允许拉取而不是推送数据。另外，它允许在软件构造中进行抽象级别的处理。

OpenFog 参考架构，或者任何基于雾的架构都应该允许分层部署。也就是说，雾架构不仅限于连接到与少数传感器相连的雾网关的云。实际上，取决于可设计的规模、带宽、处理负载和经济性，存在多种拓扑。参考架构应为其自身提供多种拓扑，就像真实的云可以根据需求动态地伸缩和负载均衡一样。

硬件虚拟化

与典型的云系统一样，OpenFog 将硬件定义为虚拟化层。应用程序不应与特定的硬件绑定。在这里，系统应跨过雾实现负载均衡，并根据需要移除或添加资源。所有硬件组件都在此级别虚拟化，包括计算、网络和存储。

OpenFog 节点安全

联盟将此级别定义为栈的硬件安全性部分。较高级别的雾节点应该能够监视较低级别的雾节点，这是拓扑结构层次结构的一部分（本章稍后介绍）。对等节点应该能够监视其东西向的邻居。

这一层还具有以下职责：

❑ 加密

❑ 篡改和实体安全监视器

❑ 封包检查和监测（东西向和南北向）

网络

这是硬件系统层的第一个组件。网络模块是东西向和南北向通信模块。网络层明确了雾拓扑和路由。它的作用是物理地路由到其他节点。与虚拟化所有内部接口的传统云网络相比，这是一个主要区别。这样网络在物联网部署中具有意义和地理特征。例如，托管所有都连接到摄像机的四个子节点的父节点可能负责聚合来自四个源的视频数据，并将图像内容粘贴（融合）在一起以创建 360 度视野。为此，它必须知道哪个子节点属于哪个方向，而不允许任意或随机地定方向。

网络组件的要求包括：

❑ 以防通信链路断开的弹性。实际上，可能需要了解如何重建网状网以保持数据畅通。

❑ 将数据从非 IP 传感器转换和重新打包为 IP 协议。例如蓝牙、Z-Wave 和有线传感器。

❑ 处理故障转移案例。

❑ 绑定到各种通信结构（Wi-Fi、有线、5G）。

❑ 提供企业部署所需的典型网络基础结构（安全性、路由等）。

加速器

OpenFog 与其他云架构不同的另一个方面是加速器服务的概念。**加速器**现在以 GPGPU 甚至 FPGA 的形式普遍存在，用于提供成像、机器学习、计算机视觉和感知、信号处理和加密 / 解密等服务。

OpenFog 设想了可以根据需要分配资源和分配雾节点。你可以在层次结构中推动使用第二级或第三级节点区，这样可以根据需要动态提供其他计算功能。

我们甚至可以推动其他形式的加速器进入雾中，例如：

❑ 在需要生成大型数据湖的情况下，专用于大容量海量存储的节点。

❑ 包含备用通信链路的节点，如在所有陆上通信消失的灾难性事件中的卫星无线电。

计算

堆栈的计算部分类似于 OpenStack 中 Nova 层的计算功能。主要功能包括：

❑ 任务执行

❑ 资源监控和配置

❑ 负载均衡

❑ 能力查询

存储

该架构的存储部分保持着与雾存储的低层接口。我们之前谈到的存储类型，例如数据湖或工作区内存，可能需要在边缘进行硬实时分析。存储层还将管理所有传统类型的存储设备，例如：

❑ RAM 阵列

❑ 旋转磁盘

❑ 闪存

❑ RAID

❑ 数据加密

硬件平台基础设施

基础设施层不是软件和硬件之间的实际层，更像是雾节点的更多物理和机械结构。由于雾设备经常会在恶劣且偏远的地方，因此它们必须坚固耐用，有弹性及自主性。

OpenFog 定义了在雾部署中需要考虑的情况，包括：

❑ 尺寸、功率和重量特性
❑ 冷却系统
❑ 机械支撑和固定
❑ 可维修性机制
❑ 抗物理攻击和报告

抽象协议

抽象协议层将物联网系统的最低层元素（传感器）与雾节点、其他雾节点和云的其他层绑定在一起。OpenFog 提倡一种抽象模型，以通过抽象协议层识别传感器设备并与之通信。通过对传感器和边缘设备的接口进行抽象，可以在单个雾节点上部署异构的传感器混合物。例如，通过数模转换器或数字传感器的模拟设备。甚至传感器的接口也可以进行个性化设置，例如连接至车辆温度设备的蓝牙，用于与发动机诊断传感器接口的 CAN 总线，各种车辆电子设备上的 SPI 接口传感器以及用于各种车门和门的通用输入 / 输出 GPIO 传感器和盗窃传感器。通过抽象化接口，软件栈的上层可以通过标准化方法访问这些不同的设备。

传感器、驱动器和控制系统

这是物联网栈的最底端：边缘的实际传感器和设备。这些设备可以是智能、非智能、有线、无线、近距离、远距离等。然而，它们之间的关联是，它们正在以某种方式与雾节点通信，并且雾节点负责提供、保护和管理该传感器。

11.5.4　EdgeX

OpenFog 表示一个雾级别的架构，而 EdgeX 提供了另一种示例，示例要考虑基于雾的框架。EdgeX 代表了一个由 Linux 基金会（称为 LF Edge）托管的开源项目，其目标与 OpenFog 相似。EdgeX 的成员包括芯片和软件提供商，例如 ARM、ATT、IBM、惠普、戴尔、高通、红帽和三星，以及工业互联网联盟等组织。

EdgeX 的目标包括：

❑ 为物联网边缘计算构建开放平台
❑ 确保组件可互操作且即插即用
❑ 通过加快产品上市时间，允许用户增加价值，并提供易于应用的工具来增加积极的业务价值
❑ 通过对 EdgeX 组件进行认证，构建全球用户和建设者生态系统，以及通过规模经济

降低成本来减少物联网应用的风险

❑ 与其他开源项目和标准小组合作

EdgeX 架构

EdgeX 旨在与任何芯片和 CPU 架构（例如 x86 或 ARM）、任何操作系统和任何应用程序环境兼容。此外，EdgeX 使用云原生概念，例如使用微服务。微服务是被构造为松耦合软件架构的服务。它们是可独立部署的，因此具有很高的可维护性和可测试性。这允许小型团队拥有可以部署以构造更大的应用程序的服务。由于服务是松散耦合的，所以 EdgeX 能够将各种微服务组件分布到不同的边缘节点或单个节点上。架构根据架构师的需求调整，以灵活适合解决方案（图 11-9）。

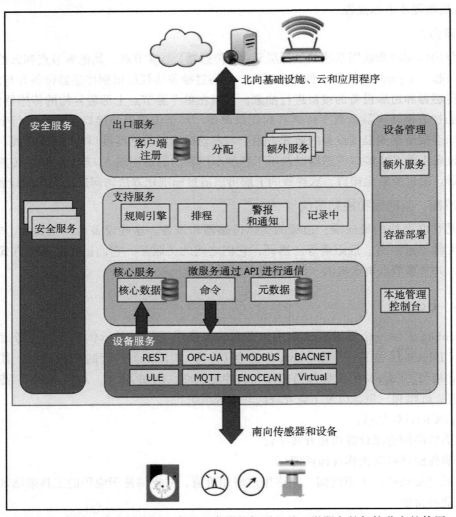

图 11-9　EdgeX 参考架构。注意基于容器的部署和基于微服务的架构分离的使用

EdgeX 项目和其他组件

由于使用了微服务架构，更多的项目正在被构建，以添加到 EdgeX 基础中。这些包括：

❑ **Akraino Edge Stack**：用于边缘计算的高可用性云服务的开源软件栈。

❑ **Baetyl**：使用容器和无服务器计算概念，使云解决方案能够无缝地应用（并迁移）到边缘节点。它最初旨在用于智能家电、可穿戴设备和其他物联网设备。

❑ **EdgeX 虚拟引擎（EVE）**：在裸机硬件上构建 Type-1 虚拟机管理程序。该项目还具有运行时部署服务和容器运行时引擎。采用此解决方案，可以使用容器的"drop"代码快速管理边缘设备。请参阅关于边缘计算的章节，以进一步了解基于容器的部署引擎。

❑ **Fledge**：用于工业物联网。Fledge 是一个开放源代码框架，用于在工厂和制造环境中执行预测性维护和过程传感器数据。它使用 RESTful API 开发、管理和保护物联网应用程序。

❑ **Home Edge**：由三星电子构建，为基于家庭的物联网解决方案提供开源框架和平台。

11.5.5　Amazon Greengrass 和 Lambda

在本节中，我们介绍了另一种名为 Amazon Greengrass 的雾服务。亚马逊提供了多年的世界一流的领先云服务和基础架构，例如 AWS、S3、EC2、Glacier 等。自 2016 年以来，亚马逊已经投资了一种名为 Greengrass 的新型边缘计算。它是 AWS 的一个扩展，允许程序员将客户端下载到雾、网关或智能传感器设备。

与其他雾框架类似，Greengrass 的目的是提供一种解决方案，以减少延迟和响应时间，降低带宽成本并为边缘提供安全性。Greengrass 的功能包括：

❑ 缓存数据以防连接丢失

❑ 重新连接时将数据和设备状态同步到 AWS 云

❑ 本地安全（身份验证和授权服务）

❑ 设备上和设备外部的消息代理

❑ 数据过滤

❑ 设备和数据的命令和控制

❑ 数据汇总

❑ 离线操作

❑ 迭代学习

❑ 直接从边缘的 Greengrass 调用任何 AWS 服务

要使用 Greengrass，一个程序会在 AWS IoT 中设计一个云平台，并在云中定义某些 Lambda 功能。然后，这些 Lambda 函数将分配给边缘设备，部署到运行客户端的那些设备，并被授权执行 Greengrass Lambda 函数。

目前，Lambda 函数是用 Python 2.7 编写的。Shadows 是 Greengrass 中的 JSON 抽象，

代表设备和 Lambda 函数的状态。如有需要，这些将同步回 AWS。

在后台，边缘的 Greengrass 与云中 AWS 之间的通信是通过 MQTT 完成的。

请注意，不要将 Lambda 函数与前面提到的 Lambda 架构混淆。Greengrass 上下文中的 Lambda 函数是指事件驱动的计算函数。

Greengrass 中使用的 Lambda 定义示例如下所示。在 AWS 的控制台中，我们运行一个命令行。我们运行以下工具，按名称指定 Lambda 函数定义：

```
aws greengrass create-function-definition --name "sensorDefinition"
```

这将输出以下内容：

```
{
  "LastUpdatedTimestamp": "2017-07-08T20:16:31.101Z",
  "CreationTimestamp": "2017-07-08T20:16:31.101Z", "Id":
"26309147-58a1-490e-a1a6-
  0d4894d6ca1e",
  "Arn":"arn:aws:greengrass:us-west-2:123451234510:
  /greengrass/definition/functions/26309147-58a1-490e-a1a6-
0d4894d6ca1e",
  "Name": "sensorDefinition"
}
```

现在，我们使用 Lambda 函数定义创建一个 JSON 对象，使用前面提供的 ID，从命令行调用 `create-functiondefinition-version`：

❑ `Executable` 是 Lambda 函数的名称。

❑ `MemorySize` 是要分配给处理程序的内存量。

❑ `Timeout` 是超时计数器到期之前的时间（以秒为单位）。

下面是一个使用 Lambda 函数的 JSON 对象的例子：

```
aws greengrass create-function-definition-version --function-
definition-id "26309147-58a1-490e-a1a6-0d4894d6ca1e". --functions
'[
{
  "Id": "26309147-58a1-490e-a1a6-0d4894d6ca1e",
  "FunctionArn": "arn:aws:greengrass:us-west-2:123451234510:
  /greengrass/definition/functions/26309147-58a1-490e- a1a6-
0d4894d6ca1e",
  "FunctionConfiguration": {
    "Executable": "sensorLambda.sensor_handler", "MemorySize": 32000,
    "Timeout": 3
  }
}]'
```

在边缘节点和云之间配置和创建一个预订还需要执行几个其他步骤，除此之外还将部署 Lambda 处理程序。这为雾计算提供了另一种视角，就像 Amazon 提供的那样。你可以将这种模型视为将云服务扩展到边缘节点的一种方法，并且可以授权边缘调用云提供的任何资源。根据定义，这是一个真正的雾计算平台。

11.5.6 雾拓扑

雾拓扑可以以多种形式存在，并且架构师在设计端到端的雾系统时需要考虑多个方面。特别地，在设计拓扑时，诸如成本、处理负荷、制造商接口和东西向传输等约束条件都会发挥作用。一个雾网络可以像一个支持雾的边缘路由器一样简单，它将传感器连接到云服务。它也可能会变得复杂，变成具有不同程度的处理能力和角色的多层雾层次结构，并在必要时（东西向和南北向）在所需位置同时分配处理负载。模型的决定因素基于：

- **数据量减少**：例如，系统是否从数以千计的传感器或摄像机中收集非结构化视频数据，汇总数据并实时查找特定事件？如果是这样的话，那么数据集的减少将非常重要，因为成千上万的摄像头每天将产生数百 GB 的数据，并且雾节点将需要把大量数据提炼为简单的"是""不是""危险"和"安全"事件令牌。

- **边缘设备的数量**：如果物联网系统只是一个传感器，那么数据集就会很小，可能根本就不适合使用雾边缘节点。但是，如果传感器的数量增加，或者在最坏的情况下，传感器的数量是不可预测的且动态的，那么雾拓扑可能需要动态放大或缩小。一个实例是使用蓝牙信标的体育场馆场地。当特定场所的观众增长时，该系统必须能够非线性扩展容量。在其他时间，体育场可能只有一小部分空间坐人，只需要少量的处理和连接资源就可以。

- **雾节点能力**：取决于拓扑结构和成本，某些节点可能更适合连接到 WPAN 系统，而层次结构中的其他节点可能具有额外的处理能力，用于机器学习、模式识别或图像处理。一个例子就是边缘雾节点，该节点管理安全的 Zigbee 网状网络，具有用于故障转移情况或 WPAN 安全的特殊硬件。在这个雾级别之上，将存在一个雾处理节点，该节点将具有额外的 RAM 和 GPGPU 硬件，以支持处理来自 WPAN 网关的原始数据流。

- **系统可靠性**：架构师可能需要考虑物联网模型中的故障形式。如果一个边缘雾节点发生故障，则另一个节点可以代替它执行操作或服务。这种情况在关乎生命或实时环境中很重要。例如，在第一响应设备中，你可能需要必须可靠的边缘计算设备，例如在灾难响应中。如果雾节点将失败或失去连接，则另一个相邻节点可以接管其功能，直到恢复连接为止。以相同的方式，可以根据需要提供额外的雾节点。在容错情况下可能需要冗余节点。在没有其他冗余节点的情况下，某些处理可能会与相邻节点共享，但会消耗系统资源和延迟，而系统将保持正常运行。最后一个实例是相邻节点彼此充当监视器。如果有雾节点发生故障或与该节点的通信失败，监视器将向云发出故障事件信号，并可能在本地执行一些关乎生命的重要操作。一个很好的例子是当雾节点无法监视高速公路上的交通时。相邻节点可能会看到该点故障，

　　向云发出该故障事件的警报，并在高速公路上的广告牌上发出减速信号。

💡 在引用网络拓扑和雾架构时，有时会使用诸如南北向流量或东西向流量之类的术语。这与数据移动的方向相关。南北向意味着将数据从网络的一层移至父级或子级（例如，从边缘路由器移至云）。东西向意味着移动到网络层次结构相同级别的对等节点，例如网状网络中的同级节点或 Wi-Fi 网络中的接入点。

　　最简单的雾解决方案是将边缘处理单元（网关、瘦客户端、路由器）放置在靠近传感器阵列的位置。

　　在这里，雾节点可以用作 WPAN 网络或网状网的网关并与主机通信，如图 11-10 所示。

　　下一个基本的雾拓扑包括将云作为雾网络的父级。在这种情况下，雾节点将聚合数据、保护边缘并执行与云通信所需的处理。该模型与边缘计算的区别在于，雾节点的服务和软件层与云框架共享一种关系（图 11-11）。

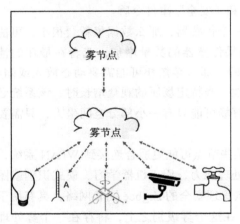

图 11-10　简单的雾拓扑。边缘雾装置管理一组传感器，能够以 M2M 方式与另一个雾节点通信

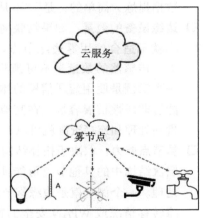

图 11-11　雾到云拓扑。这里，雾节点建立了一个到云提供商的链接

　　下一个模型使用多个雾节点负责服务和边缘处理，每个雾节点都连接到一组传感器。父云将每个雾节点设置为单个节点。每个节点都有一个唯一的标识，因此它可以基于地理位置提供一组唯一的服务。例如，对于零售特许经营来说，每个雾节点可能位于不同位置。雾节点还可以在边缘节点之间东西向通信和传输数据。一个示例用例是在冷藏环境中，需要维护和控制许多冷却器和冰柜以防止食物变质。零售商可能在多个地点有多个冷却器，所有这些冷却器都由一个云服务管理，但在边缘使用雾节点工作（图 11-12）。

　　另一个模型扩展了拓扑，使其具有从多个雾节点与多个云供应商安全私密地进行通信的能力（图 11-13）。在这个模型中，可以部署多个父云。例如，在智慧城市中，可能存在多个地理区域，且它们被不同的城市所覆盖。每个市政当局可能更喜欢某一家云提供商，但是所有市政当局都必须使用一家经批准并已安排预算的监视器和传感器制造商。在这种情况下，监视器和传感器制造商的单个云实体将在多个城市共同存在。

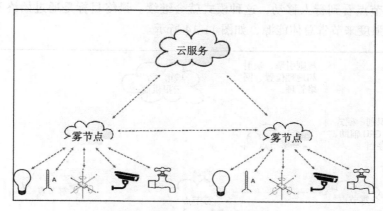

图 11-12 单一主云的多个雾节点

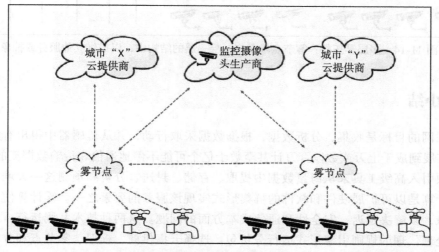

图 11-13 拥有多个云提供商的多个雾节点。云可以是公共云和私有云的混合

雾节点也不需要严格的一对一关系，桥接传感器到云就可以。雾节点可以堆叠、分层，甚至保持静止状态，直到有需求为止。如果我们尝试减少延迟，则将雾节点的层次彼此层叠可能听起来是违反直觉的，但是，如前所述，节点可以是专用的。例如，距离传感器较近的节点可能会提供严格的硬实时服务，或者成本限制它们具有极少的存储和计算量。通过使用其他大容量存储设备或 GPGPU 处理器，它们上面的一层可以提供聚合存储、机器学习或图像识别所需的计算资源。以下示例说明了城市照明场景中的一个实例。

在这里，许多摄像头可以感知移动的行人和交通。最靠近摄像头的雾节点执行聚合和特征提取，然后将这些特征向上传递到下一层。父级雾节点通过深度学习算法检索特征，并执行必要的图像识别。如果看到了需关注的事件（例如，夜间沿着道路行走的行人），则会将该事件报告给云。云组件将记录该事件，并向行人附近的一组路灯发出信号，以增加照明。只要雾节点看到行人移动，这种模式就会继续。最终目标是通过始终不将每个路灯都照明到最大强度来节省总体能源，如图 11-14 所示。

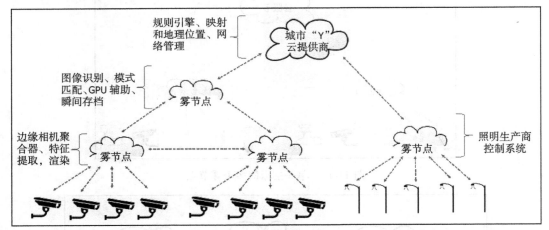

图 11-14　多层雾拓扑：雾节点堆叠在一层一层的结构中，以提供其他服务或抽象

11.6　小结

物联网的目标是收集、分析数据，根据数据采取行动，并从传感器中得出有意义的结论。当扩展到成千上万或数以百万计甚至数十亿个可能不停地通信和传输数据流的对象时，我们必须引入高级工具来从海量数据中提取、存储、封送、分析和预测这一大堆数据的意义。云计算是以可扩展硬件和软件的群集形式实现该服务的要素之一。雾计算使云处理更接近边缘，以解决延迟、安全性和通信成本方面的问题。这两种技术共同运行，以带有复杂事件处理代理的规则引擎形式运行分析包。选择云提供商、框架、雾节点和分析模块的模型是一项重要的任务，许多文献都深入探讨了编程和构建这些服务的意义。架构师必须理解系统的拓扑结构和最终目标，才能构建出满足当今需求并可以适应未来的架构。

在下一章中，我们将讨论物联网的数据分析部分。云当然可以承载许多分析功能。但是，我们需要做好准备，以了解应该在靠近数据源（传感器）的边缘上执行某些分析，或者，如果更有意义的话，则应该在云中（使用长期历史数据）执行这些分析。

第 12 章　云和边缘中的数据分析与机器学习

物联网系统的价值不是一个传感器事件，也不是一百万个传感器事件的存档。物联网的重要价值在于对数据的解释和基于这些数据做出的决策。

虽然世界上有数 10 亿个事物相互连接和通信，并且云计算很好，但其价值在于数据中包含什么，不包含什么，以及数据的模式告诉了我们什么。这些都是物联网数据科学和数据分析的部分，也可能是对客户最有价值的领域。

物联网领域的分析涉及：

- ❑ **结构化数据（例如，SQL 存储）**：可预测的数据格式
- ❑ **非结构化数据（例如，原始视频数据或信号）**：高度的随机性和差异
- ❑ **半结构化（例如，Twitter 提要）**：某种程度的变化和随机性的形式

数据也可能需要以流式数据流的形式进行实时解释和分析，也可能在云端进行归档和检索以进行深度分析。这就是数据获取阶段。根据不同的用例，数据可能需要与图中的其他来源的数据进行关联。在其他情况下，数据被简单地记录并倾倒到数据湖，如 Hadoop 数据库。

接下来是某种类型的暂存，这意味着像 Kafka[⊖]这样的消息传递系统将把数据路由到流处理器或批处理器，或者两者兼有。流处理允许连续的数据流。由于数据是在内存中处理的，所以处理通常受到限制，而且非常快。因此，处理速度必须与数据进入系统的速度相同或更快。虽然流处理在云中提供接近实时的处理，但当我们考虑工业机器和自动驾驶汽车时，流处理并不提供硬实时的操作特性。

另一方面，批处理在处理大容量数据方面是有效的。当物联网数据需要与历史数据相关联时，它特别有用。

在此阶段之后，可能会有一个预测和响应阶段，在这个阶段信息可能会显示在某种形式的仪表板上，并被记录下来，或者系统可能会对边缘设备做出响应，在这个阶段可以应用纠正措施来解决一些问题。

本章将讨论从复杂事件处理到机器学习的各种数据分析模型，学习几个用例，以帮助归纳一个可以工作的模型和另一些可能失败的模型。

12.1　物联网基础数据分析

数据分析的目的是发现事件，通常是在一系列流数据中。一个实时的流数据分析系统

⊖　Kafka 是一个分布式发布 – 订阅（publish-subscribe）消息传递系统。——译者注

必须提供多种类型的事件和角色。以下是基于 Srinath Perera 和 Sriskandarajah Suhothayan
（*Solution patterns for real-time streaming analytics. Proceedings of the 9th ACM International
Conference on Distributed Event-Based Systems (DEBS '15)*. ACM, New York, NY, USA, 247-
255）的工作的分析功能的超集。以下是这些分析函数的枚举列表：

- **预处理**：这包括过滤出不感兴趣的事件、变性、特征提取、分割、将数据转换为更
  合适的形式（虽然数据湖不喜欢立即转换）和向数据（如标签）添加属性（数据湖需
  要标签）。
- **警报**：检查数据，如果超出了某些边界条件，则发出警报。最简单的例子是当温度
  上升超过传感器设定的限制时。
- **窗口化**：创建事件的滑动窗口，仅在该窗口上绘制规则。窗口可以基于时间（例如，
  1 小时）或长度（2000 个传感器样本）。

它们可以是滑动窗口（例如，只检查 10 个最新的传感器事件，在出现新事件时生成
结果），或者批处理窗口（例如，只在窗口的末端生成事件）。窗口对于规定和计数事件很
有用。例如，你可以查找最近一小时内的温度峰值数量，并解决某些机器上将出现缺陷的
问题。

- **连接**：将多个数据流合并为一个新的单一流。这可以应用于一个物流示例，假设一
  家运输公司使用资产跟踪信标跟踪其货物，其车队的卡车、飞机和设施也有地理位
  置信息流。最初有两种数据流：一种用于包，另一种用于给定的卡车。当一辆卡车
  运输一个包裹时，这两个数据流就结合在一起了。
- **错误**：数以百万计的传感器将产生丢失的数据、乱码的数据，以及无序的数据。这
  在具有多个异步和独立数据流的物联网情况下非常重要。例如，如果车辆进入地下
  停车场，数据可能会在蜂窝广域网丢失。该分析模式在其自身的流中关联数据，试
  图找到这些错误条件。
- **数据库**：分析包将需要与一些数据仓库进行交互。例如，如果数据从多个传感器流
  进。蓝牙资产标签可以跟踪物品是否被盗或丢失是一个例子。缺失标签 ID 的数据
  库将从蓝牙标签 ID 流到系统的所有网关中引用。
- **时间事件和模式**：这最常用于前面提到的窗口模式。在这里，一系列或序列的事件
  构成了一个感兴趣的模式。你可以将其视为一个状态机。假设我们正在根据温度、
  振动和噪声监测机器的健康状况。时间事件序列可以如下：

1）检测温度是否超过 100°C。
2）然后检测振动是否超过 1 m/s。
3）接下来，检测机器是否发出 110 dB 的噪声。
4）如果这些事件是按顺序发生的，则只会发出警报。

- **跟踪**：跟踪涉及什么时候或哪里存在或事件已经发生，或什么时候不存在它应该在
  哪里。一个非常基本的例子是服务卡车的地理位置，公司可能需要确切地知道一辆

卡车曾经在哪里以及它最后在哪里出现的时间。这在农业、人体运动、跟踪患者、跟踪高价值资产、行李系统、智慧城市垃圾、除雪等方面都有应用。

- **趋势**：这种模式对预测性维护特别有用。这里，设计了一个规则来检测基于时间相关的系列数据的事件。这与时间事件相似，但不同之处在于，时间事件没有时间概念，只有顺序。该模型使用时间作为流程中的维度。与时间相关的数据的运行历史可以用于寻找模式，就像农业中的牲畜传感器一样。在这里，牛头可以戴一个传感器来检测动物的运动和温度。可以构造一个事件序列，以查看最后一天是否移动。如果没有运动，牛可能会生病或死亡。

- **批处理查询**：批处理通常比实时流处理更加全面和深入。一个设计良好的流平台可以将分析和调用分叉到批处理系统中。我们将在后面以 Lambda 处理的形式讨论这个问题。

- **深度分析途径**：在实时处理中，我们会即时做出某个事件发生的决定。该事件是否确实应该发出警报信号可能需要进一步处理，而不是实时操作。视频监控系统就是一个例子。假设一个智能城市为一个迷路的孩子发出了一个黄色警报。智能城市可以为实时流媒体引擎发布一个简单的特征提取和分类模型。该模型可以检测出孩子可能乘坐的车辆的车牌，或者孩子衬衫上的标志。第一步是拍摄车牌号或者行人身上的标志，并将其发送到云端。分析软件包可以从数百万个图像样本中识别出一个感兴趣的板块或一个 logo 作为第一级通过。确定的帧（以及周围的视频帧）将被传递到更深层的分析软件包中，该软件包使用更深层的对象识别算法（图像融合、超分辨率、机器学习）解析图像，以消除误报。

- **模型和训练**：事实上，前面描述的第一级模型可能是机器学习系统的一个推理引擎。这些机器学习工具是建立在经过训练的模型之上的，可以用于飞行中的实时分析。

- **信号**：通常情况下，一个动作需要传播回边缘和传感器。一个典型的例子是工厂自动化和安全。例如，如果机器上的温度上升超过了一定的限制，则记录该事件，但也要向边缘设备发送一个信号，使机器减速。该系统在通信方面必须是双向的。

- **控制**：最后，我们需要一种方法来控制这些分析工具。无论是启动、停止、报告、日志记录还是调试，都需要适当的工具来管理这个系统。

现在，我们将专注于如何构建一个基于云的分析架构，该架构必须接收不可预测和不可阻挡的数据流，并尽可能接近实时地提供对这些数据的解释。

12.1.1　顶层云管道

图 12-1 是从传感器到仪表板的典型数据流。数据将通过几种媒介（WPAN 链路、宽带、数据湖形式的云存储等）传输。当我们考虑用以下架构构建云分析解决方案时，我们必须考虑扩展的影响。当终端物联网设备数量增长到数千个并且基于多个地理位置时，在设计早期做出的适用于 10 个物联网节点和单个云集群的选择可能无法有效扩展。

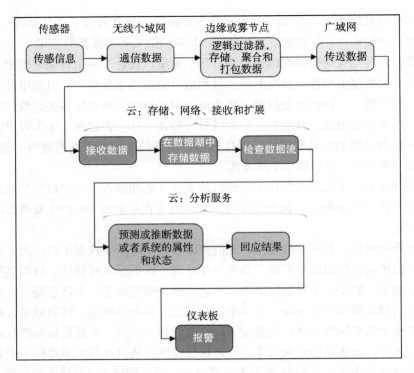

图 12-1　从传感器到云的典型物联网管道

云的分析（预测－响应）部分可以采取几种形式：

- **规则引擎**：用于定义一个行为并产生一个结果。
- **流处理**：在流处理器中注入传感器读数等事件。处理路径是一个图，图中的节点表示操作符并将事件发送给其他操作符。节点包含处理的那个部分的代码和连接到图中下一个节点的路径。这个图可以在一个集群上并行复制和执行，因此它可以扩展到数百台机器。
- **复杂事件处理**：这是基于 SQL 之类的查询，并且是用高级语言编写的。它基于事件处理并为降低延迟进行了调优。
- **Lambda 架构**：该模型试图通过在大量数据集上并行执行批处理和流处理来平衡吞吐量和延迟。

我们谈论实时分析的原因是，数据从数百万个节点同时、异步地不间断地传输，其中包括各种错误、格式问题和计时。纽约市有 250 000 盏路灯（http://www.nyc.gov/html/dot/html/infrastructure/streetlights.shtml），假设每个灯都是智能的，这意味着它可以监视附近是否有物体移动，如果有，它会使灯光变亮；否则，它将保持暗淡以节省电力（2 字节）。每个指示灯还可以检查需要维护的指示灯是否有问题（1 字节）。此外，每盏灯都在监测温度（1 字节）和湿度（1 字节），以帮助生成微气候天气预测。最后，数据还包含灯光 ID 和时间戳（8 字节）。所有这些灯的总和名义上每秒产生 250 000 条信息，由于高峰时段、人群、旅游景点、节假日等原因，峰值可达 325 000 条。总之，假设我们的云服务每秒可以处理 250 000 条消息，这意味着积压的事件高达 75 000 个 / 秒。如果高峰时间真的是 1 小时，那么我们每小时积压 270 000 000 个事件。只有当我们在集群中提供更多的处理或减少输入的数据流时，系统才会跟上。如果在空闲的时间内，输入数据流下降到 200 000 条消息 / 秒，云集群将需要 1.1 小时来解析并消耗 585 MB 内存（2.7 亿条积压消息，每条消息 13 个字节）。通常，你将拥有一个自动调整的云后端，以随需求和消息队列的长度而增长。

为了使流程形式化并预测云后端的需求，下面的方程可以帮助对容量进行建模：

$$C = 集群容量\left(\frac{事件}{s}\right)$$

$$积压 = \begin{cases} 0, & R_{事件} \leq C \\ R_{事件} - C, & R_{事件} > C \end{cases}$$

$$M_{积压} = 积压 \times M_{大小}$$

$$T_C = \frac{(R_{事件} \times T_{突发}) + M_{积压}}{C}$$

其中：

$R_{事件}$ = 事件率

$T_{突发}$ = 突发事件的时间

T_C = 积压事件处理完的时间

$M_{积压}$ = 消息积压（大小）

$M_{大小}$ = 消息大小

12.1.2 规则引擎

规则引擎只是对事件执行操作的软件构造。例如，如果房间里的湿度超过 50%，就给主人发送一条短信。这些也称为**业务规则管理系统**（Business Rule Management System，BRMS）。

规则引擎可以有状态，也可以没有状态，因此被称为**可有状态的**。也就是说，它们可能具有事件的历史记录，并根据历史上发生的事件的顺序、数量或模式采取不同的操作。或者，它们可能不维护状态，只检查当前事件（无状态），如图 12-2 所示。

在我们的规则引擎示例中，我们将研究 Drools。它是一种由红帽开发的 BRMS，使用 Apache 2.0 许可。JBoss Enterprise 是一个生产版本的软件。所有感兴趣的对象都驻留在 Drools 工作存储器中。将工作存储器看作感兴趣的物联网传感器事件集进行比较，以满足给定规则。Drools 可以支持两种形式的链接：前向和后向。链接是一种来自博弈论的推理方法。

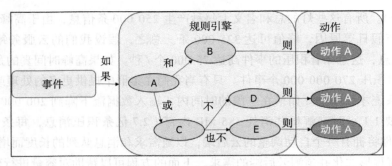

图 12-2   简单的规则引擎示例

前向链接接收可用数据，直到满足规则链。例如，规则链可以是一系列 if/then 子句，如图 12-2 所示。前向链接将持续搜索，以满足从操作推断的 if/then 路径之一。后向链接则相反。我们不是从要推断的数据开始，而是从操作开始，然后向后工作。下面的伪代码演示了一个简单的规则引擎：

```
Smoke Sensor = Smoke Detected Heat Sensor = Heat Detected

if (Smoke_Sensor == Smoke_Detected) && (Heat_Sensor == Heat_Detected)
then Fire
if (Smoke_Sensor == !Smoke_Detected) && (Heat_Sensor == Heat_Detected)
then Furnace_On
if (Smoke_Sensor == Smoke_Detected) && (Heat_Sensor == !Heat_Detected)
then Smoking
if (Fire) then Alarm
if (Furnace_On) then Log_Temperature
if (Smoking) then SMS_No_Smoking_Allowed
```

我们假设：

```
Smoke_Sensor: Off
Heat_Sensor: On
```

前向链接将解决第二个子句的前因，推断温度正在被记录。

后向链接试图证明熔炉已打开，并按一系列步骤向后工作：

1）我们能证明温度正被记录下来吗？看看这个代码：

```
if (Furnace_On) then Log_Temperature
```

2）由于温度被记录，前提（Furnace_On）成为新目标：

```
if (Smoke_Sensor == !Smoke_Detected) && (Heat_Sensor == Heat_
Detected) then Furnace_On
```

3）由于炉子已被证明是打开的，新的前提分为两部分：Smoke_Sensor 和 Heat_

Sensor。规则引擎现在将其分为两个目标：

```
Smoke_Sensor off
Heat_Sensor on
```

4）规则引擎现在试图满足这两个子目标。这样，推断就完成了。

前向链接的优点是在新数据到达时对其进行响应，这可能会触发新的推断。

Drools 的语义语言有意简单。Drools 由以下基本元素组成：

- 会话，定义默认规则
- 入口点，定义要使用的规则
- when 语句，条件从句
- then 声明，要采取的行动

下面的伪代码显示了一个基本的 Drools 规则。insert 操作会在工作存储器中进行修改。当规则的计算结果为真时，你通常会对工作内存进行更改。

```
rule "Furnace_On" when
Smoke_Sensor(value > 0) && Heat_Sensor(value > 0) then
insert(Furnace_On()) end
```

在执行 Drools 中的所有规则后，程序可以查询工作存储器，以查看使用如下语法计算哪些规则为真：

```
query "Check_Furnace_On"
$result: Furnace_On() end
```

规则有两种模式：

- **语法**：它有数据格式、奇偶校验、散列（hash）和值范围。
- **语义**：值必须属于列表中的集合，高温值的计数在 1 小时内不得超过 20。基本上，这些都是有意义的事件。

Drools 支持创建非常复杂和精细的规则，以至于可能需要一个规则数据库来存储这些规则。语言的语义允许模式、范围评估、显著性、规则生效的时间、类型匹配和处理对象集合。

12.1.3 数据获取——流、处理和数据湖

物联网设备通常与一些传感器或设备相关联，其目的是测量或监控物理世界。相对于物联网技术栈的其余部分，它是异步执行此操作的。也就是说，传感器总是试图广播数据，无论云或雾节点是否在收听。这一点很重要，因为企业的价值就在数据中。

即使产生的大多数数据是多余的，也总是有机会发生重大事件。这是数据流。

从传感器到云的物联网流假设为：

❑ 始终如一

❑ 异步

❑ 非结构化或结构化

❑ 尽可能接近实时

我们在第 11 章中讨论了云延迟问题。我们还了解到需要雾计算来帮助解决延迟问题，但即使没有雾计算节点，也要努力优化云架构，以支持物联网的实时需求。要做到这一点，云需要保持数据流并保持其移动。从本质上讲，在云中从一个服务到另一个服务的数据必须以管道的方式移动，而不需要轮询数据。处理数据的另一种形式称为**批处理**。大多数硬件架构以同样的方式处理数据流，将数据从一个块移动到另一个块，数据到达的过程触发下一个函数。

此外，谨慎使用存储和文件系统访问对于减少整体延迟至关重要。

因此，大多数流数据框架将支持在内存中的操作，完全避免了临时存储到海量文件系统的成本。Michael Stonebraker 指出了以这种方式进行数据流传输的重要性（参阅 Michael Stonebraker, Ugur Çetintemel, and Stan Zdonik. 2005. *The 8 Requirements of Real-time Stream Processing*. SIGMOD Rec. 34, 4, December 2005, 42-47）。设计良好的消息队列有助于此模式。要在从数百个节点扩展到数百万个节点的云中构建成功的架构，需要考虑这一点。

数据流也不是完美的。在成百上千的传感器流传输异步数据的情况下，数据丢失（传感器断网）、数据格式不正确（传输错误）或数据失序（数据可能从多个路径流向云端）的情况经常发生。一个流系统至少必须：

❑ 随着事件的增长和高峰而扩展

❑ 提供发布 / 订阅接口 API

❑ 接近实时延迟

❑ 提供规则处理的可伸缩性

❑ 支持数据湖和数据仓库

Apache 提供了几个开源软件项目（在 Apache 2 许可下），帮助构建流处理过程架构。Apache Spark 是一个流处理过程框架，它对数据进行小批量处理。当云端集群上的内存大小受到限制时（例如 &lt；1TB），它特别有用。Spark 是建立在内存处理之上的，它具有减少文件系统依赖和延迟的优点，如前所述。批处理数据的另一个优点是，它在处理机器学习模型时特别有用，这将在本章后面讨论。一些模型可以批量处理数据，例如**卷积神经网络**（CNN）。Apache 的另一种替代方案是 Storm。Storm 试图在云架构中尽可能接近实时地处理数据。它有一个低级别的 API 相对于 Spark，并将数据作为大型事件处理，而不是将它们划分为批处理。这具有低延迟（亚秒级性能）的效果。

为了给流处理框架提供数据，我们可以使用 Apache Kafka 或 Flume。Apache Kafka 是从各种物联网传感器和客户端获取的 MQTT，它连接到出站端的 Spark 或 Storm。MQTT 不缓冲数据。如果数千个客户端通过 MQTT 与云通信，则需要一些系统对传入的流做出反应并提供所需的缓冲。这使得 Kafka 能够按需扩展（这是另一个重要的云属性），并且能够很好地应对突发事件。Kafka 可以支持每秒 100 000 个事件流。另一方面，Flume 是一个分布式系统，用于收集、聚合和将数据从一个源移动到另一个源，而且它的开箱即用稍微容易一些。它还与 Hadoop 紧密集成。Flume 的可扩展性略低于 Kafka，因为增加更多的用户意味着改变 Flume 架构。两家投资者都可以在内存中流动，而无须存储它。但是，一般来说，我们不想这样做，我们希望获取原始传感器数据，并以尽可能原始的形式存储，同时将所有其他传感器数据流进行输入。

当我们想到物联网在数千或数百万传感器和终端节点中的部署时，云环境可能会利用**数据湖**。数据湖本质上是一个庞大的存储设施，保存来自许多来源的原始未经过滤的数据。数据湖是平面文件系统。典型的文件系统将按照基本意义上的卷、目录、文件和文件夹进行分层组织。数据湖通过将元数据元素（标记）附加到每个条目来组织其存储中的元素。经典的数据湖模型是 Apache Hadoop，几乎所有的云提供商都在服务中使用某种形式的数据湖。

数据湖存储在物联网中特别有用，因为它将存储任何形式的数据，无论它是结构化的还是非结构化的。数据湖还假定所有数据都是有价值的，并将永久保存。对于数据分析引擎来说，这种大量的持久数据是最佳的。这些算法中的许多算法根据它们被输入的数据量或用于训练模型的数据量而更好地发挥作用。

使用传统批处理和流处理的概念架构如图 12-3 所示。在架构中，数据湖由 Kafka 实例提供。Kafka 可以批量向 Spark 提供接口，并将数据发送到数据仓库。

在图 12-3 中，有几种方法可以重新配置拓扑结构，因为组件之间的连接器是标准化的。

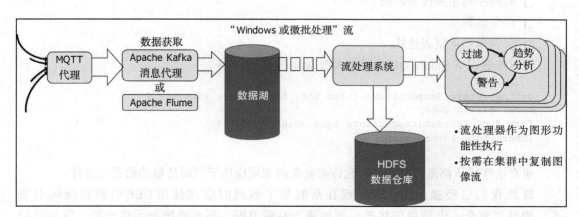

图 12-3　云摄取引擎到数据仓库的基本示意图。Spark 充当流通道服务

注：Apache Flume 是一个分布式、可靠、高可用的日志收集系统。

12.1.4　复杂事件处理

复杂事件处理（CEP）是另一个经常用于模式检测的分析引擎。从 20 世纪 90 年代离散事件模拟和股票市场波动性交易的根源来看，它本质上是一种能够近乎实时地分析实时流数据的方法。当成千上万的事件进入系统时，它们被减少并被提炼为更高级别的事件。这些比原始传感器数据更抽象。CEP 引擎在实时分析中比流处理器具有快速周转时间的优点。流处理器可以在毫秒时间框架内解决事件。缺点是 CEP 引擎没有与 Apache Spark 相同级别的冗余或动态弹性扩展。

CEP 系统使用类似 SQL 的查询，但不使用数据库后端，而是在传入流中搜索你建议的模式或规则。CEP 系统由元组——带时间戳的离散数据元素组成。CEP 系统利用了本章开头所描述的不同分析模式，并且能够很好地使用事件的滑动窗口。由于它在语义上类似于 SQL，并且设计比常规数据库查询快得多，所以所有规则和数据都驻留在内存中（通常是多 GB 数据库）。此外，它们需要从 Kafka 这样的现代流消息传递系统中获取。

CEP 具有诸如滑动窗口、连接和序列检测等操作。此外，CEP 引擎可以像规则引擎一样基于转发或后向链接。一个行业标准的 CEP 系统是 Apache WSO2 CEP。WSO2 和 Apache Storm 可以每秒处理 100 多万个事件，不需要存储事件。WSO2 是一个使用 SQL 语言的 CEP 系统，但可以在 JavaScipt 和 Scala 中脚本化。另一个好处是，它可以通过一个名为 Siddhi 的包来扩展，以实现以下服务：

- 地理定位
- 自然语言处理
- 机器学习
- 时间序列相关性和回归
- 数学运算
- 字符串和正则表达式

可以按照以下 Siddhi QL 代码查询数据流：

```
define stream SensorStream (time int, temperature single); @
name('Filter Query')
from SensorStream[temperature &gt; 98.6' select *
insert into FeverStream;
```

所有这些操作都是离散事件，允许将复杂的规则应用于同时传输的数百万事件。

既然我们已经描述了 CEP，现在是时候了解何时应该使用 CEP 引擎和规则引擎了。如果判断是一个简单的状态，例如两个温度范围，那么系统是无状态的，应该使用一个简单的规则引擎。如果系统保持一个时间概念或一系列状态，那么应该使用 CEP 引擎。

12.1.5　Lambda 架构

Lambda 架构试图平衡延迟和吞吐量。本质上，它将批处理和流处理混合在一起。类似于 OpenStack 或其他云框架的一般云拓扑，Lambda 获取数据并存储到不可变的数据仓库（图 12-4）。拓扑结构有三层：

- ❑ **批处理层**：批处理层通常基于 Hadoop 集群。批处理层的处理速度明显慢于流处理层。通过牺牲延迟，它最大限度地提高了吞吐量和准确性。
- ❑ **速度层**：这是实时内存数据流。数据可能是错误的、缺失的和无序的。正如我们所看到的，Apache Spark 非常擅长提供流处理引擎。
- ❑ **服务层**：服务层是存储、分析和可视化批处理和流结果的复合层。服务层的典型组件是 Druid，它提供了将批处理层和速度层结合起来的设施；ApacheCassandra 用于可伸缩数据库管理；ApacheHive 用于数据仓库。

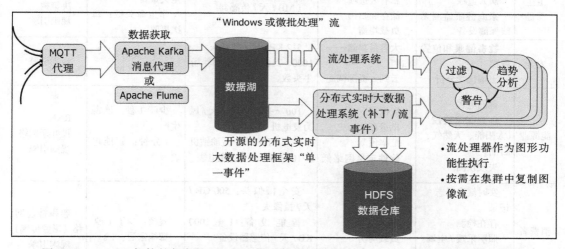

图 12-4　Lambda 架构的复杂性。这里，批处理层将数据迁移到 HDFS 存储，而速度层通过Spark 直接传送到实时分析包

Lambda 架构本质上比其他分析引擎更复杂。它们是混合的，为成功运行增加了额外的复杂性和资源，从而无法成功运行。

12.1.6　行业用例

我们现在将尝试考虑采用物联网和云分析的各种行业的典型用例。在构建解决方案时，我们需要考虑规模、带宽、实时需求和数据类型，以获得正确的云架构以及正确的分析架构。

这些都是广义的例子——在绘制类似的表 12-1 时，必须了解整个流程和未来的规模 / 容量。

表 12-1

产业	用例	云服务	典型带宽	实时	分析
制造业	运营技术 棕地技术 资产追踪 工厂自动化	仪表板 大容量存储 数据湖 SDN 低延迟	500 GB / 天 / 工厂零件生产 2 TB / 分钟的采矿操作	少于 1 秒	RNN 贝叶斯网络
物流运输	地理位置 跟踪资产 追踪设备感应	仪表板 记录 存储	车辆：4 TB / 天 / 辆（50个传感器） 飞机：2.5 ～ 10 TB / 天（6000 个传感器） 资产跟踪：1 MB / 天 / 信标	少于 1 秒（实时） 每日（批量）	规则引擎
卫生保健	资产追踪 病人追踪 家庭健康监测无线保健设备	可靠性和 HIPPA 私有云选项 储存和归档 负载均衡	1 MB / 天 / 传感器	少于 1 秒：生命至关重要 非生命关键：每次更改	RNN 决策树 规则引擎
农业	牲畜健康和位置跟踪 土壤化学分析	大容量存储——归档 云到云资源调配	512 KB / 天 / 牲畜头 1000 ～ 10 000 每个饲养场牛头数	1 秒（实时） 10 分钟（批）	规则引擎
能源业	智能电表 远程能源监控（太阳能、天然气、石油） 失败预测	仪表板 数据湖 批量存储历史 汇率预测 软件定义网络低延迟	100 ～ 200 GB / 天 / 风力发电机 1 ～ 2 TB / 日 / 石油钻机 100 MB / 天 / 智能电表	少于 1 秒：能源生产 1 分钟：智能电表	RNN 贝叶斯网络 规则引擎
消费者	实时健康日志记录 存在检测 照明采暖 / 空调 安全 连接到家	仪表板 PaaS 负载均衡 大容量存储	安全摄像头：500 GB / 天 / 摄像头 智能设备：1 ～ 1000 KB / 天 / 传感器设备 智能家居：100 MB / 天 / 首页	视频：少于 1 秒 智能家居：1 s	卷积神经网络（影像传感） 规则引擎
零售业	冷链感应 支付机器 安全系统 信标	软件定义网络 微细分 仪表板	安全性：每天 500 GB / 摄像头 常规：1 ～ 1000 MB / 天 / 设备	POS 和信用交易：100 毫秒 信标：1 秒	规则引擎 卷积神经网络用于安全性
智慧城市	智能停车 智能垃圾桶 环境传感器	仪表板 数据湖 云到云服务	能源监控器：2.5 GB / 天 / 城市（70 K 传感器） 停车位：300 MB / 天（80 000 个传感器） 垃圾监控器：350 MB / 天（200 000 个传感器） 噪声监测器：650 MB / 一天（30 000 个传感器）	电表：1 分钟 温度：15 分钟 噪声：1 分钟 垃圾：10 分钟停车位：总在改变	规则引擎 决策树

12.2 物联网中的机器学习

机器学习不是计算机科学的新发展。相反，数据拟合和概率的数学模型可以追溯到 19 世纪早期，贝叶斯定理和最小二乘法拟合数据。这两种方法至今仍被广泛应用于机器学习模型中，我们将在本章后面简要地探讨它们。

12.2.1 人工智能和机器学习里程碑简史

直到 20 世纪 50 年代早期，马文·明斯基（麻省理工学院）发明了第一个被称为感知机的神经网络设备，计算机器和学习才得到统一。他后来在 1969 年写了一篇论文，被解读为对神经网络局限性的批判。当然，在那个时期，计算能力是非常重要的。计算超出了 IBM S/360 和 CDC 计算机的合理资源。正如我们将看到的，20 世纪 60 年代在神经网络、支持向量机、模糊逻辑等领域引入了许多数学和人工智能的基础。

20 世纪 60 年代末和 70 年代，随着 Ingo Rechenberg 在 Evolutionsstrategie（1973）的工作，遗传算法和群体智能等进化计算成为研究的焦点。它在解决复杂工程问题方面获得了一些吸引力。遗传算法今天仍然在机械工程，甚至自动软件设计中使用。

20 世纪 60 年代中期还引入了作为概率 AI 的一种形式的隐马尔可夫模型的概念，就像贝叶斯模型一样，它已被应用于手势识别和生物信息学的研究。

直到 20 世纪 80 年代，随着政府资金的枯竭和逻辑系统的出现，人工智能研究一直处于停滞状态。这开创了基于逻辑的人工智能领域，并支持 Prolog 和 LISP 的编程语言，使程序员能够轻松地描述符号表达式。研究人员发现这种人工智能方法的局限性：主要是基于逻辑的语义不像人类那样思考。尝试使用反逻辑或不完整的模型描述对象也没有很好地工作。从本质上讲，我们不能用松散耦合的概念精确地描述对象。20 世纪 80 年代后期，专家系统开始萌生这个概念。专家系统是另一种基于逻辑的系统，用于特定领域的专家训练的定义明确的问题。人们可以把它们看作是控制系统的基于规则的引擎。专家系统在企业和商业环境中被证明是成功的，并成为第一个商业化销售的人工智能系统。围绕专家系统开始形成新的产业。这些类型的人工智能不断发展，IBM 在 1997 年利用这一概念建立了 Deep Thought，击败了国际象棋大师加里·卡斯帕罗夫。

1965 年，加州大学伯克利分校的 Lotfi A. Zadeh 首次证明了模糊逻辑，但直到 1985 年，日立的研究人员才证明了模糊逻辑如何能够成功地应用于控制系统。这激起了日本汽车和电子公司在实际产品中采用模糊系统的浓厚兴趣。模糊逻辑已成功地应用于控制系统中，我们将在本章后面正式讨论它。

虽然专家系统和模糊逻辑似乎是人工智能的支柱，但在它能做什么和它永远无法做什么之间存在着越来越明显的差距。20 世纪 90 年代早期，研究人员认为，专家系统或基于逻辑的系统通常永远无法模仿头脑。这时以隐马尔可夫模型和贝叶斯网络的形式出现了统计人工智能。本质上，计算机科学采用了经济学、贸易学和运筹学中常用的模型进行决策。

支持向量机最初是由 Vladimir N.Vapnik 和 Alexey Chervonenkis 于 1963 年提出的，但在 20 世纪 70 年代和 80 年代初的人工智能冬季之后开始流行。**支持向量机**（SVM）是线性和非线性分类的基础，它使用一种新的技术找到最佳的超平面来分类数据集。这种技术在笔迹分析中流行起来。很快，这发展成为神经网络的用途。

递归神经网络（Recurrent Neural Network，RNN）也成为 20 世纪 90 年代人们感兴趣的话题。这种类型的网络是独特的，不同于卷积神经网络等深度学习神经网络，因为它保持了状态，可以应用于涉及时间概念的问题，如音频和语音识别。今天，RNN 对物联网预测模型有直接影响，我们将在本章后面讨论。

2012 年，图像识别领域发生了重大事件。在一场比赛中，来自世界各地的团队在一项计算机科学任务中竞争，任务是识别 50 像素到 30 像素的缩略图中的物体。一旦对象被标记，下一个任务就是在它周围画一个盒子。该任务是针对 100 万张图像执行此操作。多伦多大学的一个团队建立了第一个深度卷积神经网络来处理图像，以赢得这场比赛。其他神经网络在过去曾尝试过这种机器视觉练习，但该团队开发了一种方法，该方法比以往任何方法都更精确地识别图像，误码率为 16.4%。谷歌开发了另一个神经网络，使误码率下降到 6.4%。也是在这个时候，AlexKrizhevsky 开发了 AlexNet，将 GPU 引入到方程中，以大大加快训练速度。所有这些模型都是围绕卷积神经网络建立的，在 GPU 出现之前，它们的处理要求是令人望而却步的。

今天，我们发现 AI 无处不在，从自动驾驶汽车到 Siri 的语音识别，到在线客户服务中模仿人类的工具，到医学成像，再到零售商使用机器学习模型识别消费者在商店走动时对购物和时尚的兴趣（图 12-5）。

这和物联网到底有什么关系呢？物联网为大量不断流转的数据打开了大门。传感器系统的价值不是一个传感器测量什么，而是一组传感器测量什么，并告诉我们一个更大的系统。如前所述，物联网将是催化剂，在收集的数据量中产生阶梯功能。其中一些数据是结构化的：时间相关的序列。其他数据将是非结构化的：摄像机、合成传感器、音频和模拟信号。客户希望基于这些数据为他们的业务做出有用的决策，例如，在一个计划通过采用物联网和机器学习来优化运营费用和潜在资本费用的制造工厂（至少，这是他们出售的东西）。当我们考虑工厂物联网用例时，制造商将有许多相互依赖的系统。他们可能有一些组装工具产生一个小部件，有一个可以从金属或塑料中切割出零件机器人、一台执行某种类型的注塑的机器、传送带、照明和加热系统、包装机器、供应和库存控制系统、材料搬运机器人以及各种级别的控制系统。实际上，该公司可能在整个区域或地理位置上分布了许多这样的空间。这样的工厂已经采用了所有传统的可提高效率的模式，其管理者们也阅读了 W.EdwardsDeming 的文献。然而，下一次工业革命将以物联网和机器智能的形式到来。

专业人士知道当不稳定事件发生时该怎么做。例如，一个操作装配机器多年的技术人员会根据机器的运转情况知道何时需要服务。它可能以某种方式开始吱吱作响。也许它已经磨损了抬起和放置零件的能力，并且在最近的几天里掉了一些零件。这些简单的行为影响是机器学习甚至先于人类可以看到和预测的东西。传感器可以围绕在这些设备周围，监控感知和推断的动作。在这种情况下，整个工厂都可以被感知到，并根据系统中每台机器和每个工人的数百万或数 10 亿事件的集合来理解工厂在那一瞬间是如何运作的。

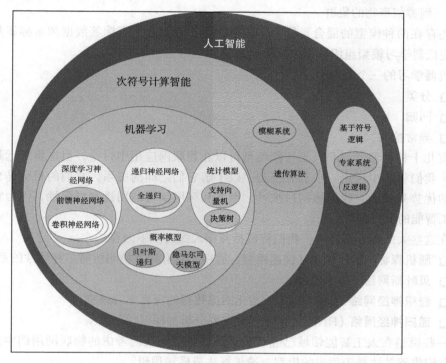

图 12-5　人工智能算法的领域

有了这么多的数据，只有机器学习设备才能筛选这些噪声并找到相关的内容。这些都不是人类可管理的问题，而是大数据和机器学习的可管理问题。

12.2.2　机器学习模型

我们现在将专注于对物联网具有适用性的特定机器学习模型。没有单一的模型可以在任何一组数据的选择筛选中获得最佳，每个模型都有其特别强的和服务最好的用例。任何机器学习工具的目标都是对一组数据告诉你的内容进行预测或推断。如果你想得到比掷硬币的 50% 更好的结果。

学习系统有两种类型需要考虑，具体如下：

❑ **监督学习**：它只是意味着提供给模型的训练数据与每个条目都有一个关联的标签。例如，一个集合可能是一组图片，每个图片都标有该图像的内容：例如猫、狗、香蕉、汽车。现在，许多机器学习模型都受到监督。监督学习会涉及是一个人（或一群人）。将模型训练到高精度可能是一个漫长的过程。

监督学习允许解决分类和回归问题，我们将在本章后面讨论分类和回归。

❑ **无监督学习**：它没有训练数据的标签。显然，这种类型的学习不能将狗的图像解析为狗的标签。这种类型的学习模型使用数学规则来减少冗余。一个典型的用例是找到类似事物的集群。

还存在两种模型的混合，称为半监督学习，它混合了有标签数据和未标签数据。目的是迫使机器学习模型组织数据以及做出推论。

机器学习的三个基本用途是：

❑ 分类

❑ 回归

❑ 异常检测

有几十种机器学习和人工智能模型可以在物联网应用中讨论，但这将远远超出本书的范围。我们将集中讨论一小部分模型，以了解它们之间的关系，它们的目标是什么，以及它们的优势是什么。我们想探讨统计、概率和深度学习的用途和局限性，因为它们是物联网人工智能的流行领域。

在这些大的细分市场中，我们将概括并深入探讨以下内容：

❑ **随机森林**：统计模型（快速模型，适用于具有异常检测所需多种属性的系统）

❑ **贝叶斯网络**：概率模型

❑ **卷积神经网络（CNN）**：非结构化图像数据的深度学习模型

❑ **递归神经网络（RNN）**：用于时间序列分析的深度学习模型

一些模型在人工智能领域已经不适用了，至少在我们考虑的物联网用例中是如此。因此，我们将不关注基于逻辑的模型、遗传算法或模糊逻辑。

我们将首先讨论一些关于分类器和回归的初始命名法。

12.2.3 分类

分类是一种监督学习的形式，其中的数据用来选择一个名字、值或类别——例如，使用神经网络扫描图像来寻找鞋子的图片。在这个领域，有两种不同的分类：

❑ **二进制或二项式分类**：当你在两组或两类别中进行选择时。例如，咖啡和茶，黑的和白的。

❑ **多类分类**：当有两个以上的组或类别时。例如，水果分类可能包括一组橙子、香蕉、葡萄和苹果。水果可以是苹果或香蕉，但不能两者兼而有之。

我们使用 Stanford 线性分类器工具帮助理解超平面的概念（http://vision.stanford.edu/teaching/cs231n-demos/linear- classification /）。图 12-6 显示了一个训练过的学习系统的尝试。找到最好的超平面来划分球。我们可以看到，经过几千次迭代后，划分是比较优的，但是右上区域仍然存在问题，其中对应的超平面包含一个属于顶部超平面的球。下面显示的是一个非最佳分类的示例。在这里，超平面被用来创建人工段。右上角显示一个球，应该与顶部的其他两个球分类，但被分类为属于右下角的集合。左上方还显示了一个球，应该与右上方的球分类，但超平面错误地把它划分到其他集群。

　　注意，在前面 Stanford 的例子中，超平面是一条直线。这被称为**线性分类器**，它包括诸如支持向量机（试图最大化线性）和**逻辑回归**（可用于二项类和多类拟合）这样的构造。图 12-7 显示了两个数据集的二项式线性分类：圆和菱形。

　　这里，一条线试图形成一个超平面来划分变量的两个不同区域。注意，最好的线性关系确实包括误差。

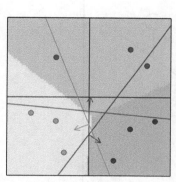

图 12-6　非最佳分类

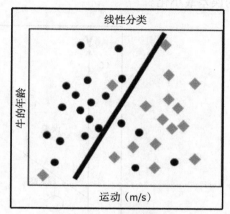

图 12-7　线性分类器

　　非线性关系在机器学习中也很常见，使用线性模型会造成严重的误码率。非线性模型的一个问题是试验序列有过拟合的倾向。正如我们稍后将看到的，这使得机器学习工具在训练测试数据上执行时更加精确，但在实际操作中却毫无用处。图 12-8 是线性和非线性分类器的对比图。

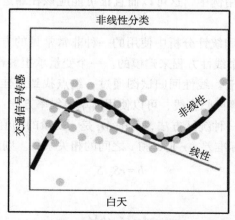

图 12-8　在这里，一个 n 阶多项式曲线试图建立一个更精确的数据点集合模型。高度精确的模型往往适合已知的训练集，但在提供真实世界数据时失败了

12.2.4 回归

分类与预测离散值（圆形或菱形）有关，而回归模型用于预测连续值。例如，将使用回归分析基于你所在社区和周围社区中所有房屋的售价来预测房屋的平均售价。

存在几种形成回归分析的技术：最小二乘法、线性回归和对数回归。

最小二乘法是最常用的标准回归和数据拟合方法。简单地说，该方法使一组数据中所有误差的平方和最小化。例如，在二维 x-y 图 12-9 中，一系列点的曲线拟合尝试将图上所有点的误差最小化。

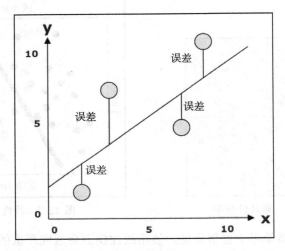

图 12-9　线性回归方法。在这里，我们试图通过平方和每个误差值来减少曲线拟合方程中的误差

最小二乘法受到异常数据的影响，这些数据可能会错误地扭曲结果。建议清除异常值的数据。在边缘和物联网用例中，这可以而且很可能应该在靠近传感器的地方执行，以避免移动错误的数据。

线性回归是数据科学和统计分析中使用的一种非常常见的方法，其中两个变量之间的关系是通过对它们拟合一个线性方程来建模的。一个变量承担解释变量（也称为自变量）的作用，另一个变量是因变量。线性回归试图通过一组点找到最佳拟合的直线。最佳拟合直线称为回归直线。为了计算回归直线，可以使用简单的斜率方程：$y=mx+b$。

然而，我们可以使用一种统计方法，其中 M_x 是 x 变量的均值，M_y 是 y 变量的均值，S_x 是 x 的标准差，S_y 是 y 的标准差，r 是 x 和 y 之间的相关系数。则斜率变成：

$$b = rS_y/S_x$$

截距（A）变为：

$$A = M_x - bM_y$$

对数回归，也称为 Sigmoid 函数，是线性代数的一种形式，用于对类或事件的概率进行建模。例如，你可以根据发动机周围的热量对涡轮机故障的可能性进行建模。我们实质上是在模拟输入 X 属于类 $Y = 1$ 的概率。另一种写法是：

$$P(X) = P(Y = 1 | X)$$

这里表示的概率是二进制（0 或 1）。这是与线性回归的关键区别。值 b_0 表示截距，b_1 表示要学习的系数。这些系数必须通过估计和最小化方法找到。对数回归的最佳系数对于默认类的值接近 1，对于所有其他类，其值接近 0。

$$y = \frac{e^{(b_0 + b_1 \times x)}}{1 + e^{(b_0 + b_1 \times x)}}$$

将其作为概率函数：

$$y = \frac{e^{(b_0 + b_1 \times x)}}{1 + e^{(b_0 + b_1 \times x)}}$$

一个对数回归的例子是根据外界空气温度预测冷库冰箱是否能保持食物的冷冻。假设我们用最小化估计程序来计算系数 b，发现 b_0 为 -10，b_1 为 0.5。如果外界温度为 24 摄氏度，则结果为 99.5%。将数值插入方程中：

$$y = \frac{\exp(-10 + 0.5 \times 31)}{1 + \exp(-10 + 0.5 \times 31)}$$
$$y = 0.995$$

12.2.5　随机森林

随机森林是另一个称为**决策树**的机器学习模型的子集。正如本节开头的图所示，决策树是一组学习算法，它们是统计集的一部分。决策树只考虑了几个变量，并产生一个对元素进行分类的输出。评估的每个元素称为**集合**。决策树根据输入生成路径采取的一组概率。决策树的一种形式是 Leo Breiman 于 1983 年开发的**分类和回归树**（CART）。

现在我们引入引导聚合或**打包**的概念。当你训练一个决策树时，它很容易受到注入其中的噪声的影响，并可能形成偏差。另一方面，如果你有许多决策树同时在训练，我们就可以减少结果偏差的可能。每棵树将随机抽取一组训练数据或样本。

随机森林训练的输出基于训练数据的随机选择和变量的随机选择处理决策树（图 12-10）。

随机森林不仅通过选择随机样本集，而且还通过合格特征数的子集扩展 bagging 算法。这在图 12-10 中可以看到。它是违反直觉的，因为你想训练尽可能多的数据。理由是：

❑ 大多数树是准确的，并为大多数数据提供正确的预测
❑ 决策树中的错误可能发生在不同的地方、不同的树中

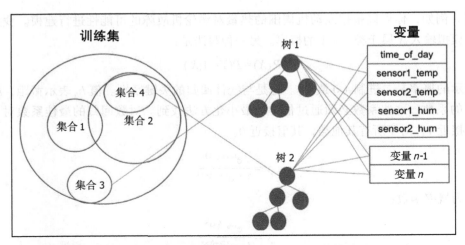

图 12-10 随机森林模型。在这里，两个森林被构造来选择一个随机的集合，而不是整个集合的变量

这是群体思维的规律，也叫多数决定。如果几棵树的结果是互相一致的，尽管它们通过不同的路径达成了这个决定，而一棵树是一个离群点，人们自然会站在大多数人一边。这创建了一个低方差的模型，与单个决策树模型相比，它可能具有极大的偏差。我们可以看到下面在一个随机森林中有四棵树的例子。每个都在不同的数据子集上被训练，每个都选择了随机变量。流的结果是三棵树产生 9 的结果，而第四棵树产生其他结果。

不管第四棵树产生什么，大多数人都同意不同的数据集、不同的变量和不同的树结构，逻辑的结果应该是 9（图 12-11）。

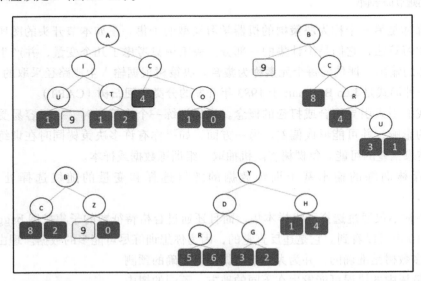

图 12-11 随机森林的多数决策。在这里，几个基于随机变量集合的树作为一个决定到达 9。
基于不同的输入得出类似的答案通常会强化模型

12.2.6　贝叶斯模型

贝叶斯模型基于 1812 年的贝叶斯定理。贝叶斯定理描述了基于系统先验知识的描述事件发生的概率。例如，基于设备的温度，机器发生故障的概率是多少？

贝叶斯定理表示为：

$$P(A \mid B) = \frac{P(A \bigcap B)}{P(B)}$$

A 和 B 是感兴趣的事件。$P(A \mid B)$ 指给定事件 B 已发生，事件 A 发生的概率是多少？它们彼此之间没有关系，并且相互排斥。

可以使用全概率定理重写该方程，该定理代替 $P(B)$。我们还可以将其扩展到 i 个事件。$P(B \mid A)$ 是在事件 A 已发生的情况下事件 B 发生的概率。这是贝叶斯定理的正式定义：

$$P(A_i \mid B) = \frac{P(B \mid A_i) \times P(A_i)}{P(B \mid A_1) \times P(A_1) + P(B \mid A_1) \times P(A_1) + \cdots + P(B \mid A_i) \times P(A_i)}$$

在本例中，我们处理的是一个单一概率及其补数（通过 / 失败）。公式可以改写为：

$$P(A \mid B) = \frac{P(B \mid A) \times P(A)}{P(B \mid A) \times P(A) + P(B \mid A') \times P(A')}$$

下面举例说明。假设我们有两台机器为一个部件生产相同的零件，如果一台机器的温度超过一定值，就会出现故障。如果超过一定的温度，机器 A 会有 2% 的时间出现故障。机器 B 如果超过一定的温度，会有 4% 的时间出现故障。机器 A 生产 70% 的零件，机器 B 生产剩下的 30%。如果随便拿起一个零件，它出现了故障，那么它是机器 A 生产的概率是多少，它是机器 B 生产的概率是多少？

在这种情况下，A 是机器 A 生产的物品，B 是机器 B 生产的物品，F 代表不合格的所选零件。我们知道

- $P(A) = 0.7$
- $P(B)=0.3$
- $P(F|A) = 0.02$
- $P(F|B) = 0.04$

因此，你从机器 A 或机器 B 中挑选故障零件的概率是：

$$P(A \mid F) = \frac{P(F \mid A) \times P(A)}{P(F \mid A) \times P(A) + P(F \mid B) \times P(B)}$$

替换数值：

$$P(A \mid F) = \frac{0.02 \times 0.7}{(0.02 \times 0.7) + (0.04 \times 0.3)}$$

因此，$P(A \mid F) = 53\%$，$P(B \mid F)$ 为补数（$1 - 0.53$）$= 47\%$。

贝叶斯网络是贝叶斯定理在图形概率模型（特别是有向无环图）形式下的扩展。注意，图是单向流动的，没有回滚到以前的状态。这是贝叶斯网络的一个要求（图 12-12）。

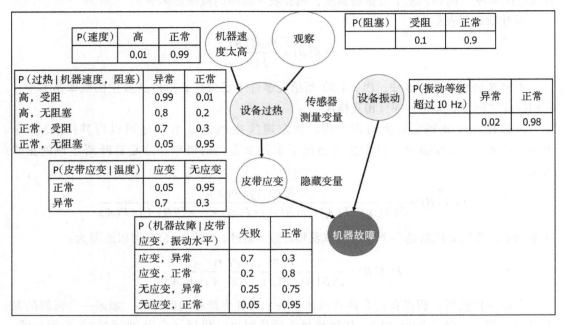

图 12-12　贝叶斯网络模型

在这里，每个状态的各种概率都来自专家知识、历史数据、日志、趋势或这些的组合。这是贝叶斯网络的训练过程。这些规则可以应用于物联网环境中的学习模型。当传感器数据流进入时，该模型可以预测机器故障。此外，该模型还可用于推理。例如，如果传感器读取到过热情况，则可以推断可能与机器速度或障碍物有关。

一些贝叶斯网络的变体超出了本书的范围，但它们对某些类型的数据和问题集有好处：

☐ 单一贝叶斯
☐ 高斯朴素贝叶斯
☐ 贝叶斯信念网络

贝叶斯网络适用于物联网中无法完全观测到的环境。此外，在数据不可靠的情况下，贝叶斯网络具有优势。与其他形式的预测分析相比，差样本数据、噪声数据和缺失数据对贝叶斯网络的影响较小。需要注意的是，样本数量将需要非常大。贝叶斯方法也避免了过拟合的问题，我们将在后面讨论神经网络。此外，贝叶斯模型与流数据非常吻合，这是物联网中的一个典型用例。贝叶斯网络被用来发现传感器信号和时间相关序列中的畸变，以及在网络中发现和过滤恶意数据包。

12.2.7 卷积神经网络

CNN 是机器学习中人工神经网络的一种形式。我们将首先检查 CNN，然后转到 RNN。CNN 已被证明是非常可靠和准确的图像分类，并用于物联网部署的视觉识别，特别是在安全系统中。理解任何人工神经网络背后的过程和数学是一个很好的起点。任何可以表示为固定位图的数据（例如，在三个平面上的 1024×768 像素图像）。CNN 试图基于可分解特征的加法集将图像分类为一个标签（例如，猫、狗、鱼、鸟）。构成图像内容的原始特征是由小的水平线、垂直线、曲线、阴影、梯度方向等组成的。

第一层和过滤器

CNN 第一层中的这组基本特征将是特征标识符，如小曲线、小线条、彩色斑点或小区分特征（在图像分类器的情况下）。过滤器将绕着图像旋转，寻找相似之处。卷积算法将取滤波器，并将得到的矩阵值相乘。当特定特征导致高激活值时，过滤器会激活（图 12-13）。

图 12-13 CNN 的第一层。在这里，大型原语用于模式匹配输入

最大池和子采样

下一层通常是池化或最大池化层。该层将取自最后一层的所有值作为输入。然后，它返回一组相邻神经元的最大值，用作下一个卷积层中单个神经元的输入。这本质上是子采样的一种形式。通常结果是，池化层将是 2×2 的子区域矩阵（图 12-14）。

7	2	9	0
2	4	7	4
1	1	2	0
1	0	9	9

7	9
1	9

图 12-14 最大池化。在滑动窗口中找到跨越图像的最大值

池有几个选项：最大化（如前面的图所示）、平均和其他复杂的方法。最大池的目的是声明在图像的一个区域内找到了一个特定的特征。我们不需要知道确切的位置，只是一般的地点。这一层还重新计算了我们必须处理的维度，这最终影响了神经网络的性能、内存和 CPU 的使用。最大池也控制过拟合。研究人员已经了解到，如果神经网络在没有这种子采样的情况下被精确地调整到图像，那么它在编程时的训练数据集上就会有很好的效果，但在真实世界的图像上就会惨遭失败。

基本的深度学习模型

第二卷积层使用第一层的结果作为输入。记住，第一层的输入是原始的位图。第一层的输出实际上代表了在 2D 位图中看到特定基元的位置。第二层的特征比第一层更全面。第二层将具有复合结构，如样条和曲线。在这里，我们将描述神经元的作用和强制从神经元输出所需的计算。

神经元的作用是输入所有进入它的权重与像素值之和。在图 12-15 中，我们看到神经元以权重和位图值的形式接受来自上一层的输入。

神经元的作用是将权重和数值相加，通过激活函数强制它们作为下一层的输入。

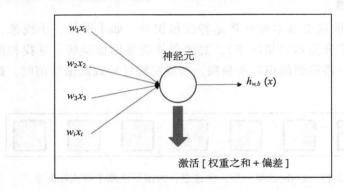

图 12-15　CNN 基本元素。在这里，神经元是计算权值和其他位图的基本单位作为输入的值。神经元的激活（或不激活）取决于激活函数

神经元函数的方程为：

$$\sigma(\sum_i w_i x_i + b)$$

这可能是一个很大的矩阵乘法问题。输入图像被扁平化成一维数组。偏差提供了一种在不与真实数据交互的情况下影响输出的方法。在图 12-16 中，我们看到了一个权重矩阵乘以扁平的一维图像和附加偏差的例子。请注意，在实际的 CNN 设备中，你可以将偏差添加到权重矩阵中，并将单个 1.0 值添加到位图向量的底部，作为优化的形式。这里选择的值是结果矩阵中的第二个 29.6。

权重				扁平化的 位图 x_i	偏差 b	结果
0.1	1.1	-0.2	0.0	21	2.2	14.9
0.3	1.3	2.7	1.1	10	1.6	29.6
0.3	0.0	2.0	-1.1	2	-5.1	1.9
				3		

图 12-16　CNN 的矩阵关系。在这里，权重和位图进行矩阵相乘，添加到一个偏移中

输入值乘以每个进入神经元的权重。这是矩阵数学中一个简单的线性变换。这个值需要通过一个激活函数确定神经元是否应该被激活。建立在晶体管上的数字系统以电压作为输入，如果电压满足阈值，则晶体管就打开。

生物模拟是对输入信号表现为非线性的神经元。由于我们正在对神经网络进行建模，我们试图使用非线性激活函数。可以选择的典型激活函数包括：

- ❏ 对数（sigmoid）
- ❏ 双曲正切
- ❏ **整流线性单元（ReLU）**
- ❏ **指数线性单元（ELU）**正弦波

sigmoid 型激活函数为：

$$\sigma(x) = \frac{1}{(1+e^{-x})}$$

如果没有 sigmoid（或任何类型的激活函数）层，该系统将是一个线性变换函数，对于图像或模式识别的精度要低得多。

CNN 的例子

在图 12-17 中，图像被卷积以提取基于基本体的大特征，然后使用最大池缩小图像并将其作为输入输入到特征滤波器。完全连接层结束 CNN 路径并输出最佳猜测。

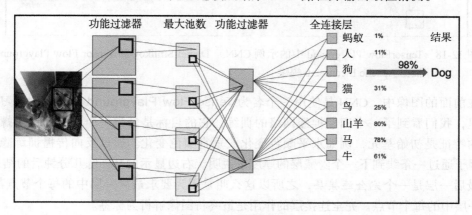

图 12-17　四层 CNN

组成图层的原始特征的一个例子来自 TensorFlow（http://playground.tensorflow.org）。TensorFlow 的例子是一个系统，在输入层 1 上有 6 个特征，然后是 33 个由 4 个神经元组成的隐藏层，接着是 2 个神经元，最后又是 2 个，如图 12-18 所示。在该模型中，特征试图对点的颜色分组进行分类。

在这里，我们试图找到描述两个彩色球螺旋的最佳特征集。初始特征的基元基本上是线条和条纹。这些将通过训练的权重进行组合和加强，以描述下一层的斑点和斑纹。在向右移动时，将形成更详细和混合的表示形式。

该测试运行了数千个 epochs 周期，试图显示右侧描述螺旋形的区域。你可以在右上方看到输出曲线，该曲线指示训练过程中的错误量。错误实际上是在训练过程中出现的，因为在反向传播过程中会看到混乱和随机的影响。然后，系统修复并优化为最终结果。神经元之间的线条表示描述螺旋模式的权重强度。

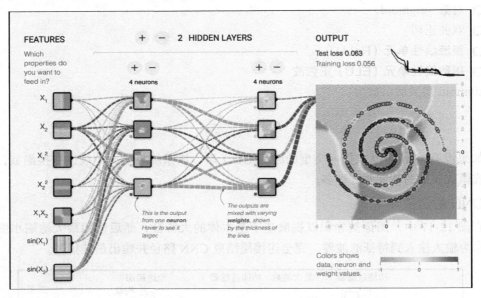

图 12-18　TensorFlow Playground 中的示例 CNN。 Daniel Smilkov 和 Tensor Flow Playground
根据 Apache License2.0 提供

在前面的图像中，CNN 是使用一个名为 **TensorFlow Playground** 的建模的学习工具。在这里，我们看到了一个四层神经网络的训练，它的目标是分类一个不同颜色的螺旋球。左边的特征是初始基元，例如水平颜色变化或垂直颜色变化。通过反向传播训练隐藏层。加权因子通过一条线到下一个隐藏层的厚度来说明。右边显示的是训练几分钟后的结果。

最后一层是一个完全连接层，之所以这么叫是因为要求最后一层中的每个节点都连接到前一层中的每个节点。完全连接层的作用是最终将图像解析为标签。

它通过检查最后一层的输出和特征并确定特征集对应于特定的标签，比如一辆汽车。汽车会有轮子、玻璃窗等，而猫会有眼睛、腿、毛皮等。

CNN 简介

CNN 的使用包括一系列术语和构造。TensorFlow Playground 是了解不同模型、特征标识符的行为和效果，以及在训练模型中所起的角色批处理大小和 epoch 在训练模型中的作用的良好工具。图 12-19 是 TensorFlow Playground 上的标记，描述了构成 CNN 模型的不同术语和参数。

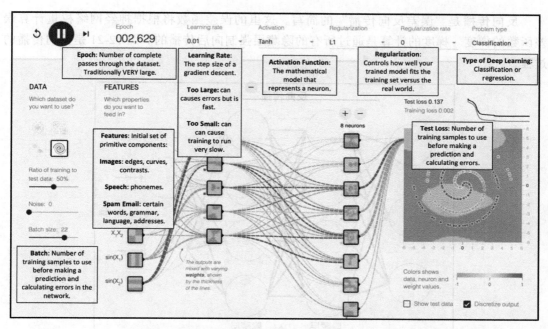

图 12-19　CNN 深度学习模型的不同参数。特别注意批量大小、epoch 和学习率的影响

前向传播、CNN 训练和反向传播

我们已经看到了 CNN 执行前馈传播的过程。训练一个 CNN 依赖于误差和梯度的反向传播得到一个新的结果，并一次又一次地修正误差的过程。

相同的网络，包括所有池化层、激活函数和矩阵，用来作为通过网络的反向传播流，以试图优化或纠正权重（图 12-20）。

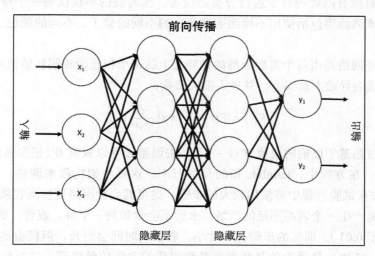

图 12-20　CNN 在训练和推理过程中的前向传播

反向传播是"误差反向传播"的简写。这里的误差函数将根据神经网络权重计算误差函数的梯度。梯度的计算是通过所有的隐藏层强制向后传播的。图 12-21 是反向传播的过程。

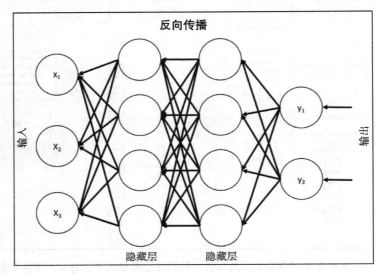

图 12-21 训练过程中 CNN 反向传播

我们现在将探讨训练过程。首先,我们必须为网络提供一个训练集,使其正常化。训练集和特征参数对于开发该领域的良好行为系统至关重要。训练数据将有一个图像(或只是位图数据)和一个已知的标签。这个训练集会使用反向传播技术对其进行迭代,最终建立一个神经网络模型,产生最准确的分类或预测。训练集太小会产生很差的结果。例如,如果你要构建一个对所有品牌的鞋子进行分类的设备,你需要的不仅仅是一个特定鞋子品牌的图像。你希望该训练集包括使用不同照明和角度的不同的鞋子、不同的颜色、不同的品牌、不同的图像。

其次,神经网络是由每个需要训练的神经元上的每个权重的相同初始值或随机值组成。第一次前向传递会导致大量误差,并进入损失函数:

$$W(t) = W(t-1) - \lambda \times \left(\frac{-\partial E}{\partial W}(t) \right)$$

这里,新的权值是基于以前的权值 $W(t-1)$ 减去误差 E 除以权值 W(损失函数)的偏导数。这也叫作**梯度**。在方程中,Lambda 指的是学习率。这要由架构师来调整。如果速率较高(大于 1),算法在试验过程中将使用较大的步骤。这可能会让网络更快地收敛到一个最优答案,或者它可能产生一个训练不足的网络,永远不会收敛到一个解。或者,如果 Lambda 设置得较低(小于 0.01),训练的步骤会非常小,收敛的时间会更长,但模型的准确性可能会更好。在图 12-22 中,最优收敛是代表误差和权值的曲线的最底部。这叫作梯度**下降**。如果学习率太高，那么我们永远也达不到底部，只能向其中一个方向满足于**接近底部**。

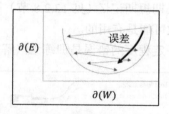

图 12-22　全局最小值。该图显示了学习函数的基础。目标是通过梯度下降找到最小值。学习模型的精度与收敛到最小的步数（时间）成正比

　　不能保证找到一个误差函数的全局最小值。也就是说，局部最小值可能会被找到，并被解析为假的全局最小值。一旦发现局部最小值，该算法往往会出现故障。在图 12-23 中，你将看到正确的全局最小值以及如何解决局部最小值。

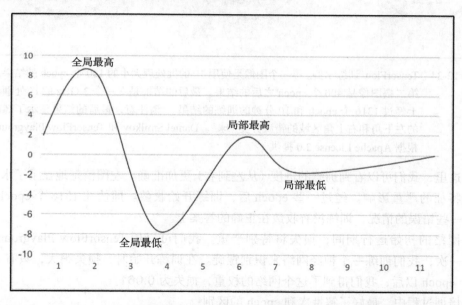

图 12-23　训练中的误差。我们看到了真正的全局最小值和最大值。根据训练步长甚至下降的初始起点等因素，CNN 可以训练到一个错误的最小值

　　当神经网络训练和试图找到全局最小值时，出现了一个称为**消失梯度问题**的问题。随着神经网络中权值的更新，梯度可能会人为地变得很小。这带来的影响是，权重可能不会改变其值。它甚至可能完全阻止神经网络进一步训练。TensorFlow Playground 示例使用一个激活函数，其值从 −1 到 1 不等。当神经网络完成一个 epoch 并反向传播误差以重新计算权重时，你可能会达到一个点，即误差信号（梯度）指数下降，系统可能训练非常缓慢。图 12-24 来自 TensorFlow Playground 的例子说明了神经网络如何在 1300 个 epoch 之后由于

消失梯度问题而停止训练。模型的进一步训练没有达到进一步的精度。

为了缓解这一问题，诸如长期短期记忆（见 12.2.8 节）等技术可能会有所帮助，快速硬件和微调正确的特征和训练参数可能是有用的。

我们可以看到，仍然存在一定程度的错误是训练无法解决的（图 12-24）。

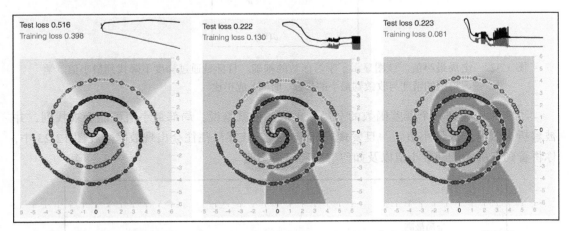

图 12-24　TensorFlow 训练示例。第一个图像是使用 10 的批处理大小的 100 个 epoch 的结果。第二幅图像是 400 个 epoch 之后的结果。最后的结果是在一个 3 GHz 的 i7 处理器上经过 1316 个 epoch 和 10 分钟的训练的结果。请注意，最后的结果显示了螺旋的左下角和右上角区域的错误分类"球"。Daniel Smilkov 和 TensorFlow Playground 根据 Apache License 2.0 提供

在这里，我们可以看到训练的进度（从左到右）更加准确。左图清楚地显示了水平和垂直原始特征的严重影响。经过一些 epoch 后，训练开始收敛。即使在 1316 个 epoch 以后，仍然有一些错误的情况，训练没有收敛在正确的答案上。

在网络的初始运行期间，损失将特别严重。我们可以用 TensorFlow Playground 可视化。再一次，我们训练一个神经网络来识别螺旋。在训练开始时，损失很大，只有 0.516。1531 个 epoch 以后，我们得到了这个网络的权重，损失为 0.061。

在培训过程中，最好了解批次和 epoch 的区别：

❑ **批处理**：指在模型中进行预测和调整权重之前处理的训练样本数量。

❑ **epoch**：指的是训练在整个训练数据集中的迭代次数。对于训练良好的模型来说，这个数值通常非常高。

❑ **学习率**：这是一个控制梯度的参数。它可以调整，但风险是梯度下降问题。

例如，假设你有 200 张不同鞋子的图片，你用它们训练一个深度学习模型来识别鞋子品牌。你可以通过培训使用 1000 个 epoch 迭代来管理产品时间表，维护发货日期。

如果将批大小设置为 5，那么你在修正模型之前将迭代 5 个图像。

这 5 幅图像从 200 幅图像中得到 40 幅训练集。这意味着需要 40 批图像来处理整个训

练集。每次遍历训练集，就完成了一个 epoch。

因此，总共有 40 批 * 1000 个 epoch，即 40 000 次训练。

💡 训练可以带来不可预测的结果。需要进行训练才能了解各种参数如何影响结果。
它也是学习率和达到最佳模型的 epoch 数之间的平衡（例如，训练集上损失最少）。
降低学习率或增加 epoch 数并不一定意味着你会达到最佳模型。图 12-25 说明了这
一点。

极高的学习率往往会产生最差的模型。

与在短时期内的高学习率相比，良好的（平衡）学习率可能无法产生最佳结果。然
而，随着时间的推移，它通常会以最好的结果进行训练。

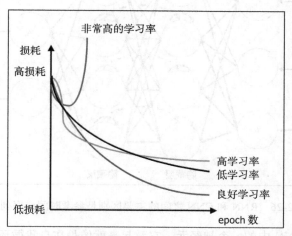

图 12-25 在深度学习训练中，学习率和 epoch 作为准确性（损失）函数的例子。对于 CNN
模型来说，均衡的训练和学习率通常是最好的

12.2.8 循环神经网络

RNN，或称为**递归神经网络**，是机器学习的一个独立领域，它极其重要且与物联网数
据相关。RNN 和 CNN 的最大区别在于 CNN 处理固定大小的数据向量的输入。把它们想象
成二维图像，也就是说，一个已知大小的输入。CNN 也作为固定大小的数据单元在层与层
之间传递。RNN 有相似之处，但本质上不同：它没有获取固定大小的图像数据块，而是将
一个向量作为输入，另一个向量作为输出。它的核心是，输出向量不受我们刚刚输入的单
个输入的影响，而是受输入的整个历史的影响。这意味着 RNN 理解事物的时间特性，或者
可以说是维持状态。有信息可以从数据中推断，也可以从数据发送的顺序中推断。

RNN 在物联网领域具有特殊的价值，特别是在时间相关的数据序列中，例如描述图
像中的场景、描述一系列文本或值的情感以及对视频流进行分类。数据可以从包含数据的

传感器阵列馈送到 RNN（时间：值）元组。这将是发送到 RNN 的输入数据。特别是，这种 RNN 模型可用于预测分析，以发现工厂自动化系统中的故障、评估传感器数据的异常情况、评估电表中带有时间戳的数据，甚至检测音频数据中的模式。工业设备的信号数据是另一个很好的例子。RNN 可以用来发现电信号或电波的模式。CNN 会为这个用例而挣扎。如果该值超出预测范围，RNN 将向前运行，并预测序列中的下一个值，这可能表示故障或重大事件（图 12-26）。

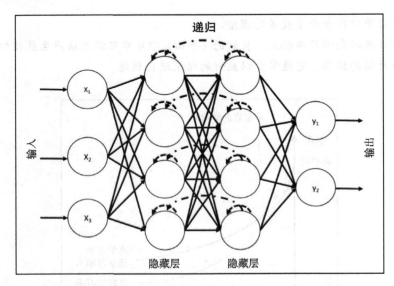

图 12-26　RNN 和 CNN 之间的主要区别是参考时间或序列顺序

如果你要检查 RNN 中的一个神经元，它看起来就像是在自我循环。从本质上讲，RNN 是一个状态的集合，可以追溯到过去。如果你认为在每个神经元处展开 RNN，这一点就很清楚（图 12-27）。

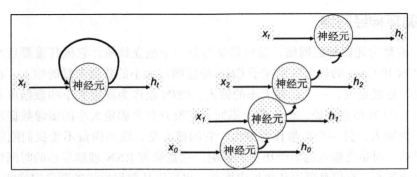

图 12-27　RNN 神经元。这说明了上一步 x_{n-1} 输入下一步 x_n 作为 RNN 算法的基础

RNN 系统的挑战在于，它们更难在 CNN 或其他模型上进行训练。记住，CNN 系统使

用反向传播训练和强化模型。RNN 系统没有反向传播的概念。每当我们向 RNN 发送输入时，它都带有一个唯一的时间戳。这就导致了前面讨论过的消失梯度问题，它降低了网络的学习速度。CNN 也暴露于一个消失的梯度，但与 RNN 的区别在于 RNN 的深度可以追溯到许多迭代，而 CNN 传统上只有几个隐藏层。例如，一个 RNN 解析一个句子结构，比如：一个快速的棕色狐狸跳过了懒惰的狗，它将向后延伸 9 个级别。消失梯度问题可以直观地理解为：如果网络中的权值很小，则梯度将以指数形式收缩，导致梯度消失。如果权重的分量很大，则渐变将按指数增长，并可能爆炸，从而导致 NaN（**非数字**的错误）。爆炸会导致明显的碰撞，但通常会在发生梯度之前将其截断或加盖。梯度逐渐消失，计算机很难应对。

克服这种影响的一种方法是使用 12.2.7 节提到的 ReLU 激活函数。此激活函数提供 0 或 1 的结果，因此它不容易消失梯度。另一个选择是**长短期记忆**（LSTM）的概念，由研究人员 Sepp Hochreiter 和 Juergen Schmidhuber 提出（*Long Short-Term Memory, Neural Computation,* 9(8):1735-1780, 1997）。LSTM 解决了消失梯度问题，并允许对 RNN 进行训练。

在这里，RNN 神经元由三到四个闸门结构组成。这些闸门允许神经元保存状态信息，并由 0 到 1 之间的逻辑函数控制：

- ❏ **保持闸门 K**：控制值在内存中保留的时间
- ❏ **写入闸门 W**：控制新值对内存的影响程度
- ❏ **读取闸门 R**：控制内存中用于创建输出激活函数的值的大小

你可以看到这些闸门在本质上是类似的。这些闸门会改变保留多少信息。LSTM 单元将在单元内存中捕获错误。这称为**错误转盘**，它允许 LSTM 单元在长时间内反向传播错误。LSTM 细胞类似于以下逻辑结构，神经元在外观上与 CNN 基本相同，但在内部它维持状态和记忆。RNN 的 LSTM 单元如图 12-28 所示。

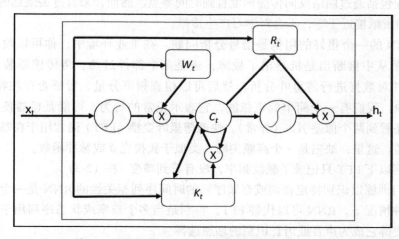

图 12-28　LSTM 单元。这里是使用内部存储器处理任意输入序列的 RNN 基本算法

RNN 在训练过程中建立记忆。这在图中被视为隐藏层下的状态层。RNN 不像 CNN 那样在图像或位图中搜索相同的模式，而是跨多个连续步骤（可能是时间）搜索模式。

隐藏层和状态层的补充如图 12-29 所示。

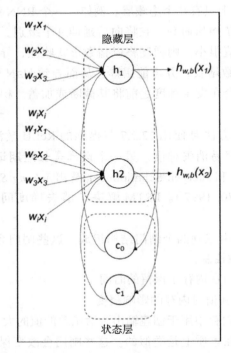

图 12-29　隐藏层是从前面的步骤输入到下一步的附加输入

我们可以看到训练中使用 LSTM 逻辑数学的计算量，以及常规反向传播如何比 CNN 重。训练过程包括通过网络反向传播梯度直到时间零点。然而，来自过去遥远的梯度（比如时间零点）的贡献接近于零，不会对学习产生贡献。

说明 RNN 的一个很好的用例是信号分析问题。在工业环境中，你可以收集历史信号数据，并试图从中推断出是机器出了故障，还是某个部件过热。将传感器装置连接到取样工具上，并对数据进行傅里叶分析。然后可以检查频率分量，看是否存在特定的像差。在图 12-30 中，我们有一个简单的正弦波，它表示正常的行为，可能是机器使用铸轧辊和轴承。我们还看到两个像差引入（异常）。**快速傅里叶变换**（FFT）通常用于在基于谐波的信号中寻找像差。这里，缺陷是一个高频尖峰，类似于狄拉克 δ 或脉冲函数。

我们看到以下 FFT 只记录了载波频率，没有看到畸变（图 12-31）。

经过专门训练以识别特定音调或音频序列的时间序列相关性的 RNN 是一个直接的应用程序。在这种情况下，RNN 可以代替 FFT，特别是当多个频率或状态序列用于对系统进行分类时，这使得它成为声音或语音识别的理想选择。

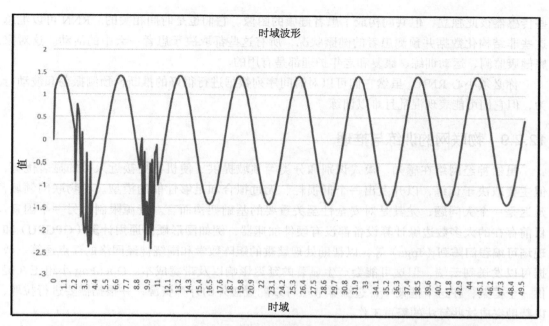

图 12-30　RNN 用例。这里，一个来自音频分析的畸变波形可以用作 RNN 的输入

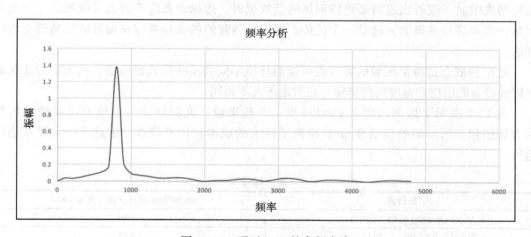

图 12-31　通过 FFT 的高频尖峰

　　工业预测维修工具依赖于这种类型的信号分析来发现不同机器的基于热和振动的故障。正如我们所看到的，这种传统方法有其局限性。机器学习模型（尤其是 RNN）可用于检查特定特征（频率）分量的输入数据流，并可发现如图 12-31 所示的点故障。图 12-31 所示的原始数据可以说从来没有正弦波那么干净。通常情况下，数据非常嘈杂，并且会丢失一段时间。

　　另一个用例是医疗保健中的传感器融合。医疗保健产品，如葡萄糖监测仪、心率监测仪、跌倒指示器、呼吸计和输液泵，将定期传输数据样本，或者可能发送数据流。所有这些传感器彼此独立，但共同构成了患者健康的图像。它们也是时间相关的。RNN 可以汇总这些非结构化数据并预测患者的健康状况，所有这些都取决于患者一天中的活动。这对家庭健康监测、运动训练、康复和老年护理都是有用的。

你必须小心 RNN。虽然它们可以对时间序列数据进行很好的推断，预测振荡和波动行为，但它们可能表现混乱且难以训练。

12.2.9　物联网的训练与推理

虽然神经网络在感知、模式识别和分类等领域提供了使机器更接近人类的显著优势，但主要取决于训练，以开发出一个低损耗、无过拟合和足够性能的模型。在物联网领域，延迟是一个大问题，尤其是对安全性至关重要的基础架构而言。资源限制是另一个因素。目前存在的大多数边缘计算设备都没有硬件加速器，例如**图形硬件通用计算**（GPGPU）和**现场可编程门阵列**（fpga）等，以帮助处理繁重的矩阵数学和围绕神经网络的浮点运算。数据可以发送到云端，但这可能会产生显著的延迟影响以及带宽成本。OpenFog 小组正在提供一个框架，在这个框架中，边缘雾节点可以配置额外的计算资源，并根据需要进行拉取，以帮助完成这些算法的繁重工作。

目前，训练应该属于云计算领域，在这里可以获得计算资源且可以创建测试集。当训练模型失败时，或者出现需要重新训练的新数据时，边缘设备应该向云父级报告。云允许训练一次部署许多概念，这是一个优势。或者，明智的做法是考虑在偏置区域基础上进行训练。

这里的概念是特定区域的雾节点可能对环境不同的某些模式更敏感。例如，对北极地区野外设备的温度和湿度的监测将与热带地区大不相同。

表 12-2 说明了培训所需的 CPU 处理。一般来说，成功训练一个模型需要数千到数百万张图像。所示的处理器和 GPU 带来了巨大的成本和功率需求，因此不一定要在边缘运行。

表　12-2

处理器	TensorFlow 训练速度（图像 / 秒）
AMD Opteron 6168（CPU）	440
英特尔 i7 7500U（CPU）	415
英伟达 GeForce 940MX（GPU）	1190
英伟达 GeForce 1070	6500
英伟达 RTX2080	17 000

边缘更擅长在推理模式下运行经过训练的模型。然而，部署推理引擎需要很好的架构。一些 CNN 网络，如 AlexNet，拥有 6100 万个参数，消耗 249 MB 内存，并执行 15 亿个浮点操作来分类单个图像。

降低精度、修剪和对图像数据进行首次运行启发式分析的其他技术更适合边缘设备。

此外，为上游分析准备数据也有帮助。例子包括：

- ❏ **向上游发送**：仅满足特定条件（时间、感兴趣事件）的数据
- ❏ **数据清理**：仅将数据集缩减、裁剪并剪辑到相关内容
- ❏ **分段**：将数据强制转换为灰度，以减少流量，并为 CNN 做准备

12.3　物联网数据分析和机器学习比较与评估

机器学习算法在物联网中占有一席之地。典型的情况是，当有大量的流数据需要产生一些有意义的结论时。一个小的传感器集合可能只需要一个简单的规则引擎在边缘的延迟敏感应用程序。其他人则可以将数据流式传输到云服务，并在其中将规则应用于对攻击性要求不高的系统。

当大量数据、非结构化数据和实时分析发挥作用时，我们需要考虑使用机器学习来解决一些最困难的问题。

在本节中，我们将详细介绍在部署机器学习分析时的一些提示和提醒，以及哪些用例可能需要这样的工具，如表 12-3 所示。

训练阶段：

- ❏ 对于一个随机森林，使用套袋技术创建集合。
- ❏ 在使用随机森林时，确保决策树的数量最大化。
- ❏ 注意过拟合。过拟合会导致场模型不准确。诸如正则化甚至将噪声注入系统之类的技术都会增强该模式。
- ❏ 不要在边缘训练。
- ❏ 梯度下降会导致错误。RNN 自然是易受影响的。

领域中的模型：

- ❏ 使用新的数据集更新模型。使训练集保持最新。
- ❏ 运行在边缘的模型可以通过更大更全面的云模型加强。
- ❏ 通过考虑节点修剪和降低精度等技术，可以在云和边缘优化神经网络执行，损失最小。

表 12-3

模型	最佳应用	最差拟合和副作用	资源需求	训练
随机森林（统计模型）	异常检测 有数千个选择点和数百个输入的系统 回归和分类 处理混合数据类型 忽略缺失值 随输入量线性缩放	特征提取 时序分析	低	基于套袋技术的训练，以达到效果最大化 轻资源训练 监督为主

（续）

模型	最佳应用	最差拟合和副作用	资源需求	训练
RNN（基于时间和序列的神经网络）	基于序列的事件预测 流式数据模式 时间相关系列数据 保持过去状态的知识，以预测新的状态（电信号、音频、语音识别） 非结构化数据 输入变量可能是，也可能不是依赖变量	图像和视频分析 使用数千种功能的模型	培训费用很高 推理执行率高	训练比 CNN 反向传播更烦琐 很难训练 有监督
CNN（深度学习）	根据周围的数值预测对象的情况 模式和特征识别 二维图像识别 非结构化数据 输入变量可能是，也可能不是依赖变量	基于时间和顺序的预测 使用数千种功能的模型	对训练要求非常高（浮点精度、大训练集、大内存需求） 推理执行率高	有监督和无监督
贝叶斯网络（概率模型）	嘈杂和不完整的数据集 流式数据模式 时间相关系列 结构化数据 信号分析 快速开发模型	假设所有输入变量都是独立的 在处理高阶数据时表现不佳维度	低	与其他人工神经网络相比，所需的训练数据很少

12.4 小结

本章简要介绍了云和雾中物联网的数据分析。数据分析是从数百万或数 10 亿传感器产生的数据海洋中提取价值的地方。分析是数据科学家的领域，包括从大量数据中寻找隐藏的模式和进行预测。为了有价值，所有这些分析都需要在或接近实时的情况下做出至关重要的决定。你需要了解正在解决的问题以及揭示解决方案所需的数据。只有这样，才能很好地构建数据分析管道。本章介绍了几种数据分析模型，并介绍了四个相关的机器学习领域。

这些分析工具是物联网价值的核心，从实时海量数据的细微差别中获得意义。机器学习模型可以根据当前和历史模式预测未来事件。我们将通过适当的训练了解 RNN 和 CNN 案例如何满足这种情况。作为一个架构师，管道、存储、模型和训练都需要考虑。

在下一章中，我们将从传感器到云的整体角度讨论物联网的安全性。我们将研究近年来针对物联网的具体现实攻击，以及未来应对此类攻击的方法。

第 13 章　物联网与边缘网络安全

本书的第 1 章揭示了**物联网**的规模、增长和潜力。目前全球已有数 10 亿的设备，而且仍在以两位数的速度增长，在将模拟世界接入互联网的同时也构建了地球上最大的攻击平面。漏洞代理、破坏代理、伪代理已被开发出来，并在全球范围内进行部署扩散，扰乱了无数的业务、网络以及生命。作为架构师，我们负责了解物联网技术堆栈并确保其安全。作为负责任的公民，当将未曾接入互联网的设备接入网络中时，我们应对这些设备的设计负责。

这对于大多数的物联网部署来说尤其困难，因为安全是在最后考虑的一环。通常情况下，因为受到系统的限制，以至于在简单的物联网传感器上构建像现代网络和计算机系统所使用的企业级安全性保障即使不是不可能，也是非常困难的。本书所讨论的安全性是以对所有其他技术的理解为基础的。然而，每一章都涉及每个级别的安全规定。

本章将探讨一些极其恶劣的以物联网为目标的攻击案例，并使人们认识到物联网安全的脆弱性，以及后果的严重性。稍后，我们将讨论栈的各层级的安全性规定：包括物理设备、通信系统和网络。然后，我们将研究用于保护物联网数据的软件定义边界和区块链技术。本章最后回顾了《美国网络安全改进法案》（the United States Cybersecurity Improvement Act of 2017）以及该法案对物联网的意义。

安全性最重要的是要在传感器、通信系统、路由器和云中都得到运用。

13.1　网络安全术语

网络安全有一套相对应的定义，描述了不同类型的攻击和规定。本节简要介绍了本章其他部分所涉及的行业术语。

13.1.1　攻击和威胁术语

以下是不同攻击或恶意网络威胁的术语及定义：

- **放大攻击**：放大发送给受害者的带宽。通常攻击者会使用 NTP、Steam 或 DNS 这类合法的服务实现对受害者的攻击。NTP 可放大 556 倍，DNS 放大可将带宽放大 179 倍。
- **ARP 欺骗**：这种攻击通过发送伪造的 ARP 消息进行攻击，该消息将攻击者的 MAC 地址连接到合法系统的 IP 地址上。

- **横幅（Banner）扫描**：一种通常用于清点网络系统的技术，攻击者也可以通过执行 HTTP 请求与检查操作系统和计算机的返回信息来获取有关潜在攻击目标的信息（例如，`ncwww.target.com 80`）。
- **僵尸网络**：被恶意软件感染和挟持的互联网连接设备，通过集中控制协同工作，主要用于从多个客户端产生大规模的 DDoS 攻击。其他攻击包括垃圾电子邮件和间谍软件。
- **暴力破解**：尝试访问系统或绕过加密的反复试验方法。
- **缓冲区溢出**：利用运行软件的错误或缺陷，该缺陷或错误仅会使缓冲区或内存块的数据超出分配的数量，从而导致溢出。溢出数据可覆盖相邻内存地址中的其他数据。攻击者可以在该区域放置恶意代码，并强制指令指针从这里开始执行。由于缺乏内部保护机制，像 C 和 C++ 这类编译语言特别容易受到缓冲区溢出攻击。大多数溢出错误是因为软件架构存在缺陷，不进行输入值边界检查造成的。
- **C2**：指挥和控制服务器，将命令发送到僵尸网络。
- **功率相关性分析攻击**：通过四个步骤发现存储在设备中的加密密钥信息：

1. 检查目标的动态功耗，并记录正常加密过程的每个阶段的功耗。

2. 接下来，强制目标加密数个纯文本对象，并记录它们的功耗。

3. 然后，通过考虑每一种可能的组合并计算模型与实际功率之间的 Pearson 相关系数，来攻击密钥的一小部分（子密钥）。

4. 最后，将最佳的子密钥组合在一起，获得完整的密钥。

- **字典攻击**：通过从包含用户名和与其对应密码的字典文件中系统地输入录入单词来获得进入网络系统的一种方法。
- **分布式拒绝服务（Distributed Denial-of-Service，DDoS）**：一种试图从多个（分布式）来源攻击在线服务，使其中断或制造不可用的攻击。
- **模糊攻击**：向设备发送错误的或非标准数据，并观察设备如何反应的一种攻击方式。例如，如果一个设备运行缓慢或显示出不良影响，模糊攻击可能已经获取了设备暴露的一个弱点。
- **中间人攻击（Man-In-The-Middle attack，MITM）**：这是一种常见的攻击形式，它将设备放置在相互信任的双方的通信流之间。该设备通过侦听、过滤发送端发出的信息，并将其选择的信息重新发送到接收机。MITM 可以作为中继器存在于通信中，也可以作为旁路侦听数据传送而不拦截数据。
- **空操作雪橇（NOP sled）**：注入一系列的 NOP 汇编指令序列，用于将 CPU 的指令指针"滑动"到恶意代码所需的区域。它通常是缓冲区溢出攻击的一部分。
- **重放攻击**：这种网络攻击也被称为回放攻击，数据被发起者恶意地重复或重放，攻击者随意截取、存储和传输数据。
- **RCE 漏洞运用**：允许攻击者远程执行任意代码。这通常以 HTTP 进行缓冲区溢出攻击或注入恶意软件代码的网络协议的形式出现。

- **面向返回编程（Return-Oriented Programming，ROP）攻击**：攻击者可能使用一种难以利用的安全漏洞，利用潜在的内存来破坏具有未执行内存或从只读内存执行代码的保护。如果攻击者通过缓冲区溢出或其他方法获得对进程堆栈的控制，他们可能会跳到已经存在的合法且未更改的指令序列。攻击者寻找调用小工具的指令序列，这些小工具可以被拼凑起来形成恶意攻击。
- **返回库函数 libc 攻击**：一种攻击类型由缓冲区溢出开始，攻击者通过注入代码跳到进程内存空间中的 libc 或其他常用的库来尝试直接调用系统例程。绕过由非可执行内存和保护带提供的保护机制。这是 ROP 攻击的一种特殊形式。
- **Rootkit**：通常，用于检测其他软件有效载荷的恶意软件（尽管通常用于解锁智能手机）。Rootkit 使用几种有针对性的技术（例如缓冲区溢出）来攻击内核服务，系统管理程序和用户模式程序。
- **边信道攻击**：通过观察物理系统的次级影响而不是寻找运行时漏洞或零日漏洞来获取受害者系统信息的攻击。边信道攻击的例子包括相关功率分析、声学分析和从内存中删除后的读取数据残留物。
- **社会工程**：与信息安全有关，是一种通过心理操纵和个人欺骗来获取私人信息的攻击形式。
- **网络欺骗**：欺骗方或设备模仿网络上的另一个设备或用户。
- **SQL 注入**：一种专注于破坏数据库内容的攻击形式。它在数据库上使用**结构化查询语言（SQL）**语句来实现。
- **SYN 泛洪式攻击**：当主机发送一个 TCP 时，伪代理将欺骗和伪造 SYN 数据包。这将导致主机与许多不存在地址建立半开放式连接，从而导致主机耗尽所有资源。
- **XSS**：Web 应用程序中的一个漏洞，也称为跨站点脚本，攻击者可以在其中注入客户端脚本。这是 2007 年之前最普遍的信息攻击形式。
- **零日漏洞**：设计者或制造商不知道的商业或生产软件的安全缺陷或漏洞。

13.1.2　防范术语

以下是不同网络防御机制和技术的术语和定义：

- **地址空间配置随机化（Address Space Layout Randomization，ASLR）**：一种通过将可执行文件随机加载在内存位置中来保护内存和防止缓冲区溢出攻击的防御机制。注入缓冲区溢出的恶意软件无法预测它将被加载到内存中的位置，因此操作指令指针变得极其困难。防止返回库函数 libc 攻击。
- **黑洞（深洞）**：防御 DDoS 攻击。在检测到 DDoS 攻击后，从受影响的 DNS 服务器或 IP 地址建立路由，迫使伪数据进入黑洞或不存在的终端。黑洞进行进一步的分析以过滤出正常的数据。
- **数据执行保护（Data Execution Prevention，DEP）**：将一个区域标记为可执行或不可执行。这样可以防止攻击者运行通过缓冲区溢出攻击运行恶意注入的代码。恶意注入将导致系统错误或异常。

- ❑ **深度包检测（Deep Packet Inspection，DPI）**：一种检查数据流中的每个包（数据和可能的报头信息）以隔离入侵、病毒、垃圾邮件和其他过滤标准的方法。
- ❑ **防火墙**：一种网络安全构造，它允许或拒绝网络访问一个不受信任区和一个受信任区之间的数据包流。流量可以通过路由器上的**访问控制列表**（ACL）来控制和管理。防火墙可以执行状态过滤机制，并提供基于目标端口和流量状态的规则。
- ❑ **保护带和非可执行内存**：保护可写入和不可执行的内存区域。防止空操作雪橇（NOP sleds）。英特尔：NX bit、ARM XN bit。
- ❑ **蜜罐**：包含检测、转移或恶意攻击逆向工程的安全工具。蜜罐系统以合法网站或可访问节点的形式出现在网络中，但实际上是处于隔离状态且被监控的。数据和与设备的交互都会被记录。
- ❑ **基于指令的内存访问控制**：一种将堆栈的数据部分与返回地址部分分离的技术。这种技术有助于防止 ROP 攻击，尤其适用于有约束的物联网系统。
- ❑ **入侵检测系统（Intrusion Detection System，IDS）**：一种通过对带外传输数据包流进行分析来检测网络中威胁的网络结构，因此不与源和目标内联，以免影响实时响应。
- ❑ **防入侵系统（IPS）**：通过真正的在线分析和对威胁的统计或特征检测阻止来自网络的威胁。
- ❑ **收集者**：一种防御工具，可以模拟被感染的僵尸网络设备，并将其连接到恶意主机上，让用户了解并收集发送到受控僵尸网络的恶意软件命令。
- ❑ **端口扫描**：在本地网络上找到一个开放的和可访问的端口的方法。
- ❑ **公钥**：公钥是与私钥一起生成的，用来访问外部实体。公钥可用于解密数据。
- ❑ **公钥基础设施（Public Key Infrastructure，PKI）**：提供验证器层次结构的定义，以保证公钥的来源。证书由 CA 签发。
- ❑ **私钥**：私钥与公钥一起生成，不对外发布，并安全存储。它用于加密散列。
- ❑ **可信根（Root of Trust，RoT）**：在冷启动设备上从不可变的、可信内存（比如 ROM）开始执行。如果可以在不控制的情况下更改早期启动软件 / BIOS，那么就不存在 RoT。RoT 通常是多阶段保护启动的第一个阶段。
- ❑ **安全启动**：设备的一系列启动步骤从 RoT 开始，然后通过操作系统和应用程序加载，其中每个组件签名都被验证为可信的。通过之前受信的启动阶段加载的公钥来执行验证。
- ❑ **堆栈预警**：防止堆栈空间溢出并防止从堆栈执行代码。
- ❑ **可信执行环境（TEE）**：处理器中的一个安全区域，确保该区域内的代码和数据受到保护。这通常是主处理器核心上的执行环境，其中安全启动、交易或私钥处理的代码将比大部分代码享受更高的安全执行等级。

13.2　物联网网络攻击分析

网络安全领域是一个广泛而庞大的主题，已超出了本章的讨论范围。但是，理解三种基于物联网的攻击和利用是有好处的。由于物联网的拓扑结构是由硬件、网络、协议、信号、云组件、框架、操作系统以及其中两者之间的所有内容组成，现在我们将详细介绍三种常见的攻击形式：

- ❑ Mirai：历史上最具破坏性的 DoS 攻击，源自偏远地区不安全的物联网设备。
- ❑ 震网病毒：一种国家级网络武器，是针对控制铀浓缩离心机的 SCADA 联网设备，对伊朗的核计划造成重大且不可逆转的破坏。
- ❑ 连锁反应：一种仅需灯泡即可利用 PAN 的研究方法，无须互联网。

通过理解这些威胁的行为特征，架构师可以获得预防技术和流程，以确保避免类似的事件发生。

13.2.1　Mirai

Mirai 是 2016 年 8 月感染 Linux 物联网设备的恶意软件的名字。这次攻击以僵尸网络引发的一场大规模 DDoS 风暴的形式出现。其中重要的目标包括著名的互联网安全博客 Krebs on Security；一个非常受欢迎，且被广泛使用的互联网 DNS 提供商 Dyn，以及利比里亚一家大型电信运营商 Lonestar cell。较小的目标包括意大利的政治网站、巴西的 Minecraft 服务器以及俄罗斯的拍卖网站。Dyn 上的 DDoS 攻击对其他使用其服务的大型供应商产生了二次影响，比如索尼 PS 游戏服务器、亚马逊、GitHub、Netflix、PayPal、Reddit 和 Twitter。总共有 60 万台物联网设备被感染，成为僵尸网络的一部分。

Mirai 的源代码发布在 hackforums.net（一个黑客博客网站）上。通过追踪和记录，研究人员发现了 Mirai 袭击是如何运行的：

1. **扫描受害者**：它首先使用 TCP SYN 包，执行快速异步扫描随机探测 IPV4 地址。它专门寻找 SSH/ Telnet TCP 端口 23 和端口 2323。如果扫描和端口连接成功，则进入第二阶段。

Mirai 包括一个免于攻击的硬编码的地址黑名单。这份黑名单包括 340 万个 IP 地址，其中包括美国邮政、惠普、通用电气和美国国防部的 IP 地址。Mirai 的扫描速度约为每秒 250 字节。扫描速度就僵尸网络而言还是相对较低的。像 SQL Slammer 这样的攻击生成的扫描速度为 1.5 Mbit/s，其主要原因是物联网设备的处理能力通常比桌面和移动设备受到更大的限制。

2. **暴力远程登录**：此时，Mirai 尝试通过使用 62 对字典攻击随机发送 10 个用户名和密码对，与受害者建立有效的 Telnet 会话。如果登录成功，Mirai 将该主机记录到中央 C2 服务器。后来 Mirai 的变体进化出自动程序来执行 RCE 漏洞运用。

3. **感染**：然后一个加载程序从服务器被发送到潜在的受害者。它负责识别操作系统及给特定设备安装恶意软件。然后它搜寻其他使用端口 22 或端口 23 的竞争进程，并杀死它们（以及其他可能已经存在于设备上的恶意软件）。然后二进制加载文件被删除，并且进程名被混淆以隐藏其存在。该恶意软件并不存在持久存储，在重新启动时将被清除。自动程序一直处于休眠状态，直到它收到攻击命令为止。

目标设备是包含 IP 摄像头、数码录像机、家用路由器、VOIP 电话、打印机和机顶盒的物联网设备。这些 32 位 ARM、32 位 MIPS 和 32 位 x86 的二进制恶意软件文件是专门用来攻击物联网设备的。

第一次扫描是在 2016 年 8 月 1 日，来自一家美国虚拟主机网站。扫描花了 120 分钟才找到一个端口开放、密码在字典中的主机。又过了一分钟，834 个其他设备被感染。之后 20 小时内有 64500 个设备被感染。Mirai 控制的主机规模在 75 分钟内扩大了一倍。尽管 DDoS 攻击的目标是在其他地区，但大多数感染的僵尸网络设备位于巴西（15.0%）、哥伦比亚（14.0%）和越南（12.5%）。

破坏方式仅限于 DDoS 攻击。这些攻击以 SYN 泛洪式攻击、GRE IP 网络泛洪式攻击、STOMP 泛洪式攻击和 DNS 泛洪式攻击的形式出现。在五个月里，C2 服务器发出了 15 194 条攻击指令，攻击了 5042 个网站。2016 年 9 月 21 日，Mirai 僵尸网络对安全博客 Krebs 发起了大规模 DDoS 攻击，产生了 623 G 的流量。这是有史以来最严重的一次 DDoS 攻击。图 13-1 是使用 www.digitalattackmap.com（NETSCOUT Arbor 与 Google Jigsaw 协作的成果）捕捉到的 Mirai 攻击的实时截图。

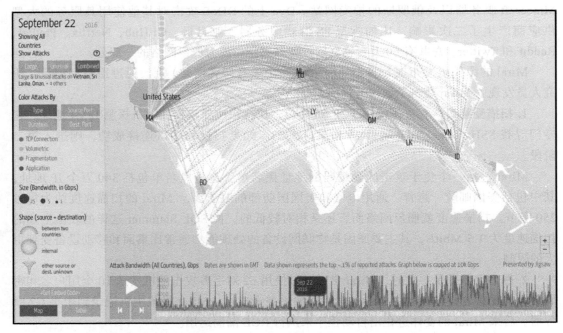

图 13-1　Mirai DDoS 攻击 Krebs 安全网站的视图，由 DigitalAttackMap.com 提供

13.2.2　震网病毒

震网病毒是第一个已知的记录在案的网络武器，对伊朗的设施产生永久性的破坏。在这个案例中，是一种蠕虫病毒被用于破坏基于 SCADA 的西门子**可编程逻辑控制器**（PLC），并用木马程序修改直接在控制下的电机的转速。设计者竭尽所能确保病毒只针对从属于西门子 S7-300 PLC 所连接的从属变频驱动旋转设备的旋转频率，这些变频驱动设备的旋转频率在 807 Hz 和 1210 Hz 之间，因为这些设备通常用于轴浓缩的泵和气体离心机。

袭击大概始于 2010 年 3 月或 4 月。蠕虫感染过程分为以下几个步骤：

1. 初步感染：蠕虫病毒利用以前的病毒攻击所发现的一台有漏洞的 Windows 机器主机。人们认为蠕虫是通过在第一台机器中插入 U 盘而实现的传播。它同时使用了 4 个零日漏洞（前所未有的复杂程度）。这些漏洞利用用户模式和内核模式的代码进行 rootkit 攻击，并安装了一个从 Realtek 盗取的但经过正确签名和认证的设备驱动程序。这种内核模式的签名驱动程序是必要的，以隐藏震网病毒，使其不受警惕的防病毒软件包的影响。

2.Windows 攻击和传播：一旦木马顺利安装，蠕虫就开始在 Windows 系统中搜索典型的西门子 SCADA 控制器文件 -WinCC/PCS 7 SCADA，它也被称为 Step-7。如果蠕虫病毒碰巧发现了西门子的 SCADA 控制软件，它就会试图使用一个错误 URL 地址（www.mypremierfutbol.com 和 www.todaysfutbol.com）通过 C2 访问互联网，以下载其有效载荷的最新版本。然后进一步深入文件系统搜索一个名为 s7otbdx.ddll 的文件，它是 Windows 机器和 PLC 之间通信的关键通信库文件。步骤 7 包含一个硬编码的密码数据库，它有一个漏洞被另一个零日攻击利用。震网病毒自身插入到 WinCC 系统和 s7otbdx.dll 之间，充当中间人攻击者。病毒记录离心机的正常运转并开始运行。

3. 破坏：当它决定协调攻击时，它向 SCADA 系统重播了预先录制好的数据，而 SCADA 系统未发现任何东西被破坏或异常行为。震网病毒通过两种不同的协同攻击操纵 PLC 来破坏伊朗的整个设施阵列。随着时间的推移，离心机转子渐渐损坏，正常运行每 27 天后以 15 或 50 分钟的增量运行。这使得分离出的浓缩铀无法使用，并导致离心机的转子管破裂及被破坏。

据信，在这次针对伊朗纳坦兹主要浓缩设施的袭击中有 1000 多台铀浓缩离心机瘫痪并受到损坏。今天，可以在网上获得震网代码，事实上它成为一个衍生派生漏洞的开源竞争环境（https://github.com/micrictor/stuxnet）。

13.2.3　连锁反应

连锁反应是聚焦攻击 PAN 网状网而无须有任何互联网连接的科研新主题。此外，它也展现了 IoT 传感器和控制系统的脆弱性。攻击载体就是消费者家中常见的飞利浦色相灯泡，而这些灯泡可以经由互联网由智能手机 App 控制。漏洞攻击可以升级为对智能城市的攻击，初始环节仅是注入一个受感染的智能灯具。

飞利浦色相灯使用 Zigbee 协议建立网状网。Zigbee 照明系统遵循 **Zigbee 照明链路**（Zigbee Light Link，ZLL）程序，以强制实现照明系统互操作性的标准化。ZLL 消息未使用加密或签名机制，只有当一个灯泡加入网状网需要交换安全码时，才对安全码进行加密。这个主密钥对于 ZLL 联盟的所有成员都是公开的，因此也易于泄漏。ZLL 也强制灯泡在加入网状网时必须从非常邻近的初始点进入，从而避免控制邻居家的灯泡。Zigbee 也提供了**通过空中传送**（Over-The-Air，OTA）的再编程方式，但固件是经过加密且具有签名的。

科研人员使用了四步攻击计划：

1. 攻击将破解 OTA 固件的加密和签名。

2. 使用破解的加密密钥和签名向一个灯泡写入恶意的固件升级程序并进行部署。

3. 被入侵的灯泡会根据窃取的主密钥加入网络，并通过在流行的 Atmel AtMega 部件中发现的零日缺陷来利用临近安全性。

4. 成功加入 Zigbee 网状网后，这个灯泡将把净荷迅速向其周围的灯泡发送并感染它们。这种扩散将符合渗透理论并将干扰整个城市的照明系统。

Zigbee 使用 AES-CCM（IEEE 802.15.4 标准的一部分，本章后续部分将会介绍）加密方法对 OTA 固件更新进行加密。为了破解固件的加密，攻击者需运用**功率相关性分析**（Correlation Power Analysis，CPA）和**功率差异化分析**（Differential Power Analysis，DPA）。

这是一种复杂的攻击形式，将像灯泡控制器硬件这样的设备放在工作台上，然后测量它消耗的功率。通过复杂的控制，可以测量 CPU 执行指令或移动数据时（例如，执行加密算法时）的动态功率。这就是所谓的**简单功率分析**（Simple Power Analysis，SPA），它仍然难以破解密钥。CPA 和 DPA 通过使用统计相关性扩展了 SPA 的功能。

CPA 不是一次只尝试破解密钥的一个比特，而是可以按字节来进行破解。示波器捕获的功率轨迹被分成两组。第一组假设被破解的中间值设为 1，另一组假设为 0。通过计算两组平均值的差值来获取真实的中间值。

使用 DPA 和 CPA，研究人员按照下面的步骤破解了飞利浦色调照明系统：

- 研究人员使用 CPA 破解了 AES-CBC。攻击者没有密钥，没有随机数，没有初始化向量。这就解决了密钥问题，用同样的方式来破解随机数。

- 他们使用 DPA 破解 AES-CTR 计数器模式破解固件绑定加密。研究人员发现 AES-CTR 似乎可以执行 10 个位置，这样破解的可能性增加了 10 倍。

- 然后，他们专注于打破 Zigbee 接近保护以加入网络。零日漏洞利用是通过检查片上系统上的引导加载程序的 Atmel 源代码发现的。通过检查代码，他们发现在 Zigbee 中启动扫描请求时，临近性检查是有效的。如果他们以任何其他消息开始，临近性检查将会被绕过。这使得他们获取可以加入任何网络的能力。

真正的攻击可以使用被入侵的灯泡感染几百米内的其他灯泡，通过有效净荷移除每个灯泡的固件更新的能力从而保证它们永远不会被修复。灯泡将处于恶意控制之下并将不得不被摧毁。研究人员建立了一个完全自动化的攻击系统，并将其放置在一架无人机上，该无人机在校园内飞利浦灯的范围内按部就班地飞行，然后劫持每一个灯泡。

关于 Zigbee 的 CPA 攻击的更多信息可以在这里找到：E. Ronen, A. Shamir, A. O. Weingarten and C. O'Flynn, *IoT Goes Nuclear: Creating a ZigBee Chain Reaction, 2017 IEEE Symposium on Security and Privacy (SP),* San Jose, CA, 2017, pp. 195-212。在 ChipWhisperer Wiki（https://wiki.newae.com/AES-CCM_Attack）上可以找到一个 CPA 攻击的非常好的教程和源代码。

13.3　物理及硬件安全

许多物联网部署将在偏远和孤立的地区，导致传感器和边缘路由器容易受到物理攻击。此外，硬件本身需要在处理器、移动设备电路及个人电子产品中装载常见的现代保护机制。

13.3.1　RoT

硬件安全的第一层是建立一个 RoT。RoT 是指需经过硬件验证的启动过程，它确保第一个可执行操作码从一个不可变的源开始。这是启动进程的开始，并在随后的启动系统中从 BIOS 到操作系统再到应用程序依次发挥作用。RoT 是对病毒的一种基本防御。

每个阶段都对下一个阶段的启动过程进行验证，从而构建**信任链**。RoT 可以有不同的启动方法，如：

- 从 ROM 或不可写内存启动，以存储映像和根密钥
- 一次性可编程存储器，使用熔丝位进行根密钥存储
- 从受保护的内存区域启动，该区域将代码加载到受保护的内存存储区 RoT 还需要验证启动的每个新阶段。启动的每个阶段维护一组加密签名密钥，用于验证下一个启动阶段，如图 13-2 所示。

支持 RoT 的处理器在架构上是独特的。Intel 和 ARM 支持以下功能：

- **ARM 信任区**：ARM 为片上系统制造商销售安全的硅 IP 块，它除了提供硬件 RoT 外还提供其他安全服务。信任区将硬件分为安全和非安全的"领域"。信任区是一个独立于非安全内核的微处理器。它运行的是一个专门为安全而设计的**可信操作系统**，它有一个明确的与非安全区域连接的接口。安全区被包含的功能和组件在设计上是轻量级的。区域之间的切换是通过硬件环境切换来完成的，从而消除了对安全监控软件的依赖。信任区的其他用途是管理系统密钥、信用卡交易和数字权限管理。信任区可用于 A "应用程序"和 M "微控制器"的 CPU 中。这种形式的安全 CPU、可信操作系统和 RoT 称为**可信执行环境**（TEE）。
- **Intel 启动保护**：这是一种基于硬件的验证启动的机制，以加密方式验证初始启动块或使用测量过程进行验证。启动保护要求制造商生成一个 2048 位的密钥，用于

验证初始区块。密钥分为私有部分和公开部分。公用密钥是在制造过程中通过编程"炸毁"熔丝位（fuse-bit）来印制的。这些是不可改变的一次性引信。私钥用来生成后续启动阶段在验证中使用的签名。

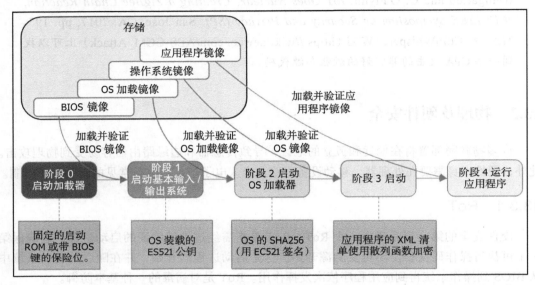

图 13-2　建立一个 RoT。这是构建一个信任链的五个启动阶段，从不可变只读内存中的启动加载程序开始。每个阶段采用一个公钥，用于验证加载的下一个加载组件的真实性

13.3.2　密钥管理和可信平台模块

公钥和私钥对于确保系统安全至关重要。密钥本身也需要恰当的管理以确保其安全。密钥的安全性有硬件标准来规范，其中一个特别流行的机制是**可信平台模块**（Trusted Platform Module，TPM）。TPM 的规范由可信计算小组编写，它是 ISO 及 IEC 标准。现行版本是 2016 年 9 月发布的 TPM 2.0。出售给美国国防部的计算机资产要求满足 TPM 1.2 标准。

TPM 是一个独立的硬件组件，在制造时就已在设备上刻录了一个 RSA 密钥。

通常，TPM 是用于保存、保护和管理其他服务的密钥，用于磁盘加密、RoT 启动、验证硬件（以及软件）的真实性和密码管理等活动中。

TPM 可以在"已知正常"配置列表中创建一长串软件和硬件的散列，以便在运行时验证是否被篡改。附加服务包括辅助 SHA-1 和 SHA-256 散列、AES 加密组、非对称加密以及随机数生成。像博通、美国国家半导体和德州仪器等供应商均生产 TPM 设备。

13.3.3　处理器和内存空间

我们已经讨论了各种漏洞和应对的处理器技术。运用在 CPU 和 OS 设备中的两种主要

技术包括非执行内存和地址空间布局随机化。这两种技术都是为了应对或防止缓冲区溢出及堆栈溢出类型的恶意软件入侵：

❑ **非执行保护（或可执行空间保护）**：这是一种由操作系统使用的、用于将内存区域标记为不可执行区域的设备启用工具。这样做的目的是将验证和合法代码所在的区域映射为可寻址内存中唯一可以执行操作的区域。如果试图通过栈溢出类型的攻击植入恶意软件，则该堆栈将被标记为不可执行，试图强制执行指令指针将导致机器异常。

非可执行内存使用 NX 位作为非可执行区域标识的方法（通过转换缓冲区）。英特尔使用**执行禁止位（XD）**，ARM 使用**决不执行位（XN）**。大多数操作系统，如 Linux、Windows 和一些实时操作系统都支持这些特性。

❑ **地址空间布局随机化（Address Space Layout Randomization，ASLR）**：尽管 OS 对虚拟内存空间的处理多于硬件功能，但考虑 ASLR 非常重要。这种对策针对缓冲区溢出和返回库函数 Libc 攻击。这些攻击基于攻击者对内存布局的了解，并强制调用某些良性代码和库。如果每次启动内存空间都是随机的，那么调用这些库就会特别麻烦。Linux 采用 PAX 和 Exec 保卫补丁来提供 ASLR 功能。微软还为堆、堆栈和进程组提供更好的保护。

13.3.4　存储安全

通常，物联网设备在边缘节点或路由器 / 网关上存在持久化存储。智能雾节点也需要某种类型的持久化存储。

在防止感染恶意软件植入及物联网设备被盗时，对设备上的数据进行安全保护都是十分重要的。大多数大容量存储设备（如闪存模块和旋转磁盘）都采用了加密和安全保护模块。

FIPS 140-2（联邦信息处理标准）是一项政府法规，详细描述了针对管理或存储敏感数据的 IT 设备的加密和安全要求。它不仅指定了技术要求，而且定义了政策和过程。FIPS 140-2 有几个合规级别：

● 等级 1：纯软件加密。有限的安全。
● 等级 2：基于角色的身份验证。应具有检测物理篡改的能力，防止篡改。
● 等级 3：包括防物理抗篡改能力。如果设备被篡改，它将删除关键的安全参数。包括密码保护和密钥管理。包括基于身份的认证。
● 等级 4：设计用于在无物理保护环境中工作的产品的告警防篡改保护机制。

除了加密之外，还需要考虑承载介质退役或被处置时的安全性。从旧的存储系统中获取内容是相当容易的。有一个附加标准用于规定如何安全的擦除和删除承载介质中的内容

（无论是磁碟还是相变随机组件）。NIST 还就如何安全擦除和消除内容专门发布了相关文件——800-88 文件。

13.3.5 物理安全

防篡改和实体安全对物联网设备尤为重要。在许多情况下，物联网设备是远程部署的，并且没有本地设备保障。这类似于二战时期的英格玛机。从德国潜艇 U-110 上取回一台工作的机器有助于破译密码。能够访问物联网设备的攻击者可以随意使用工具来破解系统，正如我们在 13.2.3 节看到的那样。

如前所述，边信道攻击需要涉及功率分析，其他形式有定时攻击、缓存攻击、电磁辐射和扫描链攻击。边信道攻击常见的是被盗单元本质上是一个**被测设备**（Device Under Test，DUT）。这意味着该设备将在受控环境中被观察和测量。

此外，**差分功率分析**（Differential Power Analysis，DPA）等技术采用统计分析方法寻找随机输入与输出的相关性。只有当系统在相同输入的情况下，每次运行都表现得完全相同时，统计分析才会起作用（表 13-1）。

表　13-1

	方法
定时攻击	试图利用算法时间上的微小差异。例如，测量密码解码算法的时间，观察提前退出的规律。攻击者还可以通过观察缓存利用率来佐证算法特点。
简单功率分析（SPA）	类似于定时攻击，但这是通过观测由算法和操作码导致功率或电流会发生的动态变化。公钥尤其容易受到攻击。分析只需要很少的痕迹就可以工作，但要求痕迹具有很高的精度。由于大多加密算法都是密集运算型，不同的操作码将在痕迹中显示为不同的功率特征。
差分功率分析（DPA）	测量动态功率，如动态功率变化幅度太小，采用 SPA 无法直接观察到。通过向系统中注入随机化输入（如不同的随机密钥），攻击者可以执行上千次跟踪类来构建一个数据依赖集合。例如，攻击 AES 算法，仅仅意味着根据两组被破解的位（0 或 1）的值构建痕迹依赖。对集合取平均，并绘制 0 和 1 集合之间的差，以显示随机输入对输出的影响。

预防的方法是大家所熟悉的，其中一些是可被许可的，且应用在各种硬件中。对付这类攻击的对策包括：

- □ 修改加密函数，以使使用密钥的次数降为最低。使用基于实际密钥散列的短命会话密钥。
- □ 对于定时攻击，随机插入不会干扰原始算法的函数。使用不同的随机操作码生成一个大型工作函数以应对攻击。
- □ 移除依赖于该密钥的条件分支。
- □ 对于功率攻击，减少每一次泄露的机会，并限制每个密钥的操作次数。这样可以降低攻击者的工作集。
- □ 将噪声引入电力线。使用可变调速操作或偏移时钟。改变独立操作的顺序。减少围绕 S-Box 计算的相关因素。

其他硬件方面的考虑包括：

- 禁止访问调试端口和通道。这些端口通常在 PCA 上作为串行端口和调试接口端口而公开。在最严苛的案例中删除头文件并熔断熔丝位可防止调试访问。
- ASIC 通常使用**球矩阵排列**（BGA）焊接到 PCA。"高性能胶粘剂"和"耐热胶"应用于包装周围，如果被篡改则会带来不可逆的损失破坏。

13.4　shell 安全性

到目前为止，我们已经审视了硬件的安全性，但是架构师还必须考虑系统的网络和 shell 安全性。网络安全在第 9 章已介绍。在本节中，我们将涉及 shell 连接领域：SSH，或称为**安全外壳协议**（secure shell）。

SSH 是一种加密网络协议，用于提供对现代操作系统的登录、命令行控制、远程接入和 root 访问等服务。SSH 在不安全的网络上使用 SHA-2 和 SHA25 等方法构建安全通道。此外，使用公钥交换或简单密码等各种方法进行身份验证。通常，SSH 会话使用端口 22。

虽然协议使用了认证和加密方法，但仍然存在漏洞：

- 首选的方法是在认证时使用公钥交换。这比基于密码的安全性好得多。
- 一种典型的攻击方式是尝试暴力破解用户名 / 密码。当设备保持端口开放并暴露在互联网上时，SSH 端口为攻击者提供了一个容易攻击的机会。任何系统上都不应该有空密码。此外，应使用伪随机密码生成器生成复杂的用户名和密码。
- SSH 会话绝不应该处于空闲状态。通过修改 `ClientAliveInterval` 在 SSH 会话没有活动时可以被终止。
- 使用除端口 22 之外的其他端口。许多人只是为了方便而简单地选择端口 222 或 2222。建议避免使用这些容易被猜出的整数作为端口号。
- 使用双因素身份验证方法。

13.5　密码使用

加密和保密是物联网部署的绝对要求。它们用于确保通信安全、保护固件和身份验证。关于加密，一般有三种形式可供选择：

- **对称密钥加密**：加密、解密的密钥是相同的。RC5、DES、3DES 和 AES 都是采用对称密钥加密解密。
- **公钥加密**：加密密钥已公开发布，供任何人使用和加密数据。只有接收方拥有用于解密消息的私钥。这也称为非对称加密。非对称加密可管理数据保密性、鉴别参与者身份验证，并强制不可否认性。众所周知，像椭圆曲线、PGP、RSA、TLS 和 S/MIME 这些都是在互联网加密和消息协议方面采用了公钥加密的方式。

❑ **散列加密**：将任意大小的数据映射到位字符串（称为摘要）。哈希函数被设计为"单向"。重新创建输出散列的唯一方法是强制执行所有可能的输入组合（不能反向运行）。MD5、SHA1、SHA2 和 SHA3 都是采用单向散列的形式。它们通常用于对数字签名进行编码，如已签名的固件图像、**消息认证码**（MAC）或身份验证。当加密的是像密码这样的短消息时，输入可能由于太短而不能有效地创建一个公平的散列，在这种情况下，加盐或非私有字符串附加到密码上以增加熵$^{\ominus}$。"加盐"是**密钥派生函数**（KDF）的一种形式（图 13-3）。

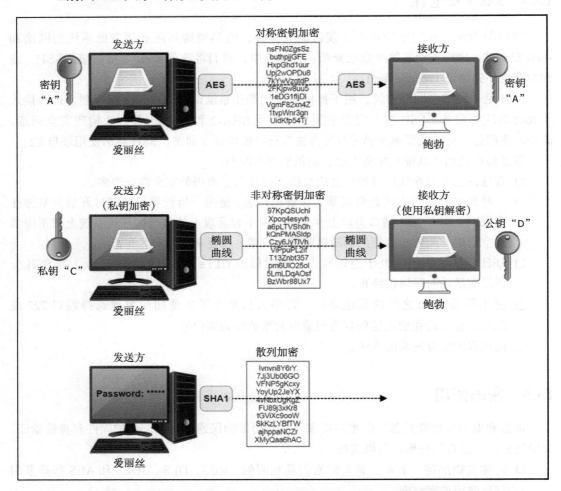

图 13-3 密码学原理。这是对称函数、非对称函数和散列函数。注意密钥在对称和非对称加密中使用。对称散列要求使用相同的密钥加密和解密数据。虽然比非对称加密快，但密钥需要得到保护

$\ominus$ 不确定性。——译者注

13.5.1　对称加密

在加密中，明文指的是未加密的输入，而输出则称为密文，因为它是加密的。加密的标准是**高级加密标准**（AES），它取代了 20 世纪 70 年代的 DES 算法。AES 是 FIPS 规范和世界通用的 ISO/IEC 18033-3 标准的一部分。AES 算法使用 128、192 或 256 位的固定块。大于位宽的消息将被分割成多个块。AES 在密码过程中有四个基本的操作阶段。通用 AES 加密的伪代码如下所示：

```
// Psuedo code for an AES-128 Cipher
// in: 128 bits (plaintext)
// out: 128 bits (ciphertext)

// w: 44 words, 32 bits each (expanded key) state = in

w=KeyExpansion(key) //Key Expansion phase (effectively encrypts key
itself)
AddRoundKey(state, w[0, Nb-1]) //Initial Round

for round = 1 step 1 to Nr-1 //128 bit= 10 rounds, 192 bit = 12
rounds, 256 bit = 14 rounds
  SubBytes(state) //Provide non-linearity in the cipher
  ShiftRows(state) //Avoids columns being encrypted independently
  MixColumns(state) //Transforms each column and adds diffusion to the
cipher
  AddRoundKey(state, w[round*Nb, (round+1)*Nb-1]) //Generates a subkey
end for

SubBytes(state) //Final round and cleanup.
ShiftRows(state)
AddRoundKey(state, w[Nr*Nb, (Nr+1)*Nb-1]) out = state
```

> AES 密钥长度可以是 128、192 或 256 位。一般来说，密钥长度越长，保护效果越好。密钥的长度与加密或破解密码所需的 CPU 周期数量成比例：128 位需要 10 个周期，192 位需要 12 个周期，256 位需要 14 个周期。
>
> 由于 AES 是块加密方法，数据将被填充为密钥长度的整数倍。如果传输中的数据对长度敏感，那么物联网或边缘解决方案的物联网架构师应该认真考虑这一点。

块加密是以对称密钥并对单个数据块进行操作的加密算法。现代密码是基于克劳德·香农在 1949 年对密码生成的研究。一种加密模式是使用块加密算法，并描述如何重复应用密码将许多数据块进行加密。大多数现代密码还需要一个**初始化向量**（IV），以确保即使重复输入相同的明文也会产生不同的密文。有几种操作模式，如：

❑ **电子码本**（Electronic CodeBook，ECB）：AES 加密的最基本形式，但与其他模式一起建立更高级的安全性。数据被分成块，每个块被分别加密。相同的分组将产生相同的密码，这使得这种模式相对脆弱。

- **密码块链接（Cipher Block Chaining，CBC）**：纯文本消息在加密前与之前的密文进行异或操作。
- **密码反馈链（Cipher FeedBack，CFB）**：类似于CBC，但形成密码流（前一个密码的输出输入到下一个密码）。CFB链接依赖于前一个块密码来为当前生成的密码提供输入。由于以前密码的依赖性，无法并行处理CFB链。流密码允许在传输过程中丢失一个块，但随后的块可以从损坏中恢复。
- **输出反馈链（Output FeedBack，OFB）**：类似于CFB，是一种流密码，但允许在加密前应用纠错码。
- **计数器（CounTeR，CTR）**：通过使用计数器将分组密码转换为流密码。递增计数器为每个分组密码并行地提供信息，从而允许快速执行。随机数和计数器连接在一起以提供分组密码。
- **带消息认证码的CBC（CBC-MAC）**：MAC（也称为标签或MIC）用于验证消息并确认消息来自指定的发送方。然后，MAC或MIC被添加到消息中，由接收方进行验证。

这些模式在20世纪70年代末和80年代初首次被构建，由**美国国家标准和技术研究所**（NIST）在联邦信息处理标准81中倡导为DES模式。这些模式为机密信息提供加密，但不能防止修改或篡改。因此数字签名是必要的，安全社区为身份验证开发了CBC-MAC。在建立了像AES-CCM这样既提供身份验证又提供保密的算法之前，将CBC-MAC与一种传统模式结合起来是很困难的。**CCM代表集成了CBC-MAC的计数器模式**。

> CCM是一种重要的加密模式，用于对数据进行签名和加密，本书中涉及的众多协议都使用了CCM，包括Zigbee、低功耗蓝牙、TLS 1.2（密钥交换后）、IPSEC和802.11 Wi-Fi WPA2。

AES-CCM使用了双密码：CBC和CTR。**AES-CTR**或者称为**AES计数器模式**，用于对流入的密文流进行一般解密。传入流包含加密的身份验证标签。AES-CTR将解密标签及有效载荷数据。算法的这个阶段形成了一个"预期的标签"。算法的AES-CBC阶段对从AES-CTR输出的解密块和原始帧头打标签。数据是加密的，然而，身份验证所需的唯一相关数据是计算的标签。如果AES-CBC计算标签与AES-CTR预期标签不同，则存在数据在传输过程中有可能被篡改。

图13-4演示了使用AES-CBC验证和使用AES-CTR解密的传入加密数据流。这保证了消息来源的保密性和真实性。

> 在完全连接的网状网中进行物联网部署的一个考虑因素是必需的密钥数量。对于网状网中需要双向通信的 n 个节点，需要 $n(n-1)/2$ 个密钥或 $O(n^2)$。

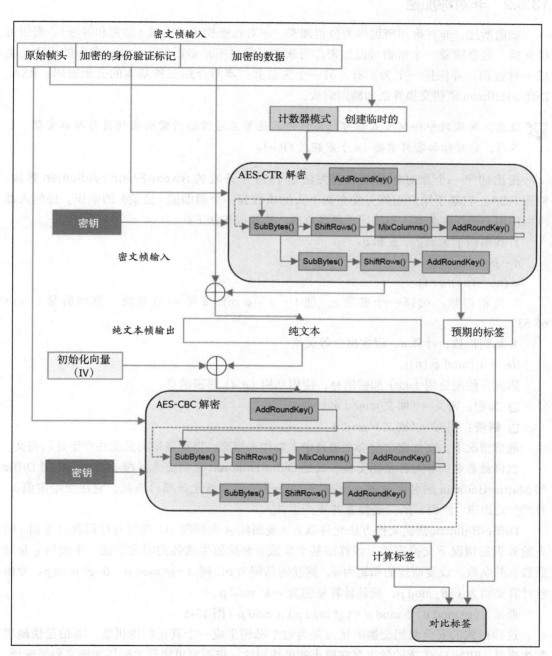

图 13-4　AES-CCM 模式

13.5.2 非对称加密

如前所述，非对称加密也称为公钥加密。非对称密钥成对生成（加密和解密）。密钥可以互换，这意味着一个密钥可以加密亦可解密，但这不是必需的。然而，典型的用法是生成一对密钥，并保持一个为私有，另一个为公共。本节介绍三种基本的公钥密码：RSA、Diffie-Hellman 密钥交换算法和椭圆曲线。

> 注意，网状网中任何节点都可以与任何其他节点通信的所需的密钥数与对称密钥不同，非对称加密只需要 $2n$ 个密钥或 $O(n)$。

提出的第一个非对称公钥加密方法是 1978 年开发的 **Rivest-Shamir-Adleman** 算法，简称 RSA。它基于用户查找并发布两个大的质数和一个辅助值（公钥）的乘积。任何人都可以使用公钥加密消息，但质因子是私有的。算法操作如下：

1. 找出两个大质数，p 和 q。

$n = pq$

$\varphi(n) = (p1)(q-1)$

2. 公钥指数：选择一个整数 e，使 $1 < e < \varphi(n)$，e 与 $\varphi(n)$ 互质，典型值是 $2^{16}+1 = 65\,537$。

3. 私钥指数：计算 d，以求出全等关系

$de \equiv 1 \pmod{\varphi(n)}$。

因此，使用公钥 (n,e) 加密消息，使用私钥 (n,d) 解密消息：

- **加密**：密文 =（明文）$^e \bmod n$
- **解密**：明文 =（密文）$^d \bmod n$

通常情况下，在加密之前会在消息中人为注入填充，以避免短消息无法产生好的密文。

也许最著名的非对称密钥交换形式是 **Diffie-Hellman** 密钥交换过程（以 Whitfield Diffie 和 Martin Hellman 的名字命名）。非对称密码学的典型概念是陷门函数，它接受给定值 A，并产生输出 B。然而，陷门函数 B 并不产生 A。

Diffie-Hellman 密钥交换方法允许双方（爱丽丝 A 和鲍勃 B）在没有任何共享密钥 s 的先验知识的情况下交换密钥。该算法基于质数 p 和质数生成器的明文交换。生成器 g 是除质数 p 的余数，设爱丽丝的私钥为 a，鲍勃的私钥为 b，则 $A = g^a \bmod p$，$B = g^b \bmod p$，爱丽丝计算秘钥为 $s = B_a \bmod p$，鲍勃计算秘钥为 $s = B^a \bmod p$。

通常，$(g^a \bmod p)\, b \bmod p = (g^b \bmod p)\, a \bmod p$（图 13-5）。

这种形式的安全密钥交换的优点是为每个私钥生成一个真正的随机数。哪怕是**伪随机数生成器**（PRNG）生成的数也存在极小的可预测性，进而也可能导致破坏加密密码被破译。然而，主要的问题是缺乏身份验证，这可能会导致 MITM 攻击。

另一种密钥交换形式是由 Koblitz 和 Miller 在 1985 年提出的椭圆曲线 Diffie-Hellman

密钥交换（ECDH），它是基于有限域上椭圆曲线的代数理论。NIST 支持 ECDH，美国国家安全局允许 ECDH 使用 384 位密钥处理绝密材料。关于椭圆曲线的性质，**椭圆曲线密码学**（ECC）共享这些基本原则：

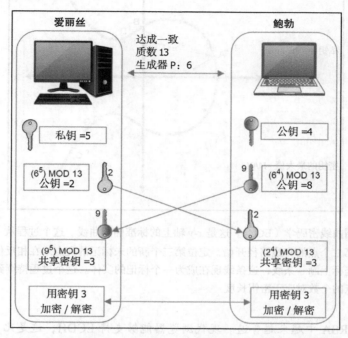

图 13-5 Diffie-Hellman 密钥交换。这个过程从交换商定的质数和质数的生成器的明文开始。由爱丽丝和鲍勃各自独立生成私钥，生成的公钥将以明文在网络上发送。它用于生成用于加密和解密的密钥

- □ 这条曲线关于 x 轴对称。如果 (x, y) 表示曲线上的一点，那么 $(x, -y)$ 也在曲线上。参见图 13-6。
- □ 一条直线与椭圆曲线的交点不超过 3 个。

ECC 的过程是从边缘上给定的一点开始画一条直线，直到 MAX。在 A，B 之间画一条线，点函数用于在两点之间所画的线上，然后从新的未标记交点到其正 y 轴或负 y 轴上的对应点笔直（或向下）画一条线。这个过程重复 n 次，其中 n 是密钥的长度。这个过程类似于看到在球被击打并多次撞击台子之后台球桌上的最终结果，一个观察者看到球的结束位置会很难确定球的原始位置。

MAX 对应 x 轴上的最大值，为顶点的拉伸范围设置了一个限制。如果偶尔有顶点大于最大值，则算法强制将会超出最大值限制的值，并设置一个新的点 x-MAX 到原点 A 的距离。MAX 等于所使用的密钥的长度。一个长的密钥会构建更多的顶点并增加保密性。本质上这是一个封装函数。

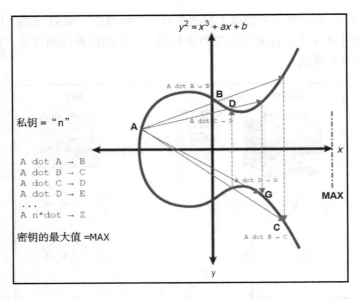

图 13-6 椭圆曲线密码学（ECC）。这是 x-y 轴上的标准椭圆曲线。这个过程从一个给定点 A 到第二个点的直线路径开始，定位第三个新的未标记的交点。在相反但恒等的 y 平面坐标上画一条线，这条线现在成为一个标记的实体。这个过程持续到 n 个点，这些点的个数对应于密钥长度

椭圆曲线在 RSA 中越来越普遍。现代浏览器能够支持 ECDH，这是比 SLL/TLS 更好的身份验证方法。ECDH 也应用在比特币中，我们稍后会看到，还有其他一些协议。仅当 SSL 证书具有匹配的 RSA 密钥时，才使用 RSA。

另一个优点是密钥长度可以保持较短，且仍然具有与传统方法相同的加密强度。例如，ECC 中的 256 位密钥相当于 RSA 中的 3072 位密钥。对于受限的物联网设备，应该考虑到这一点的重要性。

13.5.3 散列加密法（身份验证和签名）

散列函数表示要考虑第三种密码技术。这些通常用于生成数字签名。它们也被认为是"单向的"或不可能反转的。重新创建经过散列函数的原始数据将需对所有可能的输入组合进行尝试的暴力破解方式。散列函数的关键属性包括：

❑ 针对相同的输入，该函数总是生成相同的散列。

❑ 它计算速度很快，但并非没有代价（参见工作量证明）。

❑ 它是不可逆转的，不能从散列值重新生成原始消息。

❑ 输入的微小变化将导致显著的熵或输出的变化。

> 两个不同的消息永远不会有相同的散列值。

加密散列函数如 SHA1（安全散列算法）的效果可以通过改变较长的字符串中的一个字符来演示：

输入：`Boise Idaho`

安全散列算法输出：

`375941d3fb91836fb7c76e811d527d6c0a251ed4`

输入：`Milwaukee Wisconsin`

安全散列算法输出：

`9e318d4243262e59e2515b47a5c99771071acd8d`

SHA 算法在以下应用中得到广泛应用：

- ❏ Git 存储库
- ❏ 用于浏览网页的 TLS 证书签名（HTTPS）
- ❏ 验证文件或磁盘镜像内容的真实性

大多数散列函数都建立在 Merkle-Damgard 结构之上。在这里，输入被分割成大小相同的块，这些块与前一次压缩的输出一起顺序地输入压缩函数被处理。使用**初始化向量**（IV）来种子化过程。通过使用压缩函数，散列可以抵抗碰撞。SHA-1 是建立在 Merkle-Damgard 结构之上的（图 13-7）。

一般来说，SHA 算法的输入消息必须小于 264 位。消息按 512 位块顺序处理。现在，SHA-1 已经被 SHA-256 和 SHA-3 这样的先进核心取代。SHA-1 被发现在散列中有"冲突"。虽然查找冲突大约需要 251 ～ 257 次操作，但只需要几千美元来租用 GPU 计时以解决散列问题。因此，建议采用强 SHA 模型。

> MD5 不再被认为是安全的，不再被批准用于密码学。建议使用如 SHA-3 这类更强的方法。

13.5.4　公钥基础设施

非对称密码术（公钥）是互联网商务和通信的支柱。它通常用于日常中 Web 上的 SSL 和 TLS 连接。一种典型的用法是公钥加密，其中传输中的数据由任何持有公钥的人加密发送的，但只能由私钥的持有者解密。另一种用途是数字签名，当一大块数据是使用发送方的私钥签名时，如果接收方持有公钥，则可以验证其真实性。

为了帮助提供可信的公钥，使用了一个被称为**公钥基础设施**（Public Key Infrastructure，PKI）的过程。为了保证真实性，由被受信任第三方管理创建和分发数字证书的**证书颁发**（Certificate Authority，CA）机构来担当和制定策略。赛门铁克、科莫多、Let's Encrypt 和 GoDaddy 是最大的几家公开发行 TLS 证书的机构。X.509 是定义公钥证书格式的标准。它是 TLS/SSL 和 HTTPS 安全通信的基础。X.509 定义了使用的加密算法、过期日期和证书的颁发者等内容。

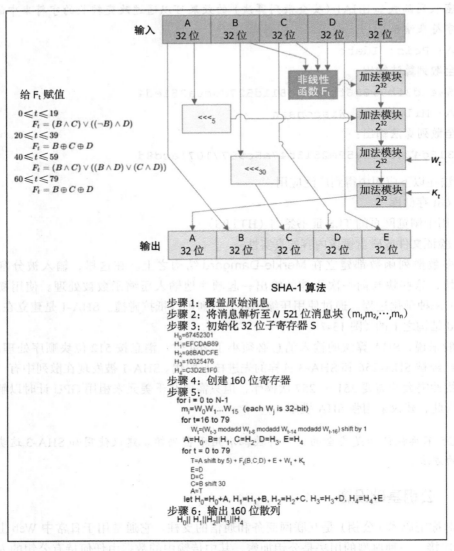

图 13-7　SHA-1 算法。输入被分割成 5 个 32 位的块

✒️ **PKI** 由**注册中心**（RA）组成，它验证发送方、管理特定角色和策略，并可以吊销
证书。RA 还与**验证授权机构**（VA）通信以传送吊销列表。CA 向发送方颁发证书。
当接收到消息时，VA 可以验证密钥以确认它没有被吊销。

　　图 13-8 显示了一个 PKI 基础设施的示例。它包括所使用的 CA、RA 和 VA 系统，以及
授予和验证密钥，用于加密信息的阶段。

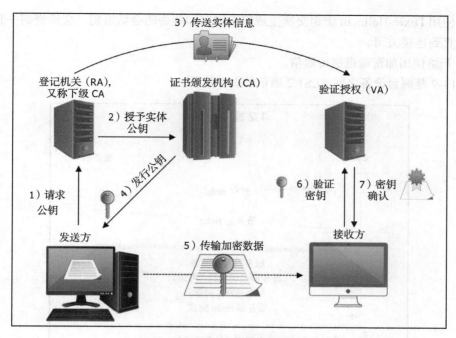

图 13-8　PKI 基础设施示例

13.5.5　网络堆栈——传输层安全性

传输层安全性（Transport Layer Security，TLS）在本书的许多章节都有涉及，从 MQTT 和 CoAP 的 TLS 和 DTLS 到 WAN 和 PAN 安全性上的网络安全性。每个都对 TLS 存在某种形式上的依赖。它还汇集了我们提到的所有密码协议和技术。本节简要介绍 TLS1.2 技术和流程。

最初，**SSL**（安全套接字层）是在 1990 年引入的，但在 1999 年被 TLS 取代。TLS 1.2 是在 2008 年制订并被使用的现行规范 RFC5246。TLS 1.2 包括一个 SHA-256 散列生成器来替代 SHA-1 并增强其安全性。

TLS 加密过程如下：

1. 客户端打开一个到支持 TLS 的服务器的连接（端口 443 用于 HTTPS）。

2. 客户端提供一个可使用的受支持的密码列表。

3. 服务器选择一个密码和散列函数并通知客户端。

4. 服务器向客户端发送数字证书，其中包括 CA 和服务器的公钥。

5. 客户确认密文的有效性。

6. 会话密钥可以通过以下方式生成：

❑ 用服务器的公钥加密随机数，并将结果发送给服务器。然后，服务器和客户端使用随机数创建会话密钥，并在通信期间使用该密钥。

❑ 使用 Dixie-Hellman 密钥交换生成用于加密和解密的会话密钥。会话密钥一直使用，直到连接关闭。

7. 开始使用加密通道进行通信。

图 13-9 是两台设备之间 TLS1.2 通信的握手过程。

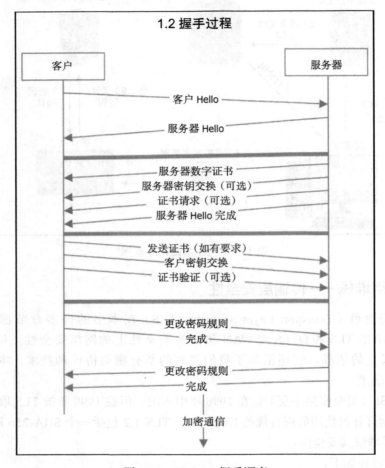

图 13-9　TLS 1.2 握手顺序

数据报传输层安全（Datagram Transport Layer Security，DTLS）是基于 TLS 的数据报层通信协议。（DTLS 1.2 是基于 TLS 1.2 的。）它旨在产生类似的安全保证。CoAP 轻量级协议使用 DTLS 来保证安全性。

13.6　软件定义边界

我们在第 9 章讨论了软件定义网络和覆盖网络的概念。覆盖网络及其创建微分段的能力非常强大，特别是在大规模物联网拓展和可减轻 DDoS 攻击的情况下。软件定义网络的附加组件被称为**软件定义边界**（Software-Defined Perimeter，SDP），它需要我们从总体安全性的角度进行讨论。

SDP 架构

在不存在信任模型的情况下，SDP 对于网络和通信安全来说是一种可选择的途径。它是**基于国防信息系统局（DISA）的黑云**。黑云意味着信息是按需共享的。SDP 可以减轻 DDoS、MITM、零日攻击和服务器扫描等攻击。除了为每个附加设备提供重叠覆盖和微分段外，该边界还在用户、客户端和物联网设备周围创建了仅限邀请（基于身份）的安全边界。

SDP 可以用来创建一个覆盖网络，这是建立在另一个网络之上的网络。参考了传统互联网服务建立在现有电话网络上的历史。在这种混合网络方法中，分布式控制面保持不变。边缘路由器和虚拟交换机根据控制面规则控制数据。多个覆盖网络可以建立在相同的基础设施上。由于**软件定义网络（SDN）**与有线网络基本相同，因此它非常适合实时应用程序、远程监控和复杂事件处理。使用相同的边缘组件创建多个覆盖网络的能力允许微分割，即不同的资源与不同的数据消费者有直接的关系。把每对资源 – 消费者对都分成一个独立的不可变网络，只能看到管理员的选定的其虚拟覆盖之外的内容。

📝 使用相同的边缘组件创建多个覆盖网络的能力允许微分段，在全球分布的物联网网络中，每个终端可以在现有的网络基础设施上构建独立的、孤立的网络段。理论上，每个传感器都可以相互隔离。这是一个可以使企业连接到物联网部署的强大工具，使得服务和设备可以相互隔离和被保护。

图 13-10 描述了一个 SDN 覆盖示例。在这里，一家公司有三个远程特许经营店，每家店都有不同的物联网和边缘设备。网络以在 SDN 覆盖网络为载体，采用独立的微分段隔离的 POS 和 VOIP 系统，共同管理安全、保险和冷库监控的各种传感器。第三方服务提供商可以管理各种使用一个孤立和安全的虚拟覆盖网络的远程传感器，覆盖网络仅针对他们管理的设备。

SDP 通过采用开发一个邀请系统可以进一步扩展安全性，强制一对设备首先进行验证，然后进行连接。只有被授权的用户或客户端才能添加到网络中。该授权可通过控制面发出电子邮件或某些注册设备发出的邀请进行扩展。如果用户接受邀请，那么客户端证书和凭证将单独扩展到该系统。扩展邀请资源将维护记录扩展证书，并且只在双方都接受时才提供一个覆盖连接。

📝 现实世界中的类比是人们发送聚会邀请的方式。邀请将连同日期、时间、地址和其他详细信息发送给选定的个人。这些人可能想或不想参加聚会（这取决于他们）。另一种选择是在网络、电视和广播上宣传你正在举办一个聚会，然后在每个人到达门口时验证他们的身份。

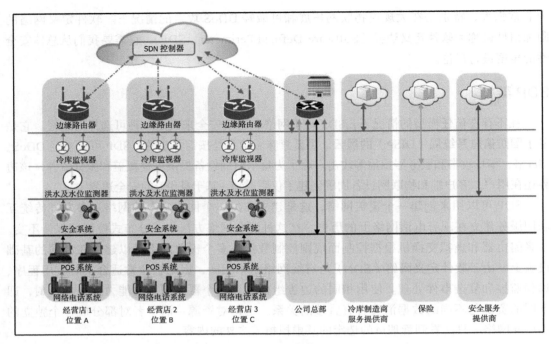

图 13-10　一个 SDN 覆盖网络的例子

13.7　物联网中的区块链和加密货币

区块链的存在是为了解决信任模型（不一定是安全问题）。区块链是公开的、数字化的、去中心化的账簿或加密货币交易。最初的加密货币区块链是比特币，但市场上有超过 2000种新货币，如 Ethereum、Ripple 和 Dash。区块链的强大之处在于没有单一实体控制交易状态。它还通过确保每个使用区块链的人也保留一份分类账副本来强制使系统冗余。

假设区块链参与者没有固有的信任，这个体系必须在共识中生存。

一个很好的问题是，如果我们已经用非对称加密和密钥交换解决了身份管理和安全问题，那么为什么需要区块链来交换数据或货币？这对于交换货币或价值数据是不够的。需要注意的一点是，自信息论诞生以来，当鲍勃和爱丽丝这两个设备进行通信时，它们就发送一条消息或少量数据。即使爱丽丝收到了副本，鲍勃也仍然保留该信息。当交换货币或合同时，数据必须离开一个源，到达另一个。

只有一个实例。真实性和加密是通信所需的工具，但必须发明一种转移所有权的新方法（图 13-11）。

区块链安全加密货币与物联网紧密相关。一些示例用例包括：

□ **机器对机器支付**：物联网需要为机器兑换货币的服务做好准备。

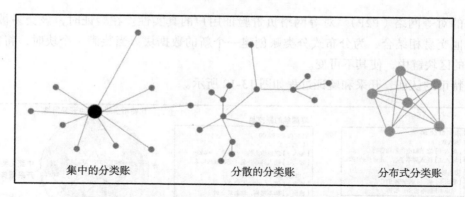

图 13-11　分类账拓扑。一个集中的分类账是一个单独控制代理维护"账本"的典型的过程。加密货币使用去中心化或分布式分类账

□ **供应链管理**：在这种情况下，在管理库存中移动货物和物流方面，移动商品和物流可以用区块链的不变性和安全性取代基于纸质记录的跟踪。每个集装箱、移动、位置和状态都可以被跟踪、验证和认证。试图伪造、删除或修改跟踪信息是不可能的。

□ **太阳能**：将住宅太阳能想象成是一种服务。在这种情况下，安装在客户家里的太阳能电池板为自家供能。或者，他们也可以将能源送回电网给其他人供电（也许是为了交换碳信用额）。

13.7.1　比特币（基于区块链）

比特币的加密货币部分不同于区块链本身。比特币是一种人造货币。它没有像黄金或政府（在法定货币的情况下）那样的商品或价值支持。它也不是实体化的，只存在于网络结构中。最后，比特币的供应量或数量并不由央行或任何权威机构决定。它是彻底的去中心化。和其他区块链一样，它是由公钥加密、大型分布式点对点网络和定义比特币结构的协议构建而成。中本聪（化名）虽然不是第一个想到数字现金的人，但他在 2008 年发表了一篇论文，名为《比特币：点对点电子现金系统》（*Bitcoin：a Peer-to-Peer Electronic cash System*），并将其列入了密码列表。2009 年，第一个比特币网络上线，中本聪挖掘了第一个区块（创世纪区块）。

区块链的概念意味着有一个表示区块链当前部分的块。连接到区块链网络的计算机称为节点。每个节点通过获得区块链的副本参与验证和转发处理，本质上是一个管理员。

比特币存在基于点对点拓扑的分布式网络。梅特卡夫定律适用于像比特币这样的加密货币，其价值取决于网络的规模。网络维护着记录系统（分类账）。问题是，你从哪里找到一个愿意共享计算时间来监控分类账的计算资源？答案是建立一个叫作**比特币开采**的奖励系统。

交易流程如图 13-12 所示。它起始于一个事务请求。请求被广播到由称为**节点**的计算

机组成的对等网络（P2P）。对等网络负责验证用户的真实性。在验证时，该交易被验证，并与其他交易相结合，为分布式分类账创建一个新的数据块。当装满一个块时，将它添加到现有的区块链中，使其不可变。

比特币的认证、开采和验证过程如图 13-12 所示。

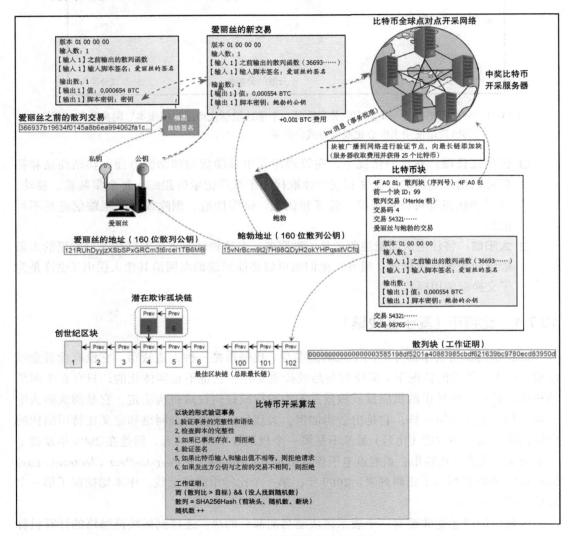

图 13-12　比特币区块链交易流程

图示为爱丽丝和鲍勃之间 0.000554 比特币的交易，酬劳为 0.0001 比特币。爱丽丝发起交易是通过使用其私钥对前一个交易内容进行散列签名开始的。爱丽丝还在 inputScriptSig 脚本中包含了她的公钥。然后，该交易包含在一个块中并在验证后被广播到比特币 P2P 网络。网络竞争验证并发现一个基于当前强度的复杂性的临时进程。如果发现了一个块，服务器将该块广播给对等节点进行验证，然后将其包含在链中。

接下来是对区块链以及特别是比特币处理的定性分析。理解这些基础是很重要的，它们建立在本章前面的所有安全基础之上：

1. **数字签名交易**：爱丽丝打算给鲍勃一个比特币。第一步是向全世界宣布爱丽丝打算给鲍勃一个比特币。爱丽丝写了这样一条消息："爱丽丝将给鲍勃一个比特币"，并对其进行数字签名，以便用她的私钥进行身份验证。任何人都可以用公钥验证消息的真实性。然而，爱丽丝可以重放这条信息，并人为地伪造货币。

2. **唯一标识**：为了解决伪造问题，比特币创建了一个带有序列号的唯一标识。美国发行的货币有序列号，比特币在一般意义上也有序列号。比特币使用散列函数而不是集中管理的序列号。标识交易的散列函数是作为交易的一部分自行生成的。

双花产生了一个严重的问题。即使交易是经过唯一散列值签名，爱丽丝也有可能重复使用相同的比特币与其他人交易。鲍勃会检查爱丽丝的交易，一切都会得到验证。如果爱丽丝也使用相同的交易，但从查理那里买了东西，她实际上是在欺骗系统。比特币网络非常庞大，但仍有很小的概率发生盗窃。比特币用户为防止重复消费，将等待收到区块链的付款确认。随着交易日期的推移，会出现更多的确认，对交易的确认也变得更加不可逆转。

3. **通过对等验证的安全**：为了解决双花骗局，区块链所做的是交易的接收方（鲍勃和查理）将其潜在的付款广播到网络，并请求对等网络帮助对它进行合法化。请求协助核实交易的服务并不是免费的。

4. **工作量证明负担**：这仍然没有完全解决双花的问题。爱丽丝可以简单地用自己的服务器劫持网络，并声称她的所有交易都是有效的。为了最终解决这个问题，比特币引入了**工作量证明**的概念。工作量证明的概念有两个方面。第一个方面是验证交易的真实性对于计算设备来说应该是非常昂贵的[⊖]。计算设备不仅要验证密钥、记录姓名、交易 ID 和身份验证过程中的其他琐碎步骤，还需要增加更多的计算负担。第二，帮助解决他人的金钱交换问题的用户需要得到报酬——这在第 5 步中有涉及。

比特币用于强制个人验证交易的函数方法是在正在进行的交易的头上附加一个随机数。然后，比特币使用 SHA-256 加密安全算法对随机数和头消息进行散列处理。目标是不断更改随机数，并提供小于 256 位的散列前导值，即**目标值**。

较低的目标使得解决它的计算量更大。由于每个散列基本上生成一个完全随机数，因此必须执行许多 SHA-256 散列。解决这个问题平均需要 10 分钟。

✎ 10 分钟的工作量证明也意味着一个交易（transaction）平均要花 10 分钟来验证。"矿工"在块上工作，块是许多交易的集合。一个块（当前）被限制为 1 MB 的交易，这意味着在当前块完成之前，交易不会被处理。这可能会对实时需求的物联网设备产生影响。

⊖ 计算复杂度极高。——译者注

5. 比特币开采奖励：为了鼓励个人建立一个点对点网络来验证其他人的消费，激励措施被用来奖励那些个人的服务。奖励有两种形式。第一种是比特币开采（Bitcoin mining），它奖励那些对块交易进行验证的个人。另一种形式的报酬是交易费。交易费是交易的一部分，用来支付帮助验证块的"矿工"。最初，比特币是不收费的，但随着比特币的普及，收费也在增加。成功交易的平均费用约为 35 美元（以比特币计算）。作为进一步的激励，收费是动态的，可以提高收费，迫使用户更快地处理交易。即使新一代比特币已经用完，人们也仍有动力管理交易。

> 起初，开采的回报非常高（50 比特币），但在 21 万个区块被发现后，每四年就会减少一半。这种情况将持续到 2140 年，那时减半率将达到一个临界点，而奖励将低于一个比特币（称为中本聪或 10^{-8} 比特币）的最低单位价值。
>
> 考虑到比特币每 10 分钟被开采一个区块，每四年奖励减半，我们就能计算出现存比特币的最大数量。我们还知道开采硬币的初始奖励是 50 比特币。这产生了一个系列，收敛到中本聪限制：50 BTC + 25 BTC + 12.5 BTC + … = 100 BTC。21 万 * 100 = 2100 万比特币。

6. 通过链接顺序实现安全性：交易发生的顺序对货币的完整性也至关重要。如果一个比特币从爱丽丝转移到鲍勃，然后又转移到查理，你不希望分类账将事件记录为鲍勃到查理，然后是爱丽丝到鲍勃。区块链通过"链式"交易管理订单。所有添加到网络中的新块都包含指向链中验证的最后一个块的指针。比特币在绑定到最长的分叉指令之前，任何交易都是无效的，而且在最长的分叉指令中，至少要有五个区块跟随它。

这项规定解决了异步问题，即如果爱丽丝试图与鲍勃和查理双重花费比特币，会发生什么情况。她可能会尝试与鲍勃广播一组矿工的交易，并与查理广播第二组矿工的交易。但是，当网络融合时，该过程将发现这种欺诈行为。鲍勃可能成为一个有效的交易，但网络将使查理的交易无效。

即使爱丽丝试图付钱给自己，并试图付钱给鲍勃，顺序规则也会阻止她。她通过向鲍勃发送一个比特币，等待交易确认的那一刻（随后的 5 个区块）来实现这一点。然后，她立即向自己支付同样的比特币，这就产生了新的分支。她现在还需要验证另外 5 个比特币的附加块。这大约需要 50 分钟（5 个块，每个 10 分钟），如步骤 4 所述。这需要巨大的计算能力，因为她的处理速度比其他所有矿工加起来还要快。

> 区块链另一个有趣的概念是它在管理 DoS 攻击中的应用。工作量证明系统（或协议/功能）是阻止 DoS 攻击的经济措施。攻击的目的是用尽可能多的数据使网络饱和，令系统不堪重负。而涉及工作功能的区块链降低了这种攻击的有效性。这些方案的一个关键特征是它们的不对称：请求方的工作肯定困难重重（但可行），但必须易于与服务提供商开展检查。

13.7.2 IOTA 和有向无环图信任模型

一种专门为物联网开发的有趣的新加密货币叫作 IOTA。在这种情况下，物联网设备本身就是信任网络的骨干，其架构基于**有向非循环图**（DAG）。比特币对每笔交易都有相应的费用。IOTA 不收费。

这在物联网世界中非常重要，可能是为微交易服务的。例如，传感器可以向 MQTT 的许多订阅者提供报告服务。这项服务总体上有价值但每笔交易的价值非常小，以至于提供这些信息的比特币费用可能比数据的价值还要大。

IOTA 架构有以下几个方面：

- 没有中央货币控制。在区块链中，"矿工"可以组成大的团队来增加他们可以开采的区块数量以及他们的奖励。这可能会导致权力集中，并可能损害网络。
- 没有昂贵的硬件设备。为了开采比特币加密货币，由于处理逻辑的复杂性，需要强大的处理器。
- 数据物联网级别的"微交易"和"纳米交易"。
- 经过验证的安全性，甚至可以抵御量子计算的暴力攻击。
- 数据可以像货币一样通过 IOTA 传输。这些数据是完全经过身份验证和防篡改的。
- 它与交易的有效净荷无关。因此，可以设计一个全国性的防篡改投票系统。
- 任何具有小型片上系统的东西都可以变为服务。如果你有一个如电钻、个人 Wi-Fi、微波炉或自行车这样的设备，那么带有小型片上系统或微控制器的设备可以加入 IOTA，成为租赁的收入来源。

IOTA DAG 称为**缠绕**（tangle），它用作存储交易的分布式分类账。交易由节点（物联网设备）发出，它们形成一组缠绕 DAG。如果交易 A 和交易 B 之间没有直连关系，但从 A 到 B 有一条长度至少为 2 的通路，则可以说 A 间接核准了 B。

还有一个起源交易的概念。由于没有图边的开采（也没有激励或费用）启动缠绕，一个节点包含所有标记。起源事件将令牌发送到其他"创建者"地址。这是所有令牌的静态集合，并且永远不会创建新的令牌。

当一个新交易到达时，它必须批准（或拒绝）前两个交易，这叫作**直接核准**。这在图上形成了一条直连边。任何执行交易者都需要以缠绕的名义产生一个"工作"产品。

这项工作涉及找到一个随机数，用于处理已批准交易的一部分散列。因此，通过使用 IOTA，网络变得更分散和更安全。该交易可能有许多核准者。随着交易增多，人们对交易合法性的信任度也会增加。如果一个节点试图核准一个实际上并不合法的交易，那么它自己的交易将面临不断被否定并被遗忘的风险。

虽然还处于推出初期，但这是一项值得关注的技术。更多信息可以在 http://iota.org 上找到。

13.8 政府法规及干预

政府机构和监管机构已经介入，对供应商必须满足的安全级别提出建议和强制要求。最近，美国政府对确保联网设备满足一定的安全标准越来越感兴趣，特别是在对物联网系统的攻击日益增长的情况下。认识这些规则和法律是很重要的，因为其他国家可能会采用类似的或在其他情况下完全不同的法规，这使得物联网架构师在全球扩展时的工作变得困难。这些法律影响个人和国家的隐私和安全。

13.8.1 美国国会法案——2017年物联网网络安全改进法案

物联网安全已经受到各国政府的重视。两党法案（S.1691—2017 互联网物联网网络安全改进法案，https:// www.congress. gov/bill/115th-congress/senate-bill/1691/text）于 2017 年 8 月 1 日在美国参议院提出。该法案的目的是正式制定并规范向美国联邦机构出售的互联网连接设备必须满足的最低安全标准。虽然该法案尚未成为法律，但相关条款明确显示了正在考虑的物联网安全监管程度。

该法案对提供联邦物联网解决方案的承包商提出了以下要求：

- 解决方案硬件、软件和固件严禁存在 NIST 美国国家漏洞数据库中所述的漏洞。
- 软件和固件必须能够接受经过身份验证的更新和补丁。此外，承包商必须及时修补漏洞。承包商还负责配套部署，并说明何时结束对物联网设备的支持以及如何管理。
- 只能使用有效的通信、加密和互连的协议和技术。
- 禁止为远程管理设备安装硬编码的证书。
- 必须提供为任何连接互联网的设备软件或固件提供方法来更新或修补任何部分的漏洞的方法。
- 物联网设备提供需为符合标准的第三方技术出示书面认证证书。
- **管理和预算办公室**（OMB）主任可以为移除和更换被认为不安全的现有物联网设备设置最后期限。
- 在成为法律 60 天后，**网络安全和基础设施安全局**（CISA）在私人和学术技术人员的协助下将正式发布针对联邦政府使用的任何和所有物联网设备的网络安全指导书。

法案中写入的条款允许各机构采用或继续使用更好的安全技术（需经 OMB 主任批准）。此外，该法案意识到物联网设备在处理能力和内存方面受到严重限制，并可能与法案的条款不一致。在这种情况下，豁免申请将由主管管理，并制定升级和更换计划。对于这些不合规的设备，法案规定 NIST 和主管可以协调批准以下技术，以降低风险：

- 软件定义网络分割和微分段
- 隔离运行操作系统级控制的容器和微服务

- 多因素身份验证
- 智能网络边缘解决方案，如网关可以用于隔离和修复风险
- 虽然在撰写本书时，该法案还未施行，但它无疑显示了在联邦层面对物联网安全和漏洞的关注。该法案可能会被修改或取消，但物联网安全的重要性已经引起了美国政府和立法者的关注。

13.8.2 其他政府机构

美国联邦政府的其他机构已经发布了大量的一系列关于物联网技术的指导方针和建议。最值得注意的是**国家标准与技术协会**（NIST），该协会已经为联网设备的安全编写了数份文件和指南。它们还维护国家和国际公认的安全标准。相关材料可以在 http://csrc.nist.gov 找到。这里列出了一些与密码学和 FIPS 标准有关的重要文件：

- NIST Special Publication 800-121 Revision 2, *Guide to Bluetooth Security*。它指定了一组推荐的蓝牙经典和蓝牙 BLE 安全条款：http://nvlpubs.nist.gov/nistpubs/Special-Publications/ NIST.SP.800-121r2.pdf。
- NIST Special Publication 800-175A, *Guidelines for Using Cryptographic Standards in the Federal Government*：http://nvlpubs.nist.gov/nistpubs/ SpecialPublications/NIST. SP.800-175A.pdf。
- NIST FIPS standards: https://www.nist.gov/itl/current-fips。

国土安全部（DHS）就信息技术领域的国家安全向所有联邦机构提供具有可操作的约束性指令。最新的指令包括 18-01，它通过电子邮件策略、密钥管理、**基于域的消息认证、报告和一致性**（DMARC）、仅使用 HTTPS 的网络以及其他类似的行动强制实现"网络卫生"。国土安全部还参与国会、其他机构和私营部门关于网络安全标准的规范性指导：https://www.dhs.gov/topic/cybersecurity。

对于任何关心安全的人来说，**美国计算机应急响应小组**（US-CERT）也是至关重要的。自 2000 年以来，US-CERT 已经获得了在全国范围内发现、隔离、通知和阻止网络安全威胁的授权。他们提供数字取证、培训、实时监控、报告以及已知的零日漏洞和主动安全防护的可操作防御。当前的主动预警和防护可以在这里找到：https://www.us-cert.gov/ncas/alerts。

在欧洲，欧盟网络安全局发布各种标准和出版物指导信息安全实践。各种资料请浏览：

- **欧洲网络与信息安全局**（ENISA）**发布的物联网的安全**：https://www.enisa.europa.eu/news/enisa-news/defining-and-securing-the-internet-of-things。
- **物联网私隐及安全研讨会报告**：https://ec.europa.eu/digital-single-market/en/news/internet-thingsprivacy-and-security-workshops-report。
- **网络安全法案——增强网络弹性**：https://ec.europa.eu/digital-single-market/en/cyber-security。

在澳大利亚，澳大利亚物联网联盟为信息安全制定了一套指导方针和实践，网址为http://www.iot.org.au/wp/wp-content/uploads/2016/12/iotaa-secur-guideline-v1.2.pdf。

13.9 物联网安全最佳实践

物联网的安全性需要从设计之初就深思熟虑，而不是在项目结束或现场进行改造。到那时，一切都太迟了。从硬件到云计算，安全性也需要整体看待。本节将演示一个从传感器到云的简单的物联网项目，说明要考虑安全的"完整性"。其目的是部署一个具有各种级别保护的系统，所有这些都是为了增加攻击者的工作难度。

13.9.1 全面的安全

仅仅关注物联网的某一部分并不能提供安全，且会在安全链中产生一个薄弱环节。我们需要建立从传感器到云的安全，然后再反过来———种整体的方法。控制及数据链中的每个组件都应该有一个安全参数和启用程序的检查表。图 13-13 演示了部署中需要考虑的从传感器到云的安全层。

13.9.2 安全检查清单

下面是传统的安全建议和想法清单。同样，有一个完整的安全覆盖是很重要的：
- ❏ 使用最新的操作系统和所有相关补丁库。
- ❏ 使用行业标准约定。
- ❏ 不要重新定义或定制改造经过验证的协议和安全流程。
- ❏ 使用包含安全特性（如可信任执行）的硬件。
- ❏ 环境、可信平台模块和非执行空间。
- ❏ 对固件和软件镜像进行签名、加密和保护，特别是公司网站上免费提供的固件和软件镜像。混淆代码，希望黑客不会对其进行反向工程，这是相对无用的。
- ❏ 随机设置默认密码。
- ❏ 使用 RoT 和安全启动确保你拥有在客户设备上运行的软件的"黄金"映像。
- ❏ 消除 ROM 映像中的硬编码密码。
- ❏ 确保所有 IP 端口在默认情况下保持关闭。
- ❏ 通过现代操作系统在内存中使用地址空间布局随机化、堆栈警戒和保护带。
- ❏ 使用自动更新。为制造商提供一种机制来修复和修补该领域的缺陷和漏洞。这需要一个模块化的软件架构。
- ❏ 报废的计划。物联网设备可能有很长的使用寿命，但最终将需要处理。这应该包括从设备中安全地擦除和销毁所有持久内存（闪存）的方法。

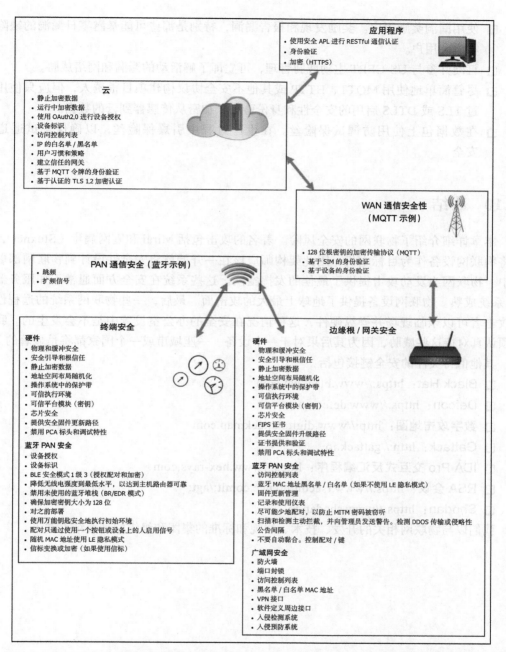

图 13-13　传感器到云的整体安全。下面是一个使用蓝牙的传感器的例子，它通过一个边缘
　　　　网关最终与一个云服务通信。每一层都需要提供完整性和保护。安全涉及硬件和
　　　　软件组件。这包括物理设备的安全防止干扰篡改，无线电信号的防止干扰和 DoS
　　　　攻击，防止恶意代码注入的 RoT 硬件和 ASLR，使用加密的数据，使用认证配对
　　　　和关联，网络通过 vpn 和防火墙，等等

❑ 使用漏洞奖励程序。奖励发现和报告漏洞，特别是那些可能暴露零日漏洞的缺陷的客户和用户。

❑ 订阅并参与 US-CERT 主动威胁管理，可立即了解活动的漏洞和网络威胁。

❑ 尽管简单地使用 MQTT、HTTP 或其他不安全协议构建项目很诱人，但应只使用通过 TLS 或 DTLS 启用的安全性和身份验证，加密从传感器到云的数据。

❑ 在数据包上使用防调试保险丝。在生产过程中引爆保险丝，以确保调试通道的安全。

13.10 小结

本章详细介绍了物联网的安全风险。著名的攻击包括 Mirai 和震网病毒（Stuxnet），它们将物联网设备作为目标主机，因此架构师应该在一开始就将安全性设计到物联网部署方案中。物联网为发动攻击提供了最佳的发挥空间。这些系统在安全方面通常不如服务器和 PC 系统成熟。物联网设备提供了地球上最大的攻击面。最后，一些物联网系统的远程性使得攻击者可以亲临现场并操纵硬件，这种情况在安全的办公室设置中是不会发生的。我们必须认真对待这些威胁，因为其后果对于一个设备、一座城市或一个国家都将是显著的。

其他值得关注的安全链接包括：

❑ Black Hat：https://www.blackhat.com

❑ Defcon：https://www.defcon.org

❑ 数字攻击地图：http://www.digitalattackmap.com

❑ Gattack：http://gattack.io

❑ IDA Pro 交互式反汇编程序：https://www.hex-rays.com

❑ RSA 会议：https://www.rsaconference.comlt;/agt;

❑ Shodan：https://www.shodan.io

我们以与物联网相关的开发、技术、法规和标准的集团和组织的列表结束本书。

第14章 联盟和协会

产业联盟的出现有多种原因，它们对于标准的推广、治理和建设至关重要。物联网行业与其他技术类似，在私有和开放标准方面占有相当大的份额。本章涵盖了跨 PAN、协议、WAN、雾和边缘计算的各种协会，以及各种伞式联盟。每个联盟的详细和明确的描述将帮助你决定哪些组织值得花时间和投资。请注意，组织不需要与产业联盟有任何关系，许多伟大的产品和企业都是在不依赖联盟的情况下建立的。然而，一些组织要求公司会员使用徽标，甚至有能力制定某些标准。

像物联网这样一个不断增长的细分市场，将在其炒作周期的早期催生联盟，因为许多参与方会在制定标准时争夺份额。在任何业务的快速增长阶段，这都是自然现象。通常，当一个类似的标准与另一个标准竞争时，组织将跨越竞争线进行联合从而形成联盟。其他时候，标准是通过非营利和学术场所为行业制定的。如果没有其他原因，本章中的产业联盟列表应该有助于引导架构师找到设计所需的资源和配套技术。

本章将提供物联网领域各个协会和联盟的背景、历史和会员信息，包括通信、云计算和雾计算的标准组织。

14.1 PAN 协会

PAN 组织（包括 IP 和非 IP）设有若干协会和治理委员会。许多协会由创始伙伴组成，使用权需要有会员资格或附属关系。

14.1.1 蓝牙技术联盟

组织详情如下：

❑ **成立时间**：1998 年
❑ **公司会员**：20 000 个
❑ **网站链接**：www.bluetooth.org

蓝牙技术联盟（SIG）成立于 1998 年，由爱立信、IBM、英特尔、诺基亚和东芝五家公司组成。到 1998 年底，组织中已有 400 个成员。该组织的章程是推进标准、论坛、市场和对蓝牙技术的了解。该组织监督蓝牙的发展，以及许可和商标。从组织结构来说，SIG 被分成几个更小的焦点小组：研究小组、跨越多个蓝牙领域的专家组、致力于制定新标准的工作组，以及专注于许可和营销的委员会。会员分为准会员和采纳者会员。准会员可以加入工作组，获得早期和先进的规范，获得营销材料，参加 PlugFest，并获得资格清单；采纳者会员则是唯一的免费会员级别。采纳者会员不能加入工作组。

14.1.2　Thread 联盟

组织详情如下：

- ❑ **成立时间**：2014 年
- ❑ **公司会员**：182 个
- ❑ **网站链接**：www.threadgroup.org

Thread 联盟最初由 Alphabet（谷歌控股公司）、三星、ARM、高通、NXP 等 6 家公司组成。Thread 是基于 802.15.4 的 6LoWPAN 的 PAN 协议。工作组许可 Thread 使用公共域 BSD 许可模型。该小组的意图是直接抗衡 Zigbee 协议，特别是在使用 PAN 网状网络方面。公司会员分为三个级别。

最底层是学术层，处于附属层的机构有权使用徽标、新闻采访和访问交付成果，实施层获得免版税 IP 和测试产品的访问权限，但不允许徽标认证。中层贡献者级别允许访问工作组和委员会，并允许徽标认证。顶层赞助商级别提供董事会席位并监督组织的预算。

14.1.3　Zigbee 联盟

组织详情如下：

- ❑ **成立时间**：2002 年
- ❑ **公司会员**：446 个
- ❑ **网站链接**：www.zigbee.org

Zigbee 联盟是围绕 1998 年首次构想的 Zigbee 协议成立的，以解决自组织和安全网状网络方面的差距。Zigbee 基于 802.15.4 层面，如 Thread，但不是基于 IP 的。在多次请求提供更灵活的许可之后，软件堆栈仍然基于 GPL。成员分为三级。采纳者会员可以提前获得规范，参加会议，并可以使用 Zigbee 标志。参与者成员可以提议参与各种技术委员会工作，并参与技术规范的投票。最后，发起人成员获得董事会席位，是批准标准的唯一责任者。

14.1.4　其他

各种相关的组织包括：

- ❑ **DASH7 联盟**：DASH 7 协议的管理机构（www.dash7- alliance.org）
- ❑ **ModBus**：一个管理用于工业用例的 Modbus 协议的工业联盟（www.modbus.org）
- ❑ **BACnet**：美国供暖、制冷和空调协会赞助的 BACnet 工业通信和标准组织（www.bacnet.org）
- ❑ **Z-Wave 联盟**：Z-Wave 特定技术的行业和管理机构（z-wavealliance.org）

14.2 协议协会

这些组织维护着高层协议和抽象，如 MQTT。虽然许多协议是开源的，如 MQTT，但会员资格允许有对新标准的投票权和参与权。

14.2.1 开放连接基金会和 Allseen 联盟

组织详情如下：
- ❑ **成立时间**：2015 年
- ❑ **公司会员**：300 个
- ❑ **网站链接**：www.openconnectivity.org

开放连接基金会原名为开放互联基金会，但在 2016 年三星公司离开工作组并添加新会员后，它改成了新的名字。几年来，它一直是独立于 Allseen 联盟的实体，但在 2016 年，两个组织合并了。它们的联合章程是通过标准、框架和名为"开放连接基金会"的认证计划为消费者、企业和行业建立互操作平台。它跨越多个领域：汽车、消费电子、企业、医疗、家庭自动化、工业和可穿戴设备。它们的框架以**通用即插即用**（Universal Plug and Play，UPnP）规范与现在的 IoTivity 和 AllJoyn 连接框架最为著名。它们使用**互联网系统联盟**（Internet Systems Consortium，ISC）的许可模式，这意味着功能上等同于 BSD。协会包含五级每年会费不同的会员。基本会员对所有人都是免费的，可以使用测试工具并拥有对规范的只读权限。有一个非营利性教育金级，授权这些组织进入工作组并获得认证。再往上是黄金、白金和钻石级别，从参与工作组到董事会成员，每个级别都有不同程度的权益。

14.2.2 绿洲协会

组织详情如下：
- ❑ **成立时间**：1993 年
- ❑ **公司会员**：300 个
- ❑ **网站链接**：www.oasis-open.org

OASIS 是结构化信息标准推进组织，它是一个大型非营利组织，成立于 1993 年。它是数 10 种行业标准语言和协议的主要贡献者，定义了物联网社区中广泛使用的 MQTT 和 AMQP 协议。它们的技术涉及物联网、云计算、能源行业和应急管理等。OASIS 支持三种类型的会员资格。贡献者级别提供无限制的委员会参与制度。赞助商级别增加了可视性和营销优势，如互操作演示和标识使用权益。最后，基础赞助商级别拥有最高的权限，如在公司内的 OASIS 演示和奖学金奖励等额外福利。代表开放标准的行业领导者通常以基础赞助商级别加入。公司年费是一个包含会员类型和员工人数两个参数的函数。

14.2.3 对象管理组

组织详情如下：

❑ **成立时间**：1989 年

❑ **公司会员**：250 个

❑ **网站链接**：www.omg.org

对象管理组（Object Management Group，OMG）是一个非营利组织，最初与惠普、IBM、Sun、苹果、美国航空公司和 Data General 合作成立，专注于计算领域的异构对象标准。它们最著名的是 UML 标准和 CORBA 的设置，最近专注于物联网领域，OMG 联盟接管了工业互联网联盟的管理。涉及工业物联网、**软件定义网络**等多个领域，聚焦的物联网领域包括分布式数据服务，以保障物联网网络互通和进行威胁管理。集团维护着一个治理模型，包含三个部分：架构委员会、平台技术委员会和领域技术委员会。会员有六个不同级别。有影响力的会员使公司能够有资格参与**任务组**（TF）但没有表决权，如果你的公司不完全基于或采用 OMG 规范，那么这种资格是合适的。有影响力的会员不得参加平台或领域委员会。接下来的三个级别称为子会员，旨在允许公司参与工作组，以帮助指导行业方向。平台工作和域工作组是为那些为平台或域的标准做出贡献并加入各自任务组的公司而设计的。它们也可以提名候选人参加**架构委员会**竞选（Architectural Board，AB）。

贡献者会员可以进入所有委员会，获得董事会席位，等等。最高层是董事会成员层，也是整个组织的整体董事会。还有很多其他的会员类别，比如政府机构、分析师、学者和零售商，甚至还有试用会员。

OMG 的组织结构图如图 14-1 所示。

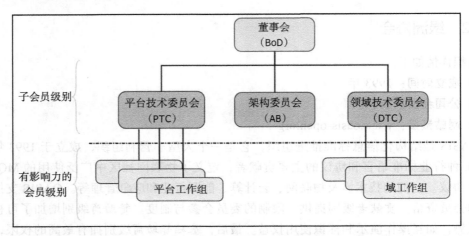

图 14-1　OMG 会员级别。在任务工作组虚线以下的有影响力的会员可以参与表决。提交会员可以参加并投票虚线以上的各个委员会

14.2.4 OMA 规范工程联盟

组织详情如下：

- ❑ **成立时间**：2008 年
- ❑ **公司会员**：60 人
- ❑ **网站链接**：www.omaspecworks.org

开放移动联盟（Open Mobile Alliance，OMA）和 **IPSO 联盟**（IPSO Alliance，IPSO）于 2018 年联合成立了一家名为 OMA Specworks 的合资企业。OMA 自 2002 年成立以来，一直是一个帮助开发人员将想法转换为行业规范的组织。IPSO 不是一个标准组织，而是一个联盟，它促进了智能对象的 IP 化，并引领行业使用 IP 技术解决互操作性问题。

该集团成立是为了通过各个工作组来补充互联网工程项目组（IETF），这些工作组包括负责语义（跨对象的元信息标准）、物联网协议和不同标准的分析以及安全和隐私等特许的工作组。新的 OMA Specworks 将**轻量级 M2M**（LightWEightM2M，LwM2M）作为设备管理协议进行管理用于传感网络和 M2M 解决方案。

会员分为四个级别：支持者，由希望为规范做出贡献但无表决权的组织指定；准会员，它赋予公司对规范草案有半票的表决权，可任命一个工作组的副主席席位；正式会员，可投完整的一票，并有资格担任工作组主席和董事会职位；赞助人，自动成为正式会员。

14.2.5 其他

还有许多关注 IoT 协议和安全的其他组织：

- ❑ **在线信任联盟**（Online Trust Aliiance，OTA）：一个制定物联网安全最佳实践的全球非营利组织（https://otalliance.org）
- ❑ **oneM2M**：物联网通用服务层、协议和架构（http://www.onem2m.org）

14.3 WAN 联盟

以下组织涵盖各种远程（LPWAN）通信和协议，有些需要会员资格才能获得使用权，其他的是开放协议。

14.3.1 Weightless 技术联盟

组织详情如下：

- ❑ **成立时间**：2012 年
- ❑ **公司会员**：未知
- ❑ **网站链接**：www.weightless.org

非营利性组织 Weightless 技术联盟之所以成立是为了赞助和支持各种 Weightless

LPWAN 协议的研究演进。联盟支持 3 种标准：Weightless-N（低成本、长续航、全特性双向通信的 Weightless-P）和 Weightless-W（全特性、全能力）。

其目的是为智能电表、车辆跟踪甚至农村宽带等使用案例制定标准。Weightless 主要关注在医疗和工业环境中的使用。虽然标准是开放的，但有一个必需的资格认证过程。会员有权在免版税的基础上使用 Weightless IP，并有权获得计划认证。会员资格只有一个等级：开发人员。

14.3.2　LoRa 联盟

组织详情如下：

- ❑ **成立时间**：2014 年
- ❑ **公司会员**：419 个（以及另外 44 个机构会员）
- ❑ **网站链接**：www.lora-alliance.org

LoRa 联盟是一个非营利性联盟，资助 LoRaWAN 和 LPWAN 技术研究。LoRaWAN 是亚千兆赫频谱中远程通信的协议层架构。LoRaWAN 主要面向 M2M 和智慧城市的部署。公司会员分为四个付费级别：采用者级别，该级别授予持有者认证产品的权利、获得最终交付件的权利以及被邀请参加某些会议的权利；机构成员，这赋予了持有人参加工作组和获得早期草案的权利；贡献者级别，增加了工作组内的投票权；赞助者级别，它使公司有权申请董事会席位，监督运营数据，并主持一个工作组。

14.3.3　互联网工程任务组

组织详情如下：

- ❑ **成立时间**：1986 年
- ❑ **公司会员**：1200 个（IETF 会议中的一般与会者人数）
- ❑ **网站链接**：www.ietf.org

IETF 最初由 21 名美国研究人员建立，多年来发展迅速，以控制 TCP/IP 等行业标准和各种 RFC 文档而闻名。现在，它们涵盖了跨越物联网领域的广泛领域，例如 LPWAN 协议、6lo 和 IPVS over 802.15.4。在 IETF 内部有一个互联网工程导引小组，负责规范化过程。

从组织结构上分为路由领域、传输领域等 7 个领域。每个领域可能有几十个不同的工作组。（一共有 140 多个工作组。）加入 IETF 很简单，只需订阅和参与工作组电子邮件列表，了解章程和标准，并积极与更广泛的团体合作即可。标准流程非常严格，因为该组定义了互联网通信的基础。

14.3.4　Wi-Fi 联盟

组织详情如下：

❑ **成立时间**：1999 年

❑ **公司会员**：700 个

❑ **网站链接**：www.wi-fi.org

Wi-Fi 联盟是一个非营利性标准组织，旨在解决缩小 20 世纪 90 年代中期的无线互操作性差距的问题。随着 802.11b 的出现，行业范围的联盟被组建起来，变成一个有效的管理机构。联盟控制着 Wi-Fi 认证过程，以及符合其标准的设备的关联徽标和商标注册。它包含 802.11ax、安全、物联网等 19 个工作领域和重点小组。

会员资格分为两级：实施者会员资格允许持有者使用以前认证的 Wi-Fi 产品来获得最终解决方案，贡献者会员资格允许组织参与认证计划和新技术定义。

14.4　雾及边缘计算协会

对雾和边缘计算的需求正在日益增长，一些行业标准也在采纳中。需要行业组织与行业标准来帮助解决雾计算日益严重的互操作性问题。本节重点介绍一些为行业互操作性构建标准和框架的组织。

14.4.1　OpenFog 组织

组织详情如下：

❑ **成立时间**：2015 年

❑ **公司会员**：55 个

❑ **网站链接**：www.openfogconsortium.org

OpenFog 于 2019 年并入工业互联网联盟（IIC）。下一节将列出 IIC 信息。

14.4.2　Eclipse 基金会和 EdgeX Foundry

组织详情如下：

❑ **成立时间**：Eclipse 基金会是 2001 年；EdgeX 框架是 2017 年

❑ **公司会员**：Eclipse 基金会是 275 个；EdgeX 框架是 50 个

❑ **网站链接**：www.eclipse.org 和 www.edgexfoundry.org

Eclipse 基金会是 IBM 在 2001 年创建的。它最著名的是 Eclipse 项目，每天有数百万开发人员使用它。这个非营利组织控制着 350 多个从各种开发环境到软件框架的开源项目。

EdgeX Foundry 被特许提供一个边缘计算平台，旨在通过开源软件解决物联网生态圈的硬件和操作系统互操作性问题。微服务包括用于规则引擎、警报、日志、注册和设备连接的重要中间件。该项目由 Linux 基金会托管，并在 Apache 模型下获得许可。初始代码的设计发起公司是戴尔，设计成为一系列跨硬件的微服务。会员分为两个级别：普通会员级别和高级会员级别。普通会员可以参加董事会席位选举,使用标志材料,并参加主办方活动。高级成员增加了委员会预算工作、通过投票席位改变营销战略、接触业务人员和领导层、改变组织政策以及在技术咨询委员会(Technical Advisory Council,TAC)中拥有投票席位的权利。

14.5 伞式组织

以下组织管理或指导物联网(以及其他部分)的众多不同的技术和功能,包括协议、测试、可操作性、技术、通信和理论等方面。

14.5.1 工业互联网协会

组织详情如下:

❏ **成立时间**:2014 年
❏ **公司会员**:258 个
❏ **网站链接**:www.iiconsortium.org

该协会是由 AT&T、思科、通用电气、IBM 和英特尔于 2014 年成立的一个非营利组织,旨在聚集行业合作伙伴,协助工业物联网的规划和发展。该集团不是一个标准组织,而是推动制造业、健康、交通、智慧城市和能源系统的参考架构与测试平台。目前有 19 个工作组,涵盖连接、安全、能源、智能工厂、医疗等领域。

2019 年原 OpenFog 组织与 IIC 合并,现有功能与合并前相同。OpenFog 管理着 OpenFog 的标准和架构。它们通过开放技术解决边缘和雾计算的问题,其使命是创建一个安全高效的处理云、终端和服务之间互操作性的框架。

该协会有 6 个会员级别,包括政府和非营利 / 学术级别。公司会员根据公司年销售额来衡量影响力和成本。这些级别包括创建级、贡献级、大产业级和小产业级。测试平台的定义是广泛和明确的,包括特定的产业用例,如航空公司行李处理测试。如前所述,OMG 组管理组的操作,但 IIC 本身是它自己的组织。

14.5.2 IEEE 物联网

组织详情如下:

❏ **成立时间**:2014 年
❏ **公司会员**:未知
❏ **网站链接**:iot.ieee.org

虽然不是一个协会,但 IEEE 物联网是 IEEE "伞" 下一个特殊的利益集团。它是一个多学科组织,由学术机构、政府机构、行业和工程专业人士组成,共同推动物联网的发展。IEEE 物联网组织影响或主持物联网世界中的特定标准,如 802.11 协议和 802.11 Wi-Fi 标准。该小组提供免费的网络研讨会、课程和在线材料，以帮助扩大该行业的知识库。世界级会议、研讨会和有影响力的峰会由 IEEE 物联网组织管理，它还拥有最活跃的研究期刊之一：《IEEE 物联网期刊》。

14.5.3　其他

各种有关的伞式组织包括：
- ❑ Genivi：车内信息娱乐和联网汽车开放软件组件（www.genivi.org）
- ❑ HomeKit：苹果消费者和移动家庭自动化标准（https://developer.apple.com/homekit/）
- ❑ 开放汽车联盟：汽车与科技集团，致力于在汽车中使用安卓系统（https://www.openautoalliance.net/#about）
- ❑ 无线生命科学联盟：互联与无线连接医疗保健计划与产业（http://wirelesslifesciences.org/）

14.6　美国政府物联网和安全实体

以下是你应该熟悉的政府和联邦组织，特别是在物联网安全领域：
- ❑ 美国国家标准与技术研究所：定义国家安全、加密和联网标准（https://www.nist.gov）
- ❑ 美国国家安全电信咨询委员会（国土安全部）：加强网络安全和全球通信基础设施（https://www.dhs.gov/national-security-telecommunications-advisory-committee）
- ❑ 美国国家电信和信息管理局：美国商务部的一部分，负责控制美国无线电频谱分配、域名命名和安全（https://www.ntia.doc.gov/home）
- ❑ 美国计算机应急响应小组：计算机应急小组，负责识别和应对国家高影响计算机安全紧急情况（https://www.us-cert.gov/ncas/current-activity）

14.7　工商业物联网与边缘计算

值得一提的是，一些顶级公司正在为物联网和边缘计算构建系统与服务。这是以最近的头条新闻、员工、收益、产品、市值、产品可靠性和标准参与度得出来的。以下内容包括我在商用项目中成功使用和部署的设备与服务。

💡 虽然像 Arduino 和树莓派这样的业余爱好者技术在物联网和边缘计算中占有一席之地，但它们传统上用于概念验证或学术练习。本书更适合商业和工业大规模物联网与边缘计算解决方案，这些解决方案需要可靠的现场设备和可扩展的技术，以便在全球范围内进行大规模生产和部署。

14.7.1 工商业传感器和 MEMS 厂商

表 14-1 旨在展示领先的传感器制造商和公司。

表 14-1

公司	产品与服务	访问地址
亚德诺半导体	加速度计、陀螺仪、惯性测量传感器、磁场传感器、光学传感器、温度和环境传感器	www.analog.com
博世	SensorTec™、加速度计、陀螺仪、磁力计、惯性运动单元、方向传感器、环境传感器、光学系统	www.bosch-sensortec.com
博通	光学传感器、运动控制编码器	www.broadcom.com
英飞凌科技	磁传感器、电流和电传感器、MEMS 麦克风、压力传感器、环境传感器、雷达传感器、图像传感器	www.infineon.com
应美盛	一体化 CPU/ 传感器、运动传感器、成像和光学传感器、声音传感、位置传感和跟踪、运动传感器	www.invensense.com
微芯	一氧化碳和烟雾传感器、风扇控制器、感应位置传感器、热电偶、电流检测放大器	www.microchip.com
恩智浦半导体	运动传感器、压力传感器、磁力传感器、触摸感应、数字温度传感器、硅感应、电容式触摸传感器、汽车传感器	www.nxp.com
欧姆龙	工业和医疗传感器、光纤传感器、光电传感器、位移和几何传感器、视觉传感器、OCR 读卡器、光学传感器、超声波传感器、压力传感器、接触传感器、泄漏和流体传感器、硬化环境传感器	www.omron.com
安森美半导体	图像传感器和图像处理器、热传感器、触摸传感器、环境光感应、无电池资产标签	www.onsemi.com
意法半导体	加速度计、汽车传感器、陀螺仪、指南针、湿度传感器、MEMS 麦克风、惯性模块、高性能工业传感器、压力传感器、接近传感器、温度传感器	www.st.com
泰科电子	工业、医疗和商业传感器与布线解决方案，汽车传感器，压电传感器，扭矩传感器，振动传感器等	www.te.com
德州仪器	温度传感器、毫米波传感器、电流和电感、超声波传感器、飞行时间传感器、霍尔效应磁传感器、环境传感器	www.ti.com

14.7.2 硅片、微处理器和器件厂家

表 14-2 旨在展示物联网和边缘计算硬件与组件制造商中的领先公司。

表 14-2

公司	产品与服务	访问地址
AMD	中端至极致性能 x86 内核、SOC、GPU	www.amd.com
ARM	硅 IP、微控制器、实时处理器、32 位和 64 位内核、机器学习内核、图像处理器、可信执行环境安全系统、GPU、总线互连	www.arm.com
英特尔	中端到极致性能 x86 内核、SOC、内存系统	www.intel.com
微芯科技	8 ～ 32 位 ARM 和 MIPS 微控制器	www.microchip.com

（续）

公司	产品与服务	访问地址
英伟达	Edge Jetson SOC、智慧城市大都市 ™ 视觉系统、AI 引擎	www.nvidia.com
高通	Snapdragon™ CPU、GPU SOC	www.qualcomm.com
意法半导体	8 ～ 32 位微控制器，全集成 SOC	www.st.com
德州仪器	基于 Sitara™ ARM 的处理器、汽车 IC、数字信号处理器	www.ti.com

14.7.3 PAN 网络通信公司

表 14-3 旨在展示 PAN 和无线连接制造商及供应商中的领先公司。

表 14-3

公司	产品与服务	访问地址
Digi	Zigbee 模块、模块系统、单板机	www.digi.com
微芯	802.15.4、蓝牙无线电、红外系统、LoRa 模块、Wi-Fi 模块、sub-1 GHz 无线电、Zigbee	www.microchip.com
Nordic 半导体	领先的蓝牙制造商、蓝牙网状网、线程控制器、Zigbee 收音机、ANT 协议、测向仪	www.nordic.com
恩智浦半导体	Wi-Fi 模块、蓝牙射频、802.15.4 射频、NFC、RFID 模块、蓝牙模块、Zigbee、Thread、sub-1 GHz 射频	www.nxp.com
安森美半导体	单片微波 IC、无线射频发射机（802.15.4、蓝牙、Zigbee、Sigfox、EnOcean、6LoWPAN、Thread）、Wi-Fi、低速 IOIC	www.onsemi.com
芯科实验室	蓝牙、Thread、Wi-Fi、Zigbee、Zwave、私有 RF、多协议接收器	www.silabs.com
意法半导体	蓝牙模块、Thread、Zigbee、LoRaWAN 系统、Sigfox 系统、sub-1GHz 无线电波	www.st.com
德州仪器	SimpleLink™ MCU 控制器、蓝牙无线电、Thread、6LoWPAN、Wi-Fi、sub-1GHz 无线电、多协议无线电	www.ti.com

14.7.4 WAN 技术公司

表 14-4 旨在展示物联网和边缘 WAN 连接、网络、路由和通信领域的领先公司。

表 14-4

公司	产品与服务	访问地址
思科 Meraki	广域网、接入点、SD-WAN 安全、智能摄像机、企业级交换机	meraki.cisco.com
Digi	FirstNet 认证网关和路由器、工业和交通蜂窝路由器（2G、3G、4G LTE）、云管理系统、模块系统	www.digi.com
Freewave	工业物联网路由器、900 MHz 广域网、436 MHz ～ 1.4 GHz 射频、2.4 GHz 路由器、SCADA 系统	www.freewave.com
Peplink	4G LTE 蜂窝路由器、SD-WAN 解决方案、企业和工业 Wi-Fi、移动和 fleet 路由器、多运营商蜂窝路由器	www.peplink.com
Semtech	LoRa 技术	www.semtech.com

（续）

公司	产品与服务	访问地址
司亚乐	AirVantage™ IoT 平台、连接管理服务、2G、3G、4G LTE、Cat-M1、NB-IoT 芯片和模块、Wi-Fi 模块、蓝牙、边缘路由器、边缘、GPS 收发器	www.sierrawireless.com
泰利特	2G、3G、4G LTE、5G、NB-IoT、Cat M1 蜂窝射频和模块、LoRa 模块、GPS 定位模块、远程管理软件、全球物联网数据规划	www.telit.com
优北罗	2G、3G、4G LTE、NB-IoT、Cat M1 蜂窝系统和模块、GPS 模块	www.u-blox.com

14.7.5 边缘计算及解决方案公司

表 14-5 旨在展示全球边缘计算硬件以及物联网解决方案提供商。

表 14-5

公司	产品与服务	访问地址
研华科技	嵌入式模块、工业边缘计算机、加固环境边缘系统、ARM 和 x86 边缘计算、工业自动化、边缘 AI 平台、工业网关、医疗计算系统	www.advantech.com
戴尔	边缘网关和 x86 加固封装	www.dell.com
Digi	i.MX 单板机、ConnectCore™ 工业计算	www.digi.com
Inforce Computing	在模块、单板计算机、企业和商业计算平台上的 x86 和高通系统	www.inforcecomputing.com
联想	高性能 ThinkSystem™ 边缘服务器	www.lenovo.com
RUMBLE 物联网	边缘系统、集成解决方案、车辆和车队信息服务、工业边缘系统	www.rumbleiot.com

14.7.6 操作系统、中间件和软件公司

表 14-6 用于展示操作系统、中间件、软件解决方案和服务公司。

表 14-6

公司	产品与服务	访问地址
亚马逊	Greengrass Lambda 中间件	www.amazon.com
ARM	MBedOS™、安全服务与平台、边缘与 IoT 管理软件	www.arm.com
博世	物联网网关边缘平台及中间件服务	www.bosch.com
DataMonsters	边缘分析和机器学习	www.datamonsters.com
Eclipse 基金会	EdgeX Foundry、Eclipse 开发产品	www.eclipse.org
日立	Vantara™ 工业和物联网边缘智能、边缘机器学习、实时可视化和仪表盘、视频数据管理	www.hitachivantera.com
微软公司	Azure Edge 物联网容器和管理系统、边缘分析软件、Microsoft Edge 和 IoT 操作系统	www.microsoft.com

14.7.7 云提供商

表 14-7 旨在展示云边缘和物联网服务与解决方案的领先供应商。

表　14-7

公司	产品与服务	访问地址
亚马逊	云提供商、IoT 设备管理、IoT 分析、IoT Device Defender^{TM}、AWS IoT Core^{TM} 连接器、AWS IoT Events^{TM} 规则引擎	www.amazon.com
谷歌	Google 云服务、云 IoT Core 设备管理器和协议桥、云 Pub/ 子流分析、Firebase^{TM} IoT 开发平台	www.google.com
IBM	IBM Watson IoT Platform^{TM}、IoT 连接服务、区块链服务、云分析引擎	www.ibm.com
微软	Azure 云服务、Azure IoT Central^{TM} 连接器、Azure Digital Twins 物理建模器、IoT Hub^{TM} 监控系统、时序 Insights 可视化和分析、Azure Maps 地理定位系统	www.microsoft.com

14.8　小结

联盟和行业组织以标准化、技术路线图和互操作性的形式为社区提供了显著的优势。成为会员后，组织可以不受限制地访问规范和文档。在许多情况下，会员资格和从属关系对于使用权是必需的。从战略上讲，会员实体在数量上也具有竞争力，因为在物联网领域，各种协议和标准是相互竞争的。

推荐阅读

软件架构：架构模式、特征及实践指南

[美] Mark Richards 等 译者: 杨洋 等 书号: 978-7-111-68219-6 定价: 129.00 元

畅销书《卓有成效的程序员》作者的全新力作，从现代角度，全面系统地阐释软件架构的模式、工具及权衡分析等。

本书全面概述了软件架构的方方面面，涉及架构特征、架构模式、组件识别、图表化和展示架构、演进架构，以及许多其他主题。本书分为三部分。第 1 部分介绍关于组件化、模块化、耦合和度量软件复杂度的基本概念和术语。第 2 部分详细介绍各种架构风格：分层架构风格、管道架构风格、微内核架构风格、基于服务的架构风格、事件驱动的架构风格、基于空间的架构风格、编制驱动的面向服务的架构、微服务架构。第 3 部分介绍成为一个成功的软件架构师所必需的关键技巧和软技能。

推荐阅读

架构即未来：现代企业可扩展的Web架构、流程和组织（原书第2版）

作者：马丁 L. 阿伯特 等 ISBN：978-7-111-53264-4 定价：99.00元

互联网技术管理与架构设计的"孙子兵法"
跨越横亘在当代商业增长和企业IT系统架构之间的鸿沟
有胆识的商业高层人士必读经典
李大学、余晨、唐毅 亲笔作序 涂子沛、段念、唐彬等 联合力荐

任何一个持续成长的公司最终都需要解决系统、组织和流程的扩展性问题。本书汇聚了作者从eBay、VISA、Salesforce.com到Apple超过30年的丰富经验，全面阐释了经过验证的信息技术扩展方法，对所需要掌握的产品和服务的平滑扩展做了详尽的论述，并在第1版的基础上更新了扩展的策略、技术和案例。

针对技术和非技术的决策者，马丁·阿伯特和迈克尔·费舍尔详尽地介绍了影响扩展性的各个方面，包括架构、过程、组织和技术。通过阅读本书，你可以学习到以最大化敏捷性和扩展性来优化组织机构的新策略，以及对云计算（IaaS/PaaS）、NoSQL、DevOps和业务指标等的新见解。而且利用其中的工具和建议，你可以系统化地清除扩展性道路上的障碍，在技术和业务上取得前所未有的成功。

推荐阅读

雾计算与边缘计算：原理及范式

作者：Rajkumar Buyya,Satish Narayana Srirama ISBN：978-7-111-64410-1 定价：119.00元

　　本书对驱动雾计算和边缘计算的前沿应用程序和架构进行了全面概述，同时重点介绍了潜在的研究方向和新兴技术。

　　本书适时探讨了可扩展架构开发、从封闭系统转变为开放系统以及数据感知引起的道德问题等主题，以应对雾计算和边缘计算带来的挑战和机遇。书中由资深物联网专家撰写的章节讨论了联合边缘资源、中间件设计、数据管理和预测分析、智能交通以及监控应用等主题。本书能够帮助读者全面了解雾计算和边缘计算的核心基础、应用及问题。